ZEIT WISSEN EDITION

Rätsel Ich

Andreas Sentker, Frank Wigger (Hrsg.)

Rätsel Ich

Gehirn, Gefühl, Bewusstsein

Mit einem Nachwort von Wolf Singer

Herausgegeben von Spektrum Akademischer Verlag GmbH und Zeitverlag Gerd Bucerius GmbH & Co. KG

Wichtiger Hinweis für den Benutzer
Der Verlag und der Autor haben alle Sorgfalt walten lassen, um vollständige und akkurate Informationen in diesem Buch zu publizieren. Der Verlag übernimmt weder Garantie noch die juristische Verantwortung oder irgendeine Haftung für die Nutzung dieser Informationen, für deren Wirtschaftlichkeit oder fehlerfreie Funktion für einen bestimmten Zweck. Der Verlag übernimmt keine Gewähr dafür, dass die beschriebenen Verfahren, Programme usw. frei von Schutzrechten Dritter sind. Der Verlag hat sich bemüht, sämtliche Rechteinhaber von Abbildungen zu ermitteln. Sollte dem Verlag gegenüber dennoch der Nachweis der Rechtsinhaberschaft geführt werden, wird das branchenübliche Honorar gezahlt.

Bibliografische Information Der Deutschen Bibliothek
Die Deutsche Nationalbibliothek verzeichnet diese Publikation in der Deutschen Nationalbibliografie; detaillierte bibliografische Daten sind im Internet über http://dnb.d-nb.de abrufbar.

Springer ist ein Unternehmen von Springer Science+Business Media
springer.de

© 2007 Springer-Verlag Berlin Heidelberg und Zeitverlag Gerd Bucerius GmbH & Co. KG
Spektrum Akademischer Verlag ist ein Imprint von Springer

07 08 09 10 11   5 4 3 2 1

Das Werk einschließlich aller seiner Teile ist urheberrechtlich geschützt. Jede Verwertung außerhalb der engen Grenzen des Urheberrechtsgesetzes ist ohne Zustimmung des Verlages unzulässig und strafbar. Das gilt insbesondere für Vervielfältigungen, Übersetzungen, Mikroverfilmungen und die Einspeicherung und Verarbeitung in elektronischen Systemen.

Planung und Lektorat: Frank Wigger, Andreas Sentker, Bettina Saglio
Redaktion: Dr. Petra Seeker, ps-redaktionsbüro, Sinsheim
Herstellung: Ute Kreutzer
Umschlaggestaltung: Ingrid Nündel
Umschlaggrafik: Volker Schlecht
Satz: TypoDesign Hecker, Leimen
Druck und Bindung: Printer Trento S. r. L., Trento

Printed in Italy

ISBN 978-3-8274-1946-0

Inhalt

Vorwort   VII

Das erstaunlichste Organ der Welt   1
Von Susan A. Greenfield

Das betrogene Ich   27
Andrea Schumacher

Das Rätsel des Bewusstseins   35
Von Christof Koch

Denken hilft   56
Marieke Degen

Das Ich und seine Geschichte   65
Von Susan A. Greenfield

Frauen sind auch nur Männer   89
Eva-Maria Schnurr

Unsere zweite Natur   99
Von Wolfgang Wickler und Uta Seibt

Die Neuronen der Moral   124
Ulrich Schnabel

Das unmoralische Gehirn   129
Von Cordelia Fine

Auf der Suche nach dem Kapiertrieb   148
Ulrich Schnabel

Vom Schall ... zur Ekstase 153
Von Robert Jourdain

Forschung auf dem Kopfkissen 177
Ulrich Bahnsen

Vom Geist zum Molekül 181
Von Larry R. Squire und Eric R. Kandel

Denken auf Rezept 206
Ulrich Bahnsen

Wissen und Können 211
Von Manfred Spitzer

Immer Ich 227
Katharina Kluin

Durchbruch zum Bewusstsein 233
Von Paul M. Churchland

Wissen, ohne zu wissen 263
Ulrich Schnabel

Das Nicht-Bewusste oder der Zombie in uns 267
Von Christof Koch

Nachwort 280
Von Wolf Singer

Bild- und Textnachweise 288

Index 289

Vorwort

Es gibt noch immer Philosophen, die glauben, dieses Buch dürfe es gar nicht geben. Was auch immer die Forschung herausfinde, unser Ich, unser Bewusstsein sei wissenschaftlich ganz prinzipiell nicht erklärbar. Dieses letzte Geheimnis bleibe wie ein überzähliges Teil in der Puzzleschachtel zurück, wenn das neurobiologische Bild bereits vollständig zusammengesetzt sei.

Tatsächlich widmet sich die moderne Neurowissenschaft heute Fragen, die lange Zeit als nur der Philosophie zugänglich galten: Wer ist Ich? Wie frei ist unser Wille? Wie sehen wir Rot? Haben auch Affen ein Bewusstsein? Und Ameisen?

Diese Fragen treiben nicht nur die Forscher an. Fast jeder von uns stellt sie sich irgendwann einmal. Das Feld steht ganz zu Recht im Zentrum des Interesses. Milliarden Dollar wurden in den vergangenen Jahren in die Neurowissenschaften investiert. Die Forscher haben faszinierende Erkenntnisse zutage gefördert. Sie wissen heute besser denn je, wie wir lernen, wie unser Gehirn Sprache verarbeitet, wie wir unsere Bewegungen steuern, wie wir die Welt um uns herum sehen, wie wir Entscheidungen treffen. Und mit jeder neuen Antwort stellen sich neue Fragen. Noch immer ist das Bewusstsein ein neurobiologisches Rätsel, diskutieren Philosophen und Mediziner, Psychologen und Neurologen darüber, was unser „Ich" ist.

Rätsel Ich ist ein einzigartiges Buch mit einem einzigartigen Ansatz. Es vereint prominente Autoren der unterschiedlichsten Fachrichtungen, macht zentrale Positionen der Wissenschaft verständlich und eröffnet die wichtigsten Perspektiven auf dieses aktuelle und aufregende Thema. Der in Wien geborene Medizin-Nobelpreisträger Eric Kandel schreibt über das Gedächtnis, der amerikanische Philosoph Paul Churchland über das Bewusstsein. Susan Greenfield, die prominenteste und provozierendste Professorin Großbritanniens, führt in die Anatomie des Gehirns ein, und der deutsche Psychiater, Mediziner und Philosoph Manfred Spitzer widmet sich der Frage, wie wir lernen. In Australien arbeitet die Psychologin Cordelia Fine, eine der erfolgreichsten jungen Forscherinnen auf diesem Feld. Sie macht uns ebenso unterhaltsam wie unerbittlich klar, wie wenig Kontrolle wir über unser Denkorgan haben.

Die Forscher schreiben dabei nicht für ihre Fachkollegen. Bewusst und gekonnt wenden sie sich an ein breites Publikum, an Menschen, die über ihr „Ich" nachdenken, sich von der Faszination der Hirnforschung anstecken lassen wollen. Kandel, Greenfield, Spitzer und Co. haben Aufregendes zu berichten. Die moderne Technik erlaubt immer tiefere Einblicke ins lebende Gehirn. Bildgebende Verfahren wie die funktionelle Kernspintomographie verschaffen uns Einsichten in das Geschehen unter der Schädeldecke. Sie zeigen, welche Regionen unseres Denkorgans aktiv sind, wenn wir Vokabeln lernen, Gesichter erkennen oder Gedichte interpretieren.

Sie können beruhigt sein: Von der Fähigkeit, Gedanken zu lesen, sind die Wissenschaftler weit entfernt. Zu rätselhaft sind die Bilder, zu komplex ist das Geschehen in unserem Kopf. Immerhin, die Antworten der Wissenschaft verdichten sich. Sie entzaubern das klassische Bild des Menschen und verleihen ihm zugleich einen ganz neuen Zauber.

Das Ich, darin sind sich viele Forscher einig, ist die Geschichte, die wir uns immer wieder über uns selbst erzählen. Diese Geschichte verändert sich ständig. Und dabei kommen nicht nur neue Kapitel hinzu. Jeder hinzugefügte Absatz kann im ganzen Text zu Umbauten, zu Korrekturen führen, weil wir im Spiegel des soeben Erlebten unsere ganze Geschichte neu bewerten.

Auch von der Illusion, Herrscher über unser Denken zu sein, müssen wir uns nach den jüngsten Erkenntnissen verabschieden. Viele Entscheidungen hat unser Gehirn längst getroffen, viele Urteile gefällt, ehe wir uns dessen überhaupt bewusst werden. Dabei gaukelt uns unser Denkorgan geschickt vor, das habe schon alles seine Richtigkeit. Das menschliche Gehirn ist ein Meister darin, seine Vorurteile nachträglich moralisch zu untermauern.

Wo also steht die Forschung, wo führt sie uns hin? Um die faszinierenden Erkenntnisse der Wissenschaftler in einen breiteren Rahmen einzuordnen, haben wir ihren Beiträgen in diesem Buch Reportagen, Analysen und Interviews namhafter Autoren von ZEIT und ZEIT WISSEN zur Seite gestellt. Sie sind von Labor zu Labor gereist, haben unzählige Gespräche geführt, manche Debatte moderiert. Sie ordnen die wissenschaftlichen Positionen in das Gesamtbild ein, zeigen gesellschaftliche Zusammenhänge auf, lassen Widersprüche und Dispute sichtbar werden, machen Wissenschaft lebensnah, lebendig und erlebbar.

Wie ist es, Rot zu sehen, eine Blume zu riechen, einen Menschen zu lieben? Vollständig erklären kann die Wissenschaft all das noch nicht. Aber sie hält überraschende, manchmal provozierende Antworten bereit – und manche kühne Hypothese. Ist die objektive Analyse des Bewusstseins prinzipiell zum Scheitern verurteilt, weil das Phänomen subjektiver gar nicht sein könnte? Reicht unser Geist hin, sich selbst zu durchschauen? Die Frage ist unsinnig, glaubt der Tübinger Hirnforscher Valentin Braitenberg: „Das ist, als würde man fragen, ob man auf einer Schreibmaschine die Bedienungsanleitung einer Schreibmaschine tippen kann."

Dieses Buch lädt Sie zu einer Entdeckungsreise in die Welt der Forschung ein – und lässt sich zugleich als eine Art Bedienungsanleitung für Ihr Gehirn lesen. Es ist Wissenschaft in Höchstform: selbstbewusst und provozierend, spannend und verständlich. Damit Sie mitreden können, wenn es um Ihren freien Willen geht.

Hamburg und Heidelberg, *Andreas Sentker*
Juli 2007 *und Frank Wigger*

In diesem Buch werden Ihnen neben den Grundtexten verschiedene Arten von Zusatzinformationen begegnen, die meist in der Randspalte platziert sind: kurze Porträts wichtiger Forscher, Erläuterungen ausgewählter Fachbegriffe sowie Fotos, Grafiken und Tabellen, die einzelne Sachverhalte veranschaulichen, ergänzt um gelegentliche Literaturhinweise und Internet-Links. Diese Zusatzelemente treten im Buch immer nur einmal auf. Sie lassen sich aber leicht über den Index lokalisieren, denn alle in diesen Zusatzelementen enthaltenen Stichwörter sind dort durch kursive Seitenzahlen markiert (neben den steilen Seitenzahlen für die Grundtexte). Sollten Sie also in einem bestimmten Beitrag eine biographische Notiz und oder eine Worterläuterung vermissen, finden Sie sie wahrscheinlich an anderer Stelle des Buches.

Am Anfang dieses Buches steht eine Reise. Eine Reise ins Innere Ihres Kopfes. „Das Gehirn, das in seinem maßgefertigten Gehäuse aus Schädelknochen über dem Rumpf thront, hat eine Konsistenz, die an ein weichgekochtes Ei erinnert." So beginnt **Susan A. Greenfield** die Führung durch ein noch immer weitgehend unbekanntes Land. „Die alten Griechen kamen zu dem Schluss, dass diese beinahe unwirkliche und geheimnisvolle Substanz der perfekte Sitz für die Seele sei", schreibt Greenfield und lässt die Lektüre zu einer Zeitreise werden, die Sie mit den großen Ärzten wie den berühmten Patienten in der Geschichte der Hirnforschung bekannt macht. Mit Phineas Gage zum Beispiel. Dem Eisenbahnarbeiter war bei einer Explosion eine dicke Eisenstange durch den Schädel gedrungen. Gage überlebte. Aber sein Wesen hatte sich verändert. Der einstmals umgängliche Mensch war starrsinnig und rücksichtslos geworden. „Unser Charakter", sagt Greenfield, „ist unser Gehirn."

Susan Greenfield, 1950 in London geboren, ist Professorin für Pharmakologie an der Oxford University und eine der einflussreichsten Frauen in der britischen Wissenschaft. 1994 hielt sie als erste Frau die berühmten Christmas Lectures der Royal Institution – nach 165 Jahren männlicher Dominanz auf dem Katheder. Ihr Thema: natürlich das Gehirn. Sie ist – inzwischen zur Baroness geadelt – Mitglied im House of Lords, Autorin von acht Bestsellern über das Gehirn und mehr als 170 Fachaufsätzen. Susan Greenfield hat Psychologie und Philosophie studiert, bevor sie sich den Neurowissenschaften zuwandte: Das ewige Theoretisieren langweilige sie, erklärte die Quereinsteigerin Greenfield ihrem erstaunten Professor. Sie brauche endlich Fakten und wolle deshalb alles über das Gehirn wissen, was man wissen kann.

Susan A. Greenfield

Das erstaunlichste Organ der Welt

Von Susan A. Greenfield

Wie arbeitet das Gehirn? Was tut es eigentlich? Diese Fragen haben zahllose Menschen über viele Jahrhunderte hinweg fasziniert und ihren Forscherdrang herausgefordert. Nun endlich verfügen wir über genügend Sachkenntnis, um etwas in Angriff zu nehmen, das man mit Fug und Recht als die letzte Grenze für den menschlichen Intellekt ansehen könnte. Wir haben auch die nötige Motivation dazu.

Menschen leben heutzutage länger, aber nicht unbedingt besser als früher. Verheerende Krankheiten, die das Gehirn im höheren Alter befallen, wie die Parkinson- oder die Alzheimer-Krankheit, werden immer häufiger. Darüber hinaus haben die Zwänge des modernen Lebens zu einer starken Zunahme psychiatrischer Erkrankungen, wie Depressionen und Angstzuständen, geführt. Überdies wächst die Zahl derjenigen, die von stimmungsmodifizierenden Medikamenten und Drogen abhängig sind. Daher müssen wir dringend möglichst rasch möglichst viel über das Gehirn lernen.

Das Gehirn, das in seinem maßgefertigten Gehäuse aus Schädelknochen über dem Rumpf thront, hat eine Konsistenz, die an ein weichgekochtes Ei erinnert, und verfügt über keinerlei bewegliche Innenteile. Daher ist es offensichtlich nicht dazu bestimmt, gedehnt oder gestaucht zu werden oder an umfangreichen mechanischen Aktionen teilzunehmen. Die alten Griechen kamen zu dem Schluss, dass diese beinahe unwirkliche und geheimnisvolle Substanz der perfekte Sitz für die Seele sei. Für sie war die Seele unsterblich und hatte nichts mit Denken zu tun. All die Eigenschaften, die wir heute dem Gehirn zuschreiben, ordneten die Griechen dem Herzen oder der Lunge zu (es herrschte nie völlige Einigkeit über den genauen Ort). Die unsterbliche „Seele" war so geheiligt und so schwer fassbar, dass man ihrer abgeschiedenen grauen Heimstatt, dem Gehirn, fast mystische Eigenschaften zuschrieb: Die Griechen erließen strenge Verbote gegen den Verzehr von Tiergehirnen gleich welcher Art. Die Seele war in diesem Fall etwas völlig anderes als „Bewusstsein" und „Verstand" und hatte auch nichts mit all den anderen interessanten Eigenschaften gemein, die wir heute mit Individualität und Persönlichkeit verbinden.

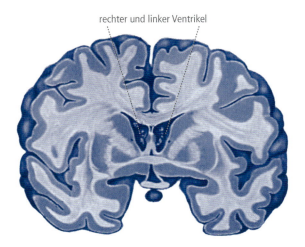

Querschnitt durch das Gehirn, der deutlich zwei der vier Ventrikel als Hohlräume zeigt. Das Bild lässt erahnen, warum man in der Antike die Seele in den Hohlräumen des Gehirns vermutete.

Porträt

Herophilos, griechischer Arzt und Anatom, * um 330–320 v.Chr. Chalkedon, † um 260–250 v.Chr.; Leibarzt von Ptolemaios I. in Alexandria. Als fast einziger Arzt der Antike führte er zahlreiche Sektionen an menschlichen Leichen aus. Er beschrieb u. a. die Hirnhöhlen (Ventrikelsystem), das Großhirn und das Kleinhirn und erkannte auch den Zusammenhang der Nerven mit dem Gehirn.

Porträt

Erasistratos, griechischer Arzt, * um 330 v.Chr. Julis (auf Keos, Kykladen), † um 245 v.Chr. Alexandria; Begründer der pathologischen Anatomie. Er beschrieb u. a. die Faltungen der Hirnoberfläche und führte wie Herophilos den Grad der Intelligenz auf die Anzahl der Großhirnwindungen zurück. Er entdeckte zudem den Ursprung der Nerven im Gehirn. Erasistratos und Herophilos begründeten in Alexandria eine der berühmtesten Ärzteschulen der Antike.

Der Beginn der Hirnforschung

Diese eigentümliche Vorstellung, nach der normale geistige Aktivitäten nichts mit dem Gehirn zu tun hatten, geriet ins Wanken, als Alkmaion von Kroton (570–500 vor Christus) eine wichtige Entdeckung machte. Alkmaion wies nach, dass es Verbindungen von den Augen zum Gehirn gab, und verkündete daraufhin, sicherlich müsse diese Region der Sitz des Denkens sein. Diese revolutionäre Vorstellung passte zu den Beobachtungen zweier ägyptischer Anatomen, Herophilos von Chalkedon und Erasistratos von Keos (beide lebten im 3. Jahrhundert vor Christus), denen es gelang, Nervenbahnen – die man damals noch nicht als solche erkannt hatte – vom Körper ins Gehirn zu verfolgen. Aber wenn das Gehirn das Zentrum des Denkens war, was war dann mit der Seele?

Claudius Galen, neben Hippokrates bedeutendster Arzt der Antike, verwies auf den Teil des Gehirns, der am wenigsten fest, am „ätherischsten", aber deutlich mit dem bloßen Auge erkennbar war. Tief im Gehirn verborgen befindet sich ein Labyrinth miteinander verbundener Höhlen, das sich während der Embryonalentwicklung ausbildet und eine farblose Flüssigkeit enthält. Diese scheinbar körperlose Flüssigkeit umgibt die gesamte Oberfläche des Gehirns und des Rückenmarks und wird als Cerebrospinalflüssigkeit (Abk. CSF) bezeichnet. Sie dient häufig zur Diagnose verschiedener neurologischer Probleme und kann im Lendenbereich der Wirbelsäule mit einer Lumbalpunktion entnommen werden. Gewöhnlich wird sie jedoch vom Körper resorbiert, sodass ständig frische Flüssigkeit (etwa 0,2 Milliliter pro Minute beim Menschen) nachgeliefert wird und eine anhaltende Zirkulation stattfindet.

Man kann sich leicht vorstellen, dass diese geheimnisvoll kreisende Substanz, so ganz anders als die wabblige Masse des Gehirns, ein guter Kandidat für die Seelensubstanz gewesen sein muss. Heute wissen wir, dass die Cerebrospinalflüssigkeit nur Salze, Zucker und einige Proteine enthält. Weit davon entfernt, der Sitz der Seele zu sein, ist sie sogar verächtlich als „Urin des Gehirns" bezeichnet worden. Niemand, selbst diejenigen nicht, die an eine unsterbliche Seele glauben, erwartet heute noch, sie im Gehirn zu finden. Das sterbliche Gehirn, das übereinstimmend als Sitz all unserer Gedanken und Gefühle gilt, stellt *per se* das verlockendste aller Rätsel dar.

Das erste Thema, dem wir uns in diesem Beitrag zuwenden wollen, ist die äußere Erscheinung des Gehirns. Stellen Sie sich vor, Sie schauen sich ein Gehirn in Ihrer Hand an: Sie sehen ein cremefarbenes, runzliges Objekt von etwas mehr als einem Kilogramm Gewicht; im Durchschnitt wiegt es rund 1,3 Kilogramm. Das erste, was Ihnen auffällt, ist, dass dieses seltsame Objekt, das bequem auf einer Handfläche Platz findet, aus gegeneinander abgegrenzten Bereichen bestimmter Form und Struktur besteht, die sich umeinanderfalten und nach einem großen Bauplan miteinander verbunden sind, den wir erst jetzt zu erkennen beginnen.

Das Gehirn verbindet die Konsistenz eines weichgekochten Eies mit einem Grundbauplan, der im Prinzip immer derselbe ist. Man erkennt zwei deutlich getrennte Hälften, die so genannten Hemisphären, die offenbar um eine Art dicken Stiel (den Hirnstamm) herum angeordnet sind. Dieser Hirnstamm verjüngt sich allmählich und geht schließlich in das Rückenmark über. Auf seiner Rückseite findet sich eine blumenkohlartige Ausstülpung, das so genannte Kleinhirn (Cerebellum), das sich zaghaft unter dem Großhirn (Cerebrum) vorwölbt.

Porträt

Galen, *Claudius,* griech.-römischer Arzt und Philosoph, *129 Pergamon, †um 200 Rom; bedeutendster Arzt der römischen Antike. Seine über 400 medizinischen und philosophischen Schriften waren bis ins 17. Jh. in der christlichen Welt Grundlage des ärztlichen Wissens. Das Gehirn ist nach Galen der Ursprungsort der Nerven, der Entstehungsort der Sinnesempfindungen, die Quelle der willkürlichen Bewegungen und der Sitz des Denkens.

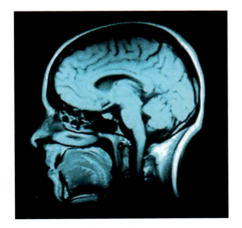
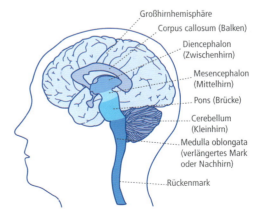

Längsschnitt des Gehirns (links in einer computertomographischen Aufnahme).

Porträt

Malpighi, Marcello, italienischer Arzt, Anatom und Physiologe, *10.3.1628 Crevalcore (bei Bologna), † 29.11.1694 Rom; gilt als Begründer der mikroskopischen Anatomie; untersuchte mit einfachen Mikroskopen eine Fülle von tierischen und pflanzlichen Strukturen (u. a. Gehirn, Netzhaut, Nerven); entdeckte 1661 den Kapillarkreislauf des Bluts und die roten Blutkörperchen.

Porträt

Flourens, Jean-Pierre-Marie, französischer Physiologe, *24.4.1794 Maureilhan (bei Béziers), † 5.12.1867 Montgeron (bei Paris); einer der ersten experimentell arbeitenden Gehirnphysiologen. Die nach ihm benannte Flourens-Theorie nimmt an, dass das Denken nicht an bestimmte Zentren, sondern an die Funktion des ganzen Gehirns gebunden ist. Er entdeckte das Atemzentrum und die Bedeutung des Kleinhirns für die Aufrechterhaltung des Gleichgewichts beim Gehen.

Wenn Sie sich das Kleinhirn, den Hirnstamm und die Oberfläche der beiden Großhirnhemisphären ansehen, bemerken Sie, dass sich all diese Regionen in ihrer Oberflächenstruktur unterscheiden, so wie sie auch farblich von weiß über rosa bis bräunlich variieren. Sobald Sie das Gehirn dann umdrehen und sich die Unterseite ansehen, können Sie leicht weitere Bereiche finden, die sich ebenfalls in Farbe, Form und Struktur unterscheiden. In den meisten Fällen können Sie jedem Bereich auf der rechten Seite einen entsprechenden Bereich auf der linken Seite zuordnen, das heißt, Sie können das Gehirn durch einen Schnitt längs der Scheitellinie in zwei spiegelbildliche Hälften zerlegen.

Die verschiedenen Gehirnbereiche gruppieren sich um den stielartigen Hirnstamm und werden von den Neurowissenschaftlern nach einem bestimmten anatomischen Schema unterteilt. Man kann sich diese Gehirnregionen als Länder vorstellen, die durch Grenzen voneinander getrennt sind. Oft sind diese Grenzen sehr auffällig: Eine ist vielleicht eine flüssigkeitsgefüllte Hirnkammer, in der, wie bereits erwähnt, einst der Sitz der Seele vermutet wurde, eine andere könnte eine leichte Veränderung in der Struktur oder Farbe des Gewebes sein. Entsprechend dem allgemein akzeptierten Schema trägt jede Region einen bestimmten Namen. Doch unser vorrangiges Ziel in diesem Beitrag besteht nicht in einer detaillierten Dokumentation der Hirnanatomie, sondern wir wollen wissen, wie bestimmte Regionen nicht nur zum Überleben in der äußeren Welt beitragen, sondern auch zum Bewusstsein dieser inneren Welt, der Intimsphäre unseres Denkens und Fühlens. Diese Fragen haben die Menschen schon lange Zeit vor dem Heraufdämmern der Dekade des Gehirns fasziniert.

Einige Gelehrte, wie Marcello Malpighi im 17. Jahrhundert, nahmen an, das Gehirn funktioniere homogen wie eine riesige Drüse. Malpighi stellte sich das Nervensystem ähnlich wie einen umgedrehten Baum vor: Der Stamm war das Rückenmark; er wurzelte im Gehirn und seine Zweige durchzogen als Nerven den Körper. Etwas später, in der ersten Hälfte des 19. Jahrhunderts, zog Jean-Pierre-Marie Flourens aus einer Reihe recht gruseliger Experimente ebenfalls den Schluss, das Gehirn sei homogen. Dabei ging er von einem sehr simplen Grundprinzip aus: Man entferne verschiedene Teile des Gehirns und beobachte, welche Funktionen erhalten bleiben. Flourens experimentierte mit einer ganzen Reihe von Versuchstieren, entfernte methodisch immer größere Teile ihres Gehirns und beobachtete die Auswirkungen. Wie er herausfand, wurden nicht etwa bestimmte Funktionen spezifisch beeinträchtigt, sondern alle Funktionen gleichermaßen reduziert. Daraus schloss Flourens mit zwingender Logik, man könne spezielle Funktionen nicht bestimmten Teilen des Gehirns zuordnen.

Dieses Szenario eines einheitlichen Gehirns ohne spezialisierte Bereiche inspirierte das Konzept der Massenwirkung. Es ist eine Vorstellung, die auch heute noch in weniger extremer Form existiert, um ein anscheinend wunderbares, aber recht häufiges Ereignis zu erklären: Werden Teile des Gehirns zerstört, beispielsweise durch einen Schlaganfall, dann übernehmen offenbar andere, intakt gebliebene Teile deren Aufgabe, sodass zumindest einige der ursprünglichen Funktionen wiederhergestellt werden.

Das Modell der Phrenologen

In völligem Gegensatz zu dieser Vorstellung der Massenwirkung steht die Ansicht, dass sich das Gehirn in separate Kompartimente unterteilen lässt, von denen jedes eine höchst spezifische Funktion hat. Der berühmteste Vertreter dieser Vorstellung war Franz Joseph Gall, ein Arzt, der 1758 geboren wurde. Gall interessierte sich sehr für den menschlichen Verstand, aber er hielt ihn für zu empfindlich, um chirurgisch vorzugehen. Wenn man bedenkt, welche Techniken damals zur Verfügung standen, hatte er wahrscheinlich recht damit. Stattdessen stieß Gall auf eine andere, scheinbar subtilere Möglichkeit, das Gehirn zu untersuchen. Er entwickelte folgende Theorie: Wenn man die Schädel von Toten untersuchen und herausfinden könnte, wie sie mit dem vermeintlichen Charakter der Verstorbenen zusammenpassten, dann ließe sich vielleicht ein körperliches Merkmal finden, das mit gewissen Charakteraspekten korrespondiert. Die cerebralen Strukturen, die Gall geeignet erschienen, waren die am leichtesten zugänglichen Merkmale: die Wölbungen auf der Schädeloberfläche.

Porträt

Gall, *Franz Joseph,* deutscher Anatom, *9.3.1758 Tiefenbrunn (bei Pforzheim), †22.8.1828 Montrouge (bei Paris); begründete die stark umstrittene Lehre von der Phrenologie (Schädellehre).

Gall kam schließlich zu dem Schluss, es gebe 27 verschiedene Charakterzüge. Diese angeblichen Persönlichkeitsbausteine stellten sich als sehr komplexe Verhaltensmerkmale heraus: Fortpflanzungstrieb, Liebe zum eigenen Nachwuchs, Zuneigung und Freundschaft, Verteidigungsbereitschaft, sadistische Neigungen, Schläue, Habgier und kriminelle Energie, Stolz und autoritäres Verhalten, Eitelkeit, Umsicht und Vorausschau, Gedächtnis für Dinge und Fakten, räumliches Vorstellungsvermögen, Gedächtnis für Menschen, Wortgespür, Sinn für Sprache, Farbsinn, Gefühl für Tonfolgen, Sinn für Zahlenbeziehungen, Sinn für Mechanik, Weisheit, Gedankentiefe und Sinn für Metaphysik, Sinn für Humor und Sarkasmus, dichterisches Talent, Güte, Imitationsfähigkeit, Gott und Religion, Standhaftigkeit.

Diesen so ganz unterschiedlichen Qualitäten – die später noch auf über 30 erweitert wurden, um zusätzlich Merkmale wie Durchschnittlichkeit unterzubringen – wurden bestimmte Bereiche auf der Schädeloberfläche zugeordnet, sodass eine Karte der Schädelober-

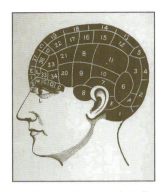

Lokalisationsschema nach Gall. In dieser Zeichnung aus dem 19. Jahrhundert sind über 30 Charaktereigenschaften bestimmten Feldern des Großhirns zugeordnet.

fläche entstand: Je nachdem, ob der Schädel eines Individuums im Bereich eines Merkmals stark oder schwach gewölbt war, war die Eigenschaft entsprechend stark oder schwach ausgeprägt. Die bohrende und noch immer unbeantwortbare Frage, wie denn ein bestimmter geistiger Zustand mit einer physischen Infrastruktur in Verbindung stehen könne, geschweige denn mit einer Struktur, die so wenig Kontakt mit dem Hirngewebe hat wie eine Erhebung am Schädel, wurde gar nicht erst diskutiert.

Der Apparat, mit dem Gall seine Analysen durchzuführen pflegte, war eine Art Hut. Wenn man ihn aufsetzte, wurden durch die Wölbungen auf der Schädeloberfläche bewegliche Stifte verschoben, die sich nach oben durch eine Papierauflage drückten. Am charakteristischen Perforationsmuster des Papiers ließ sich dann in groben Zügen der Charakter eines Individuums ablesen. Johann Caspar Spurzheim, ein Kollege Galls, prägte den griechischen Begriff *Phrenologie* („Lehre von Geist und Gemüt"), um das Verfahren und die ihm zugrunde liegende Philosophie zu beschreiben. Sie bot einen neuen Weg, das Gehirn zu sehen, und da sie auf objektiven Messungen basierte, besaß sie all den Glanz einer echten Wissenschaft – und wurde rasch zu einer Modeströmung. Phrenologie wurde populär, weil sie ein „wissenschaftliches" Bild vom Menschen vermittelte und damit gleichzeitig eine andere, neue Form der moralischen Bewertung ermöglichte. Sie war etwas, das man messen konnte und das keine schwierigen und abstrakten Vorstellungen erforderte, wie das Konzept einer Seele. Als säkulares, objektives System, befreit von jeder Notwendigkeit eines blinden Glaubens, befriedigte die Phrenologie in schönster Weise die wachsende Anzahl von Leuten, die damals mit der Kirche unzufrieden waren.

Das Ende der Phrenologie – die Entdeckung des Broca- und Wernicke-Areals

Im Jahre 1861 untersuchte der französische Neuroanatom und Anthropologie Paul Broca einen Mann, der nicht sprechen konnte. Dieser Mann konnte nur „tan" (französisch für „Gerberlohe") sagen; er konnte kein anderes Wort aussprechen, daher nannte man ihn „Tan", obwohl sein richtiger Name Leborgne war. Tan verdiente sich einen Platz in der Medizingeschichte, weil er sechs Tage nach der Untersuchung das Pech hatte zu sterben und Broca damit die Chance gab, sein Gehirn zu untersuchen. Wie sich herausstellte, war die geschädigte Hirnregion eine ganz andere, als von der Phrenologie vorhergesagt. Auf einigen phrenologischen Büsten liegt das Sprachzentrum im unteren Teil der linken Augenhöhle, wohingegen das geschädigte Areal in Tans Fall ein kleiner Bereich im vorderen Teil der linken He-

Porträt

Broca, *Paul,* französischer Anthropologe und Chirurg, *28.6.1824 Sainte-Foy-la-Grande, † 9.7.1880 Paris; entwickelte zahlreiche neue anthropologische Messinstrumente, so auch zur Schädelmessung. Anfang der sechziger Jahre des 19. Jahrhunderts stellte er fest, dass bei bestimmten Sprachstörungen (motorische Aphasie) regelmäßig eine Läsion in der dritten linken Stirnwindung bei der Sektion zu beobachten war. Er schloss daraus, dass an dieser Stelle der Hirnrinde ein Sprachzentrum vorhanden sein müsse.

Klinische Charakteristika der Broca- und Wernicke-Aphasie

Typ	verbale Äußerungen	Wiederholung	Verständnis	Benennen	assoziierte Symptome	Läsionen
Broca-Aphasie	nicht flüssig	beeinträchtigt	normal	kaum beeinträchtigt	RHP, Apraxie der linken Gliedmaßen und Gesichtshälfte	links posterior, inferior frontal
Wernicke-Aphasie	flüssig	beeinträchtigt	beeinträchtigt	beeinträchtigt	RHH	links posterior, superior temporal

RHP = rechte Hemiparese (Teillähmung); RHH = rechte homonyme Hemianopsie (Teilblindheit)

misphäre war. Seither wird dieser Teil des Gehirns *Broca-Areal* genannt.

Da die Phrenologie aber nicht mit eindeutigen klinischen Beobachtungen übereinstimmte, begann sie, an Reiz zu verlieren. Das Problem komplizierte sich, als der Arzt Carl Wernicke wenige Jahre später auf ein Sprachproblem anderer Art stieß. Bei den Patienten, die Wernicke untersuchte, war ein ganz anderer Teil des Gehirns geschädigt. Im Gegensatz zu Tan konnten Wernickes Patienten Wörter perfekt artikulieren. Das einzige Problem bei der sogenannten *Wernicke-Aphasie* ist, dass die Sprache oft zu einem „Wortsalat" verkommt. Wörter werden völlig willkürlich zusammengewürfelt, und häufig werden auch neue Wörter erfunden, die offenbar überhaupt keine Bedeutung haben.

Die Entdeckung eines weiteren Gehirnareals, das eindeutig mit Sprache – wenn auch mit einem anderen Aspekt von Sprache – assoziiert ist, zeigt, dass das Problem der Phrenologie nicht nur eine Fehlplatzierung des Sprachzentrums war: Wernickes Beobachtungen warfen eine weit grundlegendere Frage auf, die ganz unabhängig von der eigentlichen Lokalisierung das Konzept eines einzelnen Sprachzentrums zu Fall brachte. Wölbungen auf dem Schädel repräsentieren eindeutig keine Hirnfunktionen. Ganz abgesehen von der Absurdität, Schädelerhebungen als Maß für Gehirnfunktionen zu nehmen, bleibt das Problem bestehen, wie Verhalten, Fähigkeiten, Empfindungen oder Gedanken irgendwo im Gehirn in ein physisches Ereignis umgesetzt werden, und umgekehrt. Die Phrenologen meinten, es gebe eine einfache 1:1-Kartierung, mittels derer sich das Endprodukt als Ganzes – eine komplexe Funktion wie Sprache – einer abgegrenzten kleinen Gehirnregion zuordnen lasse. In der Rückschau ist leicht zu sehen, dass sie sich irrten, obgleich die Vorstellung von Gehirnzentren für Gedächtnis, Gefühl und Ähnliches noch immer im Volks-

Porträt

Wernicke, Carl, deutscher Psychiater, * 15.5.1848 in Tarnowitz (Oberschlesien), † 15.6.1905 Thüringer Wald; 1895–1900 Professor in Berlin, danach in Breslau, ab 1904 in Halle; Entdecker des sensorischen Sprachzentrums (Wernicke-Zentrum) im Gehirn.

glauben weiterlebt. Aber wenn „Chunks"[1] des Gehirns nicht nur passiv und direkt mit „Chunks" der Außenwelt oder unseres verhaltensbiologischen und geistigen Repertoires korrespondieren, welches alternative Modell können wir uns dann vorstellen?

Weitere Gehirnmodelle

John Hughlings Jackson (1835–1911), ein britischer Neurologe, sah das Gehirn als hierarchisch organisierte Struktur an. Er vertrat die Ansicht, die primitivsten Triebe würden durch höhere, hemmende Funktionen in Schach gehalten, die im Laufe der Evolution zunehmend raffinierter geworden und daher beim Menschen am weitesten entwickelt seien. Diese Vorstellung sollte Folgen für die Neurologie, die Psychiatrie und sogar für die Soziologie haben. Anomale Bewegungen, die aus Hirnschädigungen resultierten, ließen sich nun als Entfesselung niederer Funktionen interpretieren, als unwillkürliche, von allen normalerweise hemmenden höheren Einflüssen befreite Bewegungen. In gleicher Weise konnte Sigmund Freud (1856–1939) die Theorie aufstellen, die leidenschaftlichen Triebe des „Es" würden durch das „Ich" (Bewusstsein) gezügelt, das seinerseits wiederum vom Gewissen des „Über-Ichs" kontrolliert werde. Und schließlich konnte man sogar auf der politischen Ebene das anarchische Verhalten eines ungezügelten Mobs, bei dem es längst nicht mehr um ein individuelles Gehirn geht, als Versagen „höherer" Kontrollinstanzen interpretieren.

Porträt

Jackson, *John Hughlings*, britischer Neurologe, *4.4.1835 Green Hammerton (Yorkshire), † 7.10.1911 London; Mitbegründer der modernen Neurologie. Jackson arbeitete u.a. über die Ursachen der Aphasie, Epilepsie und verschiedener motorischer Störungen; seine Erklärungen gehen von einem prinzipiell dreistufigen, hierarchisch gegliederten System der Sensomotorik aus. Bei Gehirnverletzungen sind demnach die auftretenden Symptome meist Ausdruck der Funktion tieferer Zentren, die von den höheren infolge der Läsion nicht mehr kontrolliert werden können.

Obgleich Jacksons Hypothese insofern ansprechend ist, als sie einen interessanten gemeinsamen Rahmen für Neurologie, Psychiatrie und sogar Massenpsychologie bietet, lauert auch dahinter die irrige Annahme, die die Phrenologen machten. Das Konzept einer Hierarchie impliziert, dass irgend etwas an der Spitze steht, dass es irgendeine Endkontrolle geben muss. Die Vorstellung, es gebe ein einzelnes Exekutivzentrum für Gedächtnis oder Bewegung, gemahnt an die Wölbungen der Phrenologen. Auf der anderen Seite hat die Vorstellung von einem Über-Ich als letzter Kontrollinstanz – wenn auch in psychiatrischer oder moralischer Hinsicht verständlich – ebenfalls keinen physischen Gegenpart als solchen. Es gibt kein Miniatur-Superhirn innerhalb des Gehirns, das alle Operationen lenkt.

Ein weiterer Versuch, ein Modell zu entwickeln, das die Funktionen großer Gehirnregionen miteinander verknüpft, wurde von Paul MacLean in den vierziger und fünfziger Jahren des vergangenen Jahrhunderts unternommen. Wiederum sah MacLean das Gehirn als hierar-

---

[1] Chunk (englisch für „Brocken", „Klumpen"): Begriff aus der Gedächtnisforschung, mit dem man die individuell unterschiedliche Einteilung und Bündelung von Informationseinheiten beschreibt.

chisch gegliedert an, aber diesmal aufgebaut aus drei Schichten: dem „primitiven Reptiliengehirn" als evolutionsbiologisch ältestem Teil, dem fortschrittlicheren „alten Säugergehirn" und dem komplexesten „neuen Säugergehirn". Das Reptiliengehirn, das dem Hirnstamm entspricht (dem zentralen Stiel, der aus dem Rückenmark aufsteigt), war danach für das Instinktverhalten verantwortlich. Das alte Säugergehirn hingegen setzte sich aus einer Reihe miteinander verbundener Strukturen im Bereich des Mittelhirns zusammen, dem sogenannten limbischen System, das das emotionale Verhalten kontrolliert, insbesondere das Aggressions- und Sexualverhalten. Das neue Säugergehirn schließlich war der Bereich für rationale Denkprozesse, die in der äußeren Schicht des Gehirns abliefen. Diese Außenschicht wird als *Cortex*, nach dem lateinischen Wort für „Rinde" bezeichnet, da sie die Oberfläche des Gehirns überzieht wie die Rinde den Stamm eines Baumes.

MacLean bezeichnete sein Konzept als das „dreieinige Gehirn" (*triune brain*) und behauptete, ein großer Teil aller menschlichen Konflikte resultiere aus der schlechten Koordination zwischen den drei Teilen. Wenn uns diese Theorie auch vielleicht hilft, das wahrhaft geistlose und gleichförmige Verhalten von Menschenmengen bei politischen Großkundgebungen zu verstehen, so wirft sie doch kaum Licht auf das zentrale Thema dieses Beitrags: wie Funktionen in der Außenwelt konkret im Gehirn verankert sind.

Gehirngrößen bei Tieren

Dennoch könnte ein Vergleich von Gehirnen auf verschiedenen Entwicklungsstufen, beispielsweise von Reptilien, nichtmenschlichen Säugern und Menschen, einige Hinweise zur Lösung des Rätsels erbringen. Vergleicht man die Gehirne verschiedener Arten, so ist das auffälligste Merkmal ihr Größenunterschied. Daher bietet sich die Schlussfolgerung an, dass die Größe des Gehirns von entscheidender Bedeutung ist, dass ein Tier umso intelligenter ist, je größer sein Gehirn ist.

Das Gehirn eines Elefanten ist fünfmal größer als das eines Menschen: Es wiegt etwa acht Kilogramm, aber würden wir sagen, dass ein Elefant fünfmal intelligenter ist als ein Mensch? Wohl kaum. Weil Elefanten viel größer als Menschen sind, kam man auf den Gedanken, möglicherweise sei nicht die Größe an sich entscheidend, sondern vielmehr der prozentuale Anteil des Gehirns am Körpergewicht. Das Gewicht des Elefantengehirns macht nur 0,2 Prozent, das des menschlichen Gehirns hingegen 2,33 Prozent des Körpergewichts aus.

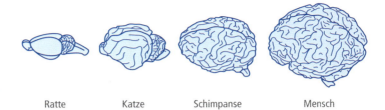

Gehirngrößen bei Tier und Mensch.   Ratte   Katze   Schimpanse   Mensch

Aber der Prozentsatz des Körpergewichts ist wohl auch nicht der Weisheit letzter Schluss: Bei der Spitzmaus entfallen 3,33 Prozent des Körpergewichts auf das Gehirn, dennoch kann man nicht behaupten, dass Spitzmäuse besonders intelligent seien – die kleinen Insektenfresser sind weniger für tiefschürfende Gedanken als für ihren sagenhaften Appetit berühmt; sie fressen jeden Tag soviel wie ihr eigenes Körpergewicht in Form von Insekten, Schnecken und Würmern. Daher müssen beim Gehirn neben Größe und Verhältnis zum Körpergewicht andere wichtige Faktoren eine Rolle spielen.

Bisher haben wir uns nur mit der absoluten Größe des Gehirns beschäftigt und das Gehirn damit als eine einheitliche, homogene Masse betrachtet, aber das entscheidende und fundamentale Merkmal des Gehirns ist, dass es aus verschiedenen Bereichen besteht. Wenn wir die Bedeutung der Hirnregionen erforschen wollen, könnte es sehr hilfreich sein, sich nochmals der Evolution zuzuwenden und zu schauen, wie einzelne menschliche Hirnregionen im Vergleich zu den entsprechenden Regionen anderer Tiere aussehen.

Wenn man so verschiedene Klassen wie Fische und Vögel betrachtet und das Gehirn eines Karpfens mit dem eines Hühnchens vergleicht, beginnt sich trotz gewisser Unterschiede im Detail ein grundlegendes und durchgängiges Muster abzuzeichnen. Einige Bereiche haben sich im Laufe der Zeit kaum verändert: Das gilt beispielsweise für den Stiel, der aus dem Rückenmark erwächst, den Hirnstamm; er ist in den meisten Fällen gut als Landmarke zu erkennen. Das Grundthema wird jedoch variiert: Beim Hühnchen macht das Kleinhirn etwa die Hälfte der gesamten Gehirnmasse aus, bei gewissen Fischen hingegen können es bis zu 90 Prozent sein. Das Kleinhirn muss im Leben vieler Tierarten, einschließlich des Menschen, eine wichtige verhaltensbiologische Funktion erfüllen; eine besonders wichtige Rolle spielt es offenbar beim Hühnchen, aber noch wichtiger ist es bei Fischen.

Beim Menschen mit seiner differenzierten Lebensweise nimmt das Kleinhirn einen weit geringeren Teil des Gesamtgehirns ein. Man darf daher annehmen, dass das Kleinhirn nicht direkt für die vielfältigeren und für den Menschen typischen Verhaltensweisen verantwortlich ist, deren wir fähig sind und für die wir vermutlich ein komplexeres Gehirn benötigen als andere Arten. Die Hirnregion, die sich im Laufe der Evolution am stärksten verändert hat, ist die Rinde des Großhirns, der Cortex.

Topographie der Großhirnrinde

Einen wichtigen Hinweis auf die Gehirnfunktion liefert die Tatsache, dass der Cortex bei höheren Tieren gefaltet ist; dadurch konnte sich die Cortexoberfläche vergrößern, ohne mit dem beschränkten Raum in einem relativ kleinen Schädel in Konflikt zu geraten. Ausgebreitet hätte der Cortex einer Ratte die Größe einer Briefmarke, der eines Schimpansen die eines DIN-A4-Bogens, während die Oberfläche des menschlichen Gehirns ausgebreitet vier solcher Bögen bedecken würde! Das Verhalten des Menschen ist weniger vorprogrammiert und flexibler als das aller anderen Tierarten; man nimmt daher an, dass ein Zusammenhang existiert zwischen der Ausdehnung der Großhirnrinde und einer Lebensweise, die das Individuum von fixierten, vorgegebenen Verhaltensmustern befreit. Je größer die Cortexoberfläche, desto besser wird ein Individuum in der Lage sein, in spezifischer und unvorhersagbarer Weise auf die Anforderungen einer komplexen Situation zu reagieren. Je größer die Cortexoberfläche, desto besser wird das Tier in der Lage sein, eigene Gedanken zu fassen. Aber was meinen wir eigentlich mit dem Begriff *denken*?

Die Großhirnrinde ist etwa zwei Millimeter dick und lässt sich nach verschiedenen Konventionen in 50–100 separate Funktionsbereiche unterteilen. Bis zu einem gewissen Grad ist diese Klassifikation sinnvoll: Bestimmte Bereiche des Cortex, aber keineswegs alle, korrespondieren offenbar eindeutig mit Eingangs- und Ausgangssignalen (Inputs und Outputs) im Gehirn. Beispielsweise sendet das Gehirn aus einem eng umrissenen Teil des Cortex motorische Signale durch das Rückenmark zu den Muskeln, um ihnen zu befehlen, sich zusammenzuziehen – daher nennt man diesen Teil des Cortex den motorischen Cortex. Gleichzeitig gibt es andere spezifische Cortexareale, beispielsweise den visuellen Cortex und den auditorischen Cortex, die sensorische Signale von den Augen beziehungsweise von den Ohren empfangen. In ähnlicher Weise führen Hautnerven durch das Rückenmark zu dem Cortexareal, das auf einlaufende Informationen über Schmerz- und Berührungsreize reagiert, zum sogenannten somatosensorischen Cortex.

Es gibt jedoch andere Cortexregionen, die sich nicht so klar klassifizieren lassen. Beispielsweise erhält eine Region hinten oben am Kopf (posterior-parietaler Cortex) Input von visuellen, akustischen und somatosensorischen Systemen. Daher ist die Funktion einer solchen Region weniger leicht zu deuten. Patienten mit einer Verletzung

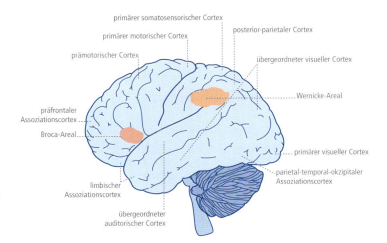

Die Grundstrukturen des Gehirns in Seitenansicht der Hirnoberfläche mit Cortexarealen und Broca-/Wernicke-Areal.

Was ist eigentlich ...

Assoziationscortex [von latein. *associare* = verbinden, *cortex* = Rinde], *Assoziationsrinde*, Bezeichnung für Bereiche des Neocortex, die mit anderen assoziativen Arealen in Verbindung stehen. Ihre Aufgaben sind oft schwer zu formulieren oder noch unbekannt. Der Anteil des Assoziationscortex an der gesamten Großhirnrinde ist bei Nagetieren relativ gering, bei Raubtieren deutlich umfangreicher. Bei den Primaten, und besonders deutlich beim Menschen, dominiert er den Neocortex. Hier wird ein vorderer Teil (große Bereiche des Frontallappens) von einem hinteren unterschieden (der hintere Bereich des Scheitellappens, der vordere Teil des Hinterhauptslappens und fast der ganze Schläfenlappen). Die visuellen, auditorischen und somatosensorischen Cortices umfassen demgegenüber zusammen nicht mehr als ein Viertel des gesamten Cortex des Menschen.

des parietalen Cortex (des Scheitellappens) zeigten ein breites Spektrum von Behinderungen, je nach exakter Lage und Ausmaß der Schädigung. Zu diesen Symptomen gehören das Unvermögen, Objekte durch Sehen oder Berühren zu identifizieren, oder das Unvermögen, mit einem Sinn etwas zu erkennen, was man mit einem anderen Sinn bereits erkannt hat: Beispielsweise ist jemand mit einem geschädigten Scheitellappen vielleicht nicht in der Lage, optisch einen Ball zu erkennen, den er zuvor mit verbundenen Augen in der Hand gehalten hat. Ebenso wie die sinnliche Wahrnehmung ist auch der Output des Gehirns, das motorische System, gestört. So sind Patienten mit Scheitellappenschädigung unbeholfen bei der Manipulation von Objekten (Apraxie) oder haben sogar Schwierigkeiten beim Ankleiden. Sie verwechseln rechts und links, und ihre Fähigkeit zur räumlichen Orientierung ist gestört. Eine Schädigung des Scheitellappens kann nicht nur zu Problemen bei der Verarbeitung sensorischer Informationen beziehungsweise motorischer Signale führen, sondern auch zu sehr bizarren Wahrnehmungsstörungen. Beispielsweise kommt es vor, dass solche Patienten kategorisch abstreiten, dass ihre linke oder rechte Körperhälfte wirklich zu ihnen gehört. Dieses Phänomen ist Teil eines noch umfassenderen Problems, bei dem Patienten alle taktilen, optischen und akustischen Reize, die diese Körperseite betreffen, überhaupt nicht beachten.

Es ist wichtig sich klarzumachen, dass Patienten mit Scheitellappenschädigung über voll funktionsfähige sensorische Systeme verfügen und ihre Muskulatur uneingeschränkt bewegen können. Das Problem liegt offenbar in der komplexen Koordination von Sinneseindrücken und Bewegungen, die wir normalerweise für selbstverständlich halten. Weil es so aussieht, als verbinde der parietale Cortex auf irgendeine Weise ein sensorisches System mit einem anderen, wird diese corticale Region als *Assoziationscortex* bezeichnet. Aber ein cortica-

Das erstaunlichste Organ der Welt

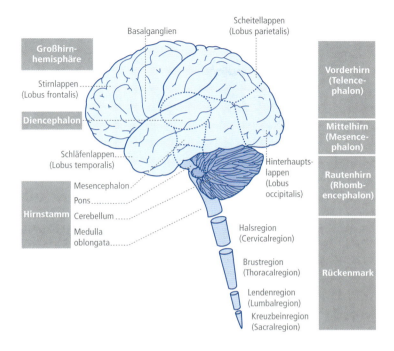

Die sieben Hauptbestandteile des zentralen Nervensystems.

ler Bereich wie der parietale Cortex fungiert nicht nur als simple Kreuzung für die Ein- und Ausgangssignale des Gehirns. Zusätzlich haben Patienten mit Scheitellappenschädigung Wahrnehmungsstörungen, die zum bizarren Leugnen ihres halben Körpers führen können: Dieser sogenannte „Neglect" (englisch für „Vernachlässigung") kann seinerseits zu noch abstruseren Behauptungen führen, beispielsweise, dass ihr Arm gar nicht ihnen, sondern jemand anderem gehöre. Daher muss der parietale Cortex ebenso wie andere corticale „Assoziations"-Areale für die differenziertesten und am schwersten zu fassenden Funktionen verantwortlich sein, die es gibt: für das Denken, oder wie die Neurowissenschaftler sagen, für *kognitive Prozesse*.

Der präfrontale Cortex – Funktionen des vorderen Gehirnbereichs

Wenn wir unsere Strategie wiederaufnehmen, spezielle Gehirnregionen bei verschiedenen Tiergruppen zu vergleichen, so dürfen wir erwarten, dass die corticalen Assoziationsareale bei den Tieren mit der differenziertesten, individualistischsten Lebensweise am stärksten ausgeprägt sind. Selbst im Vergleich zu unserem nächsten Verwandten, dem Schimpansen, dessen Desoxyribonucleinsäure (DNA) sich

Was ist eigentlich ...

Neglect [Vernachlässigung], eine meist halbseitige Vernachlässigung bzw. Nichtbeachtung des eigenen Körpers oder der Umgebung bezüglich einer oder mehrerer Sinnesmodalitäten, obwohl die Sinnesorgane und primären corticalen Areale intakt sind. Beispielsweise stoßen die Patienten beim Gehen immer wieder gegen Hindernisse auf einer Seite, zeichnen Vorlagen nur zur Hälfte ab oder heben nur einen Arm, wenn sie aufgefordert werden, beide zu heben. Die Vernachlässigung einer Raum- und Körperhälfte kann durch Hinweisreize teilweise aufgehoben werden. Auch können Informationen implizit verarbeitet werden und das Verhalten beeinflussen, obwohl sich der Patient dessen nicht bewusst ist.

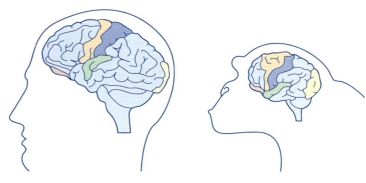

Vergleich der Großhirnrinde von Mensch und Schimpanse. Beim Schimpansen ist der Cortex überwiegend speziellen Aufgaben gewidmet (farbige Bereiche), während sich beim Menschen dem größten Teil des Cortex keine klaren Rollen zuordnen lassen (blaue Bereiche); diese Areale, die man unter dem Begriff Assoziationscortex zusammenfasst, konzentrieren sich insbesondere auf den vorderen Teil des Gehirns (präfrontaler Cortex).

von der unseren nur um ein Prozent unterscheidet, sind unsere Assoziationscortexareale um ein Vielfaches größer. Es ist wenig überraschend, dass gerade diese nicht direkt an der Bewegungskontrolle oder an der Verarbeitung von Sinneseindrücken beteiligten Cortexareale besonders interessant und gleichzeitig besonders schwierig zu verstehen sind – vor allem, wenn man genau beschreiben will, was sie tun und wie sie es tun.

Beispielsweise liegt ein großer Teil des Assoziationscortex im vorderen Gehirnbereich, dem präfrontalen Cortex. Von allen Cortexregionen ist diese Region im Verlauf der Säugerevolution am stärksten gewachsen: Sie hat sich bei Katzen um drei Prozent, bei Schimpansen um 17 Prozent und beim Menschen um erstaunliche 29 Prozent vergrößert.

■ Ein berühmter Unfall

Der erste Hinweis auf die Funktion des präfrontalen Cortex ergab sich aus einem Unfall, der sich 1848 in Vermont ereignete. Damals wuchs das Schienennetz in den Vereinigten Staaten in rasendem Tempo. Phineas Gage war Vorarbeiter eines Schienenarbeitertrupps, und es war seine Aufgabe, Bohrlöcher mit Dynamit zu füllen, um alle Hindernisse aus dem Weg zu räumen, die die Verlegung der Schienentrasse blockierten. Um das Dynamit in die dafür vorgesehenen Löcher zu stopfen, benutzte Phineas eine Eisenstange, einen sogenannten Besetzstempel, der in diesem Fall etwa einen Meter lang und drei Zentimeter dick war.

Eines Tages, als Phineas wie üblich Dynamit mit seinem Besetzstempel in das Bohrloch stieß, kam es zu einem tragischen Unfall. Das Dynamit wurde durch einen Funken vorzeitig gezündet und explodierte. Obgleich die Explosion sehr heftig war, überlebte Phineas, wenn auch nicht unverletzt. Er hatte seinen Kopf etwas seitlich geneigt gehalten, sodass der Besetzstempel durch die rechte Wange eindrang und den Schädel im linken Stirnbereich verließ, wobei er seinen präfrontalen Cortex (Stirnlappen) schwer verletzte. Erstaunlicherweise schien Phineas nach kurzer Bewusstlosigkeit durch den dramatischen Verlauf der Ereignisse bemerkenswert wenig beeinträchtigt. Sobald die Infektion abgeklungen war, funktionierten seine Sensorik und Motorik so, als sei nie etwas passiert.

> Aber im Laufe der Zeit begannen die Menschen um ihn herum Unterschiede festzustellen. War Phineas vor dem Unfall ein kooperativer und umgänglicher Mensch gewesen, so wurde er nun anmaßend, unbeständig, überheblich, starrsinnig und rücksichtslos. Nach einer Weile gab er seinen Job bei der Eisenbahn auf und endete schließlich als Rummelplatzattraktion.

Der präfrontale Cortex hat offenbar weder mit reinen Überlebensfunktionen, wie Atmung oder Temperaturregulation, noch mit der Verarbeitung sensorischer Informationen oder mit der Bewegungskoordination zu tun, sondern mit höheren geistigen Prozessen, mit dem Wesen unserer Persönlichkeit und damit, wie wir als Individuen auf die Welt reagieren. Unser Charakter, den wir für einen relativ festgelegten und unverletzlichen Aspekt unserer selbst halten, hängt in Wirklichkeit völlig von unserem physischen Gehirn: Er *ist* unser Gehirn.

Funktionsstörungen

Im Jahre 1935 nahm der portugiesische Neurologe Egas Moniz am 2. Internationalen Neurologiekongress in London teil. Bei diesem Treffen hörte er von einem offenbar neurotischen Schimpansen, der nach einer Verletzung seiner Stirnlappen (Frontallappen) viel gelassener erschien. Dies veranlasste Moniz, einen ähnlichen Ansatz bei der Behandlung „schwieriger" Menschen zu versuchen. Er entwickelte die sogenannte *Leukotomie*; der Name dieser Technik leitet sich aus dem Griechischen ab und bedeutet soviel wie „Durchtrennen der Weißen", gemeint sind die Nervenbahnen, die die Stirnlappen mit dem übrigen Gehirn verbinden. Bis weit in die Sechzigerjahre des vergangenen Jahrhunderts war die frontale Leukotomie die Behandlung der Wahl für eine ganze Reihe psychischer Erkrankungen, wie sehr schwere und andauernde Depressionen, Angst- und Aggressionszustände sowie Phobien. Zwischen 1936 und 1978 unterzogen sich rund 35 000 Menschen in den Vereinigten Staaten diesem psychochirurgischen Eingriff. Seit Ende der 1960er-Jahre ist die Zahl der jährlich durchgeführten Leukotomien ständig zurückgegangen. Die Entwicklung wirksamerer Psychopharmaka wie auch die späte Erkenntnis, welche kognitiven Defizite aus diesem Eingriff resultieren können, haben den Eifer der Kliniker gedämpft, denen ein chirurgischer Eingriff einige Jahrzehnte zuvor noch als einziger Weg erschien.

Auf dem Höhepunkt ihrer Popularität wurde behauptet, die Leukotomie habe kaum Nebeneffekte. Mit der Zeit wurde jedoch immer deutlicher, dass dieser Eingriff keinen überzeugenden therapeutischen Nutzen hatte, wohl aber schwere Nebenwirkungen mit sich

Porträt

Moniz, António Egas, portugiesischer Neurologe, Neurochirurg und Politiker, *29.11.1874 Avanca (Portugal), †13.12.1955 Lissabon; langjährige Tätigkeit als Abgeordneter, Außenminister und Gesandter. Er entwickelte eine Röntgenmethode zur Untersuchung der Hirndurchblutung beim lebenden Menschen mittels Kontrastmittelinjektion (cerebrale Angiographie). 1935 durchtrennte er erstmalig bei Patienten mit schwerer Psychose die Nervenfasern zwischen Frontallappen und den tieferen Hirnregionen (Leukotomie) und begründete damit die Psychochirurgie. 1949 erhielt Moniz zusammen mit W. R. Hess den Nobelpreis für Medizin.

■ Was ist eigentlich ... ■

Psychopharmaka [von griech. *phármakon* = Heilmittel, Gift], Singular Psychopharmakon, zur Behandlung psychischer Störungen eingesetzte Arzneimittel, die auf Gehirnfunktionen einwirken und daher zu Veränderungen psychischer Funktionen wie Erleben, Befinden und Verhalten führen. Die Bezeichnung wurde bereits im ausgehenden Mittelalter gebraucht, erlangte ihre gegenwärtige Bedeutung jedoch erst mit der Entdeckung der inzwischen gebräuchlichen wirksamen Substanzen in den 1950er-Jahren. Psychopharmaka wirken auf die Erregungsübertragung von Nervenzellen, d. h., ihr Angriffspunkt sind die Synapsen von Nervenzellen. Unterschiede bestehen in biochemischer (physiologischer) Hinsicht durch die Beeinflussung verschiedener Überträgersysteme, bei denen Neurotransmitter wie Dopamin, Serotonin, Noradrenalin und Histamin eine entscheidende Rolle spielen.

---

brachte. Wie im Falle von Phineas Gage veränderte sich das Wesen dieser Menschen; sie konnten nicht länger vorausschauend handeln und zeigten kaum Emotionen. Zu dieser offensichtlichen Unfähigkeit, vorausschauend zu handeln, passt, dass es Patienten mit geschädigtem Frontallappen schwer fällt, neue Strategien oder Pläne zu entwickeln, um ein bestimmtes Problem zu lösen. Sie sind nicht in der Lage, Informationen aus ihrer Umgebung zu verwenden, um ihr Verhalten zu steuern oder zu verändern; stattdessen beharren sie starrsinnig auf ihrer einmal eingeschlagenen Strategie.

Dieses Profil einer Funktionsstörung ergab sich bei Untersuchungen, wie sich Patienten und auch Affen mit geschädigtem Frontallappen bei bestimmten experimentellen Aufgaben verhalten. Beispielsweise können solche Patienten keine Regeln verändern, wenn sie etwas tun: Werden sie zunächst aufgefordert, Spielkarten nach den Farben der Symbole zu sortieren, und anschließend, sie nach der Form der Symbole zu sortieren, so sind sie dazu nicht fähig und sortieren weiter nach Farben. Einige Leute bezeichnen die Fähigkeit, die wir zur Bewältigung gerade anstehender Arbeiten benötigen und über die wir normalerweise alle verfügen, als Arbeitsgedächtnis oder auch als „Notizzettel des Verstandes". Bei Versagen des Arbeitsgedächtnisses ist es schwierig, sich an Ereignisse im richtigen Zusammenhang zu erinnern. Aber eine Schädigung des präfrontalen Cortex führt nicht nur zu Gedächtnisproblemen. Eine weitere Folge dieser Schädigung ist der Verlust der Spontansprache: Patienten mit geschädigtem präfrontalen Cortex sprechen wenig und zeigen daneben das gestörte Sozialverhalten, das wir bei Phineas Gage kennengelernt haben.

Trotz dieser Informationsfülle ist es noch immer schwierig, genau zu sagen, welche Funktion der präfrontale Cortex hat. Einige Neurowissenschaftler haben auf die Ähnlichkeiten zwischen Patienten mit Stirnlappenschädigungen und solchen mit Schizophrenie hingewiesen. Menschen, die unter Schizophrenie leiden, haben offenbar bei denselben Arbeitsgedächtnisaufgaben Probleme wie die neurologi-

Was ist eigentlich ...

Arbeitsgedächtnis, Bezeichnung für das Bereithalten von (bzw. die aktuelle verfügbare Menge von) Informationen und Such-, Entscheidungs- bzw. Lösungsstrategien während der Beschäftigung mit einer Aufgabe (z. B. Kopfrechnen mit kurzzeitigem Behalten von Zwischensummen während der Bildung neuer Zwischensummen).

schen Patienten. Daher ist Schizophrenie als Störung interpretiert worden, einlaufende Informationen mit internalisierten Standards, Regeln oder Erwartungen in Einklang zu bringen. Der schizophrene und der präfrontale Patient werden demnach beide von einem sensorischen Input überwältigt und dominiert, den sie nicht adäquat zuordnen können, oder aber von Erinnerungen, die sie nicht in die richtige zeitliche Reihenfolge bringen können. Es ist fast so, als würde ihnen die innere Stabilität fehlen, die bei den meisten von uns als Puffer für die Wechselfälle des Lebens wirkt. Wenn diese Hypothese jedoch zutrifft, dann ist es ein zu komplexer und abstrakter Prozess mit viel zu vielen verschiedenen Aspekten und Konsequenzen, um in einer einzelnen, konkreten Funktion unseres täglichen Lebens zusammengefasst zu werden. Wenn wir Phrenologen wären, wäre es schwierig, ein Ein-Wort-Etikett zu finden, das für den Stirnlappen geeignet wäre.

Wir können sagen, dass ein Patient soziale Probleme oder Probleme mit dem Arbeitsgedächtnis hat, aber es ist sehr schwierig herauszufinden, was der gemeinsame Faktor bei diesen beiden so unterschiedlichen Beeinträchtigungen ist. Tatsächlich ist es bei vielen, wenn nicht den meisten Gehirnarealen problematisch, vertraute Ereignisse in der Außenwelt präzise mit aktuellen Ereignissen in einer einzelnen Gehirnregion zu korrelieren. Verschiedene Teile des Cortex, wie der motorische Cortex und der somatosensorische Cortex, haben eindeutig verschiedene Funktionen, und assoziative Bereiche, wie der präfrontale Cortex und Teile des parietalen Cortex, müssen alle ihre eigene, spezielle Rolle spielen. Aber anders, als es sich die Phrenologen vorgestellt haben, korrespondieren diese Rollen nicht auf einer 1:1-Basis mit augenfälligen Aspekten unseres Charakters und bestimmten Tätigkeiten in der realen Welt. Eine der größten Herausfor-

---

■ Was ist eigentlich ... ■

Schizophrenie [von griech. *schizein* = spalten, *phren* = Zwerchfell, Gemüt], schizophrene Psychose, eine häufige (Lebenszeitrisiko: 0,8–1,4%), vorwiegend im jungen Erwachsenenalter auftretende, ernsthafte psychische Erkrankung (Psychose). Die Bezeichnung „Schizophrenie" wurde Ende des 19. Jh. von E. Bleuler eingeführt, um eine Gruppe von Krankheiten zu kennzeichnen, deren auffälligstes Merkmal eine Zerrissenheit im Fühlen und Denken ist. Die Schizophrenie ist nicht einfach gleichzusetzen mit einer faustischen Seelenspaltung, wie die wörtliche Übersetzung „Spaltungsirresein" nahelegt, und auch nicht nur widersprüchliches Verhalten. Das klinische Bild kann sehr vielgestaltig und wechselnd sein. Eine einzige Ursache für die Schizophrenie wurde bis jetzt nicht gefunden, und wahrscheinlich gibt es auch keine. Vielmehr handelt es sich bei der Schizophrenie um ein krankhaftes Reaktionsmuster aus der insgesamt begrenzten Anzahl von Störungsmustern, die unser Gehirn hervorbringen kann. Das Reaktionsmuster kann bei Funktionsstörungen des Gehirns und beim Vorliegen einer entsprechenden, genetisch vermittelten Verletzbarkeit auch durch psychische Belastungen ausgelöst werden. Die Schizophrenie ist mit bestimmten neurochemischen Prozessen im Gehirn verbunden, die durch Medikamente blockiert oder herunterreguliert werden können. Dadurch ist sie einer spezifischen medikamentösen Therapie zugänglich, die vor allem auf die positiven Symptome wirkt.

Porträt

Parkinson, James, englischer Arzt, *11.4.1755 Hoxton (London), † 21.12.1825 London; fasste die Symptome des Zitterns der Hände (Tremor), der Steifheit der Skelettmuskulatur (Rigor), der allgemeinen Muskelschwäche sowie der Gehstörung mit Fallneigung zu einem Krankheitsbild zusammen, das später nach ihm als Parkinson-Syndrom bzw. Parkinson-Krankheit bezeichnet wurde. Ferner setzte er sich für Reformen im Irrenanstaltswesen ein.

derungen für die modernen Neurowissenschaften ist herauszufinden, was gerade in einer bestimmten Gehirnregion vorgeht, und zu verstehen, wie sich solche physiologischen Ereignisse im Innern im äußerlich sichtbaren Verhalten widerspiegeln.

Phineas Gage und die Fälle der leukotomisierten Patienten illustrieren einen Ansatz, der in der Hirnforschung angewandt wird, um die Rolle einer bestimmten Gehirnregion zu identifizieren: Man sammelt Beispiele für Schädigungen eines bestimmten Areals und versucht, dessen ursprüngliche Funktion aus den nun beobachteten Funktionsstörungen abzuleiten. Ein wohlbekanntes Beispiel für eine selektive Hirnschädigung, von der man hätte annehmen können, dass sie sofort und direkt auf die Funktion des fraglichen Areals hinweist, ist die Parkinson-Krankheit.

Die Parkinson-Krankheit wurde nach James Parkinson benannt, der dieses Krankheitsbild 1817 als erster beschrieb. Diese schwere Bewegungsstörung befällt vorwiegend ältere Leute, wenn auch gelegentlich jüngere Menschen erkranken. Die Patienten haben große Schwierigkeiten, sich zu bewegen; häufig leiden sie zudem unter Händezittern (Ruhetremor) und Muskelsteifheit. Das Faszinierende an der Parkinson-Krankheit ist, dass wir anders als bei den meisten cerebralen Störungen, wie Depression oder Schizophrenie, genau wissen, wo das Problem liegt: in einer Region tief drinnen, mitten im Gehirn.

Genau im Herzen dieser mittleren Hirnpartie liegt ein schnurrbartförmiger, schwarz gefärbter Bereich, der daher auf Latein *Substantia nigra* („schwarze Masse") heißt. Die Substantia nigra erscheint deshalb schwarz, weil die Zellen in dieser Region den Farbstoff Melanin

■ Was ist eigentlich ... ■

Parkinson-Krankheit, idiopathisches Parkinson-Syndrom (Abk. IPS), Morbus Parkinson, Paralysis agitans, Schüttellähmung, eine der häufigsten neurodegenerativen Erkrankungen des fortgeschrittenen Alters und die häufigste Form des primären Parkinson-Syndroms. Klassischerweise beginnt die Erkrankung zwischen dem 40. und 70. Lebensjahr mit einem Erkrankungsgipfel in der 6. Lebensdekade. Männer scheinen häufiger betroffen. Überzeugende für die Erkrankung prädisponierende Faktoren sind nicht bekannt. Eine Ausnahme bildet allenfalls der postencephalitische Parkinsonismus. Diese Form kann schon während einer Hirnhautentzündung (Encephalitis) oder aber mit einer Latenz von Monaten bis zu Jahrzehnten auftreten. Neben der primären Form werden auch sekundäre Formen der Parkinson-Krankheit unterschieden, wie beispielsweise die oben aufgeführte postencephalitische Form, toxisch (z. B. durch Kohlenmonoxid) oder medikamentös bedingte Formen und Formen nach Schädel-Hirn-Trauma oder wiederholten Kopfschlägen bei Boxern. Weitere häufige Symptome sind u. a. vegetative Störungen, Melancholie, Verlangsamung der Denkprozesse und Nachlassen der Sexualfunktionen. Bei der makroskopischen Hirnuntersuchung findet sich eine deutliche Abblassung der Substantia nigra und des Locus coeruleus. Obwohl bis heute keine kausale Therapie der Parkinson-Krankheit besteht, gibt es doch Behandlungsmöglichkeiten mit erheblicher symptomatischer Besserung.

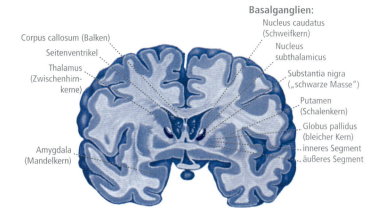

Ein Coronarschnitt durch die beiden Kleinhirnhälften zeigt die Lage der Basalganglien mit der Substantia nigra relativ zu den umliegenden Strukturen.

enthalten. Melanin wiederum ist das Endprodukt, das entsteht, wenn eine wichtige chemische Verbindung im Gehirn, Dopamin, verschiedene chemische Reaktionen durchlaufen hat. Daher gilt heute als sicher, dass Zellen in der Substantia nigra im Normalfall die chemische Verbindung Dopamin herstellen.

Ebenso wissen wir seit langem, dass die Substantia nigra im Gehirn eines Parkinson-Patienten viel heller ist als im Gehirn eines gesunden Menschen – die Zellen, die das dunkle Pigment enthalten, sind abgestorben. Eine der Folgen des Absterbens dieser Zellen ist, dass in diesem Bereich kein Dopamin mehr hergestellt wird. Wenn Parkinson-Patienten eine Tablette einnehmen, die die chemische Verbindung L-Dopa – eine Vorstufe von Dopamin – enthält, dann verbessert sich ihre Beweglichkeit dramatisch. Aber obwohl wir genau wissen, wo die Schädigung bei der Parkinson-Krankheit liegt – in der Substantia nigra – und obwohl wir wissen, welche spezifische chemische Verbindung fehlt – Dopamin –, weiß niemand genau, welche Funktion die Substantia nigra normalerweise bei der Bewegungssteuerung hat.

Zudem können wir die Tatsache nicht ignorieren, dass nicht nur die Substantia nigra als eine anatomische Region bei der Parkinson-Krankheit eine spezifische Rolle spielt, sondern auch die Verbindung Dopamin. Einige Forscher halten die Substantia nigra lediglich für den Ort, von dem die entscheidenden Zellen Dopamin zu einer anderen, wichtigeren Zielregion im Gehirn schicken, dem Striatum. Dann wäre die entscheidende Frage: Welche Funktion übt das Dopamin im Striatum aus? Die Anatomie des Gehirns entspricht nicht direkt seiner Chemie: Es gibt keine einzige chemische Verbindung, die ausschließlich in einer bestimmten Gehirnregion vorkommt. Ein- und dieselbe chemische Verbindung wird über viele verschiedene Areale verteilt; gleichzeitig werden in jeder Gehirnregion viele chemische Verbindungen hergestellt und gebraucht. Wenn es um Hirnschädigungen geht, lässt sich daher nur sehr schwer entscheiden, was wichtiger ist – die betroffene Gehirnregion oder die Veränderung des chemischen Gleichgewichts im Gehirn.

Es gibt einen weiteren Grund, der es ratsam erscheinen lässt, vorsichtig zu sein, wenn man versucht, bestimmten Gehirnregionen bestimmte Funktionen zuzuschreiben: die neuronale Plastizität. Hirnschädigungen können natürlich viele Gründe haben, beispielsweise eine Krankheit, einen Autounfall, eine Schussverletzung und so weiter, doch eine der häufigsten Ursachen ist ein Schlaganfall. Zu einem Schlaganfall kommt es, wenn das Gehirn nicht ausreichend mit Sauerstoff versorgt wird. Dieser Sauerstoffmangel kann von einem verstopften Blutgefäß herrühren, das den Zustrom von sauerstoffreichem Blut ins Gehirn verhindert, oder die Durchblutung verringert sich, weil die Blutgefäße verengt sind. Wenn es beispielsweise im motorischen Cortex zu einem Schlaganfall kommt, dann läuft eine Reihe neurologisch interessanter Ereignisse ab.

Direkt nach einem solchen Schlaganfall ist der Betroffene oft völlig bewegungsunfähig, nicht einmal Reflexe lassen sich auslösen: Die Gliedmaßen auf der betroffenen Körperseite baumeln lose herab (atonische Lähmung). Dann geschieht im Verlauf von Tagen und Wochen anscheinend ein Wunder, wenngleich das Ausmaß dieses Wunders von Patient zu Patient enorme Schwankungen aufweisen kann. Zuallererst kehren die Reflexe zurück, dann beginnt der Arm steif zu werden und der Patient kann ihn wieder bewegen, und schließlich kann das Schlaganfallopfer auch wieder nach Dingen greifen. In einer Untersuchung konnte ein Drittel der Patienten, die einen Schlaganfall im motorischen Cortex erlitten hatten, wieder spontan nach Objekten greifen und erreichte somit dieses letzte Rekonvaleszenzstadium.

Es gibt auch Berichte über Erholung von Hirnschäden, die nach bestimmten Kopfverletzungen auftreten und Sprache und Gedächtnis beeinträchtigen. Hirnfunktionen müssen daher nicht zu einem Areal oder einer bestimmten Population von Nervenzellen (Neuronen) gehören – wie könnte es sonst zu einer Erholung der Funktion kommen, wenn doch die ursprünglichen Zellen mit ihrem angeblichen Funktionsmonopol tot sind? Stattdessen sieht es so aus, als ob andere Hirnzellen allmählich lernten, die Aufgabe der geschädigten Zellen zu übernehmen. Tatsächlich ähneln die Wiederherstellungsphasen der Greifbewegung nach einem Schlaganfall im motorischen Cortex, die wir gerade verfolgt haben, stark der ursprünglichen Entwicklung derselben Bewegung bei Kindern. Wiederum lässt sich kaum behaupten, dass ein Teil des Gehirns definitiv nur eine Sache tut; wenn andere, benachbarte Gehirnareale diese Rolle übernehmen können, dann existiert eindeutig zumindest ein gewisses Maß an Flexibilität, das man als neuronale Plastizität bezeichnet.

Abbildung der Gehirnstruktur

Wie können wir die Funktion verschiedener Gehirnregionen untersuchen? Was wir dazu bräuchten, ist ein Schnappschuss, oder besser noch ein Videofilm des Hirninneren, während eine Person denkt, redet oder eine Vielzahl alltäglicher Funktionen ausübt. Die Geschichte, wie dieser Wunsch tatsächlich Realität wird, beginnt mit einer vertrauten Prozedur: mit dem Einsatz von Röntgenstrahlen. Röntgenstrahlen sind hochfrequente elektromagnetische Wellen. Da die Röntgenstrahlung sehr energiereich ist, kann sie problemlos in ein Testobjekt eindringen: Die Atome in diesem Testobjekt absorbieren einen Teil der Strahlung; der nicht absorbierte Teil fällt auf eine Fotoplatte hinter dem Objekt und schwärzt sie. Daher gilt: Je durchlässiger ein Objekt für Röntgenstrahlen ist, desto dunkler wird die Fotoplatte, je strahlungsundurchlässiger, desto heller bleibt sie. Mit diesem Verfahren lassen sich innere Strukturen sehr zuverlässig abbilden, wenn sich ihr Absorptionsvermögen für Röntgenstrahlen deutlich von dem ihrer Umgebung unterscheidet – daher wird es bei Sicherheitsüberprüfungen in Flughäfen eingesetzt, um die Waffe in einem Koffer voller Kleider zu finden, oder im Krankenhaus, um gebrochene Knochen in der Muskulatur darzustellen.

Obgleich sich die inneren Strukturen der meisten Körperregionen gut mit Röntgenstrahlen darstellen lassen, gibt es beim Gehirn ein Problem. Anders als der Kontrast zwischen Knochen und Muskulatur unterscheiden sich die verschiedenen Gehirnregionen kaum in ihrer Dichte. Um diese Hürde zu nehmen, müsste man entweder das Gehirn röntgenpositiver oder die Röntgentechnik empfindlicher machen.

Lassen Sie uns zunächst überlegen, wie man das Innere des Gehirns so verändern könnte, dass es dem Bild mit der Waffe im Koffer ähnelt, das heißt, wie man es anstellen könnte, dass gewisse Komponenten im Vergleich zum übrigen Gehirn einen stärkeren Kontrast abgeben. Dieses Ziel lässt sich dadurch erreichen, dass man ein sogenanntes Kontrastmittel ins Gehirn injiziert, das sehr stark röntgenpositiv ist, sodass es einen großen Teil der Röntgenstrahlen absorbiert. Die Injektion erfolgt aber nicht direkt durch den Schädelknochen ins Gehirn, sondern das Kontrastmittel wird in die Arterie injiziert, die Blut ins Gehirn pumpt. Sie können diese Arterie (die Halsschlagader) ertasten, wenn Sie Ihre Hand rechts oder links neben der Luftröhre an den Hals legen; dann fühlen Sie einen Pulsschlag. Mit dem Blutstrom gelangt das röntgenpositive Kontrastmittel sehr rasch ins Gehirn. Das Bild, das man dann gewinnt, wird als Angiogramm bezeichnet. Anhand von Angiogrammen lässt sich das Muster der verzweigten Blutgefäße im ganzen Gehirn sehr gut darstellen.

Nun stellen Sie sich vor, dass die cerebrale Durchblutung gestört ist, beispielsweise, wenn jemand einen Schlaganfall hatte, bei dem es zu einer Verengung oder zu einer völligen Blockade der Blutgefäße gekommen ist. Dieses Problem lässt sich dann im Angiogramm erkennen. Das gleiche gilt, wenn ein Patient einen Tumor hat, der auf die Blutgefäße drückt; die daher rührende Lageveränderung von Blutgefäßen ist für ein geschultes Auge im Angiogramm zu erkennen. In dieser Beziehung sind Angiogramme wertvolle Diagnosemittel, mit denen man das Problem umgehen kann, das sich aus dem geringen Absorptionsvermögen von Gehirngewebe für Röntgenstrahlen ergibt. Was aber, wenn die Blutgefäße normal funktionieren? Es könnte sein, dass es Probleme im Gehirn gibt, die aber nichts mit der Durchblutung zu tun haben. In diesem Fall hilft ein Angiogramm nicht weiter.

Statt das Gehirn röntgenpositiver zu machen, besteht die Alternative darin, die Empfindlichkeit der Untersuchungsmethode zu steigern. Bei normalen Röntgenaufnahmen kann man etwa 20–30 Grauabstufungen unterscheiden; in den frühen Siebzigerjahren des vergangenen Jahrhunderts wurde jedoch eine Technik entwickelt, die mehr als 200 Abstufungen ermöglicht und seit Beginn der Achtzigerjahre routinemäßig eingesetzt wird: die computergestützte Tomographie, kurz CT.

Bei der CT wird mittels Röntgenstrahlen eine ganze Serie von Schnittbildern oder *Scans* des Gehirns aufgenommen. Der Patient liegt mit seinem Kopf im zylindrischen Innenraum des Tomographen. Auf der einen Seite befindet sich eine Röntgenröhre, deren Strahlung den Kopf des Patienten durchdringt und auf der anderen Seite von einem Röntgendetektor aufgefangen wird. Der Detektor ist diesmal keine Fotoplatte, sondern ein Sensor, der mit einem Computer verbunden und weit empfindlicher ist als die Fotoplatte, die man bei normalen Röntgenaufnahmen einsetzt. Röntgenröhre und Sensor drehen sich automatisch um den Kopf des Patienten; alle Messergebnisse werden in den Computer eingespeist und von ihm zu einem CT-Scan verrechnet. Anschließend wird die Röhre entlang der Körperlängsachse parallelverschoben und das Verfahren acht- bis neunmal wiederholt. Aus diesen Schnittbildern kombiniert der Computer dann ein dreidimensionales Bild des Gehirns.

Diese Bilder geben Neurologen und Hirnchirurgen wertvolle Hinweise auf Sitz und Größe von Hirntumoren oder von Gewebeverlusten. Beispielsweise haben CT-Scans in neuerer Zeit einen Schlüssel zum Verständnis einer degenerativen Störung, der Alzheimer-Krankheit, geliefert, die durch schwere Verwirrtheit und Gedächtnisverlust gekennzeichnet ist. A. D. Smith und K. A. Jobst fanden heraus, dass eine bestimmte Hirnregion (der mediale Schläfenlappen) bei Alzheimer-Patienten im Laufe der Zeit allmählich auf etwa die Hälfte der Größe schrumpft, die sie bei gleichaltrigen gesunden Probanden aufweist. Eine solche Beobachtung deutet nicht nur auf die Gehirnregion hin, auf die sich die Entwicklung möglicher Therapien für diese persönlichkeitszerstörende Krankheit konzentrieren sollte, sondern sie birgt zudem ein enormes diagnostisches Potenzial, weil sie das Einsetzen von Hirnschädigungen sichtbar machen kann, bevor klinische Symptome wie Gedächtnisverlust, offensichtlich geworden sind.

Fenster zum arbeitenden Gehirn: Bildgebende Verfahren zur Beobachtung der Gehirnaktivitäten

Obwohl uns Röntgenstrahlen seit vielen Jahrzehnten vertraut sind, war ihr Einsatz bei CT-Scans und Angiogrammen für die Untersuchung von Hirnschädigungen von unschätzbarem Wert. Die Formen cerebraler Funktionsstörungen, die man auf diese Art untersuchen kann, sind jedoch begrenzt. Röntgenstrahlen machen Anomalien sichtbar, die sich auf die anatomischen Eigenschaften des Gehirns gründen. Ein CT-Scan sagt Ihnen, ob sich etwas physisch Anomales und *Dauerhaftes*, wie ein Tumor oder eine Läsion, in Ihrem Gehirn befindet. Wenn das Problem jedoch eher funktionell als anatomisch ist – wenn es etwas mit den gerade im Gehirn stattfindenden Abläufen zu tun hat –, können Röntgenstrahlen Ihnen nicht verraten, welche Teile Ihres Gehirns zu bestimmten Zeiten an einer bestimmten Aufgabe arbeiten. Wie lässt sich dieses Problem lösen?

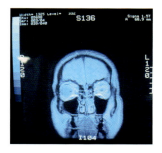

CT-Scan eines menschlichen Kopfes.

Von allen Körperorganen ist das Gehirn, was den Brennstoffverbrauch angeht, am anspruchvollsten. Es verbrennt Sauerstoff und Glucose (Traubenzucker) zehnmal so schnell wie das gesamte übrige Körpergewebe in Ruhe. Tatsächlich verbraucht das Gehirn so viel Energie, dass es stirbt, wenn die Sauerstoffzufuhr auch nur wenige Minuten lang unterbrochen wird. Obgleich das Gehirngewicht weniger als 2,5 Prozent unseres Körpergewichts insgesamt ausmacht, ist es in Ruhe für 20 Prozent des Energieverbrauchs verantwortlich. Aber was geschieht mit dieser Energie? Sie ermöglicht dem Gehirn zu „arbeiten".

Wenn eine Gehirnregion arbeitet, verbraucht sie viel mehr Brennstoff als in Ruhe. Der Brennstoff für das Gehirn sind die Kohlenhydrate in der Nahrung, die wir zu uns nehmen, und der Sauerstoff in der Luft, die wir atmen: Wenn Kohlenhydrate (wie Zucker) mit Sauerstoff reagieren, erzeugen sie Kohlendioxid, Wasser und – in unserem Zusammenhang besonders wichtig! – Wärme. Es ist jedoch nicht so, dass die gesamte Energie aus der Nahrung im Körper sofort in einem einfachen Verbrennungsprozess freigesetzt würde, denn es wäre fatal, anschließend ohne Energie für eine der vielen Körper- und Gehirnfunktionen dazustehen. Obgleich eine gewisse Wärmemenge nötig ist, um uns warm zu halten, gibt es daher eine chemische Verbindung im Körper, die die sofortige Freisetzung der gesamten, in der Nahrung steckenden Energie verhindert. Die Bildung dieser Verbindung ermöglicht uns, Energie für die mechanische, elektrische und chemische Arbeit zu speichern, die Körper und Gehirn zu leisten haben. Die energiespeichernde Verbindung Adenosintriphosphat (ATP) wird unser ganzes Leben lang aus der Nahrung hergestellt, die wir konsumieren. ATP speichert Energie und kann sie wieder freisetzen wie eine zusammengedrückte Feder, die losgelassen wird.

Wenn Hirnregionen mit einer bestimmten Aufgabe beschäftigt sind, verbrauchen sie viel mehr Energie als in Ruhe; sie stellen große Anforderungen an die ATP-Speicher, und daher sind an Ort und Stelle mehr Kohlenhydrate – in der einfachsten Form Glucose – wie auch mehr Sauerstoff erforderlich. Daraus folgt: Wenn wir den erhöhten Bedarf bestimmter Gehirnregionen an Sauerstoff oder Glucose verfolgen könnten, könnten wir sagen, welche Gehirnareale bei einer bestimmten Aufgabe am aktivsten sind oder am härtesten arbeiten. Das ist das Prinzip zweier Spezialtechniken, die eingesetzt werden, um das Gehirn direkt bei der Arbeit zu beobachten.

Eine dieser Technik wird als Positronen-Emissions-Tomographie (PET) bezeichnet. Grundvoraussetzung für eine PET ist die Markierung von Sauerstoff oder Glucose, sodass sich die jeweilige Substanz gut verfolgen lässt. Der „Marker" ist in diesem Fall ein radioaktives Atom, das einen instabilen Kern enthält, der mit sehr hoher Geschwindigkeit Positronen aussendet. Positronen sind Elementarteilchen ähnlich den Elektronen mit dem Unterschied, dass sie nicht negativ wie diese, sondern positiv geladen sind. Radioaktive Sauerstoffatome, die entweder in Glucose- oder Wassermoleküle eingebaut sind, werden intravenös injiziert. Der radioaktive Marker gelangt dann mit dem Blutstrom ins Gehirn. Die ausgesandten Positronen stoßen mit Elektronen in anderen Molekülen im Gehirn zusammen; Elektronen und Positronen vernichten sich dabei gegenseitig. Die im Zusammenstoß freiwerdende Gamma-Strahlung ist energiereich genug, um durch die Schädelknochen zu dringen, sodass sie sich außerhalb des Kopfes nachweisen lässt.

Da diese hochenergetischen Gamma-Strahlen weite Strecken zurücklegen können, passieren sie problemlos die Schädeldecke und treffen anschließend auf Sensoren, aus deren Signalen schließlich ein

---

Was ist eigentlich ...

Positronen-Emissions-Tomographie, Abk. PET, szintigraphisches Diagnoseverfahren, das die Vorteile tomographischer Schichtaufnahmen mit der selektiven Darstellung physiologischer Stoffwechselfunktionen in sich vereint. Bei der PET werden Radionuclide eingesetzt, die bei ihrem Zerfall Positronen freisetzen. Es lassen sich verschiedene radioaktiv markierte Substanzen (tracer) herstellen, mit denen der Blutfluss (z. B. markiertes Wasser), Glucoseverbrauch, Zellstoffwechsel sowie die Funktion von Nervenzellrezeptoren und andere Funktionen gemessen werden können. Die Strahlenbelastung und die schlechte zeitliche Auflösung derartiger Messungen führten zu einer Ablösung durch die funktionelle Kernspinresonanztomographie.

Bild des arbeitenden Gehirns aufgebaut wird. Glucose beziehungsweise Sauerstoff sammelt sich vorwiegend in den Gehirnregionen an, die den höchsten Bedarf haben, namentlich dort, wo am schwersten gearbeitet wird. Mit PET ist es möglich, verschiedene aktive Gehirnregionen zu zeigen, wobei sich die Aufgaben nur so geringfügig unterscheiden können, wie „Wörter aussprechen" im Vergleich zu „Wörter lesen".

Ein zweites bildgebendes Verfahren, die funktionelle Kernspin- oder fMR-Tomographie (MRT; englisch *functional magnetic resonance imaging*), ähnelt der PET insofern, als dass es ebenfalls auf dem unterschiedlichen Energieverbrauch in Abhängigkeit von der Gehirnaktivität basiert; diesmal bedarf es jedoch keiner Injektionen. Weil nicht das Problem besteht, genau festzustellen, wann der injizierte Marker das Gehirn erreicht, ermöglicht die funktionelle Kernspintomographie eine noch naturgetreuere Wiedergabe dessen, was in einem bestimmten Augenblick im Gehirn geschieht. Die fMR-Tomographie misst wie die PET Veränderungen im Sauerstoffgehalt des Blutes, das die Gehirnareale versorgt, die aktiver sind als andere; die Nachweismethode beruht jedoch auf einem anderen Prinzip. Sauerstoff wird von dem Protein Hämoglobin transportiert. Die fMR-Tomographie nutzt die Tatsache, dass die aktuelle Menge an vorhandenem Sauerstoff die magnetischen Eigenschaften des Hämoglobins beeinflusst: Diese Eigenschaften lassen sich in Gegenwart eines magnetischen Feldes registrieren, das die Kerne der Atome zwingt, sich so anzuordnen, als seien sie Miniaturmagneten. Werden diese Atome mit Radiowellen bombardiert und dadurch aus ihrer Orientierung gebracht, so senden sie Radiosignale aus, wenn sie in ihre ursprüngliche Orientierung zurückspringen. Das ausgesandte Radio-

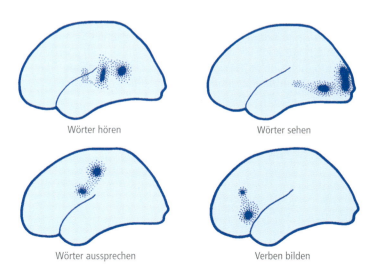

Das interaktive Gehirn. Zeichnerische Darstellung von Positronen-Emissions-Tomographie-Scans (PET-Scans) einer wachen Versuchsperson, die ähnliche, aber leicht variierende Aufgaben durchführt. Obgleich alle Aufgaben mit Sprache zusammenhängen, sind je nach genauer Aufgabenstellung verschiedene Gehirnregionen beteiligt. Beachten Sie, dass in keinem Falle eine einzige Gehirnregion ganz allein aktiv ist.

signal hängt allein von der Menge Sauerstoff ab, die vom Hämoglobin im untersuchten Bereich transportiert wird und ist daher ein sehr empfindliches Maß für die Aktivität verschiedener Gehirnareale. Mit dieser Technik lassen sich noch Areale von ein bis zwei Millimeter Größe identifizieren und Ereignisse im Sekundenbereich messen.

Mithilfe dieser Techniken zeigt sich immer deutlicher, dass bei einer bestimmten Aufgabe mehrere verschiedene Gehirnregionen gleichzeitig aktiv sind. Es gibt nicht nur ein Areal für eine Aufgabe, sondern offenbar tragen mehrere Areale zu einer bestimmten Funktion bei. Und sobald sich irgendein Aspekt der Aufgabe auch nur ein wenig verändert, so wie „Wörter hören" statt „Wörter aussprechen", werden andere Gehirnregionen aktiviert.

Ereignisse im Gehirn werden über einen Zeitraum von mehreren Sekunden aufgezeichnet und im besten Falle über einen Kubikmillimeter Gewebe gemittelt. Eine weitere Methode, die Magnetencephalographie (MEG), misst das magnetische Feld, das von der charakteristischen elektrischen Aktivität des Gehirns erzeugt wird, und hat eine höhere zeitliche Auflösung, liefert zur Zeit aber nur für die äußeren Bereiche des Gehirns exakte Daten. Techniken wie PET, fMR-Tomographie und MEG öffnen uns bereits heute Fenster zum arbeitenden Gehirn, obgleich ihr wahres Potenzial noch in der Zukunft liegt, wenn räumliche und zeitliche Auflösung den Dimensionen von Hirnzellen näherkommen. Die vielleicht wichtigste Lehre, die sie uns bisher vermittelt haben, ist, dass es irreführend ist anzunehmen, eine bestimmte Gehirnregion habe – wie im Modell der Phrenologen – eine spezifische, autonome Funktion. Stattdessen kooperieren verschiedene Gehirnregionen auf irgendeine Weise miteinander, um parallel arbeitend verschiedene Funktionen zu erfüllen.

Das Gehirn baut sich aus anatomisch gegeneinander abgegrenzten Arealen auf, doch diese Areale sind keine autonomen Minigehirne; sie stellen ein zusammenhängendes und integriertes System dar, das größtenteils auf noch unbekannte Weise organisiert ist. Daher wird es fast unmöglich sein zu verstehen, wie das Gehirn arbeitet, wenn man zu einem bestimmten Zeitpunkt nur eine einzige spezifische Region untersucht.

Grundtext aus: Susan A. Greenfield *Reiseführer Gehirn*; Spektrum Akademischer Verlag (amerikanische Originalausgabe: *The Human Brain*; Basic Books; übersetzt von Monika Niehaus-Osterloh).

Das betrogene Ich

Das Gedächtnis lügt. Aus Erzählungen, Familienfotos und Fernsehbildern schustert sich das Gehirn die Erinnerung zusammen. Neurobiologen und Psychologen erkunden jetzt gemeinsam, was dabei im Kopf passiert. Das Ich, so scheint es, muss sich selbst täuschen, um die Gegenwart zu bewältigen.

Andrea Schumacher

Auf irgendeinem Wege musste der Hase mit dem grauen Fell und den albernen Schneidezähnen in das Gehirn des Studenten gelangt sein. Denn auf Nachfrage konnte sich dieser plötzlich erinnern, wie er als Kind in Disneyland Bugs Bunny begegnet war. Er berichtete sogar, wie ihm die Comicfigur die Hand geschüttelt und eine Karotte präsentiert hatte. Es war mit Sicherheit eine falsche Erinnerung: Als Geschöpf des Entertainment-Konzerns Warner Brothers hatte Bugs Bunny schon immer striktes Hausverbot im Disneyland der Konkurrenz.

Mit einem schlichten Trick hatte das Team von Elizabeth Loftus, Psychologin an der University of Washington in Seattle, den Hasen in das Gedächtnis des Studenten geschleust. Die Forscher hatten ihm eine fingierte Werbeannonce des Disney-Konzerns gezeigt, in der er als Kind neben Bugs Bunny abgebildet war. Anderen ging es ähnlich: 16 Prozent der 167 Versuchspersonen entdeckten in diesem Experiment plüschige Hasenerlebnisse in ihrem Gedächtnis, in einer Folgestudie waren es sogar 35 Prozent.

Noch erfolgreicher manipulierten die Psychologen mit gefälschten Fotos. So montierte Loftus ein Kindheitsporträt des jeweiligen Probanden mit seinem Vater in das Bild eines Heißluftballons. Jeder zweite Befragte erinnerte sich daraufhin an eine Himmelfahrt, die nie stattgefunden hatte.

Anderen Versuchsteilnehmern suggerierte Loftus mit ähnlich schlichten Mitteln, dass sie als Kinder beim Ballspiel ein Fenster eingeschlagen oder bei einer Hochzeit den Punsch über die Festtagskleidung der Gäste gegossen hätten. „Eines sollten wir uns klarmachen", sagt Loftus, „unser Gedächtnis wird jeden Tag neu geboren."

Es ist eine irritierende These, schließlich bestimmen unsere Erinnerungen unsere Identität: Man ist zu einem großen Teil derjenige, der man glaubt, gewesen zu sein. Oft wird das Menschengehirn mit einer Festplatte verglichen, die dumpf-digital die Daten des Lebens speichert. Dieser Vergleich, das wird immer deutlicher, hinkt. Das Hirn ist ein höchst aktives Organ, das Erinnerungen filtert, redigiert, manchmal sogar erfindet und – das lehren die Loftus-Experimente – sich leicht manipulieren lässt.

Zeugen vor Gericht ist nur bedingt zu trauen

Unser Gedächtnis gleicht einem Haus, in dem mäßig beaufsichtigte Bauarbeiter ständig Wände einreißen und Erker anbauen, Tapeten wechseln und neue Bilder aufhängen – und gelegentlich etwas unter den Teppich kehren. Deshalb werden Urlaubstage mit jedem Diaabend schöner, erscheinen selbst fragwürdige Lebensentscheidungen im Rückblick sinnvoll und ist Zeugen vor Gericht nur bedingt zu trauen.

Nach dem Flugzeugattentat von Lockerbie, dem Sprengstoffanschlag auf das World Trade Center 1993, beim Kriegsverbrechertribunal in Den Haag – in über 200 Fällen trat Elizabeth Loftus als Gutachterin auf. Sie besuchte Timothy McVeigh, den Bombenleger von Oklahoma, im Gefängnis und verteidigte den später zum Tode verurteilten Serienmörder Ted Bundy. Häufig vertritt sie die Angeklagten in Missbrauchsfällen. Ihre Arbeit hat der Psychologin viele Feinde beschert: Ein Staatsanwalt beschimpfte sie vor Gericht als Hure, Angehörige von Opfern versuchen ihr in Prozessen schon mal ins Gesicht zu spucken, zu ihren Vorträgen begleiten sie inzwischen Bodyguards, nachdem anonyme Anrufer immer wieder drohten, sie umzubringen.

Loftus lässt sich nicht beirren: „Wenn meine Aussage die Geschworenen an der Schuld des Angeklagten zweifeln lässt, dann ist es nach den grundlegenden Prinzipien unseres Rechtssystems auch richtig, dass er freigesprochen wird."

Leidenschaftlich berichtet sie von den einschlägigen Justizskandalen: Dem Amerikaner Ronald Cotton etwa raubte eine falsche Erinnerung elf Jahre seines Lebens in Freiheit. Erst danach ergab ein DNA-Test zweifelsfrei, dass die 22-jährige Studentin Jennifer Thompson sich geirrt hatte, als sie in ihm ihren Vergewaltiger zu erkennen glaubte. Zwei Jahre zuvor war der Seemann Kirk Bloodsworth aus der Haft entlassen worden, weil ein Gentest seine Unschuld bewiesen hatte. Ursprünglich hatte ihn ein Schwurgericht zum Tode verurteilt, weil fünf Zeugen ihn als brutalen Mörder eines neunjährigen Mädchens erkannt haben wollten.

Um zumindest wissenschaftliche Ordnung in das dubiose Geschehen zu bringen, haben Neurowissenschaftler die früher übliche Aufteilung der Erinnerung in Ultrakurzzeit-, Kurzzeit- und Langzeitgedächtnis aufgegeben. Heute bevorzugen sie eine funktionelle Gliederung des Gedächtnisses, die sich in der Anatomie des Hirns widerspiegelt: Das prozedurale Gedächtnis speichert automatisierte Bewegungsabläufe wie Radfahren oder Klavierspielen. Im semantischen Gedächtnis lagern wir unser faktisches Weltwissen, das autobiografische Gedächtnis dokumentiert unsere persönliche Lebensgeschichte, die sich vor allem in den Synapsen des Stirnhirns niederschlägt.

Bildgebende Verfahren lassen uns dem Gehirn beim Speichern zusehen

Bildgebende Verfahren ermöglichen es seit wenigen Jahren, bei diesem Speicherprozess zuzuschauen. In der Forschungsgruppe „Erinnerung und Gedächtnis" am Kulturwissenschaftlichen Institut Essen haben sich der Sozialpsychologe Harald Welzer von der Universität Witten-Herdecke und der Neurowissenschaftler Hans Joachim Markowitsch von der Universität Bielefeld zusammengetan, um der trügerischen Erinnerung auf die Spur zu kommen. Sie ergründen die Erinnerungsbildung gleichzeitig auf neurobiologischer und inhaltlicher sowie sozialer Ebene. „Es handelt sich vermutlich um das erste praktizierte interdisziplinäre Projekt von Neuro- und Sozialwissenschaften überhaupt", sagt Markowitsch. Ein hochkarätiger Beirat kündet von der Bedeutung des Projekts: Mit Koryphäen wie der Kulturwissenschaftlerin Aleida Assmann aus Konstanz, dem Psychoanalytiker Dori Laub von der Yale University und dem Neurowissenschaftler Endel Tulving aus Toronto ist die Elite der internationalen Gedächtnisforschung vertreten.

Trotzdem muss Markowitsch gelegentlich erst einmal um Verständnis für die Methoden der Partnerdisziplin werben. Um an möglichst unverfälschte Informationen über die Lebensgeschichte der Probanden zu gelangen, hatte sich der Sozialpsychologe Welzer etwa zunächst gewünscht, dass die Versuchsteilnehmer im Kernspin locker erzählen sollten. „Dann hätten wir aber nur Bilder der Kaumuskulaturbewegung aufnehmen können", kommentiert Markowitsch.

Schließlich einigten sich die Wissenschaftler darauf, die Testpersonen zunächst ausführlich zu befragen. Erst danach legen sich die Teilnehmer in die Röhre des Kernspintomographen. Mit funktioneller Magnetresonanztomographie (fMRT) beobachten die Forscher dann das Geschehen zwischen den Neuronen, während die Versuchspersonen ihre Erinnerungen zu einem Stichwort aus dem vorangehenden Interview abrufen. Sportler vergegenwärtigten sich zum Beispiel einen bestimmten Marathonlauf, andere reagierten auf das Stichwort „Hochzeitstag" oder „Abschlussball". Die Probanden sollen etwa eine halbe Minute lang rekapitulieren, was in dieser Episode passiert ist. Der Ort und die Intensität der Gehirnaktivität geben Aufschluss darüber, welche Erinnerungen in welchem Alter wirklich wichtig sind.

Das Gedächtnis formt unser Ich – und wird selbst von Geschichte und Gesellschaft geformt

Mithilfe solcher Daten haben Markowitsch und Welzer das von ihnen „biopsycho-sozial" getaufte Modell des autobiografischen Gedächtnisses entwickelt. In ihrem Buch *Das autobiografische Gedächtnis* (Klett-Cotta Verlag) stellen sie es vor. Die Kernbotschaft: Kleinkinder erinnern sich anders als Jugendliche, Oma und Opa anders als Erwachsene mittleren Alters; bestimmte Lebensphasen werden wichtiger, andere unwichtiger, manche Erinnerungen bleiben starr. Psychische und soziale Faktoren spielen dabei eine Rolle. Das Gedächtnis formt unser Ich, zugleich aber ist es ein Produkt der Familie und der Erwartungen der Gesellschaft. Und vor allem muss es sich überhaupt erst einmal entwickeln.

Selbst auf der Couch des Psychoanalytikers wird kein Mensch je zu den Geheimnissen seiner allerersten Lebensjahre vorstoßen, obwohl diese Zeit – vor allem bei negativen Erfahrungen – tiefe Spuren in der Persönlichkeit hinterlässt. Alle Erlebnisse bis zum zweiten, dritten Lebensjahr fallen der kindlichen Amnesie zum Opfer. Erst dann entwickelt sich langsam das Ich und sein Gedächtnis, das anfangs noch unzuverlässig arbeitet. Wahrscheinlich können wir deshalb als Erwachsene kaum unterscheiden, ob unsere frühesten Erinnerungen auf eigene Erlebnisse oder Erzählungen anderer zurückzuführen sind.

Dies wiederum führt zu dem kaum lösbaren Streit um die *false memories* bei Missbrauchsprozessen. Begonnen hat die Debatte Anfang der 1990er-Jahre in den USA. Erwachsene beschuldigten ihre Eltern wegen eines vermeintlichen sexuellen Missbrauchs in der Kindheit, an den sie sich aber erst im Rahmen einer Psychotherapie erinnert hatten. Das Gehirn, so meinten die Therapeuten der Kläger, könne traumatische Erlebnisse wie eine Vergewaltigung abspeichern, ohne dass die Opfer sich dessen bewusst seien. Die verdrängten Erinnerungen beeinflussten aber das Gefühlsleben und lösten psychische Störungen aus, deren Ursache erst im therapeutischen Prozess erkannt würde. Kritiker wie die Psychologin Elizabeth Loftus bezweifeln diese Theorie. Sie vermuten, dass die Therapeuten ihren Klienten in durchaus bester Absicht den Missbrauch häufig nur eingeredet hätten. Vielen Psychotherapeuten fehlten eben grundlegende Kenntnisse über die Funktionsweise des Gedächtnisses.

Biologische und soziale Faktoren wirken je nach Alter und Situation in unterschiedlicher Stärke. Einige Lebensabschnitte sind besonders kritisch für die Gedächtnisentwicklung, etwa die Pubertät: In dieser Phase lernen die Jugendlichen, so von ihren Erinnerungen zu erzählen, dass sie in ihrer Clique akzeptiert werden. Mithilfe frisierter Erlebnisse schärfen sie das Bild ihrer Persönlichkeit.

Mit der Zeit entfernt sich die Erinnerung mehr und mehr von den Tatsachen

So entstehen die tollen Hechte, von denen sie noch als Alte in fester Überzeugung erzählen. In einer Emnid-Umfrage für ZEIT WISSEN geben 19 Prozent der Befragten zu, dass sie ihre eigenen Geschichten manchmal ein bisschen „frisieren", um sie interessanter zu machen. Wie viele Menschen ihre Autobiografie unbewusst verändern oder die kleinen Flunkereien bewusst leugnen, geht daraus natürlich nicht hervor.

Dass die Erinnerung sich mit der Zeit immer weiter von den Tatsachen entfernt, gilt inzwischen als gesichertes Ergebnis der Gedächtnisforschung. „Erinnerungen verändern sich mit jedem Abruf", sagt Markowitsch, während er seinen Laptop auf einem Stapel Papier balanciert. Sie werden im jeweiligen Kontext der Situation abgelegt, sodass sie nach und nach umgeschrieben werden, so wie ein digitales Urlaubsfoto, bei dem man bei jedem Aufruf im Computer den Himmel per Photoshop noch ein bisschen blauer färbt.

Die Erlebnisse des jungen Erwachsenenalters türmen sich zu sogenannten *reminiscence bumps*, Erinnerungsbergen, die meist bis zum Lebensende aus dem Nebel des Vergessens herausragen. Denn was zwischen dem fünfzehnten und fünfundzwanzigsten Lebensjahr meist zum ersten Mal passiert, wird von starken Emotionen begleitet und hat oft Auswirkung auf das ganze Leben: Studium, Heirat, erster Nachwuchs. Gefühle gelten als die besten Gedächtnisverstärker. „Sie filtern, bewerten und heben heraus, was erinnert und an die bestehenden Erinnerungen angebunden werden soll", sagt Markowitsch. „Sie aktivieren verschiedene Hirnsysteme und tragen dazu bei, dass wir die passenden Assoziationen bilden."

Wenn Opa ständig vom Krieg erzählt, dann liegt das auch daran, dass er damals ein junger Erwachsener war. Umgekehrt darf er sich auf seine Neuronen berufen, wenn er sich für die jüngste Beförderung seines Schwiegersohns weniger interessiert: Als Markowitsch und Welzer 62- bis 74-jährige Probanden im Kernspin untersuchten, entdeckten sie, dass Erinnerungen aus jüngster Zeit nur wenig Aktivität auslösten. Außerdem war primär die linke Gehirnhälfte aktiv, die eher für Faktenwissen zuständig ist. Die Forscher folgerten, dass alte Menschen frische Erinnerungen eher wie neutrales Wissen verarbeiten, an das keine Emotionen gebunden sind. Dagegen war bei Erinnerungen an das frühe und mittlere Erwachsenenalter die rechte Gehirnhälfte und damit das autobiografische Gedächtnis sehr aktiv. Offenbar vermag der alte Mensch diese Erinnerungen kaum noch infrage zu stellen.

Zahlreiche Fehlerquellen stören die historische Überlieferung. Typisch bei lange zurückliegenden Ereignissen ist etwa die Quellenamnesie, bei der die Betroffenen Medienberichte oder fiktive Erzählungen als eigene Erlebnisse interpretieren. So trat der ehemalige US-Präsident Ronald Reagan im Wahlkampf wiederholt mit einer angeblich persönlich erlebten Geschichte aus dem Weltkrieg an. Zu Tränen gerührt, erzählte er von einem heldenhaften Captain, der mit einem schwer verwundeten Schützen im abstürzenden Flugzeug blieb. Die restliche Besatzung sprang mit Fallschirmen ab. Vermutlich erinnerte er sich aber nur an eine identische Szene aus dem Film *A Wing and a Prayer* von 1944.

Mancher Zeitzeuge verwechselt das Leben mit dem Kino

Ähnliches erlebte Welzer bei einer Studie unter Zeitzeugen des Zweiten Weltkriegs. Da erzählte ein ehemaliger Wehrmachtsoldat seinen Kindern und Enkeln detailliert von seinen Erlebnissen als Flakhelfer. Er habe mit einem anderen Jugendlichen in einem Graben gelegen, als ein US-Panzer auf ihn zugesteuert sei. Ein amerikanischer Soldat habe ihm von jenseits der Bahnschienen etwas zugerufen. Panisch habe er auf den Panzer eingeballert. Das klingt nach Gänsehaut, nur: Die Szene ist fast identisch mit einer Sequenz aus dem Antikriegsfilm *Die Brücke* von Bernhard Wicki.

„Dennoch sollte man den Großvater nicht für einen Lügner halten", sagt Welzer. „Die Erzähler verbinden hier ihre Autobiografie mit spektakulären und akzeptierten Erzählmustern und peppen so ihre Lebensgeschichte auf, ohne das selbst zu bemerken". Die Szenen passen ganz einfach zu ihrem Leben. Problematisch wird die Quellenamnesie allerdings dann, wenn es um Kriminalfälle geht. Die Psychologin Loftus führt den Fall des amerikanischen Gedächtnisforschers Donald Thompson an, der in einer TV-Show die Glaubwürdigkeit von Augenzeugenberichten diskutierte. Ausgerechnet nach dieser Sendung zeigte ihn eine Frau als ihren Vergewaltiger an. Zum Glück hatte der Mann ein hieb- und stichfestes Alibi, er saß ja zur Tatzeit in ebendieser Talkshow. In dem Psychologen aus der TV-Show sah die Frau ein Gesicht, das sie in ihrer Konfusion dem Täter zuordnete.

Das selbstmanipulierende Gedächtnis kann uns verwirren, oft stärkt es aber auch das Ich – und das Kollektiv. So lässt sich erklären, warum sich die Erinnerungen der Menschen an den Zweiten Weltkrieg mehr und mehr ähneln: Erinnern ist auch ein kollektiver Prozess. Über die Medien bilden sich Erinnerungsgemeinschaften, die sich immer wieder untereinander austauschen, bis sich die Berichte einander angleichen. Deutlich zeigte sich dies in der Kritik vieler Kriegsteilnehmer an der Wehrmachtausstellung: Trotz aller Belege für die Kriegsverbrechen der deutschen Wehrmacht – die auch in der Neufassung der umstrittenen Ausstellung Bestand hatten – bestreiten viele ehemalige Soldaten die historischen Fakten immer noch auf das entschiedenste.

Als der Historiker Helmut Schnatz in einem Vortrag erklärte, die Menschenhatz der Tiefflieger bei der Bombardierung Dresdens sei nur eine Geschichtslegende, gab es Tumulte. Vor allem die älteren Zuhörer waren fassungslos. Sie erinnerten sich an die „silbrig schimmernden Tiefflieger vom Typ Mustangjäger" und die verzweifelt vor den Flammen über die Elbwiesen fliehenden Menschen. Schnatz verwies auf die Fakten, wonach das Flammeninferno vom 13. und 14. Februar 1945 jeden Tiefflug technisch unmöglich gemacht hatte.

Auch im Kollektiv schönen wir unsere Erinnerungen

Das kollektive Gedächtnis ist für Selbstbetrug mindestens so anfällig wie die individuelle Erinnerung. Typisch dafür ist der Umgang der Deutschen mit dem „Dritten Reich". In einer Mehrgenerationenstudie ist der Sozialpsychologe Harald Welzer der Frage nachgegangen, wie die Erfahrungen der Kriegsgeneration an Kinder und Enkel weitergegeben werden und wie sich die Erzählungen dabei verändern. Schon die Statistik machte ihn stutzig: In der Zufallsauswahl berichteten zwei Drittel der Befragten von Vorfahren, die entweder Opfer des Nazi-Regimes gewesen seien oder als Helden des Alltags Widerstand geleistet hätten. Deutschland, eine Nation von Widerstandskämpfern? Das war offenkundiger Unsinn.

Wie sich über Generationen hinweg Legenden bilden, zeigt sich am Beispiel der Familie von Elli K.: Die zum Zeitpunkt der Befragung 92-Jährige sagte, sie habe gar nichts von KZs gewusst. Sie erzählte lediglich, wie sie versucht hatte zu verhindern, dass die britische Besatzungsmacht nach Kriegsende ehemalige KZ-Häftlinge aus Bergen-Belsen bei ihr einquartierte. Ihr Sohn Bernd erzählte von einer Geschichte, die er von seiner verstorbenen Ehefrau kannte: Die hatte bei einer Gutsherrin – Oma genannt – gearbeitet, die Flüchtlinge versteckt hatte. Die 26-jährige Enkelin Silvia schließlich berichtete, wie ihre Oma Elli schon mal Flüchtlinge aus Bergen-Belsen versteckt habe. Sie hatte also reale Elemente aus den Familiengeschichten und anderen Quellen zu einer Heldengeschichte zusammengemixt, die das eigene Selbstbild stärkt und die Ehre der Familie rettet.

Dafür lieferte Jörg Friedrichs Epos *Der Brand* über die alliierten Bombardements der deutschen Städte eine Initialzündung. Welzer spricht von einer „kumulativen Heroisierung". „In vielen Werken findet derzeit eine Verschiebung vom Holocaust hin zu den Leiden der Deutschen statt." Mittlerweile hat dies sogar zur Bildung einer ganz neuen Erinnerungsgemeinschaft geführt, den „Kriegskindern", die ihre „Erinnerungen" an ihr leidvolles Erleben als Zwei-, Drei- oder Vierjährige auf Kongressen und in Erzählcafés austauschen.

Ähnlich gelagert sind die Werke der Ostalgiker, die in Film, Fernsehen und Literatur die DDR-Vergangenheit verklären. Nach den ironisch-kritischen Kinoerfolgen *Sonnenallee* und *Good bye, Lenin!* sorgten DDR-Shows im Fernsehen für hohe Einschaltquoten. Katarina Witt moderierte bei RTL im Pionierhemd, im ZDF antworteten 500 Studiogäste zum Sendungsauftakt auf die Frage „Für Frieden und Sozialismus – Seid Ihr bereit?" der Moderatorin mit einem schallenden „Immer bereit!". Die zweite deutsche Diktatur des 20. Jahrhunderts kommt plötzlich harmlos und gemütlich daher.

Weil es nicht möglich ist, sich als Mitglied einer Gemeinschaft mit den Tätern und Mitläufern positiv zu identifizieren, beschönigt die Kinder- und Enkelgeneration oft im Nachhinein die eigene Familiengeschichte: Man entlastet Mütter und Väter, Omas und Opas – zurück bleiben ein paar wenige Schuldige. Die Tätergesellschaft fühlt sich als Opfergesellschaft.

Das Gedächtnis dient der Bewältigung der Gegenwart. Darin ist es sehr effizient

Das Gedächtnis ist ein Opportunist. Es nimmt sich, was ihm weiterhilft, Ungeeignetes oder Unangenehmes sortiert es aus. „Das habe ich doch schon vorher gewusst", verkünden deshalb nicht nur Wichtigtuer, nachdem ein Ergebnis bekannt geworden oder eine Entscheidung gefallen ist. Experten bezeichnen das als Rückschaufehler. „Etwas als zwangsläufig anzusehen, ist bei frustrierenden Erfahrungen eine Quelle des Trostes", sagt Hartmut Blank, Sozialpsychologe an der Universität Leipzig. So dient das Gedächtnis als ein effizientes System zur Gegenwartsbewältigung. Evolutionär gesehen, ist diese Anpassungsfähigkeit ein Vorteil, denn sie stellt ja diese Kontinuität nicht nur für das Individuum her, sondern auch für die Gesellschaft. Auch nach politischen Wahlen häufen sich Rückschaufehler, hat Blank festgestellt. Im Nachhinein glauben viele Wähler, sie hätten das Ergebnis schon vorher gewusst. Bei der jüngsten Bundestagswahl sei dies jedoch unwahrscheinlich. „Überraschung ist eine der

Randbedingungen, unter denen der Rückschaufehler geringer ausfällt."

Für Historiker ergibt sich aus dem autobiografischen Selbstbetrug das Problem herauszufinden, wie glaubwürdig die Gedächtnisleistung von Zeitzeugen tatsächlich ist. „Das verrät keine Erinnerung aus sich selbst heraus", sagt der Mediävist Johannes Fried von der Universität Frankfurt. „Täuschung, Irrtum und sachlich zutreffende Erinnerung lassen sich oftmals nicht unterscheiden." Er provoziert seine Kollegen mit der Forderung einer neurobiologisch fundierten Quellenkritik: Von Herodot bis Mommsen – die Geschichte müsse im Lichte der Hirnforschung vielleicht neu geschrieben werden, meint der Historiker.

Aus: ZEIT-Wissen 5/05

Wie erwachsen der salzige Geschmack und die knusprige Textur von Kartoffelchips, der unverwechselbare Geruch nach nassem Hund oder das Gefühl, mit den Fingerspitzen einige Meter über dem letzten sicheren Fußhalt an einer Felswand zu hängen, aus einem Netzwerk von Neuronen? **Christof Koch** hätte die Frage auch so formulieren können: „Wie entsteht eigentlich Bewusstsein?" Der Philosoph René Descartes unterschied in seinem Nachdenken über diese geheimnisvolle Eigenschaft zwischen der *res extensa*, der physikalischen Substanz, und der *res cogitans*, der denkenden Substanz, die nur dem Menschen eigen sei. Mit diesem Dualismus, der zwei Formen von Substanz – Materie und Seelenstoff – unterscheidet, repräsentiert der Philosoph die Denkschule des Dualismus in ihrer reinsten Form. Es gibt viele philosophische Ansätze, das Bewusstsein zu ergründen. Christof Koch stellt sie seinen Lesern vor – um am Ende zu erklären, warum es bisher keinem Philosophen gelungen sei, einen Alleinforschungsanspruch der Philosophie in Sachen Bewusstsein zu reklamieren. Koch jedenfalls ist unbeirrt auf der Suche nach etwas, das die moderne Forschung kurz NCC nennt: Neural Correlates of Consciousness – eine neuronale Entsprechung des Bewusstseins.

Der im Mittleren Westen der USA geborene Forscher wuchs in den Niederlanden, Deutschland, Kanada und Marokko auf. Er studierte Physik und Philosophie an der Universität Tübingen und promovierte am dortigen Max-Planck-Institut für Biokybernetik. Heute ist er Professor für Kognitive Biologie und Verhaltensbiologie am California Institute of Technology in Pasadena. Von 1989 bis zu dessen Tod im Jahr 2004 arbeitete Koch mit dem Medizin-Nobelpreisträger Francis Crick eng zusammen. Die beiden Forscher einte der Ehrgeiz, die neurobiologischen Grundlagen des Bewusstseins aufzuklären. Aus dieser Zusammenarbeit resultiert auch der folgende Beitrag.

Auf seiner Homepage im Internet lässt sich Christof Koch von jedem, der den Neurowissenschaftler näher kennen lernen will, ins Gehirn sehen. Sie können dort aber auch seine Familie und seine vier Hunde Bela, Trixie, Nosy und Falko kennen lernen und erfahren, dass er leidenschaftlich gern klettert.

Christof Koch

Das Rätsel des Bewusstseins

Von Christof Koch

> Das Bewusstsein macht das Leib-Seele-Problem erst zu einer wirklich schwierigen Sache ... Ohne Bewusstsein wäre das Leib-Seele-Problem weit weniger interessant. Mit Bewusstsein erscheint es hoffnungslos.
>
> Aus *What Is It Like to Be a Bat* von Thomas Nagel

In Thomas Manns unvollendetem Roman *Die Bekenntnisse des Hochstaplers Felix Krull* äußert sich Professor Kuckuck gegenüber dem Marquis de Venosta über die drei fundamentalen und geheimnisvollen Stadien der Schöpfung. Zuerst einmal ist da die Schaffung von etwas – namentlich des Universums – aus dem Nichts. Der zweite Akt der Schöpfung ist die Schaffung von Leben aus toter, anorganischer Materie. Der dritte mysteriöse Akt ist die Geburt des Bewusstseins und bewusster Lebewesen, Lebewesen, die aus organischer Materie bestehen und über sich selbst nachdenken können. Menschen und zumindest einige Tiere nehmen nicht nur Licht wahr, bewegen ihre Augen und führen andere Handlungen durch, sondern „fühlen" dabei auch etwas. Diese erstaunliche Eigenschaft der Welt verlangt nach einer Erklärung. Bewusstsein bleibt eines der größten Rätsel, denen sich die Wissenschaft weltweit gegenübersieht.

Zum Weiterlesen

Henning Genz, Ernst Peter Fischer: *Was Professor Kuckuck noch nicht wusste* (Rowohlt 2004)

Was muss erklärt werden?

Solange es schriftliche Aufzeichnungen gibt, haben sich Männer und Frauen gefragt, wie es kommt, dass wir sehen, riechen, über uns selbst nachdenken und uns erinnern können. Wie entstehen derartige Empfindungen? Die fundamentale Frage im Zentrum des Leib-Seele-Problems lautet: *Welche Beziehung besteht zwischen dem bewussten Geist und den elektrochemischen Wechselwirkungen im Körper, aus denen er erwächst?*[1]

---

[1] Objektive und subjektive Termini werden je nach wissenschaftlicher Fachrichtung unterschiedlich gebraucht. Ich halte mich an folgende Konvention: Registrieren (*detection*) und Verhalten (*behavior*) sind objektive Begriffe, die operationalisiert werden können (siehe Dennett, *Consciousness Explained*, 1991), wie „die Netzhaut registriert den roten Blitz, und der Beobachter drückt mit dem Finger auf den Knopf". Erkennen und Verhalten können in Abwesenheit von Bewusstsein erfolgen. Ich benutze Empfinden, Wahrnehmen, Sehen, Erleben, Denken und Fühlen in ihrer subjektiven Bedeutung, wie in „bewusster Empfindung".

Was ist eigentlich …

Qualia [Einzahl Quale; von latein. *qualis* = wie beschaffen], subjektiv und unabhängig von dem zugehörigen Objekt wahrgenommene Eigenschaften. In der Philosophie des Geistes bilden Qualia die klassischen Beispiele für die aus der Innenperspektive zugänglichen (phänomenologischen) Merkmale des bewussten Erlebens. Einfache sensorische Empfindungen wie die visuelle Qualität von „Scharlachrot" in einem bewussten Farberlebnis (Farbwahrnehmung) oder die olfaktorische Qualität von „Moschus" in einem Geruchserlebnis (Geruchssinn), aber auch Körperempfindungen und Emotionen sind Beispiele für solche phänomenalen Eigenschaften. Weil solche Eigenschaften dem Erleben nach keine innere Struktur besitzen und nicht das Ergebnis eines Abstraktionsvorgangs sind, bilden sie die gewissermaßen maximal konkreten, basalen Grundbausteine des Bewusstseins und sind daher Eigenschaften erster Ordnung. Qualia sind außerdem sprachlich nur schwer fassbar (man kann einem Blindgeborenen nicht erklären, was „Scharlachrot" bedeutet).

Wie erwachsen der salzige Geschmack und die knusprige Textur von Kartoffelchips, der unverwechselbare Geruch nach nassem Hund oder das Gefühl, mit den Fingerspitzen einige Meter über dem letzten sicheren Fußhalt an einer Felswand zu hängen, aus einem Netzwerk von Neuronen? Diese sensorischen Qualitäten, die Bausteine bewusster Erfahrung, werden traditionell als *Qualia* bezeichnet. Die Frage ist jedoch, wie kann ein physikalisches System Qualia haben?

Und weiter: Warum ist ein bestimmtes Quale so, wie es ist, und nicht anders? Warum sieht Rot so aus, wie es aussieht, ganz anders als das Empfinden, blau zu sehen? Diese Qualia sind keine abstrakten, willkürlichen Symbole; sie stellen für den Organismus etwas *Bedeutungsvolles* dar. Philosophen sprechen von der Fähigkeit des Verstands, Dinge zu repräsentieren oder sich mit Dingen auseinander zu setzen. Wie aus der elektrischen Aktivität in den riesigen neuronalen Netzwerken, die das Gehirn bilden, Bedeutung erwächst, ist bisher völlig rätselhaft. Die Struktur dieser Netzwerke, ihre Verschaltungen, spielt dabei sicherlich eine Rolle, aber welche?

Wie kommt es, dass Menschen und Tiere etwas bewusst erleben können? Warum können Menschen nicht ganz ohne Bewusstsein leben, Kinder zeugen und aufziehen? Aus einem subjektiven Blickwinkel erschiene dies so, als sei man gar nicht am Leben, wie ein Durchs-Leben-Schlafwandeln. Warum existiert dann vom Standpunkt der Evolution aus Bewusstsein? Welcher Überlebenswert geht mit einem subjektiven, geistigen Leben einher?

Im haitianischen Volksglauben ist ein Zombie ein Untoter, der durch Magie gezwungen wird, demjenigen zu gehorchen, der ihn kontrolliert. In der Philosophie ist ein *Zombie* ein imaginäres Wesen, das sich genauso wie eine normale Person verhält und handelt, aber überhaupt kein bewusstes Erleben, keine Empfindungen oder Gefühle

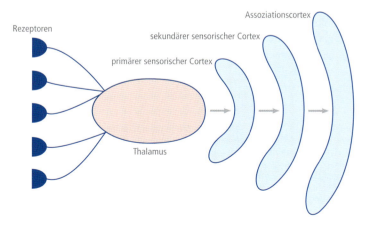

Einfaches Modell der Verschaltung von Informationen: Eine solche hierarchische Organisation lässt sich bei fast allen Sinnen finden. Wichtigste „Schaltzentrale" ist der Thalamus, in dem die Informationen aller Sinnessysteme (mit Ausnahme des olfaktorischen Systems) zwischengeschaltet werden.

hat. Ein besonders hinterlistiger Zombie kann sogar lügen und behaupten, er empfinde etwas, wenn dies gar nicht der Fall ist.

Die Tatsache, dass es so schwierig ist, sich etwas Derartiges vorzustellen, ist der schlagende Beweis dafür, wie grundlegend wichtig Bewusstsein für das tägliche Leben ist. In Anlehnung an René Descartes' berühmten Satz, mit dem er seine Existenz feststellte, kann ich mit Bestimmtheit sagen: „Ich habe Bewusstsein." Nicht immer, nicht in einem traumlosen Schlaf oder in Narkose, aber häufig: wenn ich lese, rede, klettere, denke, diskutiere oder auch nur dasitze und die Schönheit der Welt betrachte.

Das Rätsel vertieft sich mit der Erkenntnis, dass viel von dem, was im Gehirn vor sich geht, das Bewusstsein umgeht. Elektrophysiologische Experimente zeigen, dass auch heftige Aktivität in Legionen von Neuronen unter Umständen nicht in der Lage sind, eine bewusste Wahrnehmung oder Erinnerung hervorzurufen. Wenn Sie ein herumkrabbelndes Insekt auf Ihrem Fuß bemerken, werden Sie ihn sofort reflexartig heftig schütteln, selbst wenn Sie erst später realisieren, was eigentlich vor sich geht. Oder Ihr Körper reagiert auf einen furchterregenden Anblick, eine Spinne oder eine Pistole, bevor das Gesehene bewusst wahrgenommen wird. Ihre Hände werden feucht, Ihr Herz rast, der Blutdruck steigt, und Adrenalin wird ausgeschüttet. All das passiert, bevor Sie wissen, dass oder warum Sie sich fürchten. Viele relativ komplexe sensomotorische Verhalten erfolgen ähnlich rasch und unbewusst. Tatsächlich zielt jedes Training darauf ab, Ihren Körper zu lehren, rasch eine komplexe Folge von Bewegungen – einen Aufschlag zurückschlagen, einem Fausthieb ausweichen, sich die Schuhe zubinden – auszuführen, ohne darüber nachzudenken. Unbewusste Verarbeitung erstreckt sich bis in die höchsten Höhen des Gehirns. Sigmund Freud (1856–1939) hat dargelegt, dass, insbesondere traumatische, Kindheitserlebnisse das Verhalten eines Menschen im Erwachsenenalter in einer Weise tiefgreifend beeinflussen können, die dem Bewusstsein nicht zugänglich ist. Ein beträchtlicher Teil von Entscheidungsfindungen und kreativem Verhalten auf hohem Niveau läuft ohne bewusstes Nachdenken ab.

Viel von dem, was das Auf und Ab des täglichen Lebens ausmacht, findet außerhalb des Bewusstseins statt. Einige der besten Belege dafür stammen aus dem klinischen Bereich. Nehmen wir einmal den seltsamen Fall der Neurologiepatientin D. F. Sie ist nicht in der Lage, Formen oder Bilder von alltäglichen Objekten zu erkennen, kann aber einen Ball fangen. Obwohl sie nicht angeben kann, wie ein dünner, briefkastenartiger Schlitz orientiert ist (ist er waagerecht?), kann sie geschickt einen Brief in den Schlitz schieben (Abb. auf S. 38). Aufgrund des Studiums solcher Patienten haben Neuropsychologen auf die Existenz von *Zombiesystemen* im Gehirn geschlossen, die das Bewusstsein umgehen. Diese Zombies widmen sich stereotypen

---

Cogito, ergo sum. Der französische Philosoph, Mathematiker und Naturwissenschaftler René Descartes (1596–1650) fasste in seinem 1644 erschienenen, lateinisch geschriebenen Hauptwerk *Principia philosophiae* die Ergebnisse seines Denkens und Forschens in der Aussage zusammen: *Haec cognitio: ego cogito, ergo sum, est omnium prima et certissima* („Diese Erkenntnis: ich denke, also bin ich, ist von allen die erste und zuverlässigste"). Bereits 1637 hatte er diesen Satz in seinem anonym erschienenen *Discours de la méthode* kurz und prägnant französisch formuliert: *Je pense, donc je suis.* Populär wurden die lateinische verkürzte Form *Cogito, ergo sum* und die Übersetzung „Ich denke, also bin ich". Besonders die Jugend- und Spontisprache hat zahlreiche scherzhafte Abwandlungen des Zitats hervorgebracht, etwa „Ich denke, also bin ich hier falsch."

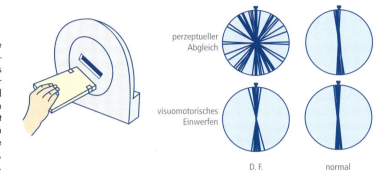

Ein Zombie kontrolliert die Hand. D. F. konnte die Orientierung des länglichen Schlitzes nicht sehen oder ihn mit der Orientierung der in der Hand gehaltenen Karte abgleichen (obere Reihe, verglichen mit einer gesunden, gleichaltrigen Versuchsperson). Sie hatte jedoch keine Schwierigkeiten, die Karte einzuwerfen.

Aufgaben, wie die Augen bewegen oder eine Hand in Position bringen. Sie arbeiten gewöhnlich ziemlich rasch und haben keinen Zugang zum expliziten Gedächtnis.

Warum ist das Gehirn dann nicht nur eine große Ansammlung spezialisierter Zombiesysteme? In diesem Fall wäre das Leben vielleicht langweilig, doch da derartige Systeme mühelos und rasch arbeiten, warum brauchen wir überhaupt Bewusstsein? Welche Funktion hat es? Hier argumentiere ich, dass Bewusstsein Zugang zu einem bewussten Allzweck-Verarbeitungsmodus erlaubt, der dem Planen und Durchdenken eines zukünftigen Handlungsablaufs dient. Ohne Bewusstsein stünden wir schlechter da.

Bewusstsein ist eine sehr private Angelegenheit. Eine Empfindung lässt sich einem anderen nicht direkt übermitteln, sondern wird gewöhnlich durch Vergleiche mit anderen Erfahrungen beschrieben. Versuchen Sie einmal, jemandem Ihre subjektive Erfahrung von „Rot" zu vermitteln. Sie werden schließlich auf andere Perzepte zurückgreifen, etwa „rot wie ein Sonnenuntergang" oder „rot wie die chinesische Flagge" (dies einer blind geborenen Person zu vermitteln, ist praktisch unmöglich). Man kann sinnvoll über die Beziehungen zwischen verschiedenen Erfahrungen sprechen, aber nicht über eine einzelne Erfahrung. Auch das bedarf einer Erklärung.

So wollen wir uns dem „Rätsel Bewusstsein" nähern: Zu verstehen, wie und warum die neuronale Basis einer bestimmten bewussten Empfindung mit gerade dieser Empfindung anstatt mit einer anderen oder mit einem völlig unbewussten Zustand einhergeht, warum Empfindungen so strukturiert sind, wie sie es sind, wie sie Bedeutung erlangen und warum sie privat sind – und schließlich, wie und warum so viele Verhalten unbewusst ablaufen.

Vielerlei Antworten

Seit der Veröffentlichung von René Descartes' *Traité de l'Homme* Mitte des 17. Jahrhunderts haben Philosophen und Naturforscher über das Leib-Seele-Problem in seiner gegenwärtigen Form nachgegrübelt. Bis in die 1980er-Jahre mieden die allermeisten Arbeiten auf dem Gebiet der Hirnforschung jedoch jeden Bezug zum Bewusstsein. In den letzten fast drei Jahrzehnten haben Philosophen, Psychologen, Kognitionswissenschaftler, Kliniker, Neurowissenschaftler und selbst Ingenieure Dutzende von Artikeln und Büchern veröffentlicht, die darauf abzielten, Bewusstsein zu „identifizieren", zu „erklären" oder „neu zu überdenken". Die meisten dieser Schriften sind entweder rein spekulativ oder es mangelt ihnen an einem detaillierten wissenschaftlichen Programm zur systematischen Identifizierung der neuronalen Basis des Bewusstseins.

Bevor ich den Ansatz vorstelle, den mein langjähriger Mitstreiter Francis Crick und ich entwickelt haben, um dieses Problem anzugehen, möchte ich einen Überblick über das philosophische Umfeld geben, um die Leser mit den bisher angedachten Antwortkategorien vertraut zu machen. Bedenken Sie aber, dass ich Ihnen an dieser Stelle nur Grobskizzen dieser Positionen liefern kann.

Bewusstsein setzt eine immaterielle Seele voraus

Platon, der Patriarch der westlichen Philosophie, schuf das Konzept einer Person als unsterbliche Seele, gefangen in einem sterblichen Körper. Darüber hinaus vertrat er die Ansicht, Ideen hätten eine reale Existenz und seien ewig. Diese platonischen Ansichten flossen später ins Neue Testament ein und bilden die Basis der klassischen römisch-katholischen Doktrin der Seele. Der Glaube, dass im Zentrum des Bewusstseins eine transzendente und unsterbliche Seele steht, wird von vielen Religionen auf der ganzen Welt geteilt. Aufgewachsen in einer gläubigen römisch-katholischen Familie, hege ich viel Sympathie für diesen Standpunkt.

Seinerzeit unterschied Descartes zwischen der *res extensa* als „physikalischer Substanz mit einer räumlichen Ausdehnung einschließlich des Spiritus animalium, der durch Nerven wandert und die Muskeln füllt" und der *res cogitans*, der denkenden Substanz. Er argumentierte, dass die *res cogitans* nur dem Menschen eigen ist und aus ihr Bewusstsein erwächst. Descartes' ontologische Zweiteilung stellt die eigentliche Definition des *Dualismus* dar: zwei Formen von Substanzen, Materie und Seelenstoff. Schwächere Formen des Dualismus sind bereits früher von Aristoteles und Thomas von Aquin vorgeschlagen worden. Die berühmtesten modernen Vertreter dieser

Porträt

Crick, *Francis Harry Compton*, britischer Biochemiker, *8.6.1916 Northampton; † 28.7.2004 San Diego; ab 1977 Professor am Salk Institute in La Jolla; entdeckte durch Röntgenstrukturanalyse zusammen mit J. D. Watson die Doppel-Helix-Struktur der DNA, wofür beide 1962 den Nobelpreis für Medizin erhielten. Am Salk Institute beschäftigte Crick sich dann auch mit Grundfragen der Neurobiologie, insbesondere mit der Systematisierung der unterschiedlichen hierarchischen Ebenen des Nervensystems und der Erarbeitung von Gehirnmodellen zum Verständnis der unterschiedlichen neuronalen Netzwerkschaltungen.

Karl Popper und John Eccles reanimieren das Bewusstsein

Popper und Eccles argumentieren in ihrer gemeinsamen Schrift aus dem Jahre 1977 *The Self and Its Brain* (deutsch *Das Ich und sein Gehirn*) das Wechselspiel zwischen Gehirn und Seele sei durch Heisenbergs Unschärfeprinzip getarnt, dem zufolge es unmöglich ist, gleichzeitig sowohl Position als auch Impuls eines mikroskopischen Systems, wie etwa eines Elektrons, genau zu kennen. Im Jahre 1986 stellte Eccles die These auf, der bewusste Geist beeinflusse die Freisetzungswahrscheinlichkeit von Vesikeln an der Synapse in einer Weise, die das Gesetz von der Erhaltung der Energie nicht verletzt, aber dennoch ausreicht, um das Verhalten des Gehirns zu beeinflussen. Diese Vorstellungen sind in der wissenschaftlichen Gemeinde nicht besonders begeistert aufgenommen worden. Erfrischend ist jedoch an Poppers und Eccles' Monographie, dass beide das Bewusstsein ernst nehmen. Sie gehen davon aus, dass sensorische Empfindungen ein Produkt der Evolution sind, die nach einer Funktion verlangen. Das war nach so vielen Jahrzehnten des Behaviorismus, in dem Bewusstsein völlig ignoriert wurde, wirklich bemerkenswert.

Richtung sind der Philosoph Karl Popper (1902–1994) und der Neurophysiologe und Nobelpreisträger John Eccles (1903–1997).

Auch wenn starke dualistische Positionen logisch schlüssig sind, sind sie von einem wissenschaftlichen Standpunkt aus unbefriedigend. Besonders problematisch ist die Art der Wechselwirkung zwischen Seele und Gehirn. Wie und wo soll diese stattfinden? Vermutlich müsste diese Interaktion mit den Gesetzen der Physik kompatibel sein. Dies würde jedoch einen Austausch von Energie erfordern, der erklärt werden müsste. Und was passiert mit dieser spukhaften Substanz, der Seele, wenn ihr Träger, das Gehirn, stirbt? Schwebt sie dann wie ein Gespenst in irgendeinem Hyperraum?

Das Konzept einer immateriellen Essenz lässt sich retten, wenn man postuliert, dass die Seele unsterblich und völlig unabhängig vom Gehirn ist. Damit wird sie allerdings etwas Unbeschreibliches, Unerkennbares, ein „Geist in der Maschine", um einen von dem britischen Philosophen Gilbert Ryle (1900–1976) geprägten Ausdruck zu benutzen.

Zum Weiterlesen

Die philosophischen Anthologien von Block, Flanagan und Güzeldere: *Consciousness: Philosophical Debates* (1997) sowie Metzinger *Conscious Experience* (1995); der Überblick der Philosophin Patricia Churchland *Brain-Wise. Studies in Neurophilosophy* (2002) über verschiedene Aspekte des Leib-Seele-Problems mit Betonung der relevanten Neurowissenschaften; die kompakte und gut lesbare Monographie von Searle *The Mystery of Consciousness* (1997).

Bewusstsein lässt sich nicht mit wissenschaftlichen Mitteln verstehen

Eine ganz andere philosophische Tradition ist die von Owen Flanagan geprägte *mystische* Position, die behauptet, Menschen könnten Bewusstsein nicht verstehen, weil es einfach zu komplex ist. Diese Beschränkung ergibt sich entweder aus einer prinzipiellen, formalen (wie kann irgendein System sich vollständig selbst verstehen?) oder einer praktischen Haltung, in der sich der Pessimismus über die Unfähigkeit des menschlichen Geistes ausdrückt, die nötigen umfassenden konzeptuellen Umsetzungen durchzuführen (welche Chance hat ein Menschenaffe, die Allgemeine Relativitätstheorie zu verstehen?).

Andere Philosophen erklären, sie verstünden nicht, wie das Gehirn als Organ physisches Bewusstsein erzeugen könne; daher sei jedes wissenschaftliche Programm zur Erforschung der physischen Basis des Bewusstseins zum Scheitern verurteilt. Das ist ein Argument aus Unkenntnis: Das gegenwärtige Fehlen eines überzeugenden Arguments für ein Bindeglied zwischen Gehirn und bewusstem Verstand kann nicht als Beleg dafür herangezogen werden, dass ein derartiges Bindeglied nicht existiert. Um diesen Kritikern zu antworten, muss die Naturwissenschaft natürlich relevante Konzepte entwickeln und Belege für dieses Bindeglied vorlegen.

Auch wenn Wissenschaftler die Arbeitsweise des Gehirns und die Entwicklung des Bewusstseins vielleicht niemals ganz verstehen werden – nicht einmal im Prinzip, geschweige denn in der Praxis –, sollten wir diesen Gedanken zunächst beiseite schieben. Die Neurowissenschaften sind eine junge Disziplin, die dank immer raffinierterer Methoden mit atemberaubender Geschwindigkeit neues Wissen anhäuft. Bevor diese Entwicklung weitgehend ihren Lauf genommen hat, besteht kein Grund für defätistische Schlussfolgerungen. Nur weil ein bestimmter Gelehrter nicht in der Lage ist zu verstehen, wie Bewusstsein entstehen könnte, kann man nicht den Schluss ziehen, dass es jenseits allen menschlichen Begreifens liegt!

Bewusstsein ist eine Illusion

Eine andere Form der philosophischen Reaktion auf das Leib-Seele-Dilemma besteht darin zu verneinen, dass überhaupt ein echtes Problem vorliegt. Der aktivste zeitgenössische Verfechter dieser wenig eingängigen Ansicht, die in der Tradition der Behavioristen wurzelt, ist der Philosoph und Ryle-Schüler Daniel Dennett von der Tufts University in Massachusetts. In *Consciousness Explained* (deutsch: *Philosophie des menschlichen Bewusstseins*) argumentiert er, das Bewusstsein, so wie es die meisten Menschen begreifen, sei eine komplexe Illusion, vermittelt von den Sinnen in geheimer Absprache mit dem motorischen Output und unterstützt von sozialen Konstrukten und Lernen. Auch wenn Dennett einräumt, dass Menschen behaupten, Bewusstsein zu haben, und dieser hartnäckige, aber irrige Glaube einer Erklärung bedarf, bestreitet er die innere Realität der nicht fassbaren Aspekte von Qualia. Seiner Meinung nach ist die übliche Art und Weise, über Bewusstsein nachzudenken, völlig falsch. Dennett versucht, Bewusstsein aus der *Perspektive der dritten Person* zu erklären, während er solche Aspekte aus der *Perspektive der ersten Person* zurückweist, die es resistent gegen Reduktion machen.

Bei Zahnschmerzen geht es darum, gewisse Verhaltensweisen auszudrücken oder ausdrücken zu wollen: aufhören, auf der schmerzenden

> ### ■ Was ist eigentlich ... ■
>
> Behaviorismus [von engl. *behaviour* (amerikanisch *behavior*) = Verhalten], Behaviourismus, Bezeichnung für eine in den USA entwickelte Schule der objektiven Psychologie. Jede Form der Selbstbeobachtung wird hierbei abgelehnt, und subjektive Begriffe wie Empfindung, Denken, Ziel und – in der extremen Form – auch Gedächtnis und Antrieb werden aus der Psychologie verbannt. Beschrieben wird lediglich der Zusammenhang des beobachtbaren Verhaltens des Menschen mit den einwirkenden Umweltreizen (Reiz-Reaktions-Schema). Ausgangspunkt waren die schon 1898 von E. L. Thorndike veröffentlichten Lernexperimente an Tieren sowie I. P. Pawlows Experimente über bedingte Reflexe und die Übertragung ihrer Ergebnisse auf den Menschen. Die Schule des Behaviorismus wurde 1913 durch den amerikanischen Psychologen J. B. Watson gegründet. Bei der Erforschung des Verhaltens der Tiere und des Menschen nimmt das Lernen im Behaviorismus eine zentrale Stellung ein. Das Verhalten wird durch die Erfahrung des Lebewesens modifiziert, d. h., es wird erlernt. Es wird dabei nur als Reaktion des Organismus auf die Umwelt aufgefasst. Trotz zahlreicher Widerstände beherrschte der Behaviorismus zwischen 1920 und 1955 die amerikanische Psychologie.

Seite zu kauen, weglaufen und sich verstecken, bis der Schmerz nachgelassen hat, Grimassen schneiden und so fort. Diese „*reaktiven Dispositionen*" wie er sie nennt, sind real. Das flüchtige, nicht fassbare Gefühl existiert hingegen nicht.

Da subjektive Gefühle im Alltagsleben eine zentrale Rolle spielen, bedarf es außerordentlicher faktischer Belege, bevor man zu dem Schluss kommt, dass Qualia und Gefühle nichts als Illusion sind. Philosophische, auf logische Analyse basierende Argumente sind nicht stark genug, um sich mit dem echten Gehirn samt all seiner Feinheiten in maßgeblicher Weise zu befassen – selbst dann nicht, wenn sie durch Ergebnisse gestützt werden. Die philosophische Methode ist dann am besten, wenn sie Fragen formuliert, aber sie kann keine große Erfolgsbilanz aufweisen, wenn es um deren Beantwortung geht. Der provisorische Ansatz, den ich in diesem Buch vertrete, besteht darin, die Erfahrungen aus der Perspektive der ersten Person als harte Tatsachen des Lebens anzusehen und zu versuchen, sie zu erklären.

> ### ■ Bewusstsein – nach Dennett eine komplette Illusion ■
>
> In seiner *Philosophie des menschlichen Bewusstseins* (1991) greift Daniel Dennett zu Recht die Vorstellung von einem cartesianischen Theater an, einem einzelnen Ort im Gehirn, wo bewusste Wahrnehmung entstehen muss (man beachte, dass dies die Möglichkeit eines verteilten Satzes neuronaler Prozesse nicht ausschließt, die zu jedem beliebigen Zeitpunkt Bewusstsein exprimieren). Er schlägt ein Multiple-Drafts-Modell (Modell der vielfältigen Entwürfe) vor, um verschiedene rätselhafte Aspekte von Bewusstsein zu erklären, wie die nicht intuitiv erfassbare Rolle der Zeit bei der Organisation von subjektiver Erfahrung. Typisch für Dennetts Art zu schreiben ist der geschickte Gebrauch von farbigen Metaphern und Analogien, die er allzu sehr schätzt. Es fällt schwer, sie mit bestimmten neuronalen Mechanismen zu verknüpfen.

Bewusstsein erfordert ganz neue Gesetze

Manche haben statt nach mehr Fakten über das Gehirn und seine Arbeitsprinzipien nach neuen naturwissenschaftlichen Gesetzen gerufen, um das Rätsel des Bewusstseins zu lösen. Roger Penrose von der Oxford University argumentiert in seinem wunderbaren Buch *The Emperor's New Mind* (deutsch *Computerdenken*), dass die Physik von heute nicht in der Lage ist, die intuitiven Fähigkeiten von Mathematikern – und Menschen im Allgemeinen – zu erklären. Nach Penroses Meinung wird eine noch zu formulierende Theorie der Quantengravitation erklären können, wie das menschliche Bewusstsein Prozesse ausführen kann, die keine denkbare Turing-Maschine ausführen könnte. In Zusammenarbeit mit dem Anästhesisten Stuart Hameroff von der University of Arizona in Tuscon hat Penrose die These aufgestellt, Mikrotubuli, sich selbst organisierende Eiweiße des Cytoskeletts, die man in allen Körperzellen findet, spielten eine entscheidende Rolle bei der Vermittlung kohärenter Quantenzustände über große Neuronenpopulationen hinweg.

Zum Weiterlesen

Computerdenken (1989), *Schatten des Geistes* (1994), *Das Große, das Kleine und der menschliche Geist* (1997), zusammen mit S. Hawking *Raum und Zeit* (1996).

Penrose hat zwar eine heftige Debatte darüber angestoßen, in welchem Maße Mathematiker Zugang zu gewissen, nicht berechenbaren Wahrheiten haben und ob diese durch Computer realisiert werden können; dennoch bleibt es völlig im Dunklen, wie die Quantengravitation erklären soll, auf welche Weise in gewissen Klassen höher organisierter Materie Bewusstsein entsteht. Sowohl Bewusstsein als auch Quantengravitation haben rätselhafte Eigenschaften; daraus aber den Schluss zu ziehen, das eine sei die Ursache des anderen, scheint reichlich willkürlich. Angesichts des Fehlens jedweder Belege für makroskopische quantenmechanische Effekte im Gehirn werde ich diese Idee nicht weiter verfolgen.

Der Philosoph David Chalmers von der University of Arizona in Tuscon hat eine Alternative skizziert, in der Information zwei Aspekte hat: einen physikalisch realisierbaren Aspekt, der in Computern eingesetzt wird, und einen phänomenalen oder empirischen Aspekt, der von außen nicht zugänglich ist. Seiner Ansicht nach kann jedes informationsverarbeitende System, vom Thermostaten bis zum menschlichen Gehirn, zumindest in einem gewissen Sinne Bewusstsein haben (wenn Chalmers auch zugibt, dass es sich vielleicht nicht besonders anfühlt, „ein Thermostat zu sein"). Auch wenn die Kühnheit, alle Information repräsentierenden Systeme mit subjektivem Erleben auszustatten, einen gewissen Reiz und Eleganz hat, ist mir nicht klar, wie sich Chalmers' Hypothese wissenschaftlich prüfen ließe. Derzeit kann man diesen modernen *Panpsychismus* nur als provokante Hypothese akzeptieren. Im Lauf der Zeit kann es sich jedoch durchaus als nötig erweisen, eine Theorie in der Sprache der Wahrscheinlichkeitslehre und der Informationstheorie zu formulieren, um Bewusst-

Was ist eigentlich ...

Panpsychismus [griechisch *pan* = alles; *psyche* = „Seele"], Allbeseelungslehre, die v. a. von Vertretern der griechischen Philosophie, der Mystik, der Naturphilosophie der Renaissance, von G. Bruno, B. de Spinoza, G. W. Leibniz wie auch F. W. J. Schelling vertretene Lehre, nach der alle Dinge „beseelt" seien oder in Extremform eine un- oder überpersönliche Weltseele (*anima mundi*) das Bewegungsprinzip des gesamten Weltgeschehens sei.

sein zu verstehen. Selbst wenn man Chalmers' Entwurf akzeptiert, bedarf dieser einer stärker quantitativen Struktur. Erleichtern gewisse Formen der Verarbeitungsarchitektur, wie eine massive Parallel- oder Reihenstruktur, die Entwicklung von Bewusstsein? Ist die Reichhaltigkeit von subjektivem Erleben verknüpft mit dem Umfang oder der Organisation des Gedächtnisses (gemeinsames oder nicht gemeinsames, hierarchisches oder nicht hierarchisches, statisches oder dynamisches Gedächtnis und so fort)?

Wenn ich auch nicht ausschließen kann, dass es zur Erklärung des Bewusstseins möglicherweise völlig neuer Gesetze bedarf, sehe ich gegenwärtig keine dringende Notwendigkeit für einen solchen Schritt.

Bewusstsein erfordert Verhalten

Die *enaktive* oder *sensomotorische* Erklärung des Bewusstseins betont die Tatsache, dass ein Nervensystem nicht isoliert betrachtet werden kann. Es ist Teil eines Körpers, der in einem Lebensraum lebt und durch unzählige sensomotorische Wechselbeziehungen im Lauf seines Lebens Wissen über die Welt (einschließlich seines eigenen Körpers) erworben hat. Dieses Wissen wird bei den laufend stattfindenden Begegnungen des Körpers mit der Welt geschickt genutzt. Vertreter dieser Sicht räumen ein, dass das Gehirn Träger der Wahrnehmung ist, behaupten aber, neuronale Aktivität sei nicht hinreichend für Bewusstsein und es sei aussichtslos, nach physikalischen Ursachen oder Bewusstseinskorrelaten zu suchen. Der sich verhaltende, in eine bestimmte Umwelt eingebettete Organismus ist es ihrer Meinung nach, der Empfindungen erzeugt.

Auch wenn die Vertreter des enaktiven Standpunkts zu Recht betonen, dass Wahrnehmung gewöhnlich im Kontext einer Handlung stattfindet, habe ich kein Verständnis für ihre Vernachlässigung der neuronalen Grundlage der Wahrnehmung. Wenn es etwas gibt, dessen sich Naturwissenschaftler recht sicher sind, dann ist es die Tatsache, dass Gehirnaktivität sowohl notwendig als auch hinreichend für biologisches Empfinden ist. Empirischen Rückhalt dafür liefern viele Quellen. So ist beispielsweise beim Träumen, einem höchst bewussten Zustand, fast die gesamte Willkürmuskulatur gehemmt. Das heißt, jede Nacht erleben die meisten von uns Episoden von Empfindungsphänomenen, ohne sich zu bewegen.

Ein weiteres Beispiel ist, dass eine direkte Hirnstimulation mit elektrischen oder magnetischen Pulsen einfache Perzepte (Wahrnehmungen), wie farbige Lichtblitze, auslösen kann; das ist die Basis der derzeitigen Forschung an neuroprothetischen Geräten für Blinde. Zudem kommt es vor, dass Menschen die Gewalt über ihr motorisches

System – sei es kurzzeitig (z. B. bei der Schlaflähmung, Narkolepsie) oder auf Dauer – verlieren, aber dennoch weiterhin die Welt erleben.

Daraus schließe ich, dass Bewegung für Bewusstsein nicht zwingend notwendig ist. Das heißt natürlich nicht, dass die Bewegung von Körper, Augen, Gliedmaßen und so fort für die Formung des Bewusstseins unwichtig wäre. Ganz im Gegenteil! Aber Verhalten ist nicht unbedingt erforderlich, damit Qualia auftreten.

Bewusstsein ist eine emergente Eigenschaft gewisser biologischer Systeme

Meine Arbeitshypothese lautet, dass Bewusstsein aus neuronalen Merkmalen des Gehirns erwächst. Um die materielle Grundlage des Bewusstseins zu verstehen, bedarf es wahrscheinlich keiner exotischen neuen Physik, sondern vielmehr eines viel tieferen Verständnisses der Art und Weise, wie dicht vernetzte, aus einer Vielzahl heterogener Neuronen bestehende Netzwerke arbeiten. Die Fähigkeit von Neuronenkoalitionen, aus dem Wechselspiel mit der Umwelt und aus ihren eigenen internen Aktivitäten zu lernen, wird häufig unterschätzt. Individuelle Neuronen sind selbst komplexe Entitäten mit einzigartiger Morphologie und tausenderlei Inputs und Outputs. Ihre Kontaktstellen, die *Synapsen*, sind molekulare Maschinen, ausgerüstet mit Lernalgorithmen, die ihre Stärke und Dynamik über einen weiten zeitlichen Bereich modifizieren. Menschen haben wenig Erfahrung mit einer derart weitreichenden, umfassenden Organisation. Daher fällt es selbst Biologen schwer, Eigenschaften und Leistungsfähigkeit des Nervensystems richtig einzuschätzen.

Eine vernünftige Analogie bietet die Debatte, die Ende des 19. und Anfang des 20. Jahrhunderts um das Konzept des Vitalismus und die

Was ist eigentlich …

Narkolepsie, Hypersomnie, die durch erhöhte Tagesschläfrigkeit, imperative Einschlafattacken, Schrecklähmung/Schreckstarre (Kataplexie), Schlaflähmung, hypnagoge Halluzinationen und automatisches Handeln gekennzeichnet ist. Eine vorübergehende Form der Lähmung ist eines der charakteristischen Merkmale der Narkolepsie, einer neurologischen Störung. Ausgelöst durch eine starke Emotion – Lachen, Verlegenheit, Wut, Aufregung –, verliert der Betroffene plötzlich jede Spannung in der Skelettmuskulatur, ohne aber das Bewusstsein zu verlieren. Derartige kataplektische Anfälle können minutenlang anhalten und führen dazu, dass der Betroffene zusammengebrochen am Boden liegt, unfähig, sich zu rühren oder irgendwelche Zeichen zu geben, während er sich seiner Umgebung völlig bewusst ist.

■ Das Locked-in-Syndrom – der Fall Jean-Dominique Bauby ■

Die am schlimmsten Betroffenen unter den Menschen, die dauerhaft die Gewalt über ihr motorisches System verlieren, leiden unter einem sogenannten Locked-in-Syndrom. Ein Beispiel ist der Fall von Jean-Dominique Bauby, einem Redakteur der französischen Modezeitschrift *Elle*, dem nach einem schweren Schlaganfall allein die Fähigkeit blieb, seine Augen nach oben und nach unten zu bewegen. Er verfasste ein ganzes Buch über seine inneren Erlebnisse, indem er seine Augenbewegungen als eine Art Morsecode benutzte. Baubys 1997 erschienenes Buch *Schmetterling und Taucherglocke* ist ein seltsam erhebendes und inspirierendes Buch, das unter schrecklichen Umständen geschrieben wurde. Wenn auch sein letztes Bindeglied mit der Welt, seine senkrechten Augenbewegungen, geschädigt worden wären, wäre Bauby dazu verdammt gewesen, ein völlig bewusstes Leben zu leben, während er praktisch tot erschien! Er und andere derartige Patienten nehmen die Welt bewusst wahr, auch wenn dies niemals systematisch untersucht worden ist; sie sind ein lebender Beweis dafür, dass völlige Bewegungslosigkeit und Bewusstsein koexistieren können.

Was ist eigentlich ...

Emergenz, das Auftreten neuer, nicht voraussagbarer Qualitäten beim Zusammenwirken mehrerer Faktoren. Ein System hat emergente (neu auftauchende) Eigenschaften, wenn diese bei seinen Teilen nicht vorkommen. Darin liegt kein mystischer oder esoterischer Beiklang. In diesem Sinne ergeben sich die Gesetze der Vererbung aus den molekularen Eigenschaften der DNA und anderer Makromoleküle, oder das Entstehen und die Weiterleitung von Aktionspotenzialen in Axonen gehen aus den Eigenschaften spannungsabhängiger Ionenkanäle in der Nervenmembran hervor.

Das Zentralnervensystem des Menschen.

Mechanismen tobte, die der Vererbung zugrunde liegen. Wie kann bloße Chemie all die Informationen speichern, die nötig sind, um ein einzigartiges Individuum zu bestimmen? Wie kann Chemie erklären, warum die Teilung eines einzigen Froschembryos im Zweizellstadium zwei Kaulquappen entstehen lässt? Erfordert das nicht irgendeine *vitalistische*, eine besondere Lebenskraft oder neue Gesetze der Physik, wie der österreichische Physiker Erwin Schrödinger (1887–1961) postulierte?

Die größte Schwierigkeit der Forscher jener Zeit bestand darin, dass sie sich die große Spezifität nicht vorstellen konnten, die individuellen Molekülen zu eigen ist. Das ist vielleicht am besten von William Bateson (1861—1926) ausgedrückt worden, einem der führenden englischen Genetiker Anfang des 20. Jahrhunderts. In seiner 1916 erschienenen Rezension von *The Mechanism of Mendelian Heredity*, einem Buch des Nobelpreisträgers Thomas Hunt Morgan (amerikanischer Genetiker, 1866–1945) und seiner Mitarbeiter, schreibt er:

> Die Eigenschaften lebender Organismen sind auf irgendeine Weise mit einer materiellen Basis verknüpft, in gewissem Maße möglicherweise mit dem Kernchromatin. Dennoch ist es kaum vorstellbar, dass Partikel aus Chromatin oder irgendeiner anderen Substanz – sei sie auch noch so komplex – Kräfte besitzen, die man unseren Erbfaktoren oder Genen zuschreiben muss. Die Annahme, dass Chromatinpartikel, die voneinander nicht zu unterscheiden sind und bei allen uns bekannten Tests tatsächlich fast homogen erscheinen, allein durch ihre materielle Beschaffenheit alle Eigenschaften des Lebens vermitteln, übersteigt selbst die Vorstellungskraft des überzeugtesten Materialismus.

Was Bateson und andere damals nicht wussten und angesichts der verfügbaren Technologie nicht wissen konnten, war, dass Chromatin (also ein Chromosom) nur im statistischen Sinne homogen ist, da es aus annähernd gleichen Mengen der vier Nucleinsäurebasen besteht, und dass die exakte lineare Sequenz von Nucleotiden das Geheimnis der Vererbung codiert. Genetiker haben die Fähigkeit dieser Nucleotide unterschätzt, erstaunlich große Mengen an Information zu speichern. Sie haben auch die erstaunliche Spezifität von Proteinmolekülen unterschätzt, die aus dem Wirken der natürlichen Selektion über einige Milliarden Jahre Evolution resultiert. Diese Irrtümer dürfen wir bei dem Versuch, die Grundlage des Bewusstseins zu verstehen, nicht wiederholen.

Noch einmal: Ich nehme an, dass die physische Grundlage des Bewusstseins eine emergente Eigenschaft ist, die aus spezifischen Wechselbeziehungen zwischen Neuronen und ihren Elementen resultiert. Obwohl Bewusstsein mit den Gesetzen der Physik vollständig vereinbar ist, können wir aus diesen Gesetzen Bewusstsein weder ableiten noch verstehen.

Um mit diesen schwierigen Fragen voranzukommen, ohne sich zu verzetteln, muss ich einige Annahmen vorausschicken, ohne sie aber allzu detailliert zu begründen. Es ist durchaus möglich, dass diese provisorischen Arbeitshypothesen später einmal revidiert oder sogar verworfen werden müssen. Der Physiker und spätere Molekularbiologe Max Delbrück plädierte bei Experimenten für das „Prinzip der begrenzten Nachlässigkeit". Er empfahl, Dinge erst einmal provisorisch auszuprobieren, um zu sehen, ob sie im Prinzip funktionieren können. Ich wende dieses Prinzip auf das Gebiet der Vorstellungen über das Gehirn an.

Eine Arbeitsdefinition

Fast jeder hat eine ungefähre Vorstellung davon, was es bedeutet, Bewusstsein zu haben. Der Philosph John Searle meint dazu: „Bewusstsein besteht aus jenen Gefühlszuständen, die morgens, wenn wir aus einem traumlosen Schlaf erwachen, beginnen und sich den ganzen Tag hindurch fortsetzen, bis wir in ein Koma fallen oder sterben oder wieder einschlafen oder auf andere Weise das Bewusstsein verlieren."[2] Wenn ich Sie frage, was Sie sehen, und Sie antworten in angemessener Weise, nehme ich zunächst einmal an, dass Sie Bewusstsein haben. Dazu ist eine gewisse Form von Aufmerksamkeit erforderlich, doch das allein reicht nicht aus. Operativ ist Bewusstsein für Nicht-Routineaufgaben erforderlich, die einen Informationsrückhalt über Sekunden hinweg verlangen.

Obwohl recht vage, reicht diese vorläufige Definition für den Anfang aus. Mit dem Fortschreiten der Wissenschaft über das Bewusstsein wird sie verfeinert und in fundamentaleren neuronalen Begriffen ausgedrückt werden müssen. Bis wir allerdings das Problem besser verstehen, führt eine formalere Definition von Bewusstsein wahrscheinlich in die Irre oder ist zu restriktiv oder beides. Wenn Ihnen das ausweichend erscheint, versuchen Sie einmal, *Gen* zu definieren. Ist es eine stabile Einheit der Vererbung? Muss ein Gen für ein einzelnes Enzym codieren? Was ist mit Struktur- und Regulatorgenen? Entspricht ein Gen einem einzigen durchgehenden Nucleinsäureabschnitt? Was ist mit Introns? Und wäre es nicht sinnvoller, ein Gen als das reife mRNA-Transkript zu definieren, nachdem die ganze Aufbereitung und das Spleißen stattgefunden haben? Wir wissen in-

Porträt

Delbrück, Max Ludwig Henning, Physiker und Molekularbiologe, *4.9.1906 Berlin, † 9.3.1981 Pasadena (Calif.); seit 1937 in den USA, seit 1947 Professor am California Institute of Technology in Pasadena; führte Untersuchungen über phototrope Reaktionen bei Niederen Pilzen durch und arbeitete über die Natur des Photorezeptors; gilt durch seine mit S. E. Luria durchgeführten Arbeiten zur Aufklärung des Vermehrungszyklus von Bakteriophagen als Mitbegründer der Bakteriengenetik und Molekularbiologie; erhielt 1969 zusammen mit Luria und Hershey für den Nachweis der genetischen Rekombination bei Phagen den Nobelpreis für Medizin.

Zum Weiterlesen

Siehe Keller *The Century of the Gene* (2000) und Ridley *Nature Via Nurture* (2003) zur wechselhaften Geschichte des Begriffes „Gen" sowie Churchland *Neurophilosophy* (1986), *Brain-Wise: Studies in Neurophilosophy* (2002) und insbesondere den Aufsatz von Farber und Churchland: Consciousness and the neurosciences: Philosophical and theoretical issues. In: *The Cognitive Neurosciences* (1995) zur Bedeutung von Definitionen in der Wissenschaft.

---

[2] Die Definition von Searle (*The Mystery of Consciousness*, 1997) lässt eine ganze Domäne bewussten Erlebens aus, an die man sich gewöhnlich nicht erinnert: lebhafte Träume, die sich nicht vom realen Leben unterscheiden lassen. Ausgefeiltere Definitionen für Bewusstsein helfen auch nicht weiter, denn sie setzen oft Dinge wie Bewusstheit (*awareness*), Selbst und dergleichen voraus. Das *Oxford English Dictionary* hilft in diesem Falle ebenfalls nicht weiter; dort findet man acht Einträge unter „Bewusstsein" (*consciousness*) und zwölf unter „bewusst" (*conscious*).

zwischen so viel über Gene, dass jede einfache Definition zu kurz greift. Warum sollte es einfacher sein, etwas so schwer Fassbares wie Bewusstsein zu definieren?

Historisch gesehen sind bedeutende wissenschaftliche Fortschritte im Allgemeinen ohne formale Definitionen erreicht worden. So wurden die phänomenologischen Gesetze des elektrischen Stromflusses beispielsweise von Ohm, Ampère und Volta schon lange vor der Entdeckung des Elektrons durch Thompson im Jahre 1892 formuliert. Für den Augenblick bediene ich mich daher der obigen Arbeitsdefinition von Bewusstsein und werde sehen, wie weit ich damit komme.

Bewusstsein ist nicht allein dem Menschen vorbehalten

Es ist plausibel, dass bestimmte Tierarten – insbesondere Säuger – einige, aber nicht unbedingt alle Merkmale von Bewusstsein aufweisen, dass sie sehen, hören, riechen und auf andere Weise die Welt erfahren. Natürlich hat jede Art ihr ganz eigenes Sensorium, ihren Wahrnehmungsbereich, der ihrer ökologischen Nische angepasst ist. Doch ich nehme an, dass diese Tiere Gefühle haben, subjektive Zustände. Etwas anderes zu glauben, ist vermessen und setzt sich über alle experimentellen Belege für die Kontinuität von Verhaltensweisen zwischen Mensch und Tier hinweg. Wir alle sind Kinder der Natur.

Das gilt besonders für Tier- und Menschenaffen, die Menschen in ihrem Verhalten, ihrer Entwicklung und Gehirnstruktur bemerkenswert ähnlich sind (nur ein Experte kann einen Kubikmillimeter Hirngewebe eines Tieraffen von dem entsprechenden Stück menschlichen Hirngewebes unterscheiden). Die beste Möglichkeit, Phänomene wie *stimulus awareness* (bewusste Reizwahrnehmung) zu untersuchen, basiert darauf, neuronale Antworten trainierter Affen zu ihrem Verhalten in Beziehung zu setzen. Angesichts dieser Ähnlichkeit sind geeignete Experimente an nichtmenschlichen Primaten – auf ethische und humane Weise durchgeführt – eine ergiebige Quelle, um die Mechanismen aufzuspüren, die dem Bewusstsein zugrunde liegen.

Natürlich unterscheiden sich Menschen durch ihre Sprachfähigkeit grundlegend von allen anderen Organismen. Sprache ermöglicht es *Homo sapiens*, beliebig komplexe Konzepte zu repräsentieren und zu verbreiten. Ohne Sprache keine Schrift, repräsentative Demokratie, Allgemeine Relativitätstheorie und kein Macintosh-Computer – alles Aktivitäten und Erfindungen, die jenseits der Fähigkeiten unserer tierischen Freunde liegen. Das Primat der Sprache für die meisten Aspekte zivilisierten Lebens hat bei Philosophen, Linguisten und ande-

Primaten

Padana, eine zehnjährige Orang-Utan-Dame aus dem Wolfgang-Köhler-Primatenforschungszentrum im Zoo Leipzig.

Von den annähernd 200 Primatenarten stellt der Mensch nur eine einzige dar. Die Ordnung der Primaten (Herrentiere) ist in zwei Unterordnungen unterteilt, Prosimiae (Halbaffen) und Simiae (Eigentliche Affen), zu denen Hundsaffen, Menschenaffen und Menschen gehören. Die Simiae lassen sich wiederum in zwei Teilordnungen mit unterschiedlicher geografischer Verbreitung unterteilen, die Neuwelt- und die Altweltaffen. Altweltaffen, wie Paviane und Makaken (beispielsweise Rhesusaffen), haben größere und stärker gefurchte Gehirne als Neuweltaffen; insbesondere Vertreter der Gattung Macaca sind leicht in Gefangenschaft zu halten. Sie sind beliebte Modelle für die menschliche Gehirnorganisation. Gorillas, Orang-Utans und die beiden Schimpansenarten bilden die Gruppe der großen Menschenaffen. Angesichts ihrer hochentwickelten kognitiven Fähigkeiten und ihrer engen Verwandtschaft mit dem Menschen wird mit Menschenaffen kaum invasive Forschung betrieben. Das meiste, was wir über ihr Gehirn wissen, stammt aus Autopsien.

ren zu der Überzeugung geführt, dass Bewusstsein ohne Sprache unmöglich ist und daher nur Menschen fühlen können und zur Selbstbeobachtung (Introspektion) fähig sind. Auch wenn das in begrenztem Ausmaß für Selbstbewusstsein gelten mag (wie bei „Ich weiß, dass ich rot sehe"), sind alle Befunde von Split-Brain-Patienten und autistischen Kindern, aus Evolutions- und Verhaltensstudien völlig vereinbar mit der Position, dass zumindest Säuger das, was sie sehen und hören, auch „erleben".

Gegenwärtig wissen wir nicht, inwieweit bewusste Wahrnehmung *allen* Tieren gemein ist. Wahrscheinlich ist Bewusstsein in gewissem Maße mit der Komplexität des Nervensystems eines Organismus korreliert. Tintenfische, Bienen, Taufliegen und sogar Rundwürmer sind alle zu recht komplexen Verhaltensweisen fähig. Vielleicht besitzen auch sie ein gewisses Maß an Bewusstsein, vielleicht können auch sie Lust und Schmerz empfinden und sehen.

Zum Weiterlesen

Griffin Animal Minds. Beyond Cognition to Consciousness (2001) als klassische Referenz für einen Überblick über Bewusstsein im Tierreich.

Wie kann man sich dem Bewusstsein auf wissenschaftliche Weise nähern?

Bewusstsein kann viele Formen annehmen, doch am besten beginnt man wohl mit der Form, die am einfachsten zu untersuchen ist. Das Studium des Sehens hat gegenüber dem Studium anderer Sinne mehrere Vorteile, zumindest wenn es um das Verständnis von Bewusstsein geht.

Erstens sind Menschen Augenwesen. Das spiegelt sich in der großen Masse der Bildanalyse dienenden Hirngewebes und in der Bedeu-

"Man sieht nur mit dem Herzen gut, das Wesentliche ist für die Augen unsichtbar." (Antoine de Saint-Exupéry)

tung des Sehens im Alltag wider. Wenn Sie beispielsweise eine Erkältung haben, ist Ihre Nase verstopft und Sie verlieren vielleicht Ihren Geruchssinn, aber das behindert Sie kaum. Ein vorübergehender Verlust des Sehvermögens, wie bei Schneeblindheit, hat hingegen verheerende Folgen.

Zweitens sind visuelle Wahrnehmungen lebhaft und reich an Informationen. Bilder und Filme sind stark strukturiert, mithilfe von computergenerierter Grafik jedoch leicht zu manipulieren.

Drittens lässt sich das Sehvermögen, wie bereits der junge Arthur Schopenhauer 1813 bemerkte, leichter täuschen als einer der anderen Sinne. Dies manifestiert sich in einer schier endlosen Zahl von optischen Täuschungen. Nehmen wir beispielsweise die *bewegungsinduzierte Blindheit*: Über drei deutlich erkennbare, unbewegliche gelbe Scheiben wird ein Bündel sich nach dem Zufallsprinzip bewegender blauer Lichtpunkte gelegt. Fixieren Sie irgendeine Stelle auf dem Bildschirm, und nach einer Weile verschwinden eine, zwei oder alle drei Flecken. Einfach weg! Es ist ein erstaunlicher Anblick: Die umherschwirrende blaue Wolke radiert die gelben Flecken einfach aus, obwohl diese die Netzhaut auch weiterhin reizen. Nach einer kurzen Augenbewegung tauchen die gelben Flecken wieder auf. Wenn solche sensorischen Phänomene auch kaum etwas mit „Absichtlichkeit", dem „Worum-es-beim-Bewusstsein geht", „freiem Willen" oder anderen Konzepten zu tun haben, die Philosophen so lieb und teuer sind, kann uns das Verständnis der neuronalen Basis optischer Täuschungen viel über die physische Basis des Bewusstseins im Gehirn lehren. In der Frühzeit der Molekularbiologie konzentrierte sich Delbrück auf die Genetik von Phagen, einfachen Viren, die von Bakterien leben. Man hätte meinen können, die Art und Weise, wie Phagen Informationen an ihre Nachkommen weitergeben, sei für die menschliche Vererbung irrelevant. Aber das war nicht der Fall. Ebenso hat sich Eric Kandels Überzeugung, dass wir von der primitiven Meeresschnecke *Aplysia* viel über die molekularen und zellularen Mechanismen lernen können, die dem Gedächtnis zugrunde liegen, als prophetisch erwiesen.

Internet-Links

Selbsttest zur bewegungsinduzierten Blindheit:
http://www.spiegel.de/static/popups/sinnestaeuschung-mib.html

Schließlich – und das ist am wichtigsten – ist die neuronale Basis vieler visueller Phänomene und Täuschungen im ganzen Tierreich gut untersucht. Die sich mit Wahrnehmung beschäftigenden Neurowissenschaften haben inzwischen Computermodelle von einiger Komplexität erstellt, die sich bereits bei der Planung von Experimenten und der Zusammenfassung von Daten bewährt haben.

Ich konzentriere mich daher auf visuelles Empfinden oder Bewusstsein. Der renommierte Neurologe Antonio Damasio von der Universität Iowa bezeichnet solche sensorischen Formen des Bewusstseins als *Kernbewusstsein* und unterscheidet sie vom *erweiterten Bewusst-*

sein. Beim Kernbewusstsein geht es um das Hier und Jetzt, während das erweiterte Bewusstsein einen Sinn für das Selbst – den auf sich selbst Bezug nehmenden Aspekt, der für viele Menschen der Inbegriff für Bewusstsein ist – und für die Vergangenheit sowie die erwartete Zukunft erfordert.

Bei meinen Forschungen lasse ich zunächst diese und andere Aspekte, wie Sprache und Emotionen, außer Acht. Das heißt nicht, dass sie für Menschen nicht von entscheidender Bedeutung sind – im Gegenteil. Aphasiker, Kinder mit schwerem Autismus oder Patienten, die das Bewusstsein ihrer selbst verloren haben, sind schwer behindert und Pflegefälle. In den meisten Fällen können sie jedoch weiterhin sehen und Schmerz empfinden. Erweitertes Bewusstsein teilt mit sensorischem Bewusstsein dieselbe geheimnisvolle Eigenschaft, doch es lässt sich viel schlechter experimentell erforschen, weil man diese Fähigkeiten nicht so einfach bei Labortieren untersuchen kann und den zugrunde liegenden Neuronen deshalb nur schwer auf die Spur kommt.

Ein Grund für meine Entscheidung ist auch die vorläufige Annahme, dass all die verschiedenen Aspekte von Bewusstsein (Geruchs- und Sehvermögen, Schmerzempfinden, Selbstbewusstsein, das Gefühl, eine Handlung ausführen zu wollen, Wütend-Sein und so fort) auf einem oder wenigen gemeinsamen Mechanismen basieren. Wenn es gelingt, die neuronale Basis einer Modalität zu klären, sollte dies daher helfen, alle zu verstehen. Was ist das Gemeinsame zwischen einem Ton, einem Anblick und einem Geruch? Ihr Inhalt fühlt sich jeweils ganz anders an, aber alle drei haben dieses magische Etwas an sich. Angesichts der Art und Weise, wie die natürliche Selektion wirkt, ist es wahrscheinlich, dass die subjektiven Empfindungen, die mit jedem einzelnen dieser Reize einhergehen, von ähnlichen neuronalen Elementen und Schaltkreisen hervorgerufen werden.

Ich verweise auch auf nichtvisuelle Arbeitsgebiete, wie Geruchsforschung oder Pawlowsche Konditionierung, besonders dann, wenn sie Eigenschaften aufweisen, die im Labor experimentell leicht zugänglich sind. Um Bewusstsein mit der Spikeaktivität einzelner Neuronen und ihrer Anordnung zu verknüpfen, ist es zwingend notwendig, relevante Experimente an Mäusen durchzuführen, die bestimmte Verhalten zeigen. Die erstaunliche Entwicklung immer raffinierterer molekularbiologischer Werkzeuge erlaubt es inzwischen, das Gehirn von Mäusen gezielt, subtil und reversibel zu manipulieren, etwas, das derzeit bei Primaten nicht möglich ist.

Beispiele optischer Täuschung.

gleich lange Strecken erscheinen verschieden lang

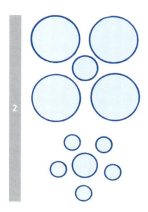

zwei gleich große Kreise wirken unterschiedlich groß

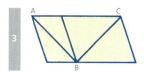

die Diagonale AB erscheint kürzer als BC, obwohl beide gleich lang sind

Größentäuschung durch perspektivische Zeichnung

Die neuronalen Korrelate des Bewusstseins

Mein Mitstreiter Francis Crick und ich sind wild entschlossen, die *neuronalen Korrelate des Bewusstseins (neural correlates* of *consciousness*, Abk. NCC) zu finden. Wann immer Informationen in den NCC repräsentiert werden, sind Sie sich dessen bewusst. Ziel ist es, den kleinsten Satz neuronaler Ereignisse und Mechanismen zu finden, der gemeinsam für ein bestimmtes bewusstes Perzept hinreichend ist (Abbildung auf S. 53). Die NCC sind mit Feueraktivität im Vorderhirn verknüpft.

Kurz gesagt, meine ich mit Feueraktivität die Folge von Impulsen mit einer Amplitude von rund 0,1 Volt und einer Dauer von 0,5–1 Millisekunden (ms), die Neuronen bei Erregung aussenden. Diese binären Spikes oder Aktionspotenziale stellen den prinzipiellen Output der Vorderhirnneuronen dar. Eine Reizung der maßgeblichen Zellen mit einer noch zu erfindenden Technik, die deren exaktes Spikemuster repliziert, müsste dasselbe Perzept wie die natürlichen Bilder, Töne oder Gerüche auslösen. Wie ich schon sagte: Ich nehme an, dass Bewusstsein davon abhängt, was im Inneren des Schädels passiert, nicht unbedingt vom Verhalten des Organismus.

Das Konzept der NCC ist sehr viel differenzierter als in der Abbildung dargestellt, es muss auch genauer angegeben werden, für welchen Bereich von Gegebenheiten und Daten die Korrelation zwischen neuronalen Ereignissen und bewusstem Perzept gilt. Gilt diese Beziehung nur, wenn das Subjekt wach ist? Wie sieht es bei Träumen oder verschiedenen pathologischen Zuständen aus? Gilt die gleiche Beziehung für alle Tiere?

Gebraucht man die NCC in dieser Weise, so heißt das implizit: Wenn ich mir eines Ereignisses bewusst bin, müssen die NCC in meinem Kopf dies unmittelbar zum Ausdruck bringen. Es muss eine explizite Übereinstimmung zwischen einem mentalen Ereignis und seinen neuronalen Korrelaten geben. Anders gesagt, jede subjektive Zustandsänderung muss mit einer neuronalen Zustandsveränderung einhergehen – ohne Materie kein Geist. Man beachte, dass das Umgekehrte nicht unbedingt zutreffen muss; zwei unterschiedliche neuronale Zustände des Gehirns sind unter Umständen mental nicht unterscheidbar.

Möglicherweise drücken sich die NCC nicht in der Spikeaktivität gewisser Neuronen aus, sondern vielleicht in der Konzentration freier intrazellulärer Calciumionen in den postsynaptischen Dendriten ihrer Zielzellen. Vielleicht sind auch die unsichtbaren Partner der Neuronen, die *Gliazellen*, welche die Nervenzellen und ihre Umgebung im Gehirn stützen, nähren und erhalten, direkt beteiligt (wenn dies auch unwahrscheinlich ist). Aber was auch immer diese Korrelate

---

Was ist eigentlich ...

Gliazellen sind ebenso zahlreich wie Neuronen, aber weniger glamourös. Ihr Verhalten ist träge, und sie zeigen bei weitem nicht jene ausgeprägte Sensitivität, die Neuronen auszeichnet. Deshalb ist es unwahrscheinlich, dass sie eine direkte Rolle bei der Wahrnehmung spielen. Einige Gliazellen zeigen im Zusammenhang mit der Calciumfortleitung Alles-oder-Nichts-Ereignisse, ähnlich wie Aktionspotenziale; allerdings erstrecken sich diese Ereignisse über Sekunden.

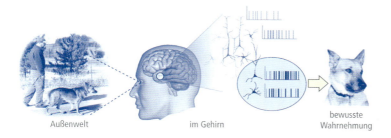

Die neuronalen Korrelate des Bewusstseins. Die NCC sind der kleinste Satz neuronaler Ereignisse – hier synchronisierte Aktionspotenziale in neocorticalen Pyramidenzellen –, der für eine bestimmte bewusste Wahrnehmung (Perzept) hinreichend ist.

sind, sie müssen sich direkt statt indirekt auf die bewusste Wahrnehmung abbilden, denn die NCC sind für diese bestimmte subjektive Erfahrung hinreichend.

Die NCC sind vielleicht mit einer speziellen Form von Aktivität in einer oder mehreren Neuronengruppen mit speziellen pharmakologischen, anatomischen und biophysikalischen Eigenschaften verknüpft, die eine Schwelle überschreiten und für eine minimale Zeitspanne andauern muss.

An dieser Stelle sei nur kurz angemerkt – es ist recht unwahrscheinlich, dass Bewusstsein nur ein „Epiphänomen" ist. Vielmehr fördert Bewusstsein das Überleben seines Trägers. Das bedeutet, dass die NCC-Aktivität irgendwie auf andere Neuronen einwirken muss. Diese Post-NCC-Aktivität wiederum beeinflusst ihrerseits andere Neuronen, die schließlich ein Verhalten auslösen. Diese Aktivität kann auch in die NCC-Neuronen und in frühere Stadien der Hierarchie zurückfließen (Rückkopplung), was die Sache sehr kompliziert macht.

Die Entdeckung der NCC wäre ein enorm wichtiger Schritt vorwärts auf dem Weg zum endgültigen Verständnis des Bewusstseins. Eine Identifizierung der NCC würde Neurowissenschaftler in die Lage versetzen, deren zelluläres Substrat pharmakologisch und gentechnisch zu manipulieren. Vielleicht könnte man transgene Mäuse erzeugen, deren NCC sich rasch und sicher an- und abstellen lassen. Zu welchem Verhalten wären diese Zombiemäuse fähig? Diese Entdeckung wäre auch klinisch von Nutzen, etwa für ein besseres Verständnis psychischer Erkrankungen und die Entwicklung neuer, leistungsstarker Narkosemittel mit geringeren Nebenwirkungen.

Und nicht zuletzt brauchen wir eine Theorie, welche die Erklärungslücke schließt und darlegt, warum Aktivität in einer Untergruppe von Neuronen die Grundlage eines bestimmten Gefühls (oder vielleicht sogar identisch damit) ist. Diese Theorie muss verständlich machen, warum diese Aktivität für den Organismus etwas bedeutet (warum schmerzt es?) und warum sich Qualia so anfühlen, wie sie es tun (warum sieht Rot gerade so aus, ganz anders als Blau?).

Neben alledem muss die heiß diskutierte Frage um die genaue Beziehung zwischen neuronalen und mentalen Ereignissen beantwortet werden. Der *Physikalismus* nimmt an, dass beide identisch sind, dass also das NCC für das Perzept von Purpurrot *selbst* das Perzept *ist*. Mehr ist nicht nötig. Während ersteres mit Mikroelektroden registriert wird, wird letzteres im Gehirn erlebt. Gerne wird hier der Vergleich zur Temperatur eines Gases und der mittleren kinetischen Energie der Gasmoleküle gezogen. Temperatur ist eine makroskopische Variable, die mit einem Thermometer gemessen wird, während die kinetische Energie eine mikroskopische Variable ist, für deren Untersuchung ein ganz anderer Werkzeugsatz erforderlich ist. Dennoch sind beide Variablen identisch. Obwohl sie, oberflächlich gesehen, ganz unterschiedlich erscheinen, ist die Temperatur der mittleren kinetischen Energie der Moleküle äquivalent. Je schneller sich die Moleküle bewegen, desto höher ist die Temperatur. Es ergibt keinen Sinn, über rasche Molekülbewegungen und Temperatur so zu reden, als sei das eine die Ursache und das andere die Wirkung. Eines ist hinreichend und notwendig für das andere.

An diesem Punkt bin ich nicht sicher, ob auch das NCC und das damit verknüpfte Perzept in diesem Maße identisch sind. Sind sie wirklich ein und dasselbe, aus unterschiedlichen Blickwinkeln gesehen? Das Wesen von Hirnzuständen und phänomenalen Zuständen scheint zu unterschiedlich, um sich aufeinander reduzieren zu lassen. Ich vermute, ihre Beziehung ist komplexer als bislang allgemein angenommen. Momentan ist es wohl am besten, sich nicht festzulegen und sich darauf zu konzentrieren, die Korrelate des Bewusstseins im Gehirn zu identifizieren.

Zusammenfassung und Ausblick

Das Bewusstsein steht im Mittelpunkt des Leib-Seele-Problems. Es erscheint den Wissenschaftlern des 21. Jahrhunderts ebenso rätselhaft wie vor einigen Jahrtausenden, als sich Menschen erstmals deshalb Fragen zu stellen begannen. Dennoch sind die Wissenschaftler heute besser als je zuvor gerüstet, die physische Basis des Problems zu erforschen.

Ich habe einen direkten Ansatz gewählt, den viele meiner Kollegen für naiv oder nicht ratsam halten. Ich sehe subjektives Erleben als Tatsache an und gehe davon aus, dass Hirnaktivität sowohl notwendig als auch hinreichend ist, damit biologische Wesen etwas empfinden. Nur das ist nötig. Ich suche die physikalische Grundlage von phänomenalen Zuständen in Gehirnzellen, ihrer Anordnung und Aktivität. Mein Ziel ist es, die spezifische Natur dieser Aktivität, die neuronalen Korrelate des Bewusstseins, zu identifizieren, und herauszufinden, in welchem Grad sich die NCC von Aktivität unterscheiden, die Verhalten beeinflusst, ohne das Bewusstsein einzubeziehen.

Mehr als andere Aspekte von Sinnesempfindungen ist visuelles Bewusstsein der empirischen Untersuchung zugänglich. Emotionen, Sprache und ein Gefühl für sich selbst sowie für andere sind im Alltagsleben entscheidend, aber diese Facetten des Bewusstseins werden zurückgestellt, bis ihre neuronale Basis besser verstanden ist. Ähnlich wie der Versuch, das Leben zu verstehen, wird die Entdeckung und Charakterisierung der molekularen, biophysikalischen und neurophysiologischen Operationen, welche die NCC bilden, vermutlich dazu beitragen, das zentrale Rätsel zu lösen: Wie können Ereignisse in gewissen privilegierten Systemen zur physischen Grundlage von Empfindungen – oder zu Empfindungen selbst – werden?

Es würde der evolutiven Kontinuität widersprechen anzunehmen, dass sich Bewusstsein allein auf den Menschen beschränkt. Ich nehme an, dass der menschliche Geist einige grundlegende Eigenschaften mit dem tierischen Geist teilt – insbesondere mit Säugern wie Affen und Mäusen. Ich ignoriere kleinliche Debatten über die exakte Definition von Bewusstsein und darüber, ob mein Rückenmark bewusst ist, es mir aber nicht verrät. Diese Fragen müssen irgendwann beantwortet werden, doch im Augenblick behindern sie lediglich das Vorwärtskommen. Man gewinnt keinen Krieg, indem man die schwerste Schlacht zuerst schlägt.

Im Lauf dieses empirischen Langzeitprojekts wird es Irrtümer und allzu starke Vereinfachungen geben, aber das wird sich erst im Lauf der Zeit zeigen. Hier und jetzt sollte die Wissenschaft die Herausforderung annehmen und die Grundlage des Bewusstseins im Gehirn erforschen. Wie die teilweise verhangene Sicht von einem schneebedeckten Berggipfel während einer Erstbesteigung ist die Verlockung, das Rätsel zu lösen, unwiderstehlich. Wie Laotse vor langer Zeit bemerkte: „Eine Reise von tausend Meilen beginnt mit einem einzigen Schritt."

Aus: Christof Koch *Bewusstsein. Ein neurobiologisches Rätsel*; Spektrum Akademischer Verlag (amerikanische Originalausgabe: *The Quest for Consciousness – A Neurobiological Approach*, Roberts & Company Publishers, übersetzt von Monika Niehaus-Osterloh und Jorunn Wissmann).

Denken hilft

Nach der Kindheit sei das Hirn fertig verdrahtet, glaubten Neurowissenschaftler lange Zeit. Jetzt entdecken sie: Auch im Alter wachsen noch graue Zellen – wenn man den Geist nicht aufgibt.

Marieke Degen

Drei blau-weiße Bälle wirbeln durch die Luft, einer immer auf Augenhöhe, einer in der Hand, einer irgendwo dazwischen. Rita Rock tänzelt durch das Hamburger Institut für Systemische Neurowissenschaften. Ihren Kopf hat sie tief in den Nacken gelegt, den Blick starr nach oben gerichtet.

Seit drei Monaten jongliert die 54-Jährige für die Wissenschaft. Am Anfang musste sie die Bälle wieder und wieder aufsammeln und sich von ihrem Sohn anhören: „Mama, das schaffst du nie!" Jetzt erst recht, dachte sie und übte täglich. Mal mit einer Freundin, mal am Bett der alten Tante, sogar beim Segeln auf schwankenden Schiffsplanken.

Heute jongliert sie für den Neurowissenschaftler Arne May, gemeinsam mit 40 anderen Probanden nimmt sie an einer seiner Studien teil. Sie soll vorführen, ob sich das monatelange Üben gelohnt hat. Und tatsächlich: Minutenlang pflückt sie die Bälle aus der Luft wie reife Früchte von einem Baum. Anschließend wird sie wieder einmal in die glänzende Röhre im Nebenraum geschoben, den Hochleistungs-Kernspintomographen des Instituts. Gestochen scharfe Bilder sollen zeigen, was sich in Rocks Gehirn verändert hat. Und sie sollen, so hofft May, endlich Antworten auf einige der drängendsten Fragen der Neurowissenschaft liefern: Wie lässt sich ein Gehirn am besten trainieren? Wie verändert es sich, wenn wir lernen? Und wie bleiben wir bis ins hohe Alter geistig fit?

Aus Erfahrung weiß man schon lange: Wer viel unternimmt, soziale Kontakte pflegt und seinen Geist fordert, baut nicht so schnell ab wie andere. Unsere biologische Hardware im Kopf will beansprucht werden. Eine neue Sprache, ein Instrument oder auch nur Gedichte auswendig zu lernen mag zwar anstrengend sein; wer seinen Kopf jedoch nicht benutzt, riskiert, auf Dauer zu verblöden.

Nutze deine grauen Zellen, oder du bist sie los!

Schon vor 70 Jahren prägten Psychologen den Spruch: *Use it or lose it!*, frei übersetzt: Nutze deine grauen Zellen, oder du bist sie los! Frühe Intelligenztests hatten gezeigt, dass das Denkvermögen schnell nachlässt, wenn Menschen geistig unterfordert werden. Das gilt für Patienten, die sich im öden Krankenhausalltag langweilen, ebenso wie für Büroangestellte, die stumpfsinnige Aufgaben zu erledigen haben. Und für Rentner, die den Ruhestand zu wörtlich nehmen.

Heute wird das, was Neurowissenschaftler und Psychologen salopp unter dem Begriff „Hirnaktivität" zusammenfassen, in viele Einzeldisziplinen unterteilt. Dazu zählen das Erinnerungsvermögen, die Wahrnehmungs- und Reaktionsgeschwindigkeit, die Konzentration, die Bewegungskoordination sowie die Orientierung.

Im Zentrum steht das Arbeitsgedächtnis. Es speichert für kurze Zeit alle auf uns einströmenden Informationen. Nur so können wir Dinge bewerten und einordnen. „Jeder bewusste Prozess, ob Denken, Erinnern oder Handeln, setzt dieses Arbeitsgedächtnis voraus", erklärt der Intelligenzforscher Siegfried Lehrl von der Universität Erlangen. Viele Wissenschaftler summieren die Fähigkeiten, die auf seiner Arbeit beruhen, auch unter „fluider Intelligenz". Diese wird nicht nur von den meisten Intelligenztests gemessen, sondern lässt sich auch am einfachsten trainieren.

Lehrl hat es sich zur Lebensaufgabe gemacht, den IQ von weiten Teilen der Bevölkerung zu steigern. Mit einem Team aus Psychologen, Neurologen und Internisten erfand er das „Gehirnjogging", einen Aufgaben-Mix, der den Charme eines Rätselheftes zu haben scheint. Doch das genügt, argumentiert Lehrl. „Immer, wenn wir etwas bewusst tun, fördert das das Arbeitsgedächtnis". „ Zum Beispiel, in diesem Artikel sämtliche Wörter mit „ei" einzukringeln und zu zählen oder den Text einfach laut zu lesen. Es hilft auch, Plakatwände konzentriert anzuschauen oder als Rechtshänder die Zähne mit links zu putzen.

Die Übungen müssen so einfach sein, dass niemand vor ihnen Angst hat

Mehrere Studien bescheinigen Lehrl die Wirksamkeit seiner Aufgaben: 90 Reha-Patienten aus allen Bildungsschichten, die sich zwei Wochen lang seinem Gehirnjogging unterzogen, steigerten ihren Intelligenzquotienten im Schnitt um 15 Punkte. Lehrls Rezept: „Die Übungen müssen so einfach sein, dass niemand Angst vor ihnen hat." Ein paar lockere Trainingsminuten täglich genügen dann, „um den Kopf für den Alltag aufzuwärmen".

Was genau im Gehirn vorgeht, wenn wir etwas lernen oder auch wieder verlernen, das konnte allerdings auch Lehrl lange Zeit nur vermuten. Erst seit kurzem können Neuroforscher dank neuer bildgebender Verfahren wie der Kernspintomographie dem Organ beim Denken zusehen. Dabei tasten sie es mit magnetischen Feldern ab und machen auf dem Bildschirm sichtbar, welche Zonen besser durchblutet und damit aktiver sind als vorher – und welche durch mühsames Lernen sogar wachsen oder sich sonstwie verändern.

Auf diese Weise konnte Arne May mit Kollegen aus Regensburg und Jena vor drei Jahren erstmals nachweisen, dass sich auch die Hirnstruktur junger Erwachsener verändert, sobald sie etwas lernen. Ein sensationeller Befund. Bislang hatten die meisten Forscher angenommen, das Gehirn sei am Ende der Pubertät fertig verdrahtet.

Für seine Entdeckung ließ May schon damals Probanden jonglieren. Bälle oder Keulen in der Luft zu halten ist eine Herausforderung für das Gehirn; für seine visuelle Wahrnehmung, sein räumliches Vorstellungsvermögen sowie seine Reaktions- und Koordinationsfähigkeit. Ein Vorher/Nachher-Vergleich von Kernspinaufnahmen zeigte, dass im Training die sogenannte graue Substanz zugenommen hatte, und zwar in einer ganz bestimmten Hirnfurche am Hinterkopf. Diese ist darauf spezialisiert, Objekte im Raum wahrzunehmen.

Was wir einmal gelernt haben, vergisst das Gehirn nie ganz

Nach einem Vierteljahr Jonglierpause war die Masse allerdings teilweise wieder verschwunden. „Was genau da gewachsen und geschrumpft ist, wissen wir noch nicht", sagt May. Das Experiment zeige aber, dass das Hirn nie vollständig vergesse, selbst wenn wir etwas zu verlernen scheinen.

„Was wir einmal beherrscht haben, können wir deshalb schnell wieder reaktivieren."

Was May an den Hobbyjongleuren beobachtet hat, ist unter anderem von Berufsmusikern, Taxifahrern, Schachprofis bekannt: Sie alle haben Gehirne, die sich eindrucksvoll von denen der Normalbürger unterscheiden. So wie Schwimmer muskulöse Arme und Fußballer stramme Waden aufweisen, so haben sie die für sie wichtigen Hirnareale trainiert und vergrößert. „Es sieht so aus", sagt May, „als würden wir mit praktisch allem, was wir neu lernen, unsere Gehirnstruktur verändern." Das könnte bedeuten, dass Hirne so individuell wie Fingerabdrücke sind. Dass jede Vorliebe, jede Lernphase, jede noch so kleine Erfahrung Spuren hinterlässt.

Jetzt will May herausfinden, ob seine Beobachtungen nur für junge Menschen gelten oder auch für ältere Jahrgänge, und welche Hirnareale bei Probanden ab Mitte 50 besonders gefordert sind. Rita Rock und die 40 anderen Jongleure sollen helfen, das Rätsel zu lösen.

Eine ähnliche Spur verfolgen Forscher in einem alten DDR-Plattenbau in Berlin-Mitte. Hier sitzt Ingo Kleinert seit Wochen jeden Morgen vor einem Bildschirm, auf dem 30 Wörter für jeweils drei Sekunden aufleuchten. Er soll sie alle im Gedächtnis behalten. An diesem Tag beginnt der Computer mit „Kimono", „Garten" und „Wächter". Er erfinde kleine Geschichten, um sich die Wörter zu merken, sagt Kleinert: „Die Frau im Kimono läuft durch den Garten und sieht den Wächter". Keine Poesie, zugegeben, aber es müsse halt schnell gehen. Immerhin blieben auf diese Weise um die 20 Wörter hängen.

Kleinert ist einer von 200 Probanden des Berliner Max-Planck-Instituts für Bildungsforschung, die hier ihre Intelligenz testen lassen. Eine Reihe von Denkaufgaben sollen sie zu diesem Zweck am Computerbildschirm lösen, eine Stunde täglich, hundert Tage lang. Außerdem müssen sie in Windeseile Zahlen- oder Buchstabenkombinationen miteinander vergleichen oder die vorletzte Position eines bewegten Punktes in einem Koordinatensystem bestimmen und gleichzeitig seine neue im Gedächtnis behalten. Besonders gefürchtet sind die Flamingos, Birnen und Kneifzangen, die kurz in einem Raster aufblinken und an deren Position sich die Teilnehmer später erinnern sollen.

Das Gehirn ist keine starre Masse. Es ist formbar wie Knete

Das Memory für Fortgeschrittene gehört zu einer Studie, die weltweit einmalig ist: Hundert Junge und hundert Alte betreiben unter Aufsicht Hochleistungssport fürs Hirn. „Die Intelligenz schwankt von Tag zu Tag", sagt der Psychologe und Studienleiter Florian Schmiedek. „Wir wollen herausfinden, warum."

Vor den Tests müssen die Teilnehmer Fragebögen ausfüllen: Wie viele Stunden haben Sie geschlafen? Haben Sie gesundheitliche Beschwerden? Sind Sie verängstigt oder gestresst? Die Max-Planck-Forscher lassen selbst die kleinste Befindlichkeit nicht aus. „Da steht auch: ‚Fühlen Sie sich stark?' Was für eine komische Frage", sagt der 77-jährige Werner Grosche, der mit seiner Frau an der Studie teilnimmt. Ihn interessiert: „Wie weit denken wir noch, und was können wir in unserem Alter noch so alles lernen?" Schmiedeks Trainingsstudie kann diese Fragen wohl derzeit am besten beantworten, sie ist eine der größten und intensivsten überhaupt. Nach den hundert Trainingseinheiten will auch Schmiedek die Hirne einiger Teilnehmer mit dem Kernspintomographen untersuchen.

Mit der Technik des 21. Jahrhunderts lüften Forscher wie May und Schmiedek allmählich die Geheimnisse des menschlichen Gehirns. Schon jetzt steht fest: In unserem Kopf sitzt ein Verwandlungskünstler. Das Hirn ist keine starre Masse, es ist formbar wie Knete. Seine Zellen sind nicht von Kindheit an abgezählt, sondern in manchen Arealen bis ins Greisenalter erneuerbar. Und die Nervenzellen vernetzen sich nicht nur bis zum Ende der Pubertät, sondern auch noch Jahrzehnte danach.

„Erst jetzt können wir genau herausfinden, wie sich unser Verhalten auf das Gehirn auswirkt", sagt Gerd Kempermann, Neurowissenschaftler am Max-Delbrück-Centrum für Molekulare Medizin in Berlin, „auf seine Funktionen, auf seine anatomische Struktur, bis hin zu den einzelnen Zellen."

Nach derzeitigem Wissen haben wir Kulturleistungen wie höhere Mathematik und bildende Kunst dem aus zwei Hälften zusammengesetzten Großhirn zu verdanken; genauer, seiner gefurchten, grauen Oberfläche, der Großhirnrinde. Sie besteht hauptsächlich aus Nervenzellen und Synapsen. Beide Großhirnhälften lassen sich in jeweils vier sogenannte Hirnlappen mit unterschiedlichen Aufgaben unterteilen. Teile der Scheitellappen sind zum Beispiel für die Bewegungskoordination verantwortlich, in den Hinterhauptslappen liegen Zentren für visuelle Wahrnehmung und Aufmerksamkeit. Bestimmte Furchen der Schläfenlappen beherbergen das Langzeitgedächtnis. Und in den Frontallappen, direkt hinter der Stirn, liegt unter anderem das Präfrontalhirn, ein unter Säugetieren einzigartiger Wissensmanager des Menschen. Es bündelt alle Informationen, die von außen auf uns einströmen, und beherbergt die fluide Intelligenz.

Mit jedem Lernprozess werden neue Verbindungen zwischen den Nervenzellen geknüpft und alte verstärkt. Nicht nur bei Kindern, sondern eben auch noch bei Erwachsenen, wie Mays Jonglierstudien zeigen. Durch die zusätzlichen Nervenbahnen werden Informationen offenbar schneller verarbeitet. Auch die Konzentration der Botenstoffe steigt, mit deren Hilfe die Zellen kommunizieren. Das Großhirn passt sich neuen Ansprüchen an. Manchmal dauert das Monate, manchmal nur Tage, Stunden oder gar Minuten. „Plastizität" nennen Neurowissenschaftler dieses kleine Wunder, das sich jeden Tag in unserem Kopf abspielt.

Nichtstun lässt ganze Hirnareale sehr schnell schrumpfen

Am meisten fasziniert die Forscher derzeit die „adulte Neurogenese", die Neugeburt von Nervenzellen bei Erwachsenen. Offenbar vernetzen sich die Neuronen nämlich nicht nur neu, sondern es kommen auch noch weitere hinzu – und das sogar im hohen Alter. Darauf weist eine spektakuläre Untersuchung an ausgewachsenen Mäusen hin, die Gerd Kempermann mit Kollegen bereits 1997 veröffentlicht hat. Zwar entwickeln sich demnach bei Erwachsenen nicht mehr in allen Hirnregionen neue Nervenzellen, dafür aber in einer der wichtigsten: im Hippocampus, einem fingerkuppengroßen Areal im Schläfenlappen, das als Zentrum für bewusstes Lernen und das Langzeitgedächtnis gilt.

Der Hippocampus hat die Funktion eines Türstehers. Er bestimmt, welche der unzähligen Sinneseindrücke von außen in die Hirnrinde gelangen und gespeichert werden. Was auch immer wir für erinnerungswürdig erachten, vom Zoobesuch mit der Tochter bis hin zu Lateinvokabeln, muss an ihm vorbei. Menschen, deren Hippocampi in beiden Gehirnhälften wegen eines Tumors oder einer Kopfverletzung keine Information mehr durchlassen, sind nicht mehr in der Lage, Eindrücke für die Ewigkeit abzuspeichern.

Im Alter wird das Nervennetzwerk im Hippocampus wie in anderen Arealen löchrig. „Diese Verluste werden wahrscheinlich durch die neuen Nervenzellen kompensiert, sodass wir im Alter noch in der Lage sind zu lernen", sagt Kempermann. Was die Neuronen sprießen und gedeihen lässt, welche Rolle Genetik und Umwelt, körperliche und geistige Betätigung spielen, will er mithilfe von Labormäusen untersuchen. Deren Hippocampus ist dem menschlichen sehr ähnlich, hat aber den Vorteil, dass „wir ihn in Scheiben schneiden können".

Das Entstehen neuer Neuronen im Hippocampus sei nur der Anfang, glaubt Kempermann, die erste einer Reihe von Entdeckungen, die unsere bisherige Vorstellung vom Gehirn dramatisch verändern werden: „Wir können uns noch auf viele Überraschungen einstellen."

Wenn im Hippocampus noch im Seniorenalter neue Nervenzellen wachsen, wie Kempermann herausgefunden hat, und wenn durch Hirntraining neue Synapsen, also Nervenverbindungen, entstehen, wie Arne May gezeigt hat, wie sieht es dann in den anderen Bereichen des Gehirns aus? Lassen sich alle Fertigkeiten gleichermaßen trainieren? Für jeden und in jedem Alter? Oder hat die Natur manche Menschen, Altersgruppen oder Generationen mit einem besonders flexiblen Denkorgan ausgestattet und andere nicht?

Das Leben wurde in den vergangenen Jahrzehnten schneller – und mit ihm das Gehirn

Psychologen am Berliner Max-Planck-Institut für Bildungsforschung wissen, dass die verschiedenen Großhirnareale eines Menschen in seiner Jugend nacheinander reifen. Erst Mitte 20, also zuletzt, erreicht das für die fluide Intelligenz essenzielle Präfrontalhirn seine Leistungsspitze.

Dafür schwächelt es dann im Alter als Erstes. Einerseits sinkt die Konzentration von Botenstoffen, vor allem von Dopamin und Noradrenalin, die verantwortlich für die schnelle Informationsverarbeitung sind. Andererseits schrumpft die graue Substanz von 30 an rapide. Durch beständiges Nichtstun kann die Region sogar schmelzen wie Eis in der Sonne: Als ein Lübecker Pathologe vor 20 Jahren Rentnerhirne sezierte, fehlte bei einigen ein Drittel des Präfrontalhirns.

Dass Menschen alt werden, hat die Biologie offenbar nicht einkalkuliert. Die gute Nachricht lautet: Niemand muss sich in sein Schicksal fügen. Schon wenige Wochen Hirntraining lohnen sich auch für Ältere, „auch wenn der Effekt vergleichsweise klein ist", sagt Ulman Lindenberger, Direktor am MPI für Bildungsforschung.

Trainieren lässt sich zum Beispiel mit Übungen zur Wahrnehmungs- und Reaktionsgeschwindigkeit wie dem Papier-und-Bleistift-Test. Dabei müssen die Probanden Buchstabenreihen fortsetzen oder Zahlen so schnell wie möglich vorgegebenen Symbolen aus einer Liste zuordnen. Erwachsene zwischen 20 und 30 schneiden besonders gut ab, sie machen die größten Fortschritte. Rentner dagegen erreichen selbst nach einem Monat Training normalerweise nur das Ausgangsniveau der Jungen.

Allerdings gibt es Ausnahmen. Immer wieder stechen Senioren jenseits der 70 Mittzwanziger aus, schieben ihre Leistungskurven in der Auswertung trotzig zwischen die Zickzacklinien Jüngerer. Jene 87-jährige Schneiderin aus Berlin zum Beispiel. Bei der Wahrnehmungs- und Reaktionsgeschwindigkeit hängte sie Konkurrenten ab, die ihre Enkel sein könnten. Sie habe die Volksschule abgeschlossen, könne nach wie vor gut hören und sei noch gut zu Fuß, erzählte die Frau den verdutzten Wissenschaftlern. Und das Schönste in ihrem

Leben seien die kleinen Urenkel. „Ihre mentale Geschwindigkeit hat im Alter kaum nachgelassen", diagnostiziert Ulman Lindenberger. „Man sollte also nicht nur fragen, was das Hirn von älteren Menschen schwächeln lässt, sondern auch, was Ausnahmetalente zu geistigen Spitzenleistungen treibt."

Zwar setzen unsere Gene unserer geistigen Leistungsfähigkeit Grenzen, doch innerhalb dieser natürlichen Bandbreite schwankt sie im Laufe eines Tages, eines Lebens, vermutlich sogar über Generationen hinweg.

Der Mensch war nicht immer mit einem hohen IQ gesegnet. Unsere Gehirne funktionieren zwar schon lange nach denselben Prinzipien. Jahrhundertelang liefen sie aber wahrscheinlich nur auf Sparflamme. Die meisten Menschen kamen wohl mit 70 IQ-Punkten aus, nach heutigen Maßstäben standen sie damit am Rande des Schwachsinns. Das änderte sich vermutlich erst vor 200 Jahren während der industriellen Revolution. Plötzlich mussten unsere Vorfahren Maschinen bedienen und in wachsenden Städten zurechtkommen, und sie konnten große Strecken mit der Eisenbahn überbrücken. Das Leben wurde schneller und mit ihm das Gehirn.

Seit 1920 stieg die geistige Fitness in den Industrienationen noch einmal rapide. „Schätzungsweise vier IQ-Punkte pro Jahrzehnt", sagt der Intelligenzforscher Siegfried Lehrl. Das zeigen Metastudien mit Daten aus Intelligenztests, die Psychologen seit Beginn des 20. Jahrhunderts durchgeführt haben. Über die Ursachen spekulieren sie: Vielleicht hängt der Leistungsschub mit der besseren Ernährung zusammen, auch Ärmere konnten sich Fleisch leisten und ihr Gehirn mit mehr Eiweiß auf Touren bringen. Außerdem wurde die Schulpflicht eingeführt, und nachdem die Prügelstrafe abgeschafft war, lernten Kinder wesentlich stressfreier. Frauen profitierten angeblich vom Aufkommen öffentlicher Toiletten. „Frauen haben in den Nachkriegsjahren viel zu wenig getrunken", sagt Lehrl, „aus Angst, sich unterwegs in die Büsche setzen zu müssen." Das Hirn brauche aber viel Flüssigkeit zum Denken.

Noch in den Dreißigern erreichten Bergbewohner aus dem US-Bundesstaat Kentucky nur schwache 60 IQ-Punkte, bewältigten damit ihr Leben aber ganz gut. „Das wäre heute undenkbar", sagt Lehrl. Massenmedien, Mikrowellen, Computer und Handys: Das Gehirn muss permanent neue Fertigkeiten lernen und steigert seine Leistung damit ganz von allein.

Seit 1979 sinkt der Durchschnitts-IQ der Deutschen beständig

In den vergangenen Jahren ging es hierzulande allerdings wieder bergab. Lehrl hat einen Intelligenz-Atlas von Deutschland gezeichnet, aus dem hervorgeht: Der IQ der Deutschen ist von 107 Punkten im Jahr 1979 mittlerweile auf 99 Punkte gesunken. Schlampige Lebensführung, vor allem schlechte Ernährung und zu wenig Bewegung seien dafür verantwortlich. Derzeit arbeitet er an Fitness-Programmen für intelligenzschwache Regionen, etwa Teile von Niedersachsen, Sachsen-Anhalt und Nordbayern. 25 Jahre nach der Veröffentlichung der ersten Gehirnjogging-Aufgaben ist Lehrl überzeugter denn je: „Wir können die geistigen Fähigkeiten der Masse mit wenig Aufwand steigern."

Doch was bringt es den Übungswilligen, sich neue Fähigkeiten anzutrainieren? Heißt eine höhere Punktzahl im IQ-Test oder ein besseres Gedächtnis, dass sie schneller begreifen, eloquenter sind, leichter lernen, dass sie insgesamt schlauer werden? Immerhin lässt sich der IQ durch stetiges Training um bis zu 15 Punkte steigern. „Der

Transfer von Hirntrainings schien bislang aber sehr begrenzt", sagt MPI-Studienleiter Schmiedek. Verwandte Aufgaben könnten die Probanden besser bewältigen, mehr aber nicht. Wer also permanent Wortlisten auswendig lernt, merkt sich vielleicht auch Telefonnummern besser, aber nicht unbedingt die Gesichter und Namen dazu. Wer regelmäßig jongliert, fängt wahrscheinlich schneller einen Schlüssel auf, der vom Tisch rutscht, kann deshalb aber nicht unbedingt besser rechnen.

„Bei unserem breiten Intensivtraining", sagt Schmiedek, „können wir uns aber vorstellen, dass wir weiterreichende Transfers beobachten können." Einige Probanden würden deshalb zusätzlich mit Transferaufgaben konfrontiert. Das können Übungen sein, die ähnlich gebaut sind wie bereits bekannte, aber aus anderen Bausteinen bestehen, Zahlen werden zum Beispiel durch Objekte ersetzt, aber auch ganz andere Übungen aus fremden IQ-Tests.

Körperliche Bewegung bringt auch das Gehirn zuverlässig auf Trab

Ein Mittel, das Gehirn auf Trab zu bringen, wirkt sehr zuverlässig: Bewegung. Das heißt nicht, dass Sportler den hellsten Kopf haben, auch nicht die durchtrainierten Versuchsmäuse aus Kempermanns Labor. Ein Leben im Laufrad lässt zwar neue Nervenzellen im Hippocampus sprießen. Um sie funktionstüchtig in das Nervengeflecht der Hirnregion einzubinden, bedarf es aber geistiger Stimulation durch Spielzeug und regelmäßigen Austausch mit Artgenossen.

Vielleicht lässt sich aus diesen Erkenntnissen eines Tages ein umfangreiches Trainingsprogramm entwickeln, mit dem das Hirn ein Leben lang fit bleibt. Ein Patentrezept für jedermann, so Schmiedek, werde es aber wohl nicht geben. „Hirne sind so verschieden wie die Menschen selbst." Gerade bei Älteren scheint jedoch körperliche Aktivität der Schlüssel zur geistigen zu sein. Weil das Hirn besser durchblutet und mit Sauerstoff versorgt wird und weil Senioren, die sicher über Bordsteine steigen, mehr geistige Kapazität fürs Denken haben. Verkümmerte Sinne dagegen schlagen auf mentale Fitness. Ebenso Stress und Angst.

Für Jüngere lohnt es sich aber ebenso, den inneren Schweinehund zu überwinden. Gemeinsames Joggen und Gruppen-Aerobic helfen ihrem Geist wahrscheinlich eher auf die Sprünge als einsames Hantelstemmen – wegen der guten Durchblutung beim Reden. Und täglich ein einfaches Sudoku in der U-Bahn zu lösen bringt mehr, als sich einmal pro Woche durch das Kreuzworträtsel der *Süddeutschen* zu quälen, vorausgesetzt, man will sein Arbeitsgedächtnis und nicht seine Allgemeinbildung aufpeppen. Tageslicht und Koffein regen Konzentration und Denkvermögen zusätzlich an, Siegfried Lehrl empfiehlt seinen Studenten vier Tassen Kaffee täglich.

Auswendiglernen ist zu Unrecht verpönt

Der Hamburger Neurologe Arne May ist womöglich zufällig über eine weitere Trainingsmethode mit Transferpotenzial gestolpert, ausgerechnet das Auswendiglernen. Das ist zwar alles andere als aufregend, offensichtlich aber zu Unrecht als stumpfsinnig verpönt, wie Kernspinaufnahmen von Regensburger Medizinstudenten zeigen. Drei Monate lang hatten diese Tausende chemische Formeln, Namen von Knochen und Muskelansätzen fürs Physikum gepaukt. Dadurch war die graue Substanz im Hippocampus und in den Arealen für Aufmerksamkeit und visuelle Wahrnehmung am Hinterkopf dichter geworden. Noch wichtiger: Sie war auch drei Monate nach der Prüfung nicht wieder verschwunden. „Die Fakten sind dann vielleicht vergessen", sagt May, „aber das Gehirn behält offenbar die Fähigkeit, lange und intensiv zu arbeiten." Mehr noch: Im Hippocampus verdickte sich die graue Masse in den Semesterferien zusätzlich. May vermutet, dass sich die Synapsen erst dank der Ruhe nach dem Prüfungsstress richtig entfalten konnten.

Aus: ZEIT-Wissen 6/06

Am Gehirn eines Verstorbenen, schreibt **Susan A. Greenfield**, sei es ganz unmöglich abzulesen, ob der Mensch in seinem Leben liebenswürdig gewesen sei oder humorvoll. Eineiige Zwillinge besitzen sehr ähnliche Gehirnstrukturen, aber sie können durchaus sehr unterschiedliche Persönlichkeiten haben. Wo also ist das Ich zu finden?

Das Ich wächst mit seiner Geschichte, sagt die moderne Hirnforschung. Unsere Erfahrung spielt eine wesentliche Rolle bei der Ausprägung der Schaltkreise des Gehirns wie der Züge unseres Charakters. Diese Prägung findet besonders in der Kindheit und bis zum Abschluss der Pubertät statt. Aber auch danach sind Menschen – und ihre Gehirne – durch Erfahrung wandelbar. „Das Wesen eines Individuums liegt zu einem nicht kleinen Teil darin, woran es sich erinnern kann", betont Greenfield die Rolle des Gedächtnisses bei der Ich-Werdung des Menschen und erläutert in diesem Beitrag die Mechanismen des Erinnerns. Sie zeigt an Patienten auf, was es bedeutet, sich nichts mehr einprägen zu können, jeden Tag ganz neu leben zu müssen. Sie erklärt, welche Moleküle es uns möglich machen, Englischvokabeln zu pauken oder den Nachbarn beim morgendlichen Verlassen des Hauses zu erkennen.

Sie halte es für ein großes Glück, nicht in wohlhabenden Verhältnissen aufgewachsen zu sein, sagt Susan Greenfield. „Ich hatte Zeit, mich zu langweilen, meine Eltern konnten sich die Geigen- und Tennisstunden nicht leisten, mit denen andere Kinder zugeschüttet werden." Wenn ein Kind sich langweilen dürfe, erfinde es eigene Spiele, fange an, zu zeichnen oder zu lesen. Wenn es immer beschäftigt werde, könne das Gehirn diese Fähigkeiten nicht entwickeln.

Susan A. Greenfield

Das Ich und seine Geschichte

Von Susan A. Greenfield

Wo liegen die Wurzeln der Individualität? Wenn man sich ein menschliches Gehirn ansieht, dann kann man bestenfalls mit einiger Wahrscheinlichkeit mutmaßen, ob es einem Mann oder einer Frau gehört hat. Es wäre jedoch völlig unmöglich zu sagen, ob dieser Mann oder diese Frau ein netter Mensch war oder Sinn für Humor besaß. Alle Gehirne besitzen denselben Grundbauplan: Es gibt Nerven, die die Information von den Sinnesorganen ins Gehirn transportieren, und andere Nerven, die die Befehle des Gehirns an die Muskeln übermitteln und für die Bewegung verantwortlich sind. Und das Gehirn besteht aus Neuronen, und die Verschaltung dieser Neuronen ist teilweise genetisch vorgegeben, wird aber zu einem viel größeren Teil – zumindest in relativ komplexen Gehirnen – vom Austausch mit der Umwelt beeinflusst. Wie könnte eine solche Verschaltung in ein Individuum übersetzt werden? Das ist das Thema dieses Beitrags.

Eineiige Zwillinge sind Klone voneinander. Es sind zwei Menschen mit identischen Genen, weil sie beide von derselben befruchteten Eizelle abstammen. Aber sind sie identische Menschen? Sicherlich zeigen kernspintomographische Aufnahmen (MRT-Scans) der Gehirne von eineiigen Zwillingen, was die Grobstruktur angeht, eine größere Ähnlichkeit als die Gehirne zweieiiger Zwillinge oder nicht verwandter Personen. Wenn man eineiige Zwillinge nach ihren Vorlieben, Ansichten und Erfahrungen fragt, stößt man häufig auf beträchtliche Übereinstimmungen. Ein ähnlicher Geschmack und eine ähnli-

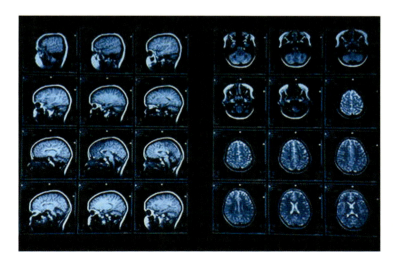

Kernspintomographische Aufnahme eines menschlichen Gehirns.

che Vorstellungswelt sind jedoch selbst bei normalen Geschwistern, die im selben häuslichen Umfeld aufwachsen, nichts derart Besonderes.

Auch das Wahrnehmungsvermögen und das Denken von eineiigen Zwillingen weisen Unterschiede auf, die deutlich machen, dass sie Individuen mit eigenem, ganz persönlichem Bewusstsein sind, selbst wenn ihre genetische Ausstattung dieselbe ist. Wenn sich Individualität nicht allein auf Gene zurückführen lässt, muss sie zumindest teilweise auf einem anderen Faktor im Gehirn basieren, der nicht einmal Abkömmlingen derselben Eizelle gemein ist.

Erfahrung spielt eine Schlüsselrolle beim Ausbilden der Miniaturschaltkreise im Gehirn. Wenn Sie etwas, das Sie gegessen haben, mit einem unangenehmen Erlebnis in Verbindung bringen, kann das durchaus zu einer Abneigung gegen diesen Typ Lebensmittel führen. Noch einfacher gesagt: Nur diejenigen, die jemals Mozarts Musik gehört haben, können sagen, dass sie Mozart mögen. Erfahrungen, die wir nie gemacht haben, können bei der Formung unserer Persönlichkeit keine Rolle spielen: Hat jemand das Potenzial zum Erlernen von Fremdsprachen geerbt, so kann diese Fähigkeit nicht realisiert werden, wenn die Person niemals mit anderen Sprachen in Kontakt kommt.

Die Entwicklung eines individuellen Gehirns verläuft vielleicht bis zu und einschließlich der Teenager-Jahre am dramatischsten, aber selbst danach ist das Gehirn nicht in einem starren Rahmen gefangen. Unser Charakter passt sich weiterhin an, während wir auf die Erfahrungen, die unaufhörlich auf uns einströmen, in der einen oder anderen Form reagieren. Damit Erfahrungen eine längerfristige Bedeutung haben, muss man sich an sie erinnern. Das Wesen des Individuums liegt also zu einem nicht kleinen Teil darin, woran es sich erinnern kann. Vielleicht könnten wir beim Gedächtnis beginnen, um uns dem Rätsel um die physische Basis der Individualität zu nähern.

Kurz- und Langzeitgedächtnis

Im Deutschen wie im Englischen kann das Wort *Gedächtnis* als Überbegriff für eine breite Palette von Vorgängen dienen, hinter denen sich ganz Unterschiedliches verbirgt. Vergleichen Sie einmal die Gedächtnisprozesse eines Oktopus mit denjenigen eines Menschen! Der Oktopus besitzt eines der größten Gehirne unter den Wirbellosen; es reicht in seiner Größe an ein Fischgehirn heran und enthält rund 170 Millionen Neuronen. Obgleich diese Zahl hoch erscheint, ist sie im Vergleich zu den rund 100 Milliarden Neuronen im menschlichen Gehirn trivial. Dennoch hat sich der Oktopus als Versuchstier in Lern- und Gedächtnisexperimenten bewährt, denn er besitzt hochentwickelte Augen und dank seiner vielen Tentakel ein differenziertes Tastgefühl. In Experimenten kann ein Oktopus eindeutig den Unterschied zwischen verschiedenen Farben erkennen und jeder eine andere Bedeutung zumessen. Beispielsweise greift das Tier sofort nach einem Ball, dessen Farbe es zuvor mit einer schmackhaften Garnele zu assoziieren gelernt hat, während es einen anders gefärbten Ball, der nicht mit einem positiven oder negativen Reiz gekoppelt worden ist, unbeachtet lässt.

Von dieser Art Gedächtnis, einer einfachen Assoziation zwischen einem farbigen Ball und einer Garnele, ist es scheinbar ein weiter Weg bis zu jenen Formen von Gedächtnis, wie sie sich in der Erinnerung an einen bestimmten heißen Sommertag am Meer widerspiegeln oder in der Fähigkeit, Fahrrad zu fahren oder sich an das französische Wort für „Fenster" zu erinnern. Es gibt viele verschiedene Typen von Gehirnprozessen, die unter den allgemeinen Begriff *Gedächtnis* fallen. Die grundlegendste und bekannteste Unterscheidung ist die zwischen Kurzzeit- und Langzeitgedächtnis. Das Kurzzeitgedächtnis arbeitet, wenn wir versuchen, uns an eine Reihe von Zahlen zu erinnern. Alles ist in Ordnung, solange es keine Ablenkungen gibt, denn die Strategie besteht meist darin, sich die Zahlenfolge im Geist immer wieder vorzusagen. Dieser Prozess ist überraschend begrenzt: Wir können uns im Durchschnitt lediglich eine Folge von sieben Ziffern merken.

„Wer immer die Wahrheit sagt, kann sich ein schlechtes Gedächtnis leisten." (Theodor Heuss)

Eine der Fragen, die sich aufdrängen, wenn man sich mit dem Kurzzeitgedächtnis beschäftigt, ist die, wie es mit dem Langzeitgedächtnis zusammenhängt. Bei dieser Form des Gedächtnisprozesses ist ständiges Proben oder Wiederholen unnötig. Arbeiten Kurzzeit- und Langzeitgedächtnis parallel, völlig unabhängig voneinander? Bekanntlich gibt es Patienten, die sich an nichts erinnern, was über die direkte Gegenwart hinausgeht und die unter einem fast vollständigen Gedächtnisverlust (Amnesie) leiden, aber dennoch über ein Kurzzeitgedächtnis verfügen, das dem von Gesunden nicht nachsteht. Daraus folgt eindeutig, dass sich beide Prozesse trennen lassen, aber könnte jemand, dessen Kurzzeitgedächtnis zerstört ist, ein normales Langzeitgedächtnis besitzen?

Beeinträchtigungen des Kurzzeitgedächtnisses sind schwierig zu untersuchen. Das Langzeitgedächtnis ist kein einstufiger Prozess, sondern es lässt sich in viele verschiedene Aspekte unterteilen. Für jeden dieser verschiedenen Aspekte existiert offenbar eine entsprechende Form von Kurzzeitgedächtnis. Beispielsweise haben kleine Kinder mit einem schlechten Kurzzeitgedächtnis für Nonsense-Wörter auch ein schlechtes Langzeitgedächtnis für ungebräuchliche Namen von Spielzeugen. Kurzzeit- und Langzeitgedächtnis arbeiten anscheinend nicht unabhängig voneinander und parallel, sondern sind hintereinander, in Serie, geschaltet. Zuerst wird eine Information im

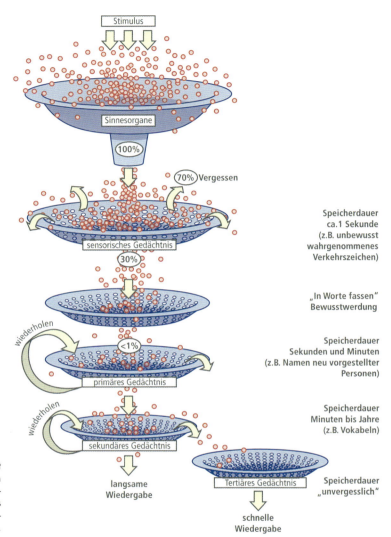

Das Kurzzeitgedächtnis besteht aus dem sensorischen und dem primären Gedächtnis. Sekundäres und tertiäres Gedächtnis bilden zusammen das Langzeitgedächtnis.

Kurzzeitgedächtnis gespeichert: Diese Speicherung ist ein flüchtiger, höchst instabiler und leicht zu störender Prozess, bei dem Aufmerksamkeit und Wiederholung nötig sind, um die Information nicht zu verlieren, bis sie schließlich in das dauerhaftere, ruhende Langzeitgedächtnis überführt werden kann. Erfolgreiches Wiederholen im Kurzzeitgedächtnis führt schließlich dazu, dass man bestimmte Telefonnummern behält, ohne sich ständig auf sie konzentrieren zu müssen.

Wir alle wissen, dass das Kurzzeitgedächtnis sich verbessert, wenn Nummern zum Beispiel eine Bedeutung haben, wie Telefonnummern oder ein Zugangscode zu einem Gebäude oder einem Safe. Auf jeden Fall scheint man etwas, das länger als 30 Minuten im Gedächtnis überlebt, so schnell nicht mehr zu vergessen, zumindest die nächsten paar Tage nicht. Patienten, die sich von einer Gehirnerschütterung oder einer Elektroschockbehandlung (einer radikalen Therapie, die bei schweren Depressionen angewandt wird) erholen, können sich in der Regel nicht daran erinnern, was sich etwa eine Stunde vor der Behandlung ereignet hat, während ihr Langzeitgedächtnis intakt bleibt. In diesen Fällen wird vermutlich lediglich der erste Schritt im Gedächtnisprozess unterbrochen, das heißt, die Blockade findet auf dem Stadium des Kurzzeitgedächtnisses statt. Der frühe Bruch im normalen Ablauf der Ereignisse vernichtet jede Chance, dass diese Stunde des Lebens dauerhaft im Gehirn eines Individuums aufgezeichnet wird.

Phänomene des Langzeitgedächtnisses

Das Kurzzeitgedächtnis arbeitet dem Langzeitgedächtnis zu. Aber was meinen wir eigentlich mit Langzeitgedächtnis? Auch in diesem Fall zeigt sich, dass diese zweite Basiskategorie im Rahmen des Überbegriffs „Gedächtnis" nicht einheitlich ist, sondern sich in zwei distinkte Phänomene zerlegen lässt. Wir lernen und merken uns vieles, während wir durchs Leben schreiten: wie man ein Auto steuert, was „danke" auf Französisch heißt, und was wir getan haben, als Tante Flo letztens zu Besuch kam. Bei all diesen Beispielen sind verschiedene Formen von Gedächtnis am Werk. Der Exot unter diesen drei Beispielen ist sicherlich die Fähigkeit, Auto zu fahren. Um sich an Tatsachen, wie das französische Wort für „danke", oder an Ereignisse wie den kürzlich erfolgten Besuch von Tante Flo zu erinnern, bedarf es einer direkten und bewussten Anstrengung. Im Gegensatz dazu erfolgt Autofahren, wie viele motorische Fertigkeiten und Gewohnheiten, unbewusst, fast automatisch. Diese Gedächtnisform wird als *implizites Gedächtnis* bezeichnet, weil wir uns nicht aktiv und bewusst daran erinnern müssen, wie man etwas macht: Wir setzen uns einfach ins Auto und fahren los. Wenn Sie an eine rote Am-

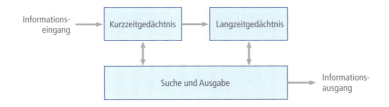

Vereinfachtes Modell der Gedächtnisbildung während einer typischen Lernaufgabe, z. B. des Einprägens von Nonsense-Silben. Die drei angegebenen Verarbeitungsprozesse wurden aus dem natürlich vorkommenden Verfall von Erinnerungen und aus dem zeitlichen Verlauf von Gedächtnisstörungen durch Hirnverletzungen abgeleitet.

pel kommen, tritt Ihr Fuß „automatisch" auf die Bremse. Im Gegensatz dazu wird das Gedächtnis für Ereignisse und Fakten, das ein bewusstes Erinnern an frühere Erfahrungen ermöglicht, als *explizites Gedächtnis* bezeichnet.

> ### ■ Verlust des expliziten Gedächtnisses – der Fall H. M.
>
> Einer der bekanntesten und bestuntersuchten Fälle eines kompletten Verlustes des expliziten Gedächtnisses ist der Fall H. M. Dieser junge Mann litt unter schwerer Epilepsie mit Krampfanfällen und Bewusstlosigkeit. Seine epileptischen Anfälle wurden so häufig, dass er kein normales Leben mehr führen konnte.
>
> 1953, im Alter von 27 Jahren, unterzog sich H. M. einem chirurgischen Eingriff, bei dem ein Teil seines Gehirns entfernt wurde, um die epileptischen Anfälle in den Griff zu bekommen. Obwohl die Operation in dieser Hinsicht erfolgreich war, ist sie wegen ihrer schrecklichen Folgen seitdem nie wieder durchgeführt worden: H. M. konnte sich nur noch an Ereignisse vor seiner Operation erinnern – bis etwa zwei Jahre davor. Seit der Operation ist er ständig in der Gegenwart gefangen.
>
> Man kann sich H. M.s Geisteszustand nur sehr schwer vorstellen. Freunde und Nachbarn, die er nach seiner Operation kennenlernte, erkennt er nicht wieder. Wenn er auch sein Geburtsdatum angeben kann, kennt er sein korrektes Alter nicht und hält sich stets für jünger, als er eigentlich ist. Nachts kann es passieren, dass er die Krankenschwester fragt, wer er ist und warum er hier ist. Er kann sich nicht an den Ablauf des vorherigen Tages erinnern. Er meint dazu: „Jeder Tag steht für sich allein, was auch immer er mir an Freude, was auch immer er mir an Kummer gebracht hat." Für H. M. gibt es kein Gestern.

H. M. kann im Hier und Jetzt nur ganz einfache Tätigkeiten ausführen. Daher erhielt er monotone Arbeiten, wie Feuerzeuge auf Papphalterungen zu stecken. Er konnte weder den Platz beschreiben, an dem er arbeitete, noch das, was er da tat, noch den Weg, den er jeden Tag gefahren wurde.

H. M. kann sich noch immer Zahlenfolgen mit bis zu sieben Ziffern merken und zeigt damit, dass das Kurzzeitgedächtnis ein Vorgang ist, der von dem darauffolgenden Stadium des Langzeitgedächtnisses getrennt ist. Aber obgleich H. M. offenbar die Fähigkeit verloren hat, neue Langzeiterinnerungen zu bilden, ist ein anderer Gedächtnistyp erhalten geblieben. H. M. schneidet bei einigen motorischen Fähigkeiten, wie dem Nachzeichnen eines Sterns, recht gut ab. Diese Aufgabe ist nicht so leicht, wie sie sich anhört, da die Umrisse nachgezeichnet werden müssen, während man in einen Spiegel blickt: Es ist eine anspruchsvolle Übung in sensomotorischer Koordination, die sich durch Training verbessern lässt, wie Auto- oder Fahrradfahren. Mit jedem Tag verbesserten sich H. M.s Leistungen, was bewies, dass die Gedächtnisinhalte dieses Typs, des impliziten Gedächtnisses, nicht im selben Teil des Gehirns verarbeitet werden wie Erinnerungen an Ereignisse. Interessanterweise erinnerte sich H. M. nicht bewusst an das *Ereignis*, den Stern zeichnen zu lernen (ein Beispiel für explizites Gedächtnis), obgleich sein Gehirn immer besser darin wurde – implizites Gedächtnis.

Besonders wichtig für unsere Diskussion ist: Obwohl H. M. sich nicht an Ereignisse erinnern kann, die nach seiner Operation beziehungsweise im Zeitraum von zwei Jahren vor seiner Operation stattgefunden haben, sind Erinnerungen aus weiter zurückliegenden Tagen noch immer intakt, gefangen im Gehirn wie eine Fliege im Bernstein. Diese Erinnerungen hängen offensichtlich nicht von den Gehirnarealen ab, die entfernt worden sind. Demnach kann keine bestimmte Gehirnregion für die Speicherung sämtlicher Fakten und Ereignisse insgesamt verantwortlich sein. Stattdessen müssen Gedächtnisinhalte auf noch unbekannte Weise in einer Region verarbeitet, aber in einer anderen gefestigt (konsolidiert) werden. In H. M.s Fall muss die Schädigung auf der Stufe eingesetzt haben, auf der eine neue Erinnerung zunächst verarbeitet wird. Daher sind alle Gedächtnisinhalte, die bereits konsolidiert waren, von den Folgen des Eingriffs verschont geblieben.

Die Welt des Erinnerns – Hippocampus und medialer Thalamus

Bei H. M. war der mittlere Teil des Schläfenlappens (medialer Temporallappen), der, wie sein Name andeutet, im Bereich der Schläfen auf beiden Seiten des Gehirns, direkt über den Ohren liegt, beidseitig entfernt worden. Zu diesem Areal gehört auch eine Region unterhalb des Cortex, der sogenannte *Hippocampus* (griechisch für „Seepferdchen"), weil einige Leute finden, diese Struktur ähnele einem Seepferdchen. Meiner Ansicht nach erinnert der Hippocampus, so wie er sich in das Gehirn unter dem Cortex schmiegt, eher an zwei Widderhörner. Viele klinische und experimentelle Befunde deuten wie in H. M.s Fall darauf hin, dass eine Schädigung dieser Gehirnregion zu einer Beeinträchtigung beim Ablegen (Speichern) von Erinnerungen führt.

Selbst bei diesem recht spezifischen Aspekt des Gedächtnisses, seiner anfänglichen Konsolidierung, spielt neben dem Hippocampus offenbar ein weiterer Bereich eine wichtige Rolle: der mediale Thalamus, der für die Übermittlung sensorischer Information in den Cortex entscheidend ist. So, wie die Verarbeitung von Tönen und Bildern von jeweils anderen Thalamusregionen abhängt, gibt es eine bestimmte Thalamusregion, die zum Gedächtnis beiträgt.

Der Hippocampus, aus einem Rattenhirn herauspräpariert.

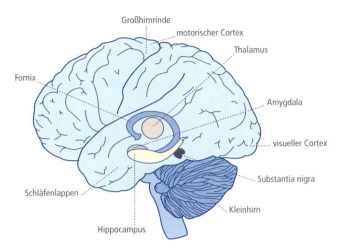

Die Lage des Hippocampus und benachbarter Strukturen.

Dass der mediale Thalamus zum Gedächtnis beiträgt, wissen wir aufgrund einiger bizarrer Unfälle, bei denen sich Leute Florettspitzen oder Billardqueues durch ein Nasenloch ins Gehirn gebohrt und damit den medialen Thalamus zerstört haben; die Unfallopfer zeigten eine Amnesie für Ereignisse. Anders als in den bisher besprochenen Amnesiefällen war das Problem jedoch häufig nur ein vorübergehendes. Ungeachtet der Tatsache, dass die Amnesie nur temporär sein kann, können sich die Patienten auch später nicht an Ereignisse erinnern, die während der Amnesie passierten, vermutlich deshalb, weil die Funktion des medialen Thalamus gestört war. Daher spielt neben dem Hippocampus vermutlich auch der mediale Thalamus eine wichtige Rolle bei der Konsolidierung von Erinnerungen.

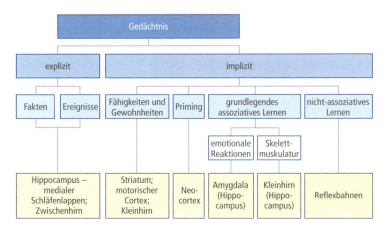

Schematische Darstellung verschiedener Aspeke des Langzeitgedächtnisses und der damit assoziierten Gehirnstrukturen.

Bei einer Quellenamnesie (*source amnesia*) kann sich der Betroffene nicht mehr daran erinnern, wann und wo ein Ereignis stattgefunden hat. Wenn es keinen räumlichen oder zeitlichen Bezugspunkt gibt, lassen sich Ereignisse nicht differenzieren, und es existiert keine persönliche Beteiligung an dem, was geschehen ist. Da Ereignisse durch ihren persönlichen Bezug einmalig sind, während Fakten frei von zeitlichen und räumlichen Bezugsrahmen und daher allgemeingültig sind, folgt daraus, dass Quellenamnesie primär das Gedächtnis für Ereignisse und nicht etwa das für Fakten beeinflusst. Während das Gedächtnis für Fakten wie auch für Ereignisse offenbar auf der Integrität des Hippocampus und des medialen Temporallappens basiert, wird durch eine Schädigung einer dritten Region, des präfrontalen Cortex, anscheinend nur das Gedächtnis für Ereignisse beeinträchtigt.

Interessanterweise kann eine Schädigung des medialen Thalamus, der mit dem präfrontalen Cortex in Verbindung steht, zu typischen Fehlern in der zeitlich-räumlichen Zuordnung von Gedächtnisinhalten führen. Erinnerungen können an falscher Stelle, außerhalb des Zusammenhangs auftauchen, das heißt, sie sind für das, was im Augenblick gesagt oder gedacht wird, ohne Bedeutung. Der präfrontale Cortex übt vermutlich nicht nur einen gewissen Einfluss darauf aus, wie Ereignisse als orts- und zeitgebunden erinnert werden, sondern auch darauf, wie sie mit korrespondierenden Ereignissen zu einer ähnlichen Zeit oder an einem ähnlichen Ort verknüpft sind.

Fakten, wie im impliziten Gedächtnis, unterscheiden sich von den Ereignissen im expliziten Gedächtnis nur insofern, dass sie in keinem Zusammenhang mit einem bestimmten Zeitpunkt und Ort stehen. Wenn der rosa Elefant aus seinem Dschungelversteck, in dem Sie ihn eines Nachts im letzten Sommerurlaub gesehen haben, herausgenommen wird, dann reduziert er sich auf den allgemeinen Gedanken, dass Elefanten rosa sein können. Eine Schädigung des Gebiets, in dem Fakten durch zeitliche und räumliche Bezugspunkte zu Ereignissen personalisiert werden, würde nicht den Gedächtnisinhalt an sich zerstören, sondern die Fakten aus den Zusammenhängen lösen, in denen sie auftreten. Charakteristische Ereignisse werden dann auf bloße allgemeine Fakten reduziert, die keine typischen und unverwechselbaren Merkmale in Raum und Zeit besitzen.

Wenn der präfrontale Cortex dieser Art räumlich-zeitlicher Zuordnung von Ereignissen im Gedächtnis dient, und wenn der präfrontale Cortex im Laufe der Evolution ein außerordentliches, differenziertes Wachstum erfahren hat, dann folgt daraus, dass diese Art Gedächtnis für Ereignisse bei uns Menschen mit unserem überproportional großen präfrontalen Cortex besonders stark, bei anderen Tieren hingegen viel schwächer ausgeprägt sein sollte. Für andere Tiere ist die Erinnerung an ein Ereignis vermutlich allgemeiner

Was ist eigentlich ...

Abruf, Vorgang des Sich-Erinnerns, Reaktivierung von gespeicherten Informationen aus dem Langzeitgedächtnis im Kontext der momentanen Situation. Es können zwei Arten unterschieden werden: 1) der assoziative Abruf, ein automatischer Erinnerungsprozess nach externen Hinweisreizen, an dem vor allem der Hippocampus und andere Strukturen im mittleren Schläfenlappen beteiligt sind, 2) der zielgerichtete oder strategische Abruf, der eine langsame, vorsätzliche Suche nach einer Erinnerung voraussetzt, woran insbesondere der (rechte) präfrontale Cortex beteiligt ist. Beim freien Abruf werden Erinnerungen ohne Hinweisreize aktiviert, was älteren Menschen bei neu gelerntem Material zunehmend schwerer fällt.

Art, weniger fest durch unverwechselbare Zeit- und Ortskoordinaten verankert. Eine Katze erinnert sich vielleicht nicht daran, dass es ein bestimmter Frühlingstag war, an dem sie eine Maus im Hinterhof fing, gleich nachdem sie ein Schüsselchen Milch getrunken hatte und kurz bevor sie auf einen Baum geklettert war, wenn sie auch durchaus eine vagere und allgemeinere Rückerinnerung an das Fangen von Mäusen haben könnte. Interessanterweise gibt es eine Spezialsituation, wo unsere eigenen Erinnerungen offenbar dieser allgemeineren Form der Erinnerung ähneln.

Pionieruntersuchungen zur Gedächtnisspeicherung

Porträt

Penfield, *Wilder Graves*, kanadischer Neurophysiologe und Neurochirurg, * 26.1.1891 Spokane (Wash.), † 5.4.1976 Montréal. Nach dem 2. Weltkrieg baute er das Neurological Institute in Montréal zu einem internationalen Zentrum der Neurochirurgie und neurologischen Forschung aus.

Mitte der fünfziger Jahre des vergangenen Jahrhunderts arbeitete der kanadische Chirurg Wilder Penfield mit 500 Patienten, die sich einem neurochirurgischen Eingriff unterziehen mussten. Für viele Menschen ist es eine gruselige Überraschung zu erfahren, dass es im Gehirn selbst keine Schmerzrezeptoren gibt; daher kann man die Schädeldecke unter örtlicher Betäubung öffnen und den neurochirurgischen Eingriff im Gehirn bei wachen Patienten durchführen, ohne dass sie irgendeinen Schmerz spürten. Mit Einwilligung der Patienten nutzte Penfield die Operationen, die auf jeden Fall hätten durchgeführt werden müssen, um die Gedächtnisspeicherung im Gehirn zu untersuchen. Da die Oberfläche des Gehirns freilag und die Patienten bei vollem Bewusstsein waren, konnte er verschiedene Teile des Cortex elektrisch stimulieren und gleichzeitig dokumentieren, was ihm die Patienten über ihre Empfindungen berichteten.

Vielleicht nicht überraschend, erlebten die Patienten ihrer Aussage nach die meiste Zeit nichts Neues. Doch gelegentlich trat ein recht interessantes Phänomen auf: Die Patienten behaupteten, sie könnten sich sehr lebhaft an die eine oder andere Szene erinnern. Vielen kamen diese Erinnerungen wie ein Traum vor; es waren Erfahrungen allgemeinerer Art ohne speziellen zeitlichen oder räumlichen Bezug. Vielleicht „kickstartete" die elektrische Stimulation in dieser höchst artifiziellen Situation den medialen Temporallappen, ohne andere notwendige, aber entfernter gelegene Regionen hinzuzuziehen. Von diesen entfernteren Gehirnregionen wäre insbesondere der präfrontale Cortex normalerweise bei dem Abruf eines Ereignisses aktiv. Wir sehen wieder, dass unsere Erinnerungen ohne den präfrontalen Cortex zwar noch existieren, aber vager und weniger spezifisch sind, und vielleicht den traumartigen Erinnerungen von Penfields Patienten oder sogar normalen Träumen ähneln. Wenn eine – aus welchem Grund auch immer – reduzierte Rolle des präfrontalen Cortex beim Abruf von Erinnerungen tatsächlich zu einem eher traumartigen

Geisteszustand führt, dann folgt daraus, dass Tiere mit einem weniger stark ausgeprägten präfrontalen Cortex nicht das präzise Erinnerungsvermögen haben, das wir besitzen. Stattdessen wären ihre Erinnerungen körperlose Fakten, denen der räumlich-zeitliche Zusammenhang fehlt.

Der präfrontale Cortex ist offenbar wichtig für das Arbeitsgedächtnis (explizites Gedächtnis), wo sensorische Informationen als Input und Verhalten als Output durch gewisse internalisierte und individuelle Vorstellungen, Auffassungen oder Regeln beeinflusst werden: jene innere Welt, die im Laufe eines Lebens aus Erfahrungen entsteht und die das einmalige und unverwechselbare Wesen eines Menschen ausmacht. Diese innere Welt könnte eine Art Bollwerk gegen das Bombardement des Gehirns durch einen Strom sensorischer Information darstellen. Eine Schädigung des präfrontalen Cortex wird oft mit Schizophrenie verglichen, und Schizophrenie wird auf der anderen Seite teilweise einer Fehlfunktion des präfrontalen Cortex zugeschrieben. Ein häufiges und auffälliges Symptom der Schizophrenie ist eine übersteigerte Aufmerksamkeit für die Außenwelt, die ohne die nüchterne Perspektive und die auf Erfahrung basierende Interpretation der inneren Welt häufig übermäßig lebhaft und turbulent erscheint. Vielleicht erleben Träumer, Schizophrene und Tiere eine ähnliche Form von Bewusstsein, die kaum Erinnerungen an vergangene Ereignisse kennt und von allgemeinen Fakten und der Unmittelbarkeit des Hier und Jetzt dominiert wird.

Wie wir bisher festgestellt haben, lassen klinische Fälle (wie der von H. M.) darauf schließen, dass der Hippocampus und der mediale Thalamus beim Ablegen von expliziten Gedächtnisinhalten, seien es Fakten oder Ereignisse, für einen Zeitraum von etwa zwei Jahren eine Rolle spielen; wie Penfields Untersuchungen zeigen, werden diese Langzeitgedächtnisinhalte irgendwie im Schläfenlappen „gespeichert". Inzwischen koordiniert der präfrontale Cortex, der sowohl mit dem Hippocampus als auch mit dem medialen Thalamus in Verbindung steht, die Fakten mit dem richtigen zeitlichen und räumlichen Kontext, um sicherzustellen, dass ein Ereignis als unverwechselbares Geschehen erinnert wird.

Das Wie der Speicherung von Gedächtnisinhalten

Wir wissen, dass Erinnerungen an vergangene Ereignisse, auch wenn sie eine Schädigung von Thalamus und Hippocampus überleben können, alles andere als unzerstörbar sind. Das wird deutlich, wenn man H. M.s Gedächtnisverlust, der auf die operative Entfernung des medialen Temporallappens zurückging, mit einer anderen Art von

> **Was ist eigentlich ...**
>
> Korsakow-Syndrom [benannt nach S.S. Korsakow], amnestisches Syndrom, Korsakow-Krankheit, Korsakow-Psychose, amnestisches Psychosyndrom mit Merkschwäche, bei dem die Merkfähigkeit für neue Informationen stark beeinträchtigt ist (anterograde Amnesie). Das Altgedächtnis kann geschädigt sein (retrograde Amnesie), muss aber nicht.

Gedächtnisverlust bei einer Patientengruppe vergleicht. Diese Patienten haben aufgrund von chronischem Alkoholismus Gedächtnisprobleme. Zu den vielen Risiken, die zu hoher Alkoholkonsum mit sich bringt, gehört eine Krankheit, die mit einem ernährungsbedingten Mangel an Thiamin (Vitamin B1) einhergeht: das Korsakow-Syndrom. Patienten mit diesem Syndrom weisen nicht nur dieselbe Art von Gedächtnisstörung auf wie H. M. – namentlich Amnesie für alles, was seit seiner Operation geschah (anterograde Amnesie) –, sondern sie zeigen auch einen Gedächtnisverlust für alles, was vor ihrer Einlieferung ins Krankenhaus geschah, und haben selbst alles vergessen, was sich vor Einsetzen der Krankheit ereignete (retrograde Amnesie).

Diese Unterscheidung zwischen anterograder und retrograder Amnesie wurde in einer Untersuchung demonstriert, die in den 1970er-Jahren durchgeführt wurde. Wenn es darum ging, Gesichter von Persönlichkeiten wiederzuerkennen, die in den Dreißiger- und Vierziger-Jahren berühmt waren, schnitten Korsakow-Patienten schlechter ab als H. M. Das Problem, etwas über das Erinnerungsvermögen von Korsakow-Patienten zu lernen, besteht darin, dass es schwierig ist, die Defizite von Denkvorgängen anderer Art zu trennen. Bei Alkoholikern sind Hirnschädigungen so breit gestreut, dass abgesehen vom Gedächtnis noch viele weitere Funktionen betroffen sind. Im Gegensatz zu H. M. sind bei Korsakow-Patienten eine Reihe anderer Gehirnregionen, einschließlich großer Cortexareale, großräumig geschädigt.

Gibt es eine bestimmte Gehirnregion, wo Gedächtnisinhalte letztlich abgespeichert werden? Der Psychologe Karl Lashley hat in den 1940er-Jahren versucht, diese Frage zu beantworten. Lashley trainierte Ratten darauf, eine komplexe Lernaufgabe in einem Labyrinth

Einige Ursachen von Gedächtnisstörungen

- Hirntraumata (von außen zugefügte Schädel-Hirnverletzungen)
- Hirninfarkte
- Intracraniale Tumoren
- Epilepsien
- Degenerative Erkrankungen des Zentralnervensystems (z. B. Alzheimer-Demenz)
- Entzündliche Erkrankungen des Zentralnervensystems
- Virusinfektionen
- Zustand nach Hypoxie (Sauerstoffunterversorgung des Gehirns)
- Zustände nach Mangelernährung oder Avitaminosen (z. B. Korsakow-Syndrom)
- Vergiftungen (z. B. chronischer Alkoholmissbrauch)
- Drogenmissbrauch
- Psychiatrische Erkrankungen (z. B. Schizophrenie, Depressionen)
- anhaltender psychischer Stress und Traumata

zu lösen, und entfernte dann verschiedene Cortexpartien, um herauszufinden, ob sich der Ort identifizieren ließe, an dem das Gedächtnisengramm gespeichert sein könnte. Zu seiner Überraschung und Verwirrung konnte er keine präzise Übereinstimmung zwischen einer bestimmten Region, die entfernt wurde, und dem Ausfall eines bestimmten Erinnerungsteils feststellen. Stattdessen war es so, dass die Ratten beim Gedächtnistest umso schlechter abschnitten, je mehr Cortex entfernt wurde, ganz unabhängig von der Spezifität der Region. Vielleicht nicht überraschend, spielt der ganze Cortex eine wichtige Rolle bei der Speicherung von Gedächtnisinhalten.

Wie Lashleys Befunde bei Ratten lassen auch die klinischen Fälle, über die Penfield berichtete, darauf schließen, dass Gedächtnisinhalte nicht einfach gespeichert werden; sie werden nicht direkt im Gehirn abgelegt. Statt um eine Prägung handelt es sich nach Penfields Untersuchungen eher um so etwas wie eine nebelhafte Reihe von Träumen. Ein Hauptproblem war, dass die Gedächtnisinhalte selbst nicht mit detailgenauen Aufzeichnungen auf einem Videofilm vergleichbar waren und auch keineswegs einem Computergedächtnis ähnelten. Ein anderes Problem war, dass bei den Patienten unterschiedliche Erinnerungen abgerufen wurden, wenn Penfield dieselbe Region bei verschiedenen Gelegenheiten stimulierte. Auf der anderen Seite kam es auch vor, dass dieselben Erinnerungen durch Stimulation verschiedener Regionen hervorgerufen wurden. Niemand konnte bisher definitiv zeigen, wie sich diese Phänomene im Hinblick auf Gehirnfunktionen erklären lassen. Eine Möglichkeit wäre, dass Penfield jedesmal, wenn er denselben Ort stimulierte, einen anderen neuronalen Schaltkreis aktivierte, wobei jeder Schaltkreis zu einer bestimmten Erinnerung gehören könnte. Bei Stimulation desselben Ortes aktivierte Penfield vielleicht in manchen Fällen einen Schaltkreis, den er schon einmal aktiviert hatte, wenn auch von einem anderen Triggerpunkt aus – und sobald derselbe Schaltkreis aktiviert wurde, von welchem Triggerpunkt aus auch immer, war die aufgerufene Erinnerung dieselbe.

Man kann Penfields Befunde so interpretieren, dass Gedächtnis etwas mit einander überlappenden, neuronalen Schaltkreisen zu tun hat. Ein bestimmtes Neuron kann zu einer ganzen Reihe verschiedener Schaltkreise gehören; es wäre dann die spezifische Kombination in jedem Fall, die einen Schaltkreis vom anderen unterscheidet. Danach würden alle Schaltkreise zum Phänomen Gedächtnis beitragen, sodass keine einzelne Gehirnzelle oder eine exklusiv festgelegte Gruppe von Zellen allein verantwortlich ist; stattdessen ist das Gedächtnis nach dieser Anschauung über das Gehirn verteilt. Der Biochemiker Stephen Rose kam zu diesem Schluss, als er Küken darauf trainierte, entgegen ihrer natürlichen Neigung *nicht* nach einer Perle zu picken.

Porträt

Lashley, *Karl Spencer*, amerikanischer Psychologe und Neurowissenschaftler, * 7.6.1890 Davis (W.Virg.), † 7.8.1958 Poitiers (Frankreich); ab 1942 Direktor der Yale Laboratories of Primate Biology in Orange Park (Florida). Lashley führte neuropsychologische Untersuchungen über die corticalen Grundlagen von Lernen und Gedächtnis, vor allem bei Ratten, durch. Er benutzte dazu Labyrinthversuche mit Tieren mit unterschiedlich großen und verschieden lokalisierten Hirnläsionen. Er kam zu dem Schluss, dass nicht die Lokalisation, sondern nur der Umfang der Hirnschädigung für das Ausmaß der Lernausfälle verantwortlich sei. Die von ihm entwickelte „Feldtheorie" der Hirnprozesse wurde später durch detailliertere Untersuchungen widerlegt.

Kurz gesagt, Rose fand heraus, dass verschiedene Teile des Kükengehirns verschiedene Merkmale der Perle, wie ihre Größe im Gegensatz zu ihrer Färbung, verarbeiteten und erinnerten. Ebenso wurde auch die Erinnerung an das Aussehen eines Objekts parallel abgelegt. Es gibt keine bestimmte Region für einen Gedächtnisinhalt, sondern er wird über viele Regionen verteilt. Je nach der Modalität dessen, was erinnert wird, und der Assoziationen, die es in einem gewissen Kontext auslöst, werden über den ganzen Cortex hinweg verschiedene Ebenen der Verschaltung rekrutiert. Es ist leicht zu verstehen, wie Lashley den Eindruck gewinnen konnte, dass praktisch der gesamte Cortex auf irgendeine Art und Weise beim Erinnerungsprozess zusammenarbeitet.

Wie werden Gedächtnisinhalte zunächst einmal im Cortex konsolidiert? Wir haben gesehen, dass alle Gedächtnisformen zuerst in das leicht zu störende Durchgangsstadium des Kurzzeitgedächtnisses eintreten, doch die Verweildauer im Kurzzeitgedächtnis beträgt höchstens eine halbe Stunde. Im Gegensatz dazu konnte sich H. M., der einen perfekten Zugriff auf alles hatte, was sich früher in seinem Leben ereignet hatte, an nichts erinnern, was in den zwei Jahren vor seiner Operation passiert war. Damit der Hippocampus und der mediale Thalamus Erinnerungen konsolidieren können, bedarf es nicht nur einiger weniger Minuten, sondern eines deutlich längeren Zeitraums.

Niemand weiß genau, wie der Hippocampus und der mediale Thalamus in Zusammenarbeit mit dem Cortex über einen Zeitraum von Jahren operieren könnten, um Gedächtnisinhalte abzulegen, die schließlich nicht länger von der Integrität dieser subcorticalen Strukturen abhängen. Nach einer attraktiven Vorstellung besteht eine Erinnerung aus ansonsten zufälligen Elementen, die zum ersten Mal in dem Ereignis oder Faktum zusammengeführt werden, das es zu erinnern gilt. Die Rolle des Hippocampus und des medialen Thalamus bestünde dann darin sicherzustellen, dass diese verschiedenen, zuvor unverbundenen Elemente nun verbunden und daher zu einer kohärenten Erinnerung verknüpft werden. Ebenso wie in dem einfachen Fall von Perlenfarbe versus -form in Roses Experiment wären demnach verschiedene Cortexareale beteiligt. Man bräuchte daher einen Mechanismus, der den Zugriff auf diese verschiedenen und verstreuten Neuronenpopulationen ermöglicht und sie zu einem arbeitsfähigen Netzwerk zusammenfügt.

Man kann sich vorstellen, dass die Stabilität des aktiven corticalen Netzwerks, das den Gedächtnisinhalt repräsentiert, anfangs vom ständigen Dialog mit dem Hippocampus und dem medialen Thalamus abhängt. Wenn sich das Netzwerk jedoch erst einmal richtig etabliert hat, was offenbar mehrere Jahre dauern kann, dann verlieren die subcorticalen Strukturen allmählich an Bedeutung, sodass ein etablierter Gedächtnisinhalt wie im Fall von H. M. intakt bleiben kann, selbst wenn der Hippocampus zerstört ist. Ein Gerüst wäre eine passende Metapher für diesen Prozess: Während ein Gebäude errichtet wird, führt das Entfernen des Gerüsts zum Zusammenbruch des Bauwerks; ist das Gebäude jedoch erst einmal fertiggestellt, so ist das Gerüst überflüssig.

Fehler im impliziten Gedächtnissystem – Basalganglienstörungen

Wenn das explizite Gedächtnis für Ereignisse und Fakten zunächst auf einem Dialog zwischen dem Cortex und gewissen subcorticalen Strukturen beruht, dann gilt dasselbe vielleicht auch für die Speicherung von Fertigkeiten und Gewohnheiten: für das implizite Gedächtnis. Amnesiepatienten mit geschädigtem medialen Temporallappen sind durchaus in der Lage, bestimmte gewohnte motorische Fertigkeiten auszuüben; sie erinnern sich unbewusst an erlernte Bewegungssequenzen oder führen automatisch einen bestimmten Bewegungstyp im richtigen Zusammenhang durch. Patienten hingegen, deren Basalganglien geschädigt sind, wie es bei der Parkinson-Krankheit und dem Huntington-Syndrom der Fall ist, haben offenbar keine Schwierigkeit, sich explizit an Fakten und Ereignisse zu erinnern. Stattdessen besteht ihr Problem darin, dass sie gewohnte Bewegungsabläufe nicht mehr angemessen ausführen können und nicht länger in der Lage sind, den nächsten Gegenstand in einer Folge zu erkennen, die ihnen wieder und wieder gezeigt worden ist und die normalerweise implizit erinnert wird.

Was ist eigentlich ...

Basalganglien [von griech. *basis* = Grundlage, *gagglion* = Überbein, Nervenknoten], Stammganglien, Nuclei basales. Unter Basalganglien versteht man heute eine funktionelle Einheit von Kerngebieten, die der Bewegungskoordination dienen. Läsionen im Bereich der Basalganglien führen zu Störungen im Bewegungsablauf, die sich z. B. bei Parkinson-Krankheit, Chorea (Huntington-Syndrom) oder Ballismus finden. Die Erforschung dieser Erkrankungen hat viel zu unserem heutigen Wissen über die Funktionsweise der Basalganglien beigetragen. In parallelen Schaltkreisen, die vom Motorcortex aktiviert werden und auf diesen zurückprojizieren, werden die einzelnen Komponenten der Vorbereitung und Ausführung von Willkürbewegungen unterhalb der Bewusstseinsschwelle aufeinander abgestimmt. Manche Bewegungsanteile werden aktiviert, andere blockiert.

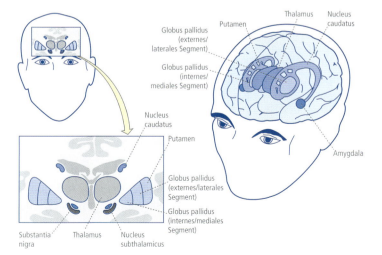

Bewegungssteuerung durch die Basalganglien. Die Lage der Hirnstrukturen, die als Basalganglien zusammengefasst werden, im Coronarschnitt und in der 3-D-Ansicht. Zur besseren Lageorientierung ist zudem der Thalamus dargestellt, der jedoch nicht zu den Basalganglien gezählt wird.

Was ist eigentlich ...

Huntington-Syndrom, Huntingtonsche Erkrankung, Chorea Huntington, erblicher Veitstanz, nach dem amerikanischen Nervenarzt G. Huntington (1851–1916) benannte, progressiv verlaufende neurologische Erbkrankheit mit Bewegungsstörungen und Demenz. Das Manifestationsalter liegt zwischen dem 30. und 50. Lebensjahr mit einem Gipfel um das 45. Lebensjahr; seltene Formen (juvenile Huntington-Erkrankung) treten schon im Jugendalter auf. Die Krankheitsdauer beträgt 12–25 Jahre, die Häufigkeit in Europa 1:10 000–1:50 000, wobei Männer und Frauen gleich häufig betroffen sind.

Ein alltägliches Beispiel für eine Gewohnheit ist die Fähigkeit, zur richtigen Zeit die richtige Art von Bewegung hervorzubringen. Patienten, die an der Huntington-Krankheit leiden, haben diese Fähigkeit verloren – beispielsweise kann das Schleudern eines Armes oder Beines, das für diese Krankheit typisch ist, auf dem Baseballfeld durchaus seine Berechtigung haben, nicht jedoch in der Einkaufspassage. Auf der anderen Seite sind Parkinson-Patienten nicht mehr in der Lage, eine Folge von Bewegungen zu erzeugen: Je komplexer die Bewegungsfolge – beispielsweise aufstehen oder sich umdrehen –, desto stärker die Beeinträchtigung. Bei beiden dieser sehr unterschiedlichen Basalganglienstörungen liegt der Fehler im impliziten Gedächtnissystem, bezieht sich aber auf jeweils verschiedene Aspekte – Kontext respektive Sequenz – der eingeübten Fähigkeit, Bewegungen zu erzeugen.

Die Basalganglien sind nicht die einzigen Gehirnregionen, die am impliziten Gedächtnis beteiligt sind. Einige Lernaufgaben erfordern eine Konditionierung, wie wir beim Oktopus zu Beginn dieses Beitrags gesehen haben: Die Präsentation eines an sich neutralen Stimulus, eines Balls, rufen eine Antwort hervor, sobald dieser mit einem positiven oder negativen Stimulus, wie einer Garnele oder einem Strafreiz, gekoppelt wird. Gewisse Formen der Konditionierung, die eine direkte Bewegung der Muskeln erfordern, werden, wie man heute annimmt, vom Kleinhirn kontrolliert. Beispielsweise kann man das Auge beim Kaninchen wie auch beim Menschen so konditionieren, dass es bei einem neutralen Stimulus, wie dem Ton einer Glocke, blinzelt, wenn dieser Reiz mit einem natürlichen Auslöser für den Lidschluss, wie einem Luftstoß, gekoppelt wird.

Wir sehen, dass für Gewohnheiten und eingeübte Fähigkeiten andere Gehirnstrukturen eine Rolle spielen als diejenigen, die beim expliziten Gedächtnis von Fakten und Ereignissen eingesetzt werden. Ein wesentlicher Unterschied liegt nicht nur in der Identität dieser Strukturen, sondern auch in ihrer Beziehung zum Cortex. Während zwischen dem medialen Thalamus und dem Hippocampus und dem Cortex starke wechselseitige Verbindungen existieren, sind die Verbindungen zwischen dem Cortex und den Basalganglien beziehungsweise dem Kleinhirn nicht so ausgeprägt. Das Striatum (Streifenkörper), das bei der Huntington- wie auch bei der Parkinson-Krankheit eine Schlüsselrolle spielt, empfängt zwar einen Input vom Cortex, sendet aber nicht direkt dorthin zurück. Ebenso ist das Kleinhirn zwar indirekt mit dem Cortex verbunden, unterhält aber keinerlei direkte Verbindungen. Daher könnte man sich vorstellen, dass diese Gehirnregionen im Gegensatz zu denjenigen, die am expliziten Gedächtnis beteiligt sind, in gewissem Sinne autonomer, mehr im Freilauf, operieren. Dieses Szenario könnte man bei Aktivitäten erwarten, die wie im Falle impliziter Gedächtnisprozesse ohne bewusste

Aufmerksamkeit oder Anstrengung ausgeübt werden: Solche Aktivitäten benötigen keine ständige Rückkopplung mit dem Cortex, der, wie man weiß, für die bewusste Aufmerksamkeit zentrale Bedeutung besitzt. Sobald eine Bewegung automatisch wird, sei es durch internalisierte Auslöser in den Basalganglien oder durch sensorische Inputs via Cerebellum, ist der Cortex frei für andere Funktionen, wie dem expliziten Gedächtnis, dem Erinnern von Fakten und Ereignissen.

Die Bottom-up-Reise — Erinnerungsszenarien

Wir haben gesehen, dass sich das Gedächtnis in verschiedene Prozesse unterteilen lässt und jedem Prozess eine Kombination von verschiedenen Gehirnarealen zugrunde liegt. Aber all diesen Gedächtnisprozessen gemein ist die vielleicht rätselhafteste aller Fragen: Wir wissen, dass sich einige Menschen daran erinnern können, was vor 90 Jahren geschah, aber seit dieser Zeit ist jedes Molekül in ihrem Körper bereits viele Male ausgetauscht worden. Wenn es im Gehirn ständig zu Langzeitveränderungen kommt, die Gedächtnisinhalte übermitteln, wie bleiben sie erhalten? Wie registrieren Neuronen unabhängig von der Gehirnregion mehr oder minder dauerhafte Veränderungen aufgrund von Erfahrung?

Wir haben das Gedächtnis mithilfe von *Top-down*-Strategien betrachtet. Um diese letzte Frage zu beantworten, müssen wir von unten nach oben (*bottom-up*) reisen. Stellen Sie sich eine Synapse vor, die an einem Erinnerungsprozess gleich welcher Art beteiligt war. Lassen Sie sich uns zur Vereinfachung an ein Gedächtnis in seiner einfachsten Form denken, an eine Verbindung zwischen zwei zuvor unabhängigen Elementen. Wiederum nur zur Vereinfachung wollen wir uns vorstellen, dass diese beiden Elemente von zwei einzelnen Zellen dargestellt werden.

Beim Bilden einer Erinnerung wären die beiden zuvor unabhängigen Zellen dann nach unserer Vorstellung gleichzeitig aktiv, und diese simultane Aktivität führte schließlich zu einem dauerhaften Ergebnis, das viel langlebiger ist als der Zeitraum, in dem jede Zelle zunächst einmal aktiv war. Das einfachste Szenario, das man sich in dieser Hinsicht vorstellen kann, ist dasjenige, das in den 1940er-Jahren von dem visionären Psychologen Donald Hebb entworfen wurfe.

Er schlug folgendes vor: Wenn eine zuführende (präsynaptische) Zelle X besonders aktiv ist und eine (postsynaptische) Zielzelle Y erregt, dann wird die Synapse zwischen X und Y verstärkt. Mit Verstärkung meinte Hebb, dass diese Synapse bei der chemischen Signalübertragung effizienter werde als die anderen, weniger aktiven synaptischen Inputs, die mit Y in Kontakt stehen.

Porträt

Hebb, Donald Olding, kanadischer Neurowissenschaftler, *22.7.1904 Chester, Nova Scotia (Kanada), † 22.8.1985 Chester; ab 1937 als Psychologe bei dem Neurochirurgen W. P. Penfield in Montréal; ab 1939 Berufung als Psychologe an die Queen's University in Kingston, Ontario. Hebb entwickelte aufgrund seiner Untersuchungen der Intelligenz von Ratten, Schimpansen und Menschen die Grundidee, dass die psychischen Erscheinungen Funktionen des Gehirns sind und durch komplizierte Verschaltungen in neuronalen Ensembles des Gehirns zustande kommen. Die Neurone dieser Zellgruppen sind über erregende und hemmende Synapsen miteinander verbunden und erstrecken sich in variierenden Schleifen mit Rückkopplung über weite Gebiete des Gehirns. Diese Zellverschaltungen entstehen nach einem genetischen Programm im frühen Entwicklungsstadium des Individuums in Wechselwirkung mit dem Einfluss von Umweltreizen („Lernen") und stellen die subjektiven psychischen Erlebnisse und die Grundlage für die Handlungsentscheidungen dar.

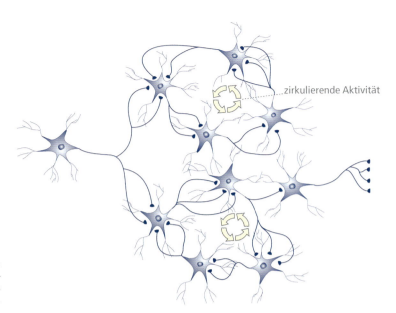

Hebbsche Vorstellungen der Übertragung von Informationen vom Kurzzeit- ins Langzeitgedächtnis.

Eine alternative Möglichkeit, eine Verbindung zu verstärken, bietet ein zweiter, aktuellerer Vorschlag: Danach wird der Kontakt zwischen X und der Zielzelle Y nicht direkt verstärkt, sondern eine dritte Zelle, Z, kommt ins Spiel. Diese dritte Zelle Z aktiviert X, *bevor* X zu Y signalisiert. Daher handelt es sich in diesem Fall um eine präsynaptische und nicht um eine postsynaptische Verstärkung, wie in Hebbs Schema. Wenn Z und X gleichzeitig aktiv sind, sodass Z die Aktivität von X moduliert, wird mehr Transmitter auf das Endziel Y ausgeschüttet. Nur wenn X und Z gleichzeitig aktiv sind, schüttet X als Konsequenz mehr Transmitter auf Y aus.

Dieses Szenario ist am eindrucksvollsten bei einer Meeresschnecke, dem Seehasen *Aplysia*, demonstriert worden, die ein sehr einfaches Nervensystem besitzt, sodass sich sogar einzelne Neuronen identifizieren lassen. Im einfachen Nervensystem von *Aplysia* ist es kein Problem, den *Top-down*- mit dem *Bottom-up*-Ansatz zu vereinigen: Die Aktivität in den neuronalen Schaltkreisen wird direkt und augenfällig in Verhaltensreaktionen übersetzt. Hier ist ein Beispiel: Ein Nerv Z (vergleichbar der oben erwähnten Zelle Z), der auf einen unangenehmen Reiz (schmerzhaftes Kneifen) in der Schwanzregion reagiert, beeinflusst einen sensorischen Nerv (X), der auf einen „gutartigen" Stimulus (leichte Berührung) reagiert. Dieser sensorische Nerv ist dann direkt mit dem motorischen Nerv (Y) verbunden, auf dessen Kommando hin *Aplysia* ihre Kieme zurückzieht.

Aplysia kann nun so konditioniert werden, dass sie ihre Kieme auf einen ansonsten neutralen Stimulus hin, mit dem der sensorische Nerv

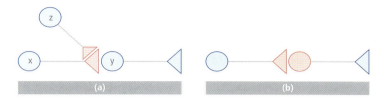

Mögliche Grundlagen der Modifikation von Neuronen durch Erfahrung, die sich in der Aktivität der zuführenden Zellen widerspiegelt. Bei der Meeresschnecke Aplysia (a) wird durch die simultane Aktivität zweier Zellen, wobei eine die andere „abhört", mehr Transmitter auf eine Zielzelle ausgeschüttet. Im Säugerhirn (b) reagiert eine Zelle, die bereits aktiviert worden ist, stärker auf weitere Stimulationen, wie das rot gefärbte Areal zeigt.

gereizt wird, zurückzieht – ähnlich wie wir konditioniert werden können, als Reaktion auf den neutralen Stimulus Glockenton zu blinzeln. Wenn Z und X gleichzeitig aktiv sind (das heißt, wenn der „gutartige" und der unangenehme Reiz gleichzeitig erfolgen) induziert Z im Nerv X eine Kaskade chemischer Reaktionen, die zum Schließen von Kaliumkanälen führen. Wird der Ausstrom dieser positiv geladenen Ionen verhindert, so verschiebt sich die Spannung über der Zellmembran zu positiveren Werten: Das ist genau die Spannungsanforderung, die notwendig ist, damit sich spezielle Kanäle für Calcium öffnen. Wenn daraufhin vermehrt Calciumionen in die Zellen einströmen, wird mehr Transmitter ausgeschüttet. Mehr Transmitter, der vom sensorischen Nerven X auf den motorischen Nerven Y ausgeschüttet wird, hat zur Folge, dass der motorische Nerv härter arbeitet und die resultierende Verhaltensreaktion – das Zurückziehen der Kieme – verstärkt wird. Nerv X kann in seinem verstärkten Zustand verbleiben, selbst wenn Z aufhört, aktiv zu sein. Das Verhalten ist konditioniert worden.

Gedächtnissituation im Säugergehirn – Transmitterfreisetzung und Synapsenverstärkung

Ähnlich der Reaktion bei *Aplysia* ist es für das Säugergehirn plausibel, dass es an jeder beliebigen der vielen Synapsen in den vielen Gehirnregionen, die am Gedächtnis beteiligt sind, zu einer Verstärkung bestimmter, besonders aktiver Synapsen kommt. Bei der Umsetzung dieses Szenarios spielt die Langzeitpotenzierung (*long term potentiation*, LTP) vermutlich eine entscheidende Rolle. Die LTP funktioniert, indem sie das „pedantische" Verhalten eines gewissen Zielrezeptortyps (des N-Methyl-D-Aspartat- oder NMDA-Rezeptors) gegenüber einem gewissen Transmittertyp (Glutamat) ausnutzt. Dieser Rezeptor löst hier nur dann das Öffnen von Ionenkanälen aus, wenn zwei Bedingungen erfüllt sind: Erstens muss, wie es normalerweise der Fall ist, die präsynaptische Zelle aktiv sein, sodass der fragliche Transmitter – in diesem Fall Glutamat – freigesetzt werden kann, um an seinen Rezeptor zu binden. Zweitens – und das ist die ungewöhnliche Bedingung – muss die Zelle bereits eine positivere Spannung als üblich aufweisen. Nur wenn diese beiden Bedingungen erfüllt sind, erlaubt der pedantische Rezeptor großen Mengen Calciumionen, in die Zielzelle einzuströmen.

Diese beiden Bedingungen lassen sich nur dann erfüllen, wenn es zu einer simultanen Aktivität kommt. Dafür bieten sich zwei Möglichkeiten an: Eine Möglichkeit wäre, dass die beiden zuführenden Zellen gleichzeitig aktiv sind, sodass jede eine der beiden Bedingungen erfüllt – eine der zuführenden Zellen setzt das Glutamat frei, während die andere zu einer Spannungsminderung (das heißt, einer Verschiebung der Spannung zu positiveren Werten) führt, indem sie einen anderen Transmitter ausschüttet. Die zweite Möglichkeit, beide Anforderungen zu erfüllen, betrifft nur die Zelle, die Glutamat freisetzt. Anfangs öffnet sich der pedantische Rezeptor nicht, weil die Spannung der Zelle trotz der Glutamatausschüttung normal ist. Das Glutamat wirkt dann wie gewöhnlich an einem weniger pedantischen Typ von Glutamatrezeptor. Wenn ständig weiter Glutamat freigesetzt wird, dann führt die Aktivierung des weniger pedantischen Rezeptors dazu, dass die Spannung in der Zielzelle sinkt und damit die zweite Bedingung erfüllt wird. Der pedantische Glutamatrezeptor kann dann den Kanal öffnen, durch den Calciumionen einströmen. Daher können sowohl die Daueraktivität einer Zelle als auch die simultane Aktivität zweier zuführender Zellen eine Veränderung in der Langzeitantwort eines Zielneurons bewirken.

Möglicherweise tritt diese Art von Dauer- oder Simultanaktivität zuführender Neuronen in einer Gedächtnissituation auf. Der daraus resultierende starke Calciumeinstrom löst eine chemische Kettenreaktion in der Zielzelle aus, wodurch dort eine weitere chemische Verbindung freigesetzt wird, die „in Gegenrichtung" durch den synaptischen Spalt diffundiert und in die präsynaptische Zelle eindringt, was zur Folge hat, dass diese noch mehr Transmitter freisetzt. Die Zielzelle wird daraufhin noch aktiver, und die Synapse wird, wie man sagt, verstärkt. Wenn die zuführende Zelle der verstärkten Synapse erneut nur leicht stimuliert wird, ist die Antwort der postsynaptischen Zelle größer – eine Reaktion, die ein bisschen an den verstärkten Kiemenrückziehreflex bei *Aplysia* erinnert. Das nennt man Potenzieren.

Auf einem derartigen Phänomen könnte das Kurzzeitgedächtnis basieren. Wir wissen jedoch, dass das Kurzzeitgedächtnis genau das ist, was sein Name besagt, nämlich kurz – es hält weniger als eine Stunde lang an. Um unsere anscheinend permanenten Erinnerungen zu erklären, müssen auf zellulärer Ebene dauerhaftere Veränderungen stattfinden. Die Langzeitpotenzierung (LTP) im Säugerhirn ist, wie die Potenzierung bei *Aplysia*, ein notwendiger, aber kein hinreichender Faktor. Wenn die verstärkte Transmitterfreisetzung aufrechterhalten würde, wie es beim Speichern einer Erinnerung durchaus der

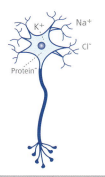

Ionenverteilung an der Nervenzelle (mmol/l)			
innen		außen	
Na$^+$	12	Na$^+$	150
K$^+$	150	K$^+$	4
Cl$^-$	4	Cl$^-$	120
A$^-$	150		

Verteilung wesentlicher Ionen innerhalb und außerhalb der Nervenzelle.

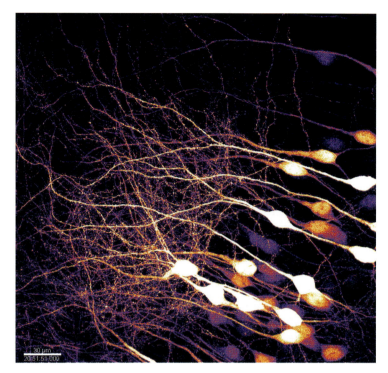

Synaptisches Netzwerk von GFP-positiven Nervenzellen im Hippocampus, dargestellt mithilfe der 2-Photonen-Fluoreszenz-Mikroskopie. (GFP ist das *green fluorescent protein*, durch das die Aufnahme möglich wird.)

Fall sein mag, dann müsste der Transmitter nicht nur die Botschaft für eine kurzzeitige stärkere oder potenziertere Antwort an die Zielzelle jenseits des synaptischen Spalts weitergeben. Zusätzlich müsste das Langzeitergebnis dieser verstärkten Aktivität tatsächlich zu einer Veränderung dessen führen, was im Inneren der Zielzelle passiert.

Klar ist, dass solche dauerhaften Veränderungen nicht auf vorhandenen chemischen Verbindungen beruhen können, die lediglich in größeren Mengen freigesetzt werden. Selbst wenn gewisse Enzyme spontan aktiv werden sollten, was sie tun, und dadurch die Effizienz der Synapse erhöhen sollten, haben solche Moleküle nur eine Lebensspanne von Minuten bis Wochen. Obgleich vieles, was sich in der Zelle im Rahmen von Gedächtnisprozessen abspielt, noch immer ein Rätsel ist, zeichnen sich doch einige Tatsachen ab. Sowohl bei *Aplysia* als auch bei der LTP im Säugerhirn haben wir gesehen, dass das zugrundeliegende gemeinsame Element der Einstrom von Calciumionen in das Neuron ist.

Dieser Einstrom kann innerhalb von kaum 30 Minuten die Aktivierung bestimmter Gene auslösen, indem er sich gewisser Proteine bedient, die, für sich gesehen, kurzlebig sind. Die Produkte solcher Gene können jedoch andere Gene aktivieren, die durch die verschiede-

Was ist eigentlich ...

Zelladhäsionsmoleküle [von latein. *cella* = Behältnis, *adhaesio* = Anhaften], Adhäsine (Abk. CAMs), Zelloberflächen-Glykoproteine, welche mit Molekülen auf anderen Zellen oder Molekülen der Extrazellulärmatrix interagieren, und auf diese Weise Zell-Zell-Adhäsion oder Substrat-Zell-Adhäsion vermitteln. Solche Adhäsionsvorgänge sind bedeutsam für die Embryogenese, für die Bildung und den Erhalt von Geweben und Organen, für Zell-Zell-Erkennung, für das Verhalten von Blutzellen bei Entzündung und die Bindung von Lymphocyten in bestimmten Geweben. Zelladhäsionsmoleküle spielen außerdem eine wichtige Rolle bei der Wechselwirkung zwischen Immunzellen und Tumorzellen.

nen Arten, in denen sie exprimiert werden, ein Neuron für sehr lange Zeit modifizieren können. Der Effekt der Genaktivierung im Neuron könnte darin bestehen, die Wirksamkeit des Transmitters zu erhöhen, die Anzahl der Rezeptoren zu erhöhen oder sogar die Effizienz zu erhöhen, mit der ein Rezeptor einen Ionenkanal öffnet. Die alternative Möglichkeit, wie ein Neuron durch Genexpression verändert werden könnte, ist jedoch noch radikaler.

Erfahrung wirkt sich nicht so sehr auf die Anzahl der Neuronen selbst aus, sondern eher die Verbindungen zwischen ihnen modifiziert. Stark verallgemeinert gesagt, stellen wir fest: je mehr Erfahrung, desto mehr Verbindungen. Heute wissen wir, dass es bereits innerhalb von einer Stunde Training für eine bestimmte Aufgabe zur Rekrutierung gewisser wichtiger Proteine kommt. Zwei gute Beispiele für solche Proteine sind die Zelladhäsionsmoleküle und ein Wachstumsprotein mit Namen GAP-43. Zelladhäsionsmoleküle sind offenbar für das Erkennen von Neuronen und für die Stabilisierung neuronaler Kontakte wichtig. Wenn Zelladhäsionsmoleküle im Gehirn hergestellt werden, werden darin bestimmte Zucker eingebaut. Wir wissen nun, dass Zelladhäsionsmoleküle eine wichtige Rolle beim Gedächtnis spielen, denn wenn man den Einbau der Zucker durch die Injektion eines geeigneten Wirkstoffes verhindert, dann führt das zu Amnesie.

GAP-43 ist ein Beispiel für ein weiteres Protein, das eine Rolle beim Gedächtnis spielen könnte. Wachstumskegel enthalten GAP-43, und es wird, wie man weiß, mit hoher Geschwindigkeit synthetisiert, wenn Neuronen ihre Axone ausstrecken. GAP-43 ist offenbar während der LTP aktiv. Daher könnte man spekulieren, dass der Einstrom von Calciumionen während der Verstärkung eines Kontakts im Laufe einer Lernaufgabe zu einem verstärkten Wachstum neuronaler Kontakte – vielleicht via GAP-43 – und einer Stabilisierung solcher Kontakte – vielleicht via Zelladhäsionsmolekülen – führt.

Auf diese Weise kommt es zu neuen synaptischen Kontakten, und dieser Vorgang erinnert daran, wie das Gehirn im Laufe seiner Entwicklung am augenfälligsten die Veränderungen in seiner Umwelt widerspiegelt. Es wäre nicht überraschend, wenn der Prozess, sich im Laufe unseres Lebens an Erfahrungen anzupassen – und das heißt insbesondere, Gedächtnisinhalte zu speichern –, ein Echo des Entwicklungsprozesses in unserem Gehirn wäre.

Assoziieren und sich erinnern

Ein wohlbekannter Trick, das Erinnerungsvermögen zu verbessern, besteht darin, den Posten, an den man sich erinnern will, mit etwas zu verbinden, das selbst viele Assoziationen auslöst. Beispielsweise kann das Assoziieren einer Zahl („3") mit etwas, das man sich leicht vorstellen kann („drei blinde Mäuse") und das sehr vertraut ist (ein alter Kinderreim), den späteren Abruf der Zahl erleichtern. Eine andere Strategie besteht darin, sich die Posten einer Einkaufsliste, beispielsweise, auf verschiedene Teile eines Raumes verteilt vorzustellen, sodass der Schokoladenriegel an die Tür genagelt ist, die Butter unter dem Tisch, die Milch auf dem Tisch und der Tee im Ausguss steht. Eine alternative Weise, das Erinnerungsvermögen zu verbessern, besteht darin, sich in denselben Kontext zu stellen oder ihn sich vorzustellen, in dem das Ereignis, an das man sich erinnern möchte, ursprünglich stattgefunden hat. Sie können sich vorstellen, Sie seien in den Sommerferien am Strand, um sich an den Namen des Rettungsschwimmers zu erinnern, mit dem Sie sich damals unterhalten haben. Eine raffiniertere Version dieser Technik ist es, sich andere Posten (wie Sonnenmilch, Badetuch, Sonnenbrille) vorzustellen, die in diesen Zusammenhang gehören. In all diesen Fällen schaffen wir entweder bei der Konsolidierung von Gedächtnisinhalten möglichst viele Assoziationen, oder wir nutzen solche Assoziationen beim Wiederabruf.

Es ist allgemein bekannt, dass sich die meisten Menschen nicht an Ereignisse erinnern können, die stattfanden, bevor sie etwa drei Jahre alt waren. Dieses Phänomen lässt sich nicht einfach nur auf die Länge der verflossenen Zeit zurückführen, denn wir sind in der Lage, uns 90 Jahre und länger zurückzuerinnern. Überdies können kleine Kinder bereits in sehr frühem Alter motorische Fertigkeiten und Gewohnheiten entwickeln und abrufen – das Problem ist nur das explizite Gedächtnis. Auf der anderen Seite sind Säuglinge offenbar bereits im Alter von fünf Monaten in der Lage, ein explizites Gedächtnis zu zeigen, wenn diese Befunde auch nicht unumstritten sind: Präsentiert man ihnen gleichzeitig einen neuen und einen vertrauten Gegenstand, so schauen sie den neuen Gegenstand länger an als denjenigen, den sie bereits zuvor gesehen haben. Noch nicht einjährige Säuglinge kopieren Spiele, die sie jemanden an einem der vorangegangenen Tage vielleicht nur ein einziges Mal haben spielen sehen.

Es sieht so aus, als ob kleine Kinder bereits über eine einfache Form von explizitem Gedächtnis verfügten, was wiederum bedeuten würde, dass ihr Hippocampus und ihr medialer Thalamus funktionsfähig sind. Was die Reife angeht, so ist die Situation beim Cortex zweifelhafter. Wenn die Neuronen im Cortex noch nicht viele Verbindungen ausbilden konnten, dann dürfte das explizite Gedächtnis von Kindern nicht sehr gefestigt sein, und das ist es auch tatsächlich nicht. Erst nach Vollendung des dritten Lebensjahrs ermöglicht die Fähigkeit, Gegenstände mit einem reicheren Erfahrungsrepertoire zu assoziieren, die durch eine zunehmende Anzahl neuronaler Verbindungen im

Cortex unterstützt wird, Gedächtnisprozesse der Art, wie wir sie kennen.

Obgleich diese Strategien und Beispiele variieren mögen, ist das Grundthema dasselbe: Nutzen ziehen aus Assoziationen mit einem erinnerten Gegenstand. Auf neuronaler Ebene entspricht diesen Assoziationen sicherlich keine simple 1:1-Übereinstimmung einzelner Zellen. Innerhalb des riesigen Wechselwirkungsgefüges von neuronalen Schaltkreisen mit variierender Komplexität laufen alle Veränderungen jedoch letzten Endes auf die Modifikationen von Verknüpfungen hinaus, die wir diskutiert haben. Wir wissen, dass das Langzeitgedächtnis mit einer Erhöhung der Anzahl präsynaptischer Endigungen einhergeht, und wir wissen, dass Gedächtnis die Etablierung neuer Assoziationen erfordert. Bisher können wir noch keine Kausalbeziehung zwischen dem physischen und dem phänomenologischen Aspekt des menschlichen Gehirns herstellen; im Augenblick genügt es jedoch, sich der Korrelation zwischen diesen beiden Operationsebenen bewusst zu sein. Das Gedächtnis ist facettenreich und vielstufig. Es ist mehr als eine bloße Funktion des Gehirns, denn es birgt die inneren Voraussetzungen, die es einem Individuum ermöglichen, die Welt um es herum in einzigartiger und unverwechselbarer Weise zu interpretieren. So gesehen, ist das Gedächtnis ein guter Schlusspunkt für unsere kurze Reise durch das Gehirn, denn es ist ein Pfeiler des Geistes.

Grundtext aus: Susan A. Greenfield *Reiseführer Gehirn*; Spektrum Akademischer Verlag (amerikanische Originalausgabe: *The Human Brain*; Basic Books, übersetzt von Monika Niehaus-Osterloh).

Frauen sind auch nur Männer

Frauen können nicht einparken, Männer nicht zuhören. Aus solchen Thesen werden Bestseller gemacht. Die Autoren berufen sich auf die Wissenschaft. Zu Unrecht.

Eva-Maria Schnurr

Vorab eine Warnung: Weiterlesen könnte Sie unglücklich machen. Jedenfalls dann, wenn Sie bisher Leuten wie Barbara und Allan Pease oder Eva Herman geglaubt haben. Das Ehepaar Pease schreibt Bücher wie *Warum Männer nicht zuhören und Frauen schlecht einparken* und behauptet: Frauen und Männer sind komplett unterschiedlich. Männer lernen schlecht Sprachen. Frauen können nicht räumlich denken. Männer arbeiten gern hart. Frauen gehen lieber Schuhe kaufen. Und so weiter.

Das alles sei in den Gehirnen von Geburt an felsenfest verankert, behaupten die Peases und berufen sich auf scheinbar hochwissenschaftliche Ergebnisse der Hirnforschung.

Daraus leiten sie ein simples Glücksrezept ab: Frauen sollten sich erst gar nicht bemühen, Männerdomänen zu erobern – sie schaffen es ohnehin nicht. „Das Gegenteil zu behaupten ist das sicherste Rezept dafür, unglücklich, verwirrt und desillusioniert durchs Leben zu laufen."

Eva Herman verdichtet solche Thesen zum *Eva-Prinzip*: Die Emanzipation sei ein „fataler Irrtum" gewesen, schreibt sie in ihrem neuen Buch, Frauen sollten die „schöpfungsgewollte Aufteilung" der Geschlechter respektieren und sich ihrer biologischen Bestimmung entsprechend verhalten. Und die amerikanische Psychiaterin Louann Brizendine landete mit ihrem Buch *The Female Brain* vor kurzem einen Bestseller in den USA. Ihre Botschaft lautet ebenfalls: Männer und Frauen sind zum Anderssein verdammt, weil ihre Gehirne so unterschiedlich sind.

Verkauft sich gut. Stimmt aber nicht. Die Forschungslage ist mitnichten so eindeutig, wie das Ehepaar Pease und all die anderen uns weismachen wollen. Nur wenige Unterschiede sind naturgegeben und unveränderlich. Und richtig dramatisch sind sie schon lange nicht. „Innerhalb der Geschlechter gibt es weit größere Unterschiede als zwischen den Geschlechtern", sagt der Biopsychologe Markus Hausmann, der an der Universität Bochum über Männer und Frauen forscht. „Die Gemeinsamkeiten zwischen den Geschlechtern sind viel größer als die Differenzen." All die Versuche der letzten Jahrzehnte, die angeblichen „Unzulänglichkeiten" der Frauen auf begehrte Soft Skills umzumünzen, waren also völlig unnötig. Ist gar ein Ende des Geschlechterkampfes in Sicht?

Als *overinflated*, also absolut übertrieben, kritisiert die amerikanische Psychologin Janet S. Hyde Behauptungen wie die von Allan und Barbara Pease. Die Professorin an der University of Wisconsin hat die Daten von insgesamt 46 Metaanalysen über Geschlechterunterschiede verglichen. Rund 7 000 Einzeluntersuchungen gingen in die Rechnung ein, über Sprache, mathematische Fähigkeiten, Kommunikationsmuster, Aggression oder Führungsstil.

Ein paar Unterschiede kamen tatsächlich zutage: Frauen werfen nicht so gut. Sie sind weniger aufgeschlossen für One-Night-Stands, neigen nicht so stark zu körperlicher Aggression und masturbieren seltener. Die anderen Differenzen fallen, statistisch gesehen, kaum ins Gewicht.

Warum halten sich die Vorurteile dennoch so hartnäckig? Warum stehen biologistische Erklärungen (Die Gene! Das Gehirn!) so hoch im Kurs? Und, unter uns: Haben wir die Sache mit dem Einparken nicht selber schon erlebt?

Das ist nicht ausgeschlossen, trotzdem sind die Gene unschuldig. Studien zeigen: Genau diese Vorurteile über die angeborenen Unterschiede von Mann und Frau führen dazu, dass Frauen sich bei Matheaufgaben das Hirn zermartern, mit Stoßstangenkontakt einparken und eher Germanistik als Physik studieren. Der feste Glaube an die fundamentale Verschiedenheit von Männern und Frauen reproduziert sich selbst. In Wirklichkeit ist alles ganz anders.

Vorurteil: Männer sind vom Mars, Frauen von der Venus

Es war ein Unfall, durch den die alte Idee wieder Auftrieb erhielt, die Unterschiede zwischen den Geschlechtern seien biologisch in Körper und Gehirn verankert. Acht Monate alt war Bruce Reimer 1966, als er wegen einer Vorhautverengung beschnitten werden sollte. Doch das elektrische Skalpell verbrannte den Penis des kleinen Jungen bis auf einen winzigen Stummel. Auf Anraten des Sexualwissenschaftlers John Money entschieden die Eltern, ihr Kind mit zwei Jahren zum Mädchen umoperieren zu lassen. Doch Brenda, wie Bruce nun hieß, war während ihrer ganzen Kindheit unglücklich, trug lieber Jungensachen, raufte gern und wurde wegen ihres wilden Verhaltens von Mitschülern gehänselt. In der Pubertät erfuhr sie ihr ursprüngliches Geschlecht und ließ sich 1981 operativ wieder zum Mann machen. Sie nannte sich David, heiratete eine Frau und adoptierte ein Kind. Die Hardware von Männern und Frauen unterscheidet sich, das ist offensichtlich. Aber was ist mit der Software? Haben wir ein Programm im Kopf, das bestimmt, ob jemand Frau oder Mann ist, entsprechend denkt und sich so verhält?

Wissenschaftler suchten nach Beweisen – und fanden Unterschiede: Das Gehirn von Frauen ist kleiner und leichter. Die Differenz zu einem gleich großen Mann beträgt etwa 100 Gramm. Dennoch schneiden Frauen in Intelligenztests genauso gut ab. Weibliche Hirne haben im Schnitt etwa elf Prozent mehr Nervenzellen in einem Bereich, der für Sprachverarbeitung zuständig ist, und ein größeres Areal für das räumliche Gedächtnis.

Möglicherweise hängt Letzteres damit zusammen, dass sie sich gern anhand von Landmarken, also Häusern, Bäumen oder Ampeln, orientieren, während sich Männer lieber auf Richtungsangaben verlassen. Auch bei der Suche nach Verhaltensunterschieden, die im Hirn verankert sein könnten, wurden die Forscher fündig. Jungen spielen oft schon mit einem Jahr lieber mit Autos, Mädchen dagegen mit Plüschtieren. Männliche Babys schauen schon sehr früh gern Dinge an, weibliche Kinder lieber Gesichter.

Das Hormon Testosteron könnte für solche Unterschiede verantwortlich sein, so die Theorie. Männliche Babys bekommen davon schon im Mutterleib höhere Dosen ab als weibliche. Der britische Psychologe Simon Baron-Cohen vermutet deshalb, dass das Gehirn von Jungen von Geburt an stärker systematisch arbeitet, das von Mädchen eher mitfühlend ist.

Doch reichen die Befunde als Beleg dafür aus, dass Mann und Frau von Natur aus anders programmiert sind? Nicht wirklich, meint Lutz Jäncke, Neuropsychologe an der Universität Zürich. Das Gehirn von Babys ist nicht fertig, wenn sie auf die Welt kommen.

90 Prozent der Verknüpfungen zwischen den Nervenzellen entwickeln sich in den ersten Lebensjahren. Bis nach der Pubertät strukturieren sie sich immer wieder grundlegend um. Erfahrungen spielen dabei eine wichtige Rolle. „Die wenigsten Unterschiede zwischen den Geschlechtern sind angeboren", sagt Jäncke. Populär ist diese Ansicht derzeit nicht.

Während noch vor 20 Jahren die prinzipielle Gleichheit der Geschlechter propagiert wurde, schlägt das Pendel in der gesellschaftlichen Diskussion gerade wieder in die Gegenrichtung aus. Vor allem einzelne Forschungsergebnisse aus der Psychologie und den Neurowissenschaften dienen dazu, die angeblich evolutionär bedingten biologischen Unterschiede zwischen Männern und Frauen zu betonen.

Dass Umwelteinflüsse ebenso wie die Veranlagung ihren Teil zu den unterschiedlichen Verhaltensmustern und Fähigkeiten der Geschlechter beitragen, bestreiten nur noch wenige Wissenschaftler. Streit gibt es aber immer noch darüber, wie groß der jeweilige Anteil von Umwelt und Veranlagung tatsächlich ist.

Vorurteil: Frauen können nicht einparken

Die Frage, ob nun die Erziehung oder die Gene den Mann zum Mann und die Frau zur Frau machen, führt nicht weiter als die Frage nach Henne und Ei. „Soziale, psychische und biologische Faktoren lassen sich nicht trennen, sie wirken ständig aufeinander ein", sagt Markus Hausmann. Die Software des Menschen ist mit der Geburt nicht fertig programmiert, sondern entwickelt sich im Laufe des Lebens weiter.

Es gibt einen Fall, der dem von Bruce Reimer fast aufs Haar gleicht – aber völlig anders ausging: Zwei Monate alt war ein anderer amerikanischer Junge, als ihm Ärzte während der Beschneidung ebenfalls den Penis verbrannten. Wie Bruce wurde er als Mädchen aufgezogen. Und fühlte sich wohl. Im Alter von 16 Jahren bestand sie darauf, vollständig zur Frau umoperiert zu werden – obwohl sie von ihrer Geburt als Junge wusste. „Die plausibelste Erklärung dafür ist, dass die Erziehung als Mädchen die möglicherweise vorhandenen vorgeburtlichen männlichen Prägungen aufhob", sagt Susan Bradley, Psychiaterin an der University of Toronto, die das Kind untersuchte. Denn Eltern und Umwelt vermitteln schon vom ersten Lebenstag an Geschlechterrollen, zeigen sogenannte „Baby-X-Versuche": Konfrontiert man Erwachsene mit einem neutral gekleideten Baby, behandeln sie das Kind anders, je nachdem, ob ihnen gesagt wurde, dass es sich um einen Jungen oder ein Mädchen handelt. Bei „männlichen" Kindern wählen sie eher ein Auto als Spielzeug, bei „weiblichen" eine Puppe. Angebliche Jungen animieren die Versuchspersonen zu körperlicher Aktivität, mit mutmaßlichen Mädchen gehen sie fürsorglicher um. Erschrickt das Kind, interpretieren sie das bei Mädchen als Angst, bei Jungen als Ärger.

Auf diese Weise werden ein bestimmtes Verhalten und auch bestimmte Denkmuster gelernt. Lernen aber verändert die Nervenverbindungen im Gehirn. Es ist denkbar, dass Mädchen ein größeres Sprachzentrum entwickeln, weil sie stärker angeregt werden, mit ihrer Umwelt zu kommunizieren, als Jungen, die schweigend mit Autos spielen. „Aus der Neurowissenschaft weiß man, dass das Gehirn immer ein Ergebnis dessen ist, was man gelernt und erfahren hat – warum sollte diese Plastizität des Gehirns bei Geschlechterfragen keine Rolle spielen und alles vorbestimmt sein?", fragt Sigrid Schmitz, Biologin im Kompetenzforum für Genderforschung in Informatik und Naturwissenschaften an der Universität Freiburg.

> ### ■ Vorurteile. Die Wahrheit ist … ■
>
> FRAUEN REDEN WENIGER. Frauen nutzen 20 000 Wörter, Männer nur 7 000 Wörter am Tag, schreibt Louann Brizendine in ihrem Buch *The Female Brain*. Keine Studie beweise das, kritisiert der Linguist Mark Liberman von der University of Pennsylvania. Die verfügbaren Daten sprächen eher dafür, dass Männer mehr und schneller reden.
>
> FRAUEN SIND SCHNELL ERREGBAR. Frauen sind genauso rasch in Fahrt zu bringen wie Männer. Der kanadische Sexualwissenschaftler Irv Binik setzte Männer und Frauen vor Pornos und filmte ihren Unterleib mit einer Wärmebildkamera. Dabei fand er heraus, dass Frauen auf sexuelle Reize genauso schnell reagieren wie Männer. Bis die Genitalien der Frauen maximal durchblutet waren, dauerte es nur wenig länger.
>
> FRAUEN SIND NICHT FRIEDLICH. Männer sind aggressiv, Frauen friedlich. Stimmt. Aber nur, wenn Frauen sich zu erkennen geben müssen. Bleiben sie hingegen in Experimenten anonym und bleibt ihr Geschlecht unbekannt, reagieren sie genauso aggressiv, ermittelten die Princeton-Psychologinnen Jenifer Lightdale und Deborah Prentice mithilfe von Computerspielen.
>
> FRAUEN KÖNNEN NICHT ZWEI DINGE GLEICHZEITIG TUN. Telefonieren und gleichzeitig Zeitung lesen können Männer angeblich nicht. Dafür, dass Frauen darin besser sind, gibt es keine Beweise – es wurde noch nicht erforscht, sagt die Neurobiologin Kirsten Jordan, die an der Universität Göttingen lehrt und vergeblich nach Studien zu diesem Thema suchte.
>
> FRAUENHIRNE SIND NICHT BESSER VERNETZT. Frauen haben keine bessere Verbindung zwischen den Gehirnhälften als Männer. Das ergaben Messungen, die der Neuropsychologe Lutz Jäncke und sein Team an der Universität Zürich vornahmen. Richtig ist, dass kleine Hirne oft besser verdrahtet sind. Männer mit kleinen Hirnen haben aber genauso dicke Nervenverbindungen zwischen den Hälften wie durchschnittliche Frauen. Große Frauenhirne sind vergleichsweise dünn vernetzt, ebenso wie große Männerhirne.

„Wir lernen uns in unsere Geschlechterrollen hinein", sagt auch Lutz Jäncke. Gut möglich, dass die anatomischen Unterschiede im Gehirn von Männern und Frauen erst im Laufe der Zeit entstanden sind, denn untersucht wurden nur Erwachsene. Und vermutlich stellen sie mehr oder weniger eine Momentaufnahme dar. „Das Gehirn ist eine Lernmaschine. Es hat eine ungeheure Kapazität, sich immer wieder neu zu strukturieren", sagt der Neuropsychologe. Wenn eine Frau also überzeugt ist, nicht einparken zu können, wird sie vermeiden, es zu tun, weshalb im Gehirn keine entsprechenden Nervenverbindungen sprießen. Wenn sie aber übt, hat sie irgendwann ein Hirn, dem Einparken leicht fällt.

„Zu behaupten, Männer und Frauen hätten unterschiedliche Gehirne, führt nicht weiter", sagt Jäncke. „Vielleicht gibt es ein paar Unterschiede. Aber wir wissen nicht, wie sie mit dem Verhalten zusammenhängen, das wir beobachten." Jäncke hält die Suche nach Unterschieden für müßig: „Man kann im Zweifel auch mit völlig unterschiedlichen Gehirnen die gleichen Leistungen erbringen."

Vorurteil: Frauen denken anders

Legt man einem Neuroanatomen ein Gehirn vor und fragt nach dem Geschlecht, wird er ziemlich ratlos sein. Selbst Aufschneiden hilft nicht. Und auch Psychologen fehlt ein Verfahren, das Männer und Frauen sicher auseinander hält. „Tests zeigen höchstens statistische Unterschiede zwischen Frauen- und Männergruppen", sagt Markus Hausmann, „für den Einzelnen sind sie nicht treffsicher." Das Hauptproblem der Mars-

Venus-Bücher: Sie schließen aus statistischen Mittelwerten auf das Einparkverhalten jeder Einzelnen.

Es gibt lediglich einen Versuch, bei dem Männer und Frauen oft unterschiedliche Ergebnisse erzielen: den mentalen Rotationstest, der das räumliche Vorstellungsvermögen fordert. Dabei sollen mehrere dreidimensionale Figuren auf Übereinstimmungen überprüft werden. Dafür muss man die Figuren im Kopf drehen, was Männern leichter zu fallen scheint.

Die Wissenschaftler vermuten, dass Hormone dafür verantwortlich sind. Zwar sind Sexualhormone bei Männern und Frauen nicht grundverschieden. Beide Körper produzieren sowohl männertypische Hormone wie Testosteron als auch frauentypische wie Östrogen, allerdings in unterschiedlichen Konzentrationen: Männer haben durchschnittlich zehnmal so viel Testosteron im Körper wie Frauen. Das aber hilft offenbar beim mentalen Rotieren, denn Frauen mit hohen Testosteronwerten schneiden dabei ebenso wie Männer besser ab. Die „weiblichen" Östrogene dagegen blockieren die geistige Dreherei.

Die Werte ändern sich mit dem monatlichen Zyklus. Während der Menstruation, wenn die Östrogenwerte niedrig sind, beherrscht auch die Durchschnittsfrau das Rotieren besser. Mindestens einmal pro Monat, ausgerechnet während ihrer Tage, nähert sich ihr räumliches Denken also dem des Durchschnittsmanns an.

Ähnlich unstet ist die Ordnung im Gehirn selbst. Männer verarbeiten Sprache und räumliche Aufgaben eher getrennt in rechter und linker Hirnhälfte. Frauen nutzen beide Hirnhälften gleichzeitig, ihr Oberstübchen funktioniert symmetrischer. Welchen Effekt das hat, ist bisher unklar. Doch eine Studie von Hausmann zeigt: Während der Menstruation verarbeitet auch das weibliche Gehirn Aufgaben asymmetrisch – links Sprache, rechts Raum. Und nach den Wechseljahren, wenn die Konzentration an weiblichen Sexualhormonen sinkt, funktioniert das Gehirn der Frauen ebenfalls eher nach männlichem Muster. Frauen denken also nur zu ganz bestimmten Zeiten in ihrem Leben anders.

Vorurteil: Frauen sind hormongesteuert

Die Hormonkonzentration beeinflusst nicht nur Denken und Verhalten, sondern auch umgekehrt. Markus Hausmann ließ Männer und Frauen in zwei gemischten Gruppen gegeneinander antreten: Sie sollten um die Wette mentale Rotationsaufgaben lösen. Beiden Gruppen legte Hausmann vorher einen Test vor. Mit Fragen wie „Ist jemand, der gut räumlich denken kann, eher ein Mann oder eine Frau?" ermittelte er in der einen Gruppe Stereotype über Geschlechterrollen. Die andere Gruppe bekam die gleichen Fragen, jedoch nicht mit „Mann" und „Frau", sondern mit den ziemlich sinnfreien Alternativen „Amerikaner" oder „Deutscher". Das Ergebnis war verblüffend. In der Gruppe mit dem Mann-Frau-Stereotyp-Test waren die Männer bei den Rotationsaufgaben deutlich besser. In der Vergleichsgruppe dagegen gab es keine Unterschiede zwischen den Geschlechtern. Eine Erklärung dafür fand Hausmann, als er nach dem Versuch die Hormonspiegel seiner Probanden maß, zumindest bei den Männern. Nach dem Stereotyptest hatten sie deutlich erhöhte Testosteronspiegel. Ihre Gedanken könnten – in Verbindung mit der Wettbewerbssituation – den Körper dazu gebracht haben, mehr Testosteron ins Blut auszuschütten, und so die Testleistung gepusht haben, vermutet Hausmann. Auch Männer sind also hormongesteuert. Was nicht verwundert, denn Hormone vermitteln zwischen Umwelt, Körper und Gehirn. Auch bestimmte soziale Situationen können den

Hormonspiegel verändern. Väter haben weniger Testosteron als Singlemänner oder Nichtväter. Rugbyspielerinnen haben vor einem Spiel einen höheren Testosteronwert als an spielfreien Tagen.

„Das alles zeigt, wie wenig es möglich ist, einzelne Studienergebnisse zu verallgemeinern", sagt Hausmann. Studien zu Geschlechterunterschieden, in denen der Hormonstatus nicht gemessen wurde, sind nach den neuen Ergebnissen nicht allzu viel wert. Hausmann ist überzeugt: Es gibt ein paar Unterschiede im Denken zwischen Männern und Frauen. Doch wie stark die sind und ob man überhaupt welche findet, hängt vor allem vom Messzeitpunkt ab.

Vorurteil: Frauen haben keinen Orientierungssinn

Frauen lösen bestimmte räumliche Aufgaben bisweilen also schlechter. Das heißt aber noch lange nicht, dass sie deshalb ein schlechteres Orientierungsvermögen hätten. „Tests wie die mentale Rotation messen nur ganz spezielle Fähigkeiten", warnt Markus Hausmann, „über den Alltag sagt das nicht viel aus." Auch Rotationsnieten können sich im echten Leben prima orientieren. Also müssen andere Versuche her. Ein Mann und eine Frau werden in einer Stadt ausgesetzt. Wer findet am schnellsten den Weg zum Bahnhof zurück? Psychologen der Universität Marburg probierten es mit Studenten aus. Der Test endete unentschieden.

Männer und Frauen bewältigten ihn gleich gut. Trotzdem hielten die Frauen ihren Orientierungssinn fast durchweg für schlechter.

Diese Selbsteinschätzung könnte einen Teufelskreis in Gang setzen, mutmaßen die Wissenschaftler: Desinteresse an geografischem Wissen, keine Übung mit Landkarten und infolgedessen schlechte Erfahrungen, die das Selbstbild weiter herunterziehen.

Die Durchschnittsfrau nutzt zur Navigation eher Orientierungspunkte, der Durchschnittsmann hat eher Überblickswissen, eine Art Karte im Kopf, sagen fast alle Untersuchungen.

„Gehen Sie bis zur Ampel, dort rechts und am Supermarkt links" ist demnach eine eher weibliche Erklärung.

„Biegen Sie nach 500 Metern nach Norden ab, 400 Meter weiter wenden Sie sich nach Osten" eine eher männliche. Doch eine Berliner Untersuchung zeigte: Dieser Unterschied besteht gar nicht zwischen Männern und Frauen, sondern zwischen guten und schlechten Navigierern. Die angeblich so fest sitzenden Geschlechterunterschiede rühren offenbar einzig daher, dass im Schnitt mehr Männer gut und mehr Frauen schlecht in Orientierung sind.

Das aber ist kein Schicksal, sondern gelernt, zeigte die Psychologin Claudia Quaiser-Pohl in einer Untersuchung mit Kindern zwischen 10 und 14 Jahren: Mädchen erkunden von klein auf weniger selbstständig die Umgebung, nutzen lieber schon bekannte Wege und werden häufiger von ihren Eltern zu entfernten Zielen gefahren als Jungen, die selbst hinradeln. Möglicherweise haben Männer zu einem gewissen Grad bessere Grundvoraussetzungen für die Orientierung.

„Doch Orientieren und Kartenlesen kann man üben", sagt die Neurobiologin Kirsten Jordan von der Abteilung für medizinische Psychologie der Universität Göttingen, die darüber forscht, wie Training das räumliche Orientierungsvermögen verbessert.

Vorurteil: Frauen sind schlecht in Mathe

Im Januar 2005 behauptete Larry Summers, damals noch Präsident der Elite-Uni Harvard, es gebe so wenige Frauen in den Naturwissenschaften, weil sie dazu weniger begabt seien. Summers trat nach dem folgenden Skandal von seinem Amt zurück. Doch die Diskussion war damit nicht beendet. Auf den ersten Blick spricht einiges für Summers' These: Denn in den Scholastic Aptitude Tests (SATs), mit denen die Leistung amerikanischer Unibewerber geprüft wird, erreichen bei den mathematischen Aufgaben fast ausschließlich Männer die höchsten Punktzahlen.

Schaut man die verfügbaren Daten jedoch genauer an, sind diese längst nicht mehr so klar. Die Psychologin Janet S. Hyde sammelte 159 Studien über die mathematischen Fähigkeiten von Mädchen. In ihrer Analyse stellte sie fest: Vor der Pubertät gibt es kaum Unterschiede in den Mathematikleistungen zu den Jungen. Je älter die Probanden werden, umso größer wird jedoch der Vorsprung der Männer.

„Ich wäre sehr vorsichtig, diese Daten als angeborene mathematische Überlegenheit der Männer zu deuten", sagt der Neuropsychologe Lutz Jäncke, der auch über Genies forscht – und inzwischen überzeugt ist, dass es keine geborenen Genies gibt. „Leistung setzt sich immer aus drei Faktoren zusammen: Begabung, Motivation und Möglichkeit."

Wenn eine Frau mathematisch begabt ist, aber in der Pubertät erfährt, dass Physikerinnen aufgrund fehlender Rollenmodelle noch immer als nicht besonders attraktiv gelten, dann fehlt ihr möglicherweise die Motivation für Höchstleistungen. Sie trainiert nicht mehr.

In entlegenen nordschwedischen Regionen sind Mädchen deutlich besser in Mathematik und Physik als ihre Mitschüler. Doch nicht Gene oder Hormone sind dafür verantwortlich, sondern soziale Gründe: Männer finden in der Region Arbeit als Fischer, Jäger oder Förster. Die Frauen dagegen wollen in die großen Städte Südschwedens ziehen – wo sie in High-Tech-Berufen mit anderen Bewerbern konkurrieren müssen. Das spornt sie an. Unbewusste Vorurteile wie „Männer sind begabter" oder „Eine echte Frau kann nicht gut in Mathe sein" können die Motivation beträchtlich senken, zeigte der Sozialpsychologe Paul Davies von der University of California in Los Angeles. Weibliche Mathe-Cracks lösen schwierige Matheaufgaben schlechter, wenn man ihnen vorher sagt, ihre Leistungen würden mit denen von Männern verglichen. Ihre Leistung bricht auch ein, wenn sie vorher Werbespots sehen, in denen Frauen etwa eine Backmischung anpreisen – also in stereotypen Rollen auftauchen.

Sogar die Berufswünsche der mathematisch begabten College-Studentinnen änderten sich nach solchen Filmen. Sie wollten dann eher Linguistik oder Journalismus studieren. Frauen in einer Vergleichsgruppe, die einen nichtstereotypen Werbespot gesehen hatten, tendierten dagegen ebenso häufig wie Männer zu Fächern, die viel Mathematik voraussetzen. *Stereotype threat,* Bedrohung durch Stereotype, nennt Davies diesen Effekt.

Der Neurobiologe Ben Barres von der Stanford University hat die hinderlichen Vorurteile selbst erlebt. Bis vor zehn Jahren hieß er Barbara und war eine Frau. Obwohl auf der Highschool die Beste in Mathe, riet ihr Lehrer davon ab, sich am ehrenwerten MIT zu bewerben, und schlug ein College in der Nähe vor. „Als Studentin am MIT löste ich dann als Einzige in einem Kurs eine schwierige Matheaufgabe – nur um mir vom Professor anhören zu müssen, die habe ja sicher mein Freund gelöst." Und als er, nun Ben, einen Vortrag über Forschungen hielt, die er als Barbara gemacht hatte, hörte er Kollegen flüstern, die Arbeit von Ben Barres sei ja viel besser als die seiner Schwester.

„Die wissenschaftlichen Daten liefern keinen überzeugenden Beweis dafür, dass Frauen weniger begabt für Mathematik oder Naturwissenschaften wären", sagt Barres.

> **■ Vorurteile. Die Wahrheit ist … ■**
>
> FRAUEN SIND NICHT EMOTIONALER. Gefühlsbetont, irrational, gerne auch mal hysterisch: typisch weiblich? Stimmt nicht, sagt der Neurobiologe Ben Barres: „Es gibt absolut keinen wissenschaftlichen Beweis für diese Behauptung." Im Gegenteil: Männer haben ihre Affekte oft nicht im Griff. Sie begehen die meisten Gewaltverbrechen, morden 25-mal so häufig wie Frauen und bringen sich dreimal so häufig um.
>
> FRAUEN SIND MEMMEN. Frauen sind nicht weniger schmerzempfindlich als Männer. Jedenfalls ziehen sie in Versuchen im Schnitt ihre Hände schneller aus Eiswasser oder nehmen sie rascher von einer heißen Platte herunter. Chronische Schmerzen werden umso schlimmer erlebt, je „weiblicher" das Rollenverständnis ist. Übrigens auch das von Männern, zeigte eine Untersuchung von Frankfurter Psychologen.
>
> FRAUEN WOLLEN KEINE REICHEN MÄNNER. Männer wollen schöne Frauen, Frauen reiche Männer. Angeblich. Gilt aber nur, solange die Frau kein Geld hat. Je größer die finanzielle Unabhängigkeit einer Frau, desto wichtiger wird die Attraktivität eines Partners. Das ergaben Interviews mit 1 851 Frauen, die Fhionna Rosemary Moore von der schottischen Universität St. Andrews auswertete.
>
> FRAUEN LIEBEN DAS RISIKO. Frauen gehen mit Geld nicht unbedingt zurückhaltend um, sagt die Finanzwissenschaftlerin Petra Jörg von der Universität Bern. Sie untersuchte das Geldanlageverhalten von Männern und Frauen und stellte fest, dass Frauen, die sich für das Thema interessieren, genauso risikoreich investieren wie interessierte Männer. Nicht das Geschlecht, sondern das Interesse macht den Unterschied, folgert Jörg.
>
> FRAUEN SIND GUT MIT ZAHLEN. Frauen können besser rechnen als Männer. Zumindest wenn es um reine Rechenaufgaben geht, schneiden Frauen etwas besser ab. Leichte Geschlechterunterschiede zugunsten der Männer zeigen sich nur bei schwierigen Textaufgaben, fand Janet S. Hyde in einer Metaanalyse über die mathematischen Fähigkeiten von Männern und Frauen heraus.

„Im Gegenteil: Die Daten beweisen, dass Frauen in solchen Fällen diskriminiert werden."

Vorurteil: Frauen sind infolge der Evolution ganz anders als Männer

Männer robben durch den Wald, jagen nach wilden Tieren und stieren abends schweigend ins Lagerfeuer. Frauen sitzen in der Höhle, betüddeln die Kinder und sammeln ab und zu vor dem Eingang ein paar Pilze. Und natürlich reden sie dabei ununterbrochen. Gern wird eine solche Urzeitidylle heraufbeschworen, um die angeblichen biologischen Unterschiede zwischen den Geschlechtern zu begründen. Schließlich stecken noch immer steinzeitliche Gene in uns. Weil Männer weite Strecken zurücklegten, können sie sich besser orientieren, Frauchen brauchten das nicht. Weil sie Tieren nachstellten, entwickelten sie die Fähigkeit zur mentalen Rotation, Frauen nicht. Und weil sie die emotionalen Aufgaben an ihre Frauen delegierten, haben sie in diesem Bereich ein Defizit. Das Problem bei solchen evolutionsbiologischen Begründungen ist, dass man sie nicht nur nicht beweisen kann, sie sind sogar ziemlich zweifelhaft. Die Rollenaufteilung vor Tausenden von Jahren war mitnichten so strikt, hat man durch neuere archäologische Funde und die Beobachtung von Menschen herausgefunden, die heute noch als Jäger und Sammler leben. „Wahrscheinlich gingen Frauen auch mit auf die Jagd", sagt Gerd-Christian Weniger, Direktor des Neanderthal Museums in Mettmann. „Oft unternahm man Treibjagden, bei denen jeder gebraucht wurde, der gut zu Fuß war." Umgekehrt kümmerten sich auch die Männer um die Kinder. Die Prähistorikerin Linda R. Owen von der Universität Tübingen ist sicher: „Frauen waren auch ohne Männer sehr beweglich, sie waren oft wochenlang unterwegs, legten weite Strecken zurück und mussten sich sehr wohl orientieren."

Hinzu kommt: Wie stark unser Verhalten überhaupt durch unsere Gene gesteuert wird, ist noch völlig unklar. „Ich halte nicht viel von solchen Rückgriffen auf die Evolution, das ist alles ziemlich spekulativ", sagt Biopsychologe Hausmann. Denn manchmal ändern sich die Dinge schneller, als die Evolution erlaubt. Wer die Studien der vergangenen 50 Jahre vergleicht, stellt fest: Die Geschlechterdifferenzen werden immer weniger. Männer verbessern ihre verbalen Fähigkeiten, Frauen lösen räumliche Aufgaben immer fixer. Der Grund sind die massiv gewandelten Geschlechterrollen. Das alles lasse nur einen Schluss zu, sagt der Neuropsychologe Lutz Jäncke: „Die Unterschiede zwischen Männern und Frauen verschwinden zunehmend."

Das muss sich aber wohl erst noch herumsprechen. Nach einer repräsentativen Emnid-Umfrage im Auftrag von ZEIT Wissen sind immer noch nur 60,1 Prozent der befragten Frauen der Meinung, gut in Mathematik zu sein, im Gegensatz zu 77,1 Prozent der Männer. Beim Einparken ist die Differenz noch größer: 51,7 Prozent der Frauen glauben, es gut zu können, aber gleich 79,2 Prozent der Männer.

Aus: ZEIT-Wissen 1/07

Was macht die Frau zur Frau, den Mann zum Mann? Neben der biologischen Macht der Evolution, jener Kraft, die seit Jahrmillionen über unsere Gene auf unsere Entwicklung einwirkt, treibt uns eine weitere: die evolutionäre Kraft der Kultur. Sie macht das Zusammenleben großer Gruppen – wie unserer menschlichen Gesellschaften – erst möglich. Sie prägt die Entwicklung von Populationen mit unzähligen Mitgliedern ebenso wie das Reifen von einzelnen Individuen. Kultur definiert die Arbeitsteilung in einer komplexen Gesellschaft ebenso wie Rollenzuweisungen und Geschlechterverhältnisse. **Wolfgang Wickler** und **Uta Seibt** nennen sie deshalb unsere „zweite Natur" und glauben, die kulturelle Evolution sei in der Entwicklung des Menschen sogar führend geworden. Nicht mehr die Darwinschen Kräfte von Mutation und Selektion prägen die menschliche Weiterentwicklung und definieren unsere Geschlechterrollen, sondern Sprache und Kunst, Riten und Religionen, die Regeln unserer Gesellschaften oder die Fortschritte der Reproduktionsmedizin. Was diese Übermacht der Kultur über die Biologie für unsere Geschlechterrollen, unser Sexualleben bedeutet – und wo in diesem komplexen menschlichen Zusammenspiel die Biologie am Ende doch obsiegt – zeigen Wickler und Seibt an Beispielen aus vielen Kulturen.

Natur und Kultur prägen auch den Lebenslauf von Wolfgang Wickler. Der heute emeritierte Direktor des Max-Planck-Instituts für Verhaltensphysiologie in Seewiesen studierte neben Zoologie und Botanik auch Kirchenmusik und ist noch heute als Organist aktiv. 1960 kam er nach Seewiesen, wo der große Verhaltensforscher und Gänsevater Konrad Lorenz sein Lehrer wurde. Mit Uta Seibt arbeitet Wickler seit 1970 zusammen. Auch sie ist eine „Grenzgängerin". Seibt hat in Marburg und München Biologie und Physik studiert. Die beiden Forscher interessieren sich für die Sozialstrukturen und Verständigungsweisen in der Tierwelt und verlassen dabei immer wieder die disziplinäre Enge klassischen Fächerdenkens. Sie arbeiten interdisziplinär mit Juristen, Moraltheologen und Ethikern zusammen. Haben die moralischen Auffassungen des Menschen eine biologische Grundlage? Wie viel in uns ist schon Kultur, und wie viel noch immer Natur?

Wolfgang Wickler und Uta Seibt

Unsere zweite Natur

Von Wolfgang Wickler und Uta Seibt

Der Weg, den die Evolution genommen hat, führte neben dem Informationsspeicher im Genom zu einem „cerebralen" Speicher im Gehirn, der durch Lernen erworbene Informationen aufnimmt und sie sogar an andere Gehirne weitergeben beziehungsweise aus anderen Gehirnen beziehen kann. Wie so oft liegen die Anfänge dazu schon im Tierreich. So werden bei Singvögeln Gesänge, bei Säugetieren Werkzeugkenntnisse tradiert, doch sind die kulturellen und traditiven Fähigkeiten beim Menschen weitaus stärker ausgebildet als bei irgendeinem anderen Lebewesen. Das wichtigste Hilfsmittel dafür ist die Sprache mit den darin codierten Inhalten. Der Mensch hat sich darüber hinaus in geschriebenen Texten einen „extracerebralen" Informationsspeicher geschaffen, dessen Beständigkeit und Fassungsvermögen weit über die Lebenszeit und die Aufnahmefähigkeit eines einzelnen Gehirns hinausgeht. Neben die genetisch-biologische „erste Natur" ist die kulturelle „zweite Natur" getreten. Was uns zur zweiten Natur wird, sind alle kulturellen Einflüsse, die durch Erziehung und Tradition unser Verhalten, unsere Denkweisen, Sitten und Gebräuche formen. In weiten Bereichen des menschlichen Lebens ist deshalb die erste Natur auf die Mitwirkung der zweiten angewiesen, die kulturelle Evolution ist sogar führend geworden. Unmittelbar abzulesen ist das am kulturspezifisch signifikant unterschiedlichen Fortpflanzungserfolg: In Afrika beträgt der jährliche Populationszuwachs über 2 Prozent, in Europa 0 Prozent. In zehn Ländern mit dem höchsten Zuwachs gebiert eine Frau im Mittel 7,37 Kinder, in zehn Ländern mit dem niedrigsten Zuwachs 1,51 Kinder. Dafür sind nicht biologisch-physiologische Unterschiede zwischen den Bewohnern dieser Länder verantwortlich zu machen, sondern Unterschiede in der ökonomischen Situation und der medizinischen Versorgung sowie in der bewussten Familienplanung.

Die Ehe als älteste Kooperationsform

Die Ehe ist so eng mit den wirtschaftlichen und kulturellen Voraussetzungen für ein Fortbestehen der Gesellschaft verknüpft, dass auch daraus abgeleitete Interessen der Gesellschaft in die Ehe-Ordnung eingreifen. Die jeweilige Form des reproduktiven wie des nichtreproduktiven Sexualverhaltens und des Familienlebens ergibt sich schließlich aus den Interessen der Ehepartner, ihrer Familien und der weiteren Öffentlichkeit. Über 90 Prozent aller Männer und Frauen

Was ist eigentlich ...

Partnerschaft, ein wesentlicher Aspekt der menschlichen Existenz ist das Mann- und das Frau-Sein. Die Partnerwahl schafft u. a. die Voraussetzungen für die zwischengeschlechtliche Wahl, die einer Familiengründung bzw. Eheschließung vorausgehen und entscheidend von den Normen und Wertvorstellungen einer Gesellschaft bestimmt werden: Nur beim Menschen sind die Strukturen der Sozialverbände durch gedankliche Konstruktionen mitbestimmt. Entscheidende politische und soziale Veränderungen sind wichtig für die heutige Diskussion der Partnerschaft: a) die fortgeschrittene Enttabuisierung des Sexuellen, b) die Möglichkeiten der Empfängnisverhütung, c) die Möglichkeit, sich vor sexuell übertragbaren Krankheiten zu schützen, d) die altersmäßige Vorverlegung von sexuellen Kontakten zwischen Jugendlichen, e) die Entkriminalisierung der Homosexualität, f) der schulische Sexualunterricht, g) die Emanzipationsbestrebungen mit ihren Auswirkungen auf das Rollenverständnis von Mann und Frau, h) die zunehmende Anzahl nichtehelicher Lebensgemeinschaften.

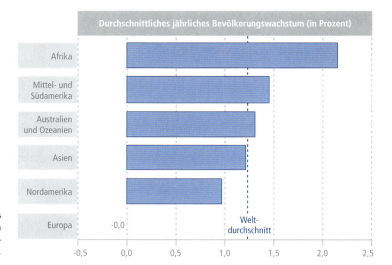

Durchschnittliches jährliches Bevölkerungswachstum von 2000 bis 2005. (Daten: Statistisches Bundesamt).

heiraten oder schließen sich zu eheähnlichen Gemeinschaften zusammen, und zwar in Ackerbau- wie in Industriegesellschaften. Zu allen Eheformen gehört Sexualverhalten; sein Fehlen kann ein Grund zur Auflösung der Ehe sein. Lebenslanger Zölibat bleibt in keiner Gesellschaft unwidersprochen. Aber das Sexualverhalten ist höchstens notwendige, nicht auch hinreichende Bedingung für die Ehe. Promiskuität mit wahllosen Verpaarungen ist für keine Kultur typisch, andererseits aber lassen sich in keiner Gesellschaft sexuelles Verhalten und Geschlechtsverkehr auf die (wie immer definierte) Ehe beschränken. Falls außerehelicher Geschlechtsverkehr toleriert wird, dann am häufigsten der voreheliche. Das spiegelt in der westlichen Kultur den Einfluss der Öffentlichkeit wider: In den USA wie in der Bundesrepublik wuchs nach dem Zweiten Weltkrieg bei Jugendlichen der Drang zu früher sexueller Beziehung. Solange die öffentliche Meinung solche vor- und außerehelichen Beziehungen missbilligte, sank das mittlere Heiratsalter; seit die Öffentlichkeit vor- und außereheliche Sexualbeziehungen toleriert, steigt das mittlere Heiratsalter. So lebten in der Bundesrepublik 1950 von den später Eheschließenden vier Prozent vorehelich zusammen, 1970 waren es neun Prozent, 1980 schon 85 Prozent; ebenso wuchs von 1950 bis 1980 der Prozentsatz der Ehen, die erst im vierten Schwangerschaftsmonat der Frau geschlossen wurden. Eine Eheform mit sozial gebilligten oder gar geforderten außerehelichen Sexualbeziehungen berichtet der Schweizer Ethnologe Jean Gabus (1908–1992) von den Bororo, die in Mauretanien am Rand der Sahara leben. Schon 1352 hatte der arabische Weltreisende Ibn Batuta in der Südsahara am Rand des Mali-Reiches eine Freiheit der körperlichen Beziehungen zwischen den Geschlechtern angetroffen, über die er sich sehr wun-

Ein Bororo-Mann, der sich für den alljährlichen Männer-Schönheitswettbewerb geschminkt hat.

derte: „Die dortigen Frauen haben ‚Freunde' und ‚Gefährten' unter den Männern außerhalb ihrer Familien, und die Männer haben in gleicher Weise ‚Gefährtinnen' unter den Frauen anderer Familien."

Die Ehe als älteste Kooperationsform ist zunächst biologisch begründet durch die lange Abhängigkeit jedes Kindes von den Eltern. Neben den Familienmitgliedern haben jedoch auch andere Kreise der Gesellschaft an der kulturkonformen Entwicklung und Sozialisierung der Kinder ein Interesse und nehmen darauf Einfluss. Sobald ein Paar sich zusammenfindet und vor allem wenn ein Kind da ist, drängt deshalb jede Gesellschaft auf den Bestand der Paarbindung. Scheidung ist dennoch häufig, vor allem bei Paaren mit nur einem

Jean Gabus über die ungewöhnliche Eheform der Bororo

„Das Ausleseprinzip, das die Viehzucht der Bororo kennzeichnet, hat auch für die eigene Fortpflanzung Gültigkeit. Die von ihnen praktizierte Inzucht erlaubt es den Edlen, ihr Blut rein zu halten. Ihr Schönheitskult und die Wichtigkeit, die sie der Körpervollendung beimessen, hat zu der ‚Teggal' genannten Sitte geführt, die es einer jungen Frau gestattet, ihren Bräutigam oder Mann für einen Zeitraum von mehreren Monaten bis zu zwei Jahren zu verlassen, um mit dem beim Tanz erkorenen Mann ihrer Wahl zu leben. Bei Sippen- und Stammestreffen werden schöne junge Menschen als ‚Togo' oder ‚Schönheitsträger' zusammengegeben. Aus rassischen Gründen unterwerfen sich die Ehemänner dieser Sitte ohne Schamgefühl und ohne Eifersucht."

Kind. Die weltweit meisten Ehen, die geschieden werden, haben etwa vier Jahre gehalten – bei Yanomami-Indianern wie bei Ackerbauern oder Industrievölkern. Diese Zeitspanne ist unabhängig von der jeweiligen Höhe der Scheidungsrate in einem Land. Vier Jahre ist bei Buschleuten wie bei australischen Ureinwohnern der durch langes Stillen verursachte mittlere Abstand zwischen den Geburten. Die Übereinstimmung könnte andeuten, dass die Dauer der menschlichen Ehe – wie bei vielen Tieren – ursprünglich auf eine „Brutzeit" angelegt war.

Eheschließungen und Ehescheidungen in Deutschland (Statistisches Bundesamt)

Jahr	Eheschließungen		Ehescheidungen	
	insgesamt	je 1 000 Einwohner	insgesamt	je 1 000 Einwohner
2005	388 451	4,7	201 693	2,4
2000	418 550	5,1	194 408	2,4
1995	430 534	5,3	169 425	2,1
1990	516 388	6,5	154 786	1,9
1980	496 603	6,3	141 016	1,8
1970	575 233	7,4	103 927	1,3
1960	689 028	9,4	73 418	1,0

Der dirigierende Einfluss der Sozietät auf die Ehe geht wieder zurück, und die Ehe wird mehr zur Privatsache der Eheleute, je mehr Kooperationen und Hilfeleistungen das allgemeine soziale Netz in einer Hochzivilisation anbietet.

Geschlechterrollen

Geschlechterrollen sind sozial bezogene und normierte Verhaltenskomplexe. Sie gelten als kulturell gesetzt und werden, da sie normiert und somit anerkannt und verbindlich sind, mit großer Wahrscheinlichkeit erwartet. Das betreffende Verhalten gilt als angemessen, schicklich, richtig, normal und so weiter. Solche Verhaltenserwartungen gibt es auf allen sozial bedeutsamen Gebieten, von der Familie bis zu Politik und Wirtschaft. Allgemeine Verhaltensregeln, die für alle Individuen gleichermaßen gelten (nicht lügen oder nicht stehlen), sind zwar oft auch kulturell gesetzt, aber nicht Bestandteil der Geschlechterrollen. Ebenso werden im biologischen Bereich allgemeine Lebensfunktionen, wie Ernährung oder Wärmehaushalt, die für beide Geschlechter zutreffen, von den Geschlechtsfunktionen unterschieden, die jeweils nur einem Geschlecht zukommen und deswegen entweder männlich oder weiblich genannt werden.

Diese definitorische Unterscheidung von biologischer Funktion und kultureller Rolle hat allerdings ihre Tücken, weil im Einzelnen durchaus strittig und methodisch kaum zu entwirren ist, was dem Menschen biologisch vorgegeben war und was kulturell aufgesetzt wurde. Und überdies schließt das eine das andere nicht aus: Biologisch vorgegebene Geschlechtsfunktionen können kulturell als Rolle bestätigt oder überformt sein. Zuweilen sucht man nach Universalien im Verhalten und vermutet, was allgemein vorgefunden wird, wäre wohl auch „angeboren"; doch könnte es ebensogut uraltes kulturelles Erbe sein. Andererseits hat man lange Zeit gehofft, es würde für kulturelle Bedingtheit sprechen, wenn man für ein und dasselbe Geschlecht verschiedene Verhaltenstypen anträfe. Am Beispiel der Satellitentaktiken der Tiermännchen haben wir aber gesehen, dass solche evolutionär stabilisierten Taktiken zu den biologisch vorgegebenen Geschlechtsfunktionen gehören können, obwohl das einzelne Individuum sein Verhalten davon abhängig macht, was die anderen in der Population tun; insofern wird sein Verhalten also durch die anderen mitbestimmt.

Geschlechtstypische Tätigkeiten

Falls die kulturellen Rollenzuweisungen auf geschlechtsspezifische Eignungen Rücksicht nehmen, sollte man Übereinstimmungen zwischen Eignung und Rolle erwarten. Solche Übereinstimmungen findet man tatsächlich: Von Frauen erwartet man mehr soziale und altruistische Betätigung (zum Beispiel in der Kinder- und Krankenfürsorge) als vom Mann. Ihm obliegen Jagd und Verteidigung der Gruppe. Weltweit sind fast alle Hebammen-Tätigkeiten weibliche, fast alles Kämpfen mit Waffen männliche Beschäftigungen.

Was ist eigentlich ...

Geschlechterrolle, Geschlechtsrolle, beim Menschen das kulturell als angemessen betrachtete Verhalten für das männliche und weibliche Geschlecht, im Tierreich (und beim Menschen) typische Verhaltensmuster eines Geschlechts – als Folge der Unterschiede im Elterninvestment. Unterschiede im Elterninvestment und im Fortpflanzungserfolg sind der eigentliche „Motor" der sexuellen Selektion und damit gleichzeitig für eine große Zahl typischer Verhaltensmuster verantwortlich, die die beiden Geschlechterrollen charakterisieren.

Ein Kulturenvergleich ergibt für den Menschen folgende typische geschlechtsspezifische Tätigkeiten:

1. Den Lebensunterhalt betreffend sind vorwiegend männliche Tätigkeiten: jagen, Fallen stellen, Großviehherden hüten, fischen, Honig sammeln, Land roden, Fleisch verarbeiten; vorwiegend weibliche Tätigkeiten: Wildpflanzen sammeln, Getränke bereiten, Milch verarbeiten, Nahrung zubereiten, kochen, Nahrungsmittel konservieren.

2. In Haushalt, Kunst und Handwerk sind vorwiegend männliche Tätigkeiten: Kohle und Erze abbauen, Erze schmelzen, Metall verarbeiten, Bäume fällen, Holz verarbeiten, Häuser bauen, Netze anfertigen, seilern, arbeiten mit Stein-, Holz- und Muschelwerkzeugen; vorwiegend weibliche Tätigkeiten: spinnen, weben, flechten, Matten herstellen, töpfern, Kleidung anfertigen, waschen, Unterstände bauen, Wasser holen, Brennmaterial sammeln.

Als Gründe für diese Aufteilung gelten die geschlechtsspezifisch unterschiedlichen Körperkräfte und die vorgegeben weibliche Säuglingsernährung, mit der weitere Tätigkeiten der Frau vereinbar sein müssen. Warum aber sind dann körperlich schwere Arbeiten, wie Wasserschleppen und das sehr anstrengende Getreidemahlen, vorwiegend weibliche Arbeiten? Warum sind umgekehrt das leichtere Bauen und Aufstellen von Fallen, das Herstellen von Musikinstrumenten und das Ausarbeiten von Waffen (einschließlich feinster Verzierungen auf Pfeilspitzen) fast ausschließlich Männersache, obwohl die Geschicklichkeit der Frauen dazu mindestens ebenso ausreichen würde, wie die vielerlei Hand- und Näharbeiten für die Kleidung zeigen, die allgemein von Frauen gemacht werden?

„Männersache".

Wenn technische Hilfsmittel ins Spiel kommen, bleiben erst recht nicht alle Rollenbestandteile auf die biologisch vorgezeichneten Leistungsschwerpunkte zugeschnitten. Die vom Menschen entwickelten Techniken ermöglichen es ihm sogar, einige der biologischen Geschlechterspezialisierungen wieder aufzuheben. So ist es dem Menschen durch die Entwicklung hochwertiger künstlicher Nährmittel zum Beispiel wieder möglich, was in der Klasse der Säugetiere seit dem Schnabeltier aufgehört hat, dass ein Mann ohne Mithilfe einer Frau einen Säugling von Geburt an aufziehen kann. Außerdem bewerkstelligen heute Frauen mithilfe von Maschinen ebensolche Kraftleistungen wie Männer. Allerdings ist die Herstellung und Zubereitung von künstlicher Babynahrung umständlicher und teurer als das Verwenden von Muttermilch; ebenso ist es umständlicher und teurer, zu anstrengenden täglichen Verrichtungen Maschinen zu verwenden, als einem Mann das Heben, Schieben oder Schrauben zu überlassen.

Ob man die umständlichere und teurere Lösung wählt, wird von den Alternativen abhängen. Kann eine Frau, statt zu stillen, viel Geld verdienen, dann mag es ökonomischer sein, den Mann mit der Babypflege zu betrauen. Maschinen einzusetzen spart Zeit, falls der Mann nicht ständig verfügbar ist. Man wird also erwarten – mehr sollte diese vereinfachte Überlegung nicht zeigen – dass der Mensch von den biologisch vorgezeichneten Geschlechterrollen abweichen wird, wenn sich dadurch bessere Kosten-Nutzen-Bilanzen erzielen lassen. Die Grundannahme ist, dass der Mensch sich an die ihm gestellte Anforderung mit den zur Verfügung stehenden technischen Mitteln auf möglichst ökonomische Weise anpasst.

„Frauensache".

Das ist nun aber ganz offensichtlich nicht der Fall. Jedem nach Afrika Reisenden fällt auf, dass selbst schwangere Frauen enorme Lasten schleppen, oft zusätzlich noch ein Kind auf dem Rücken tragen, während der Mann, obwohl körperlich stärker, hinterhergeht und lediglich die Verantwortung trägt. Das ist zur Schau getragene männliche Dominanz.

Männliche oder weibliche Dominanz

Weltweit vermittelt männliches Verhalten den Eindruck, dass der Mann seine – im Dienste der Rivalität mit anderen Männern stammesgeschichtlich erworbene – körperliche Überlegenheit sekundär dazu verwendet, sich von vielerlei Anstrengungen zu befreien, indem er sie der Frau aufzwingt. Das Überwiegen der männlichen Interessen zeigt sich ferner in vielen Bereichen, in denen man unter funktionellen Gesichtspunkten eine Gleichverteilung der Interessen beider Geschlechter erwarten würde. Zur Familiengründung muss einer der Partner seine Familie oder Heimat verlassen; in vier Fünfteln der untersuchten Kulturen zieht die Braut in den Clan des Mannes. Ziehen beide an einen neuen Ort, dann bestimmt ihn fast immer der Mann.

Für das Dominieren des Mannes beim Menschen und generell der Männchen im Tierreich wollen manche Autoren die Chromosomen und Hormone oder Tradition und Erziehung verantwortlich machen. Das liefert aber letztlich keine Erklärung. Hätte die Dominanz grund-

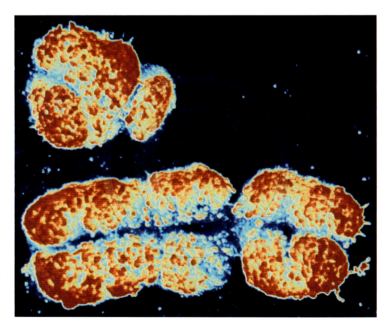

Geschlechtschromosomen X (unten) und Y (oben) in einer rastermikroskopischen Aufnahme (Vergrößerung 4 000 : 1).

sätzlich etwas mit dem Y-Chromosom zu tun, dann müsste sie bei Vögeln gerade umgekehrt aussehen, weil bei ihnen die Weibchen das Y-Chromosom aufweisen. Aber auch bei den Vögeln dominieren die Männchen. Die Dominanz der Männchen über die Weibchen zeigt sich sogar bei denjenigen Wirbeltieren, deren Geschlecht gar nicht genetisch festliegt, sondern zum Beispiel von der Temperatur abhängt, mit der das Ei bebrütet wird.

Ebensowenig sind Hormone – etwa das Testosteron beim Mann und das Progesteron bei der Frau – letztlich der Grund für die bestehenden Geschlechtsunterschiede. Denn die gleichen typisch männlichen (Aggressivität, soziale Dominanz, Weibchenausnutzung) und weiblichen Eigenschaften (Brutpflege, soziale Unterlegenheit) finden wir ja auch bei niederen Tieren, bei denen es kein Testosteron und Progesteron gibt. Diese bringen die gleichen Geschlechterdifferenzierungen auf andere Weise zustande.

Chromosomen und Hormone können benutzt werden, um die Geschlechtsunterschiede zu realisieren, sind aber nur vordergründiges Mittel zu dem dahinterliegenden Ziel.

Die bei uns fast selbstverständliche Vorherrschaft des Mannes gegenüber der Frau ist kulturbedingt, wie andere Völker zeigen, die der Frau den Vorrang geben. Die folgenden Beispiele stammen von der Ethnologin Gisela Völger.

Entgegen der biologischen Gegebenheit, die einem Mann wesentlich mehr Nachkommen ermöglicht als einer Frau, sprechen viele Gesellschaften Neuguineas gerade umgekehrt der Frau einen unbegrenzten Vorrat an fruchtbarem uterinem Blut, dem Mann dagegen nur eine begrenzte Zeugungspotenz zu. Diese Männer fürchten, ihr Eigenleben würde verschlungen von besonderen Kräften der Frau, die auch ohne den Willen der Frau wirken und ständig darauf aus sind, Männer sexuell zu verführen und ihnen damit lebenswichtige Energien zu entziehen. Entsprechend meiden die Männer, soweit möglich, sexuelle Kontakte mit Frauen. Die angenommene omnipotente Weiblichkeit zeigt sich auch darin, dass jedes Kind bei seiner Geburt dem Wesen nach als weiblich gilt. Erst in einem besonderen Schritt, der Knaben-Initiation am Ende des ersten Lebensjahrzehnts, werden aus einigen dieser weiblichen Wesen männliche; diese haben freilich später exklusiven Zugang zur Welt der Ahnen und Geister, mit denen zusammen sie dann auf einer Unterordnung der Frauen bestehen.

Die Mwera in Südtansania schreiben nur der Frau Fruchtbarkeit zu. Der Mann gilt bei ihnen als reiner Nährvater, der mit seinem Sperma das Kind lediglich stärkt und deshalb auch häufig mit seiner schwangeren Frau verkehren muss. Der Mann zieht nach der Heirat zur Frau oder zum Gehöft der Schwiegermutter und arbeitet dort unter deren Aufsicht. Hat er mehrere (maximal vier) Frauen, dann darf er bei kei-

Was ist eigentlich ...

Sexualhormone [von latein. *sexualis* = geschlechtlich, griech. *hormon* = antreibend], Geschlechtshormone, bei Wirbeltieren und Mensch die sich vom Cholesterin ableitenden Steroide (Steroidhormone) der Östrogene und Androgene sowie das Progesteron. Sie werden in beiden Geschlechtern in den Gonaden (Hoden, Ovar) wie auch in der Rinde der Nebenniere (Corticosteroide) gebildet. Beim Mann überwiegen Androgene (Testosteron), bei der Frau die Östrogene. Progesteron hat beim Mann keine hormonellen Wirkungen, wird aber in beiden Geschlechtern auch im Zentralnervensystem (als Neurosteroid) gebildet und könnte gezielt Hirnfunktionen beeinflussen. Androgene und Östrogene sind für die normale körperliche Entwicklung und die Gonadenzyklen wichtig. Die Sexualhormone bewirken die Differenzierung und Entwicklung der Geschlechtsorgane und die Bildung der sekundären Geschlechtsmerkmale.

ner länger als drei Tage hintereinander bleiben. Über die Kinder und über den Boden entscheidet die Frau. Erbe und Leitung der Gruppe werden nur an Töchter weitergegeben, und nur die mütterliche Abstammung ist wichtig; auch der Mutterbruder spielt keine Rolle.

Die Frauen westafrikanischer Savannenbauern beweisen ihre besondere Macht und Bedeutung dadurch, dass sie gebären und erfolgreich den Acker bestellen. Dem versuchen die Männer im Bereich der Imagination und Religion etwas entgegenzusetzen. In ihren Erzählungen, die bei schriftlosen Völkern eine große erzieherische Rolle spielen, liefern sie zur Alltagswirklichkeit ein Gegenbild, ausgeschmückt mit fiktiven Geschlechterrollen und der Vision männlicher Vorherrschaft.

Die Mosuo in Südwest-China leben in mutterzentrierten Familien. Frauen sind die Haushaltsvorstände, auch gegenüber der äußeren Gesellschaft. Das System zielt auf soziale Harmonie unter dem Grundsatz, dass man nur mit denen gut zusammenleben kann, die man von Geburt an kennt. Männer und Frauen bleiben deshalb ständig Vollmitglieder ihres jeweiligen mütterlichen Haushalts. Männer sorgen für die Kinder ihrer Schwestern und Cousinen, mit denen sie in einem Haushalt zusammenleben, haben aber keine sozialen und finanziellen Verpflichtungen gegenüber eigenen Kindern. Ab 13 Jahren haben Kinder uneingeschränkte Beziehungen zum anderen Geschlecht. Doch das Zusammenleben von Sexualpartnern wird weitgehend vermieden und damit auch ein Großteil familiärer Konflikte. Heirat ist bei den Mosuo verpönt; sie vermeiden feste Partnerbindungen und setzen stattdessen auf Besuchsbeziehungen, wobei der Mann die Frau nur über Nacht besucht. Er kann lediglich auf der Durchreise sein und muss kein Mosuo sein. Entsprechend häufig wechseln die Partner. Ob sie den Mann kennenlernen will, entscheidet allein die Frau.

Mosuo-Frauen.

Rollenklischees

In dem, was man in einer Sozietät von Männern und Frauen in ihrer jeweiligen Rolle erwartet, liegt eine Bewertung im Hinblick auf anerkannte Normen. Es gibt aber keinen geschlechtsneutralen Bewerter; jeder ist selbst Mann oder Frau, und er wird Männer und Frauen unterschiedlich bewerten. So haben wir also ein von der Frau stammendes Mannesbild und ein Selbstbild des Mannes, ein vom Mann stammendes Frauenbild und ein Selbstbild der Frau. Es ist nicht verwunderlich, dass Selbst- und Fremdbild jeweils verschieden ausfallen können.

Wenn in einer Gesellschaft die Meinung des Mannes dominiert, kommt es dazu, dass die Frau das Bild und die Forderungen des Mannes übernimmt und der Mann zur Messlatte wird. (Männer halten in unserem Kulturkreis Frauen für ängstlich, Frauen halten sich selbst für überängstlich.) Gehören zum Beispiel zur männlichen Rolle: Dominanz, Überlegenheitsgefühl, Angstfreiheit, sozialer Erfolg und nur geringe Emotionalität, dann gehören zum weiblichen Rollenbild: Unterwerfungsbereitschaft, Untüchtigkeit, Ängstlichkeit, geringer sozialer Erfolg, hohe Emotionalität. Diese Vorstellungen sind ganz offensichtlich an der ursprünglichen biologischen Geschlechtsspezialisierung des Mannes orientiert. Da Mann und Frau die gleichen Normvorstellungen haben, wie der ideale Mann oder die ideale Frau aussehen sollten, liegt automatisch der Mann dem Ideal näher. Auf diesem Weg kommt man durch das Rollenklischee schließlich zu den wertenden Auffassungen, erst der Mann sei der wahre Mensch, Gott müsse ein Mann sein, und so weiter.

Ganz offensichtlich hat sich hier wiederum die rein biologische Dominanz des männlichen Geschlechts festgesetzt – im Ursprung wahrscheinlich unreflektiert und selbstverständlich, ähnlich wie die Jugend in vielen Bereichen das Alter übertrumpft und deshalb Jugendlichkeit Trumpf wird oder wie Gesunde über Kranke oder Reiche über Arme dominieren.

Man könnte natürlich auch umgekehrt beide Geschlechter an der Frau messen; dann litte der Mann an Emotionsmangel, Tapferkeitswahn oder Säuglingspflege-Untüchtigkeit. Die moderne Unzufriedenheit mit den noch herrschenden Klischees führt tatsächlich zu solchen Aussagen. Damit wird aber der Spieß nur umgekehrt und das Problem der unangemessen einseitigen Beurteilung beider Geschlechter nicht gelöst. Für das Problem bieten sich drei Lösungen an:

1. Ein Geschlecht dominiert (gleichgültig welches), und die Vertreter des anderen Geschlechts fügen sich in ihre mindere Rolle.

2. Beide Geschlechter streben nach den gleichen Idealen; dies läuft dann auf eine intensive Konkurrenz zwischen den Geschlechtern hinaus und wird den unzufrieden lassen, zu dessen biologischer Grundausstattung das gesteckte Ideal weniger passt. (Im Extrem können zum Beispiel weibliche Leistungssportler durch Hormonspritzen männliche Leistungen zu erbringen suchen.)

3. Jedes Geschlecht sucht ein eigenes, ihm spezifisches Ideal. Dann können die geschlechtsbedingten Besonderheiten voll zur Geltung kommen, die zwischengeschlechtlichen Verständigungen und Beurteilungen aber werden erschwert. Dennoch scheint uns das der Weg zu sein, der allen gerecht wird.

Folgen kultureller Entwicklungen

Das biologisch Vorgegebene bildet einen Rahmen für kulturspezifische Modifikationen des Verhaltens. Der darin vorhandene modifikatorische Freiraum wird vom Menschen weitgehend genutzt. Zivilisatorische und kulturelle Zielsetzungen führen wegen der biologischen Verankerung des Menschen allerdings auch zu unerwünschten Nebenwirkungen.

Wo der Mann allein den Unterhalt für die Familie bestreitet, ist seine Fortpflanzungsmöglichkeit abhängig von seiner Fähigkeit zum Unterhaltserwerb, der wiederum sozial kontrolliert wird. Das Fortpflanzungspotenzial der Frau ist direkter ressourcenabhängig und kann deshalb vom allgemeinen Lebensstandard besonders betroffen sein. Der weibliche Organismus stellt nämlich befruchtbare Eizellen nur bereit, wenn der Körper in Gesamtgewicht und Fettreserven den Anforderungen einer Schwangerschaft minimal gewachsen ist. In extremen Hungerzeiten setzen die Zyklen erwachsener Frauen aus; umgekehrt beginnt durch fortschreitende Verbesserung der allgemeinen Ernährung die fruchtbare Phase der Mädchen zunehmend früher.

Die Nebeneffekte, die der technische Fortschritt auf die biologisch vorgegebenen Geschlechterrollen hat, kann man ausschnittsweise erkennen, wenn man die daraus resultierenden Verschiebungen zwischen Vor-Fortpflanzungsphase, Fortpflanzungsphase und Nach-Fortpflanzungsphase beachtet:

In der Vor-Fortpflanzungsphase wächst der Mensch zur körperlichen und sozialen Reife heran. Bei den Buschleuten im Südwesten Afrikas sind Jungen mit elf bis 15 Jahren fruchtbar, die Menstruation der Mädchen setzt nach dem 15. Jahr ein. In 60 Prozent ihrer Zyklen fehlt aber noch der Eisprung, sodass Schwangerschaften erst mit 19 bis 20 Jahren auftreten. Bis zu dieser Zeit haben sowohl Jungen als auch Mädchen die nötigen Überlebenstechniken gelernt, die wichtigsten sozio-religiösen Grundlagen des Gemeinschaftslebens übernommen, sind in die Sozietät integriert und haben praktische und soziale Erfahrungen im Umgang miteinander. Sexuelle Beziehungen beginnen die Jungen mit zwölf bis 15, Mädchen mit 15 bis 16 Jahren. Restriktionen im Bereich sexueller Wünsche, um zu frühe Schwangerschaft zu verhindern, sind kaum nötig. In Industrieländern beginnen die fruchtbaren Zyklen der Mädchen bereits mit 14 Jahren; als Neuerung in der menschlichen Stammesgeschichte sind jetzt frühe Jugendschwangerschaften möglich. Die zum Erwerb des Lebensunterhalts nötige Berufsausbildung der Jungen aber dauert viele Jahre über die Geschlechtsreife hinaus. Dadurch werden Restriktionen im Bereich sexueller Wünsche erforderlich. In der Regel werden frühe sexuelle Erfahrungen zwischen Jungen und Mädchen unterbunden.

In der Fortpflanzungsphase stillen Frauen der Naturvölker – etwa der Buschleute, die unter den schwierigen Bedingungen der Trockensteppe als Sammler und Jäger leben – ein Kind zweieinhalb bis vier Jahre lang. Die mittlere Zeitspanne zwischen zwei Geburten beträgt vier Jahre. Die Bevölkerung wächst jährlich um 0,5 Prozent. Abtreibung und Kontrazeption gibt es nicht. Wenn Buschleute angesiedelt wurden und Milch und Getreide bekommen, beträgt die mittlere Zeitspanne zwischen zwei Geburten statt vier nur noch drei Jahre.

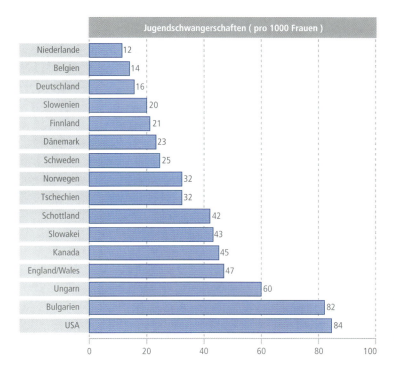

Schwangerschaften 15- bis 19-jähriger Frauen im internationalen Vergleich (Raten per 1000 Frauen. Daten: The Alan Guttmacher Institute).

Bei mittelafrikanischen Völkern, die sesshaft sind und etwas Landwirtschaft betreiben, beträgt der Abstand zwischen zwei Geburten bei derselben Mutter 32 Monate, bei den Stadtfrauen derselben Gegend 18 Monate.

Unter den speziellen Bedingungen der stark religiös geprägten Hutterer in Nordamerika, deren Frauen stillen und keine Kontrazeptiva benutzen, bringt eine Frau im Mittel alle 21,7 Monate ein Kind zur Welt; die Familien zählen durchschnittlich 10,6 Kinder.

In den industrialisierten Ländern könnte eine Frau, die sexuell aktiv ist, nicht stillt und keine Kontrazeptiva benutzt, etwa alle 18 Monate gebären und in 30 Jahren 20 Kinder zur Welt bringen, was zu Übervölkerung führen würde. Weltweit werden heute pro Sekunde zwei Menschen mehr geboren als sterben, sodass eine Geburtenregelung unausweichlich wird. Gerade dort, wo Nahrung ausreichend ist oder

Mutter und Kind (Senegal).

gar im Überfluss erzeugt wird, treten Kindstötungen (einschließlich Abtreibung) verstärkt auf oder werden Verhaltensregeln zur zeitlichen Staffelung der Geburten aufgestellt. Beispielsweise ist das Verbot sexueller Beziehungen in der nachgeburtlichen Zeit, für das es keine medizinischen Gründe gibt, noch heute kennzeichnend für Kulturen, die von extensivem Ackerbau leben. Mit dem Erfolg, den die technische Höherentwicklung bringt, muss kompensierend eine fruchtbarkeitsregulierende Technik aufkommen, oder die Bevölkerung wächst alsbald über das vertretbare Maß hinaus. Vertretbar ist ein Maß, bei dem noch für jeden die üblichen Ansprüche erfüllt werden können. Wachsen diese Ansprüche hinsichtlich Gesundheit, Bildung, Einkommen, Komfort, dann darf der Bevölkerungszuwachs erst steigen, wenn Wege gefunden sind, diesen gehobenen Ansprüchen allgemein gerecht zu werden. In den Völkern der westlichen Industriegesellschaften streben die Familien im Mittel nur zwei Kinder an und verhindern dann weiteren Nachwuchs.

Diese Entscheidung hat eine Verlängerung der Nach-Fortpflanzungsphase zur Folge, die mit der allgemein höheren Lebenserwartung ohnedies schon verlängert ist. Dass beide Eltern in einer Langzeitehe leben und die Nach-Fortpflanzungsphase gemeinsam erleben, ist ein geschichtlich noch junges Phänomen. „Bis dass der Tod euch scheidet" bezeichnete ja bis ins Mittelalter und darüber hinaus auch bei uns eine ziemlich kurze Zeit. Wo gab es damals schon eine silberne oder gar goldene Hochzeit?

Unter den vom technischen Fortschritt bewirkten Phasenverschiebungen muss also das Leben von Mann und Frau neu eingeteilt werden. Was mit der vom biologischen Fortpflanzungsdiktat befreiten Lebenszeit anzufangen sei, das unterliegt mancherlei Weisungen, ethischen Regeln und persönlichen Glücksvorstellungen. Dabei entstehen unerwartete Nebenwirkungen:

Was zum Beispiel passiert auf der biologisch-physiologischen Ebene, wenn das Stillen unmodern wird? Das regelmäßige Stillen hemmt recht verlässlich einen neuen Eisprung und also eine neue Kontrazeption, sofern das Kind in kurzen Abständen über den ganzen Tag verteilt gestillt wird. Selbst jahrelanges Stillen, aber nur zweimal am Tag, hat diese Wirkung nicht. Solcherart eingeschränktes Stillen ist die Folge von Verstädterung, Babynahrung, Mütterarbeit, aber auch von Schamgefühl, welches das Stillen in der Öffentlichkeit missbilligt, und von der Angst, die schöne Brustform und deren Signalwirkung einzubüßen. Heute werden andere die Fruchtbarkeit regulierenden Mittel eingesetzt, die der technische Fortschritt ja ebenfalls bereitstellt. Als fortschrittlichstes Mittel gilt heute die „Pille", die aber nicht den Effekt des Stillens imitiert. Stillen schaltet den Eisprung ab, es kommt zur Amenorrhoe, zum Ausbleiben der Menstruation. Die heute üblichen Pillen aber und die nach dem Eisprung wirkenden anderen Kontrazeptiva (wie Kondom oder Spirale) lassen den Menstruationszyklus weiterlaufen. Der Zyklus gilt heute zwar allgemein für Frauen als normal, fortgesetzt aneinander gereihte Zyklen sind jedoch biologisch durchaus nicht normal: Auf dem Stand der Sammler und Jäger, wo eine Frau bis zu fünf Kinder gebären kann, ist durch jeweils mehrjähriges Stillen ihr Zyklus insgesamt 15 Jahre lang stillgelegt. Etwas über vier Jahre ist sie schwanger, und nur in etwa vier Jahren erlebt sie Menstruationen. Noch heute heißt es in vielen Gebieten Schwarzafrikas, dass eine Frau nach der Hochzeit ihr Blut nicht mehr sieht. (Die mit der Menstruation verbundenen Vorstellungen von Unreinheit der Frau, die früher oft für diese Zeit sozial ausgegliedert wurde, hängen vielleicht mit dieser ursprünglichen Seltenheit der Menstruation zusammen.) Eine moderne westliche Frau hingegen, die mit 13 Jahren geschlechtsreif wird und mit 50 Jahren in die Menopause kommt, hat bei zwei Schwangerschaften mit minimaler nachfolgender Stillzeit nur zwei Jahre ohne und 35 Lebensjahre mit Menstruationen zu erwarten, also neunmal soviel wie bei Naturvölkern. Sie erlebt 200 nutzlose menstruelle Zyklen, die unbequem bis hinderlich und oft schmerzhaft, sanitär aufwendig und mit psychischen Spannungen verbunden sind. Die rhythmische Unpässlichkeit der Frauen, die ihnen im Alltag und Berufsleben immer wieder zum Nachteil gereicht, ist ein modernes Artefakt. Auch die Brustdrüsen wachsen jedesmal um etwa 20 Volumenprozent und gehen mit der Regelblutung wieder auf die ursprüngliche Größe zurück – ein Drüsenstress, der möglicherweise das Risiko des Brustkrebses erhöht. Abhilfe wäre zu schaffen durch Entfernung der Gebärmutter oder, nicht so irreversibel und angemessener, durch andere chemische Kontrazeptiva, die von Amenorrhoe begleitet sind. Die heute üblichen Kontrazeptiva sind weder unserer Biologie angepasst, so wie sie einmal aus der Evolution hervorgegangen ist, noch unseren technisch-kulturellen Erfordernissen, wie wir sie heute verstehen.

Der Lebenslage der industrialisierten Menschen angemessene Weisungen zur Gestaltung des sexuellen Lebens und der Geschlechterrollen fehlen weitgehend. Die von den christlichen Amtskirchen, speziell aus Rom verkündeten Normen unter Berufung auf Naturgegebenes und Naturgemäßes sind weithin Unfug. Wenn es der Natur des Menschen entspricht, sich die Erde untertan zu machen und den technischen Fortschritt zum Wohle des Menschen zu erzielen, wenn das also für den Menschen nicht unnatürlich ist, dann darf man, schon um der inneren Wahrheit des Arguments willen, auch im Bereich der Fortpflanzung und der unausweichlichen Fruchtbarkeitsbegrenzung keine technischen Hilfsmittel als unnatürlich verdammen, die nach Entscheidung und Auffassung der Betroffenen mit ihrer Menschenwürde vereinbar sind. Auch die immer wiederholte Negativbehauptung, der Mensch sei nun einmal ein Mängelwesen, ist lediglich der Versuch von Moralphilosophen, ihre Unfähigkeit in Sa-

---

Was ist eigentlich ...

Amenorrhoe [von griech. *a-* = nicht, *menes* = Monatsblutung, *rhoe* = Fluss], Ausbleiben der Menstruation. Das Nichteintreten der ersten Menstruation (Menarche) wird als primäre Amenorrhoe bezeichnet, das Ausbleiben der Menstruation bei einer geschlechtsreifen Frau als sekundäre Amenorrhoe. Ursachen können unter anderem das Fehlen oder Erkrankungen der Ovarien, psychische Belastungen, Medikamente und Unterernährung sein. Nichtpathologische, physiologische Formen der Amenorrhoe sind die Zeit vor der Menarche, die Amenorrhoe während der Schwangerschaft und Stillzeit sowie das Versiegen der Menstruation im Alter von 45–50 Jahren (Menopause).

chen Normgebung zu kaschieren. Denn da es dem Menschen weder an biologisch-verstandesmäßigen Voraussetzungen noch an technischen Möglichkeiten mangelt, leidet er unter dem gleichen Mangel wie ein Millionär, der nicht weiß, was er mit seinem Reichtum anfangen soll. Sinngebende Weisungen, die nicht auf urzeitliche, das heißt im wahren Wortsinn vorsintflutliche Normen zurückgreifen, wären vonnöten für die heranwachsende Jugend vor einer möglichen Familiengründung, für das brachliegende Fortpflanzungspotenzial bei notwendiger Familienplanung und für das Partner-Rollenverständnis in der Langzeit-Ehe.

Kulturbedingte soziale Normen haben selbstverständlich starke Auswirkungen auf das praktische Sexualleben der Individuen, wenn auch nicht in jedem Fall auf den Fortpflanzungserfolg, so doch auf das Sexualerleben jedes Einzelnen. Das zeigt schon ein einfacher Kulturenvergleich, aus dem zugleich der Spielraum ersichtlich wird, der für kulturelle Modifikation menschlichen Verhaltens in diesen Bereichen existiert. Dafür mögen zwei Extrembeispiele genügen:

Für die Polynesier auf der Südsee-Insel Mangaia ist ausgelebte Sexualität mit zahlreichen Partnern das Normale. Die Jugendlichen werden ausgiebig über die verschiedenen sexuellen Techniken aufgeklärt, allerdings nicht von den eigenen Eltern. Im Koitus, der von Gesprächen und heftigen Bewegungen begleitet bis zu einer halben Stunde dauert, erwartet das Mädchen beziehungsweise die Frau einen mehrfachen und abschließend das Paar einen gemeinsamen Orgasmus. Alle Frauen erlernen ihn im Zusammenspiel mit den männlichen Partnern, und manche erleben ihn so stark, dass sie darüber bewusstlos werden. Junge Männer (bis 20 Jahre) erfahren pro Nacht, ältere (ab 40 Jahre) pro Woche drei Orgasmen. Sexuelle Erfüllung mit dem Partner ist Voraussetzung für eine Eheschließung, Zuneigung und Partner-Fürsorge kommen erst im Laufe des Ehelebens hinzu. Die Ehe ist auf effektive ökonomische Zusammenarbeit ausgerichtet.

Die regelmäßigen außerehelichen Beziehungen dürfen öffentlich nicht gezeigt werden, wie überhaupt der Geschlechtsverkehr aller Altersstufen strenge Privatsache ist, obwohl er regelmäßig im gemeinschaftlichen Schlafraum der bis zu 15-köpfigen Familie stattfindet. Ehepartner verkehren die ganze Schwangerschaft hindurch bis zum Einsetzen der Wehen („um dem Baby den Weg zu bahnen") und spätestens wieder drei Monate nach der Geburt. Außereheliche Kinder werden wie eigene behandelt. Männer fürchten vor allem die Altersimpotenz, durch die sie ein gutes Teil Ansehen verlieren.

Ausgeprägt ist die Jugendsterilität der Mädchen, die trotz regelmäßigem Geschlechtsverkehr erst zwischen 18 und 24 Jahren Mutter werden. (15 Prozent der Ehefrauen bleiben kinderlos.) Solche Jugendsterilität gibt es auch bei Tieren, die in Familienverbänden leben, etwa bei Steppenzebras oder Rhesusaffen. Hier locken die ersten Sexualzyklen der Weibchen zwar Partner an, verlaufen aber ohne Eisprung, der erst einzusetzen scheint, wenn das junge Weibchen im Sozialverband fest eingegliedert ist und Aussicht hat, ein Junges auch aufzuziehen.

Häufig wechselnde Geschlechtspartner gelten auf Mangaia als Versicherung gegen eine Schwangerschaft, zu der erst regelmäßiger Verkehr mit einem Partner verhelfen soll. Christliche Missionen haben nach Kräften versucht, die uns geläufige strenge Sexualmoral auf Mangaia einzuführen. Seitdem auch christliche Eingeborene als Priester im Amt sind, kehren die alten Sitten stillschweigend wieder.

Ein Gegenstück zu den Mangaianern liefern die katholischen Bewohner einer irischen Gaeltacht-Insel. Ihr Glaubens- und Familienleben ist stark jansenistisch geprägt und von Redemptoristen beeinflusst, von denen sie ermahnt werden, die Leidenschaften zu zügeln. Während die Mangaianer eine genauere Kenntnis der Genitalanatomie und -funktion haben als mancher europäische Arzt, sind diese Iren eine der sexuell naivsten Volksgruppen, die man kennt. Sie klären ihre Kinder nicht auf („nach der Hochzeit geht schon alles seinen natürlichen Gang"). Menstruation und Menopause sind unverstanden und werden mit dem „bösen Blick" und restlichen heidnischen Geistern in Verbindung gebracht. „Anzügliche Reden" mit sexuellen Anspielungen sind verboten (auf Mangaia an der Tagesordnung), männliche Masturbation dagegen ist häufig (während sie auf Mangaia fast fehlt). Bei den Gaeltacht-Iren fehlt vorehelicher Verkehr. Das mittlere Heiratsalter der Frauen liegt bei 25, das der Männer bei 36 Jahren. Außereheliche Beziehungen sind selbstverständlich streng verboten, und es gibt zahlreiche soziale Kontrollmethoden: Spitzel, Überwachung, vor allem der auswärtigen Besucher, daneben Geheimnistuerei und Gerüchte. Der eheliche Verkehr ist kurz, ohne langes Vorspiel; die Partner entkleiden sich dazu nicht vollständig. Nacktheit ist unanständig (für die Mangaianer degegen begeisternd). Der weibliche Orgasmus ist fast unbekannt: Eine „gute Frau" will keinen Sex; und eigentlich hätte Gott eine weniger eklige Fortpflanzungsweise erfinden sollen. Hunde, die sich im Hause die Genitalien lecken, werden geschlagen.

Beide Bevölkerungsgruppen, die Mangaianer wie die Gaeltacht-Iren, verpönen öffentliches Werben zwischen den Geschlechtern, sogar das gemeinsame Spazierengehen. Männer und Frauen haben ganz verschiedene Tätigkeiten, und von Kindesbeinen an gehen die Geschlechter getrennt zur Schule, zur Kirche, zum Spielen oder an den Strand. So wird eine ähnliche äußere soziale Ordnung eingehalten, aber verbunden mit grundverschiedenen Einstellungen zum Geschlechtsleben und zur sexuellen Partnerschaft.

Weltweit ist die (sogenannt) christlich getönte öffentliche Meinung bezüglich Sexual- und Familienleben recht einheitlich, vor allem in ärmeren Bevölkerungsschichten, da dort bislang die Kirche vorwiegende Quelle der Belehrung über diesen Lebensbereich blieb und kaum abweichende Ansichten durch Literatur oder Augenschein erfahrbar waren. Spätestens das Fernsehen bot dann mehr Offenheiten, von denen sich namentlich die Jugend beeindrucken lässt.

Dem ehelichen Leben ärmerer Schichten in England, in den USA, in Puerto Rico wie in Mexiko waren bis etwa 1950 folgende Grundzüge (Rollenklischees) gemeinsam: Männliche und weibliche Tätigkeiten in Haus, Arbeit und Freizeit waren streng gegeneinander abgegrenzt. Die fehlende Gemeinsamkeit erschwerte jede Verständigung zwischen den Ehepartnern, auch über etwa erforderliche Geburtenkontrolle. Kinder wurden von den Eltern so gut wie nicht aufgeklärt. Mädchen wurden zur Dienerin und Mutter, auch zur zweiten Mutter für den Mann erzogen und lebten in enger Bindung an ihre eigene Mutter. Aufkommende sexuelle Wünsche störten diese Bindung und gehörten sich für ein „feines Mädchen" nicht. Sexualität war freudlose Pflicht der duldenden Frau, die aber dennoch schließlich verheiratet und Mutter sein musste, um anerkannt zu werden. Die Knaben sammelten ihre sexuellen Erfahrungen irgendwie außerhalb der Familie, in Lateinamerika auch bei „losen Mädchen" (während sie sich von feinen Mädchen fernzuhalten hatten). Sexualität ist für den Mann nötig und macht ihm Spaß, allerdings am ehesten mit weniger respektierten Frauen. Diese männliche Sexualrolle ist narzisstisch und aggressiv („erobern, verführen, vergewaltigen"), nicht partnerschaftlich. Der Mann ist erst sozial anerkannt, wenn eine Frau für ihn sorgt und er ein Kind (einen Sohn) hat. Feste Bindungen baut er zu Freunden und Arbeitskameraden auf; intime Paarbeziehungen würden dieses Beziehungssystem stören. Die Ehe ist ein nur wenig emotionales Dienstverhältnis. Die meisten Ehefrauen waren von den Flitterwochen schockiert, viele erlebten ein Hochzeitsnacht-Trauma. Beim ehelichen Verkehr spart der Mann am Vorspiel („damit die Frau nicht auf den Geschmack kommt und sich Liebhaber sucht"); die Frau willigt aus Liebe zu ihm ein und bemüht sich, nicht zu begeistert zu sein („sonst hält der Mann mich für schlecht"), aber nicht zu ablehnend („sonst geht er fremd"). Die Frauen verlieben sich mehr in die Liebe als in den Mann. Außereheliche Beziehungen des Mannes werden hingenommen oder sogar erwartet, der Frau aber sind sie streng verboten.

Wie sehr es auf die allgemeine Meinung ankommt, zeigt ein Vergleich mit den Wanyaturu in Zentral-Tansania. Ihre mit zehn bis 15 Jahren geschlossenen Ehen sind vorwiegend wirtschaftlich ausgerichtet, die Partner dürfen öffentlich keine Intimitäten erkennen lassen, und die Frau muss unterwürfig sein und hart arbeiten. Scheidungen sind häufig. Aber hier haben beide Eheleute einen gegengeschlechtlichen „Mbuya-Partner", in den sie romantisch verliebt sind, den sie eifersüchtig hüten und mit vielerlei Zärtlichkeiten bedenken und mit dem sie regelmäßig (und durchaus nicht so stereotyp wie mit dem Ehepartner) geschlechtlich verkehren. Ein Ehemann kann von seinem Nebenbuhler zwar Schadenersatz verlangen, falls er ihn tatsächlich bei seiner Frau ertappt, aber er kann die Beziehung nicht unterbinden. Meist duldet er sie, zumal er auch aus der Dorfgemeinschaft keine Unterstützung zu erwarten hat. Das Volk ist auf Seiten der Liebenden, und die können es sogar darauf anlegen, vom Ehemann der Frau entdeckt zu werden. Wenn seine Verwandten ihm dann raten, der Liebschaft zuzustimmen, ist damit die Mbuya-Beziehung öffentlich als Quasi-Ehe anerkannt. Die Wanyaturu haben also zusätzlich zum System der Pflichtehe noch ein unabhängiges System der Liebesehe, Männer wie Frauen sind öffentlich anerkannt mehrfach verpaart.

Mit diesen Variationen ist der Spielraum für kulturelle Abwandlungen der ursprünglichen biologischen sozio-sexuellen Rollen selbstverständlich nicht erschöpft.

Das sogenannte dritte Geschlecht

Eine Überbetonung der kulturellen Einflüsse zeigt sich heute in der feministischen These, das Geschlecht von Personen sei gar nichts Natürliches, sondern werde sozial und kulturell hergestellt. Die Denkschule der *Gender Studies* bezeichnet das „vermeintlich natürliche" Geschlecht als eine kulturabhängige fundamentale Unnatür-

---

■ Was ist eigentlich ... ■

Gender Studies, Geschlechterforschung, interdisziplinäre Forschungsrichtung, die das Verhältnis zwischen Männern und Frauen als soziale, geschlechtsspezifische Beziehung untersucht, wie es sich historisch herausgebildet hat und als Geschlechterverhältnis in den verschiedenen gesellschaftlichen und sozialen Ordnungen (Kulturen) darstellt; wissenschaftlicher Forschungsansatz („Konzept der sozialen Konstruktion von Geschlecht"), der die wahrgenommene Ungleichheit in den Geschlechterbeziehungen zu seinem Forschungsgegenstand erhoben hat. Zentrale Bedeutung in der Geschlechterforschung hat die – nicht unumstrittene – Auffassung erlangt, dass Rolle, Status und soziale Beziehungen des Menschen in der Gesellschaft wesentlich durch die Geschlechtszugehörigkeit (Geschlechtsidentität) definiert sind und geschichtlich in den Formen festgefügter Männer- und Frauenbilder tradiert werden. Die sogenannte Differenztheorie geht dabei von einem angenommenen Doppelcharakter von Geschlecht aus und beschreibt die Geschlechtsidentität sowohl als gesellschaftlich bedingten sozialen Sachverhalt (englisch *gender*) wie auch als natürlich gegebenes biologisches Faktum (englisch *sex*). Andere Geschlechtertheorien gehen von einem monokausalen Denkansatz aus, der die Unterschiede hinsichtlich Rolle, Status und Selbstverständnis von Männern und Frauen als grundsätzlich gesellschaftlich bedingt und historisch geworden beschreibt und die Annahme quasi natürlich vorgegebener männlicher und weiblicher Geschlechtsidentitäten als nicht haltbar zurückweist.

lichkeit, erstrebt eine entsprechende Revision der Geisteswissenschaften, eine Mythen- und Ideologiekritik, und träumt von der völligen sexuellen Selbstermächtigung jedes Menschen. Speziell dem Schema männlich/weiblich und der daraus folgenden Zwangsheterosexualität soll der Anschein von Natürlichkeit genommen werden; stattdessen möchte man bindungslos, körperfern und allzeit autonom mit den sexuellen Rollenerwartungen der Gesellschaft spielen. Die Behauptung, Geschlecht sei eine rein soziokulturelle Variable, steht sowohl gegen die Auffassung, Geschlecht sei eine biologische Tatsache, wie auch gegen die Vorstellung, Geschlecht sei eine metaphysische Konstante, die sich wesentlich in Weiblichkeit und Männlichkeit ausdrückt. Kritisiert wird damit das Vermengen genetischer und kulturell bestimmter Eigenschaften zu vorgeschriebenen geschlechtstypischen Lebensformen, die den Bereich von der biologisch-sexuellen bis zur intellektuellen Ebene umfassen.

Im Grunde richtet sich die Kritik gegen einen unzulässigen Schluss vom Sein auf das Sollen: Zwar sind die Frauen in ihrer physischen Konstitution durchschnittlich kleiner und schwächer, Männer hingegen größer und stärker, zudem findet der Mann die Frau schützenswert und eignet sich als ihr Beschützer; aber aus dieser Beschreibung darf man nicht die Vorschrift ableiten, dass die Frau schwächer und der Mann ihr Beschützer zu sein habe. Wenn wir von einem eng beieinander stehenden Paar nur den Umriss erkennen können, werden wir aus Erfahrung urteilend wahrscheinlich die größere von beiden Personen für den Mann halten und annehmen, er halte einen Arm um die andere Person gelegt. Wollte man allerdings fordern, Frauen dürften nur größere, stärkere Männer heiraten, so wäre das natürlich Unsinn.

Biologisch gesehen gibt es nur zwei Geschlechter. In der euro-amerikanischen Kultur wird der neugeborene Mensch entweder als weibliches oder als männliches Wesen bezeichnet, erkennbar an seinen Genitalien. Jeder dieser beiden Kategorien sind des Weiteren kulturspezifisch unterschiedlich ausgestaltete soziale Rollen und Verhaltenskomplexe zugeordnet. Andererseits ist die Entwicklung von der besamten Eizelle zum fertigen Menschen ein komplizierter Prozess. An dessen Anfang stehen die Geschlechtschromosomen; als nächstes wachsen die Keimdrüsen, deren Hormone dann die primären und sekundären Geschlechtsmerkmale ausbilden. Auf diesem Reifungsweg sind Abweichungen und Ungenauigkeiten möglich, und mit einer Häufigkeit von etwa drei Prozent entstehen Individuen, die Merkmale beider Geschlechter aufweisen. Diese Intersexe oder Hermaphroditen können eine oder beide Sorten von Keimdrüsen tragen, und ihre äußeren Genitalien sind bei der Geburt nicht eindeutig männlich oder weiblich entwickelt. Dennoch muss in unserem Kulturkreis jedem Kind legal-juristisch ein Geschlecht zugewiesen wer-

Was ist eigentlich ...

Hermaphroditismus, Vorkommen männlicher und weiblicher Geschlechtsorgane in einem Individuum (Zwitter, Hermaphrodit). Man unterscheidet das echte Zwittertum (Keimdrüsengewebe beider Geschlechter bei einem Individuum vorhanden) und das Scheinzwittertum (Pseudohermaphroditismus), bei dem die Keimdrüsen eindeutig männlich oder weiblich determiniert sind, die übrigen inneren oder äußeren Geschlechtsorgane aber mehr oder weniger wie beim entgegengesetzten Geschlecht ausgebildet sind. Einem Teil der Fälle von echtem Zwittertum beim Menschen liegt ein Chromosomenmosaik XX/XY zugrunde, das durch doppelte Befruchtung einer zweikernigen Eizelle entstehen kann. Echtes Zwittertum tritt sehr selten auch familiär auf. Menschliche Zwitter und Scheinzwitter sind in der Regel unfruchtbar.

den, was dann sowohl für seine weitere psychosoziale Entwicklung bedeutsam wird wie für die Einstellung anderer Personen zu ihm. Die abnormen Genitalformen werden alsbald hormonell oder operativ korrigiert. Christlich-religiös verankerte Menschen berufen sich dabei auf die biblische Schöpfungsgeschichte, in der Gott den Menschen eindeutig als Mann und Frau, also nur zwei Geschlechter erschuf.

Manche außereuropäischen Kulturen denken anders. Genetisch vorgegeben sind hier ebenfalls nur zwei Geschlechter, Mann und Frau. Aber hier werden kulturell neue Kategorien für die in der Natur vorkommenden Varianten gebildet. Die Kategorien, die in der Anthropologie und Ethnologie als drittes oder gar viertes Geschlecht bezeichnet werden, enthalten entweder Entwicklungsanomalien, bei denen kein geschlechtstypischer Körperbau entstand, oder sie beziehen sich auf weitere Ebenen des Geschlechtlichen, nämlich auf die kultur-

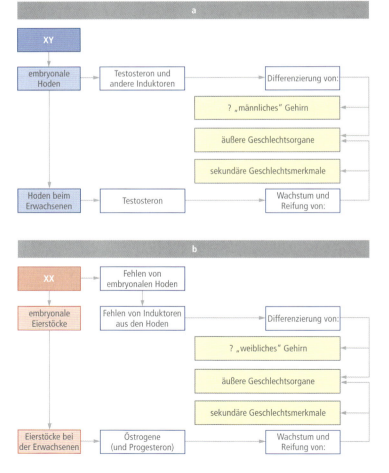

Schematische Darstellung der Differenzierung der primären und sekundären Geschlechtsmerkmale in der Entwicklung von a) Männern und b) Frauen.

spezifisch geschlechtsgebundenen Verhaltensnormen und sozialen Rollen oder auf die sexuellen Neigungen des Individuums. Es gibt viele Gesellschaften, welche den Hermaphroditen einen besonderen Geschlechtsstatus einräumen oder für diejenigen, die das zu ihrem körperlichen Geschlecht gehörige Rollenspektrum nicht übernehmen wollen, eigene soziale Geschlechtskategorien eingerichtet haben.

In diesen Zusammenhängen verwenden mehrere Autoren unverbindliche und undefinierte Begriffe. Das biologische, durch die Struktur der Genitalien festgelegte Geschlecht heißt oft „Sex", zuweilen aber „Genus" (was in der Biologie allerdings eine Gattung ist). „Gender" bezeichnet allgemein den Satz von besonderen Eigenschaften und Verhaltensweisen, die mit dem jeweiligen biologischen Geschlecht einhergehen. In der neueren Frauenbewegung existiert die Auffassung, Geschlecht sei etwas, was wir tun; und das kann sowohl angeboren als auch durch kulturelle Übereinkunft in der Sozietät festgelegt und vom Individuum erlernt sein. Somit wird das Geschlecht des Individuums zu einer lebenslang sozial beeinflussbaren Variablen. Vereinfacht könnte man dann sagen, „Sex" sei das biologische, „Gender" das soziale Geschlecht eines Individuums. Mit „Sexus" schließlich meinen manche Autoren das individuelle Gefühl der Zugehörigkeit zum eigenen oder zum anderen biologischen Geschlecht. Deutlich ist, dass erstens in Gender und Sexus nur zwei Formen bestehen und zweitens das biologische Geschlecht mit beiden Gender-Formen – und beiden Sexus-Formen – gekoppelt sein kann. Wo diese Mischungen sozial anerkannt sind, gibt es eine Einteilung der Individuen in mehr als zwei sozio-sexuelle Kategorien. In den von Gisela Völger herausgegebenen Bänden über *Frauenmacht und Männerherrschaft im Kulturenvergleich* sind Beispiele dazu enthalten:

Im einfachsten Fall kann die vom Individuum bevorzugte Praxis des Geschlechtslebens altersabhängig sein, sodass etwa junge Männer in bestimmten Bereichen des Soziallebens eine Frauenrolle übernehmen dürfen. Bei den Hua im Hochland von Neuguinea dürfen alte Frauen, die mindestens drei Kinder geboren haben, formal als Männer initiiert werden und fortan im Männerhaus wohnen. Häufig wird das soziale Geschlecht („Gender") durch rollentypisches Verhalten festgelegt. In vielen Kulturen Afrikas gilt das Geschlecht von Personen nicht als einmalig festgelegtes, natürliches Merkmal, sondern bestimmte Handlungen entscheiden, ob eine Person im Augenblick mehr männlich oder weiblich ist. So konnte etwa bei den Nandi in Kenia eine reiche Frau die Brautgabe für eine andere Frau bezahlen und dadurch deren (weiblicher) Ehemann werden; die Ehefrau durfte sich männliche Liebhaber nehmen, aber ihre Kinder gehörten dem weiblichen Ehemann.

Zum Weiterlesen

Gisela Völger, Karin von Welck *Die Braut. Geliebt, verkauft, getauscht, geraubt. Zur Rolle der Frau im Kulturvergleich* (1997). Gisela Völger *Sie und Er. Frauenmacht und Männerherrschaft im Kulturvergleich* (1997).

Ein „drittes Geschlecht" bilden in Südmexiko die *muxe*; das sind biologisch männliche Personen, die bestimmte zwischen den typisch männlichen und den typisch weiblichen Tätigkeiten liegende Arbeiten verrichten und die auf weibliche Art gehen, sprechen, gestikulieren, sich kleiden und schmücken. Sie können mit einem Mann eine feste Paarbeziehung eingehen oder auch mit einer Frau verheiratet sein und Kinder haben. Die *muxe*, die sich als Frau fühlen, aber genital ein Mann sind, unterziehen sich nie einer operativen oder hormonellen Geschlechtsumwandlung, haben sozial und erotisch einen anerkannten Platz in der Gesellschaft und werden wie weibliche Personen angeredet.

In der Dominikanischen Republik heißen männliche Individuen, deren Genitalien bis zur Pubertät noch nicht eindeutig männlich ausgebildet sind, *guevedoce*. Setzt mit der Pubertät die Maskulinisierung ein, so haben sie die Wahl, männliche oder weibliche Rollen zu übernehmen oder aber den *guevedoce*-Status zu behalten, der einen gewissen Spielraum zwischen Mann- und Frau-Sein erlaubt. (Probleme entstehen für solche Betroffenen, die schon in der Kindheit klar als Junge oder Mädchen eingestuft und erzogen wurden.) Kinder mit uneindeutig ausgebildeten Genitalien, die sich dann später männlich entwickeln, gibt es auch in anderen Teilen der Welt; sie heißen auf Neuguinea *kwolu-aatmwol*, bei den nordamerikanischen Navajo *nadle*. Die *kwolu-aatmwol* haben eine soziale Identität, die von der männlichen wie der weiblichen abweicht; ihnen werden besondere übernatürliche Fähigkeiten zugeschrieben, weil einer Mythe zufolge die Welt durch zwei Hermaphroditen entstand. Die *nadle* bei den Navajo sind hoch angesehen als Schamanen, Heiler und rituelle Spezialisten. In vielen Kulturen gibt es zusätzliche Kategorien für beide biologischen Geschlechter, also für Individuen, die zwar morphologisch und physiologisch das eine oder andere körperliche Geschlecht ausgebildet haben, im Verhalten aber nicht die entsprechende soziale Rolle übernehmen, sich also als biologische Männer mehr mit der weiblichen oder als biologische Frauen mehr mit der männlichen Welt identifizieren. Genetisch weibliche Personen mit einer kulturell institutionalisierten quasi-männlichen Rolle gab und gibt es zum Beispiel in Sibirien und auf dem Balkan. Im Südirak sind es die *mustergil*, die sich männliche Kleidung und Tätigkeit zulegen und sogar die Möglichkeit haben, sich schließlich durch Heirat endgültig als Frau zu definieren und Kinder zu bekommen. Die *xanith* in Oman dagegen sind Männer, die sich geschlechtsindifferent kleiden, weibliche Hausarbeiten verrichten und bei öffentlichen Anlässen mit den Frauen essen und singen. Sexuell verkehren sie in der Frauenrolle mit Männern. Den *xanith* entsprechen in Samoa die *fa'afafine*. Bei den muslimischen Makassar auf Sulawesi bilden solche Männer, die weiblichen Schmuck und Kleidungsstil bevorzugen, die Kategorie der *kawe-kawe*, hingegen Frauen, die den weiblichen Rollenbereich weitgehend ablehnen, die Kategorie der *calabai*. In beiden Kategorien ist es dem Einzelnen überlassen, wie viel vom gegengeschlechtlichen Rollenspektrum er/sie übernimmt und über welche Zeitspanne hinweg. In diesen vier Geschlechterkategorien der Makassar finden auch körperliche Hermaphroditen leicht ihren Platz. Im Süden Sulawesis, bei den Buginesen, sind *calabai* männliche, *calalai* weibliche Transvestiten, die auch in ihren Tätigkeiten weitgehend die Rolle des Gegengeschlechts übernehmen. Bei Hochzeitszeremonien ist das Mitwirken der *calabai* wichtig für eine fruchtbare Verbindung des Paares. In Indien sind die *hijra* Männer, die sich wie Frauen kleiden und verhalten; sie werden gegebenenfalls entmannt, spielen eine wichtige Rolle beim religiösen Kult zu Ehren der Muttergöttin und treten in dieser Rolle bei Heiraten und Geburten auf.

Indianische Kulturen Nordamerikas kennen ein sexuell-soziales Vier-Geschlechter-System: Bei der überwiegenden Zahl der Männer und Frauen stimmt jeweils das soziale Geschlecht mit dem biologischen überein; daneben aber gibt es – oft schon in der Kindheit an ihren Neigungen kenntliche – physisch und genetisch männliche Personen in einer Frauenrolle („Fraumann") und umgekehrt physisch und genetisch weibliche Personen in einer männlichen Rolle („Mannfrau"). Sexuelle Beziehungen sind nur zwischen, aber nicht innerhalb einer dieser Kategorien erlaubt, wohl also zwischen Mann und Fraumann, nicht aber zwischen Fraumann und Fraumann. Auch bei den Navajo können die *nadle* Frauen oder Männer, aber keine anderen *nadle* als Sexualpartner haben, denn auch hier ist geschlechtlicher Verkehr innerhalb desselben sozialen Geschlechts nicht gestattet. Schon daran kann man erkennen, dass die Rollen-Kategorisierung analog zur biologisch-sexuellen bipolar gedacht wird. Und deshalb gibt es dann nicht vielleicht fünfzig Geschlechtsidentitäten, wie die Philosophin Judith Butler in der neuen Denkschule der *Gender Studies* sich vorstellt, sondern je zwei auf drei Ebenen, nämlich der genetisch-biologischen („Sex"), der kulturell-soziologischen („Gender") und der individuell-psychologischen („Sexus"), und das erlaubt acht verschiedene Kombinationen.

Grundtext aus: Wolfgang Wickler und Uta Seibt *Männlich/Weiblich. Ein Naturgesetz und seine Folgen*. Spektrum Akademischer Verlag.

Die Neuronen der Moral

Wie Hirnschäden zum Ausfall von Nächstenliebe und Verantwortungsbewusstsein führen

Ulrich Schnabel

In der Weite des amerikanischen Mittelwestens, liegt das Medical Center von Iowa. In der größten Universitätsklinik der Welt sorgt man sich wenig um künftige Anthropotechniken. Dafür bestimmen hier mitunter bizarre Patientenschicksale den Alltag, die unsere Vorstellungen von Moral und sozialem Verhalten gründlich über den Haufen werfen könnten. Über zwei der merkwürdigsten Fälle berichtet jetzt ein Neurologen-Team um Antonio Damasio: Den Patienten sind durch eine Verletzung im vorderen Stirnhirn sowohl ihr Moralempfinden als auch die Fähigkeit zu Schuldgefühlen abhanden gekommen.

Die Veröffentlichung in der Zeitschrift *nature neuroscience* liest sich streckenweise wie ein Roman. Da ist von einer Patientin die Rede, die der Schrecken ihrer Mitmenschen ist. Schon mit drei Jahren ließ sich die Kleine weder von verbalen noch körperlichen Strafen schrecken. In der Schule geriet sie ständig mit Schülern und Lehrern aneinander, fiel durch Gewalttätigkeit und chronisches Lügen auf. Als Jugendliche bestahl sie Familienmitglieder ebenso wie Mitschüler, wurde wegen Ladendiebstahls mehrfach verurteilt und hatte so gut wie keine Freunde. Aus therapeutischen Anstalten, in die sie immer wieder eingewiesen wurde, brach sie mehrfach aus. Und als sie mit 18 ein Kind bekam, erwies sie sich als echte Rabenmutter; sie behandelte ihr Kind „gefährlich unsensibel". Bei alldem zeigte sie nie Reue oder Schuldgefühle – in ihren Augen waren stets andere für die Schwierigkeiten in ihrem Leben verantwortlich.

Das Wissen um soziale Regeln hat eine anatomische Basis

Dennoch sei die heute 20-Jährige völlig unschuldig, meinen die Neurologen aus Iowa. Für die abnorme Entwicklung ihres sozialen und moralischen Verhaltens sei allein eine „Läsion im präfrontalen Cortex", eine Verletzung im vorderen Stirnhirn, verantwortlich, schreiben Hauptautor Steven Anderson und seine Kollegen.

Ein Autounfall im Alter von 15 Monaten hatte zu der Verletzung des Mädchens geführt – und dessen weitere Entwicklung dramatisch beeinflusst: Mit den Neuronen im Stirnhirn gingen ihr nicht nur Gefühle wie Nächstenliebe, Empathie oder Verantwortungsbewusstsein verloren, sondern auch die Fähigkeit, die Regeln des sozialen Zusammenlebens überhaupt erst wahrzunehmen. Es scheint geradeso, als ob ein anatomischer Defekt zu einer Art moralischen Blindheit führt, ähnlich wie ein Augenfehler die Wahrnehmung trübt.

Institutsdirektor Antonio Damasio will mit solchen Ergebnissen allerdings nicht das komplexe menschliche Verhalten auf reine Biologismen reduzieren. Anders als manche Genetiker, die schon jetzt unbekümmert Eigenschaften wie Intelligenz, Homosexualität oder Redefreudigkeit auf das Wirken weniger Gene zurückführen, weiß er, wie vielfältig die Einflüsse sind, die einen menschlichen Charakter formen.

Es gibt keine Gene für die Moral. Doch die Fähigkeit, normative Systeme überhaupt erst zu erkennen, scheint selbst durchaus eine physische Basis zu besitzen. Unser moralisches Empfinden, diese hoch geschätzte Errungenschaft humaner Kultur, hängt offenbar direkt vom Funktionieren spezieller Nervenzellen ab.

In Iowa befindet sich das größte digitale Hirnarchiv der Welt

Erkenntnisse dieser Art kommen nicht zum ersten Mal aus Iowa. Denn das Forscherehepaar Hanna und Antonio Damasio gebietet dort über das größte virtuelle Gehirnarchiv der Welt. In ihren Computern sind die digitalisierten Schädelbilder von über 2 000 Patienten gespeichert, pro Jahr kommen 14 000 Kranke aus der ganzen Welt in ihre neurologische Klinik. Bei der Behandlung der teilweise höchst ungewöhnlichen Hirnschäden gewinnen die Neurologen ganz nebenbei tiefe Einblicke in die Arbeitsweise des menschlichen Gehirns.

So klärten sie beispielsweise jenen berühmt gewordenen Unfall des amerikanischen Sprengmeisters Phineas Gage auf, dem 1848 eine Eisenstange durch den Kopf schoss. Gage überlebte den Unfall, konnte bald wieder reden, hören und sich bewegen wie zuvor, dennoch hatte sich seine Persönlichkeit völlig verändert: Der Sprengmeister, der vormals als höflich und zuvorkommend galt, fluchte plötzlich, wurde ausfallend, halsstarrig und wankelmütig.

Mehr als 140 Jahre später rekonstruierten die Damasios das Geschehen am Computer und fanden heraus, dass bei Gage das vordere Stirnhirn zerstört worden war. Dort, so folgerten sie, müsse ein Hirnzentrum sitzen, das moralisches Verhalten steuere. Die intakt gebliebenen seitlichen Teile des Cortex sind dagegen für abstrakte Denkvorgänge wie Sprache oder Rechnen verantwortlich.

Den Patienten der Damasios ist der Bezug zu ihren Gefühlen abhanden gekommen

Immer wieder werden die Damasios seither mit ähnlichen Krankenschicksalen konfrontiert: Patienten, die zwar klar und rational denken können, aber dennoch unfähig sind, vernünftige Entscheidungen zu treffen. Ihnen gemeinsam ist das Unvermögen, soziale Beziehungen aufzubauen – und alle haben, durch Tumoren oder Unfälle, Schäden im vorderen Stirnhirn erlitten. Mit ausgeklügelten Tests fanden die Damasios heraus, dass den Patienten der Bezug zu ihren Gefühlen abhanden gekommen war. Führt man ihnen etwa Bilder mit stark emotionalem Gehalt vor, auf die „normale" Menschen mit Entsetzen oder Abscheu reagieren, bleiben sie völlig ungerührt, obwohl sie sich des schockierenden Inhalts durchaus bewusst sind. Diese Patienten „wissen, ohne zu fühlen", beschreibt Antonio Damasio dieses Verhalten.

Seine Erfahrungen führten ihn schon vor Jahren zu dem Schluss: Wer seine Handlungsstrategien allein auf rationales Denken gründet und nicht auch auf emotionale Rückmeldungen seines Körpers, ist zu vernünftigen Entscheidungen praktisch nicht in der Lage.

Diese Erkenntnis verarbeitete der Wissenschaftsjournalist Daniel Goleman zu einem Bestseller über Emotionale Intelligenz und verdient damit heute als Unternehmensberater sein Geld. Mit Golemans Beraterweisheiten hat Antonio Damasio allerdings wenig im Sinn. Ihm geht es darum, die Rätsel des Gehirns zu erkunden. In seinem Buch *The Feeling of What Happens* verknüpft er seine Forschungsergebnisse zu einer Theorie des Bewusstseins. Dabei spielt auch die Funktionsweise des „Moralzentrums" im Kopf eine wichtige Rolle.

Früher hatte Damasio nur erwachsene Patienten untersucht, die vor ihrer Verletzung stets ein Wissen um moralische Maßstäbe ausgebildet hatten und sich daran – wenigstens in abstrakten Testsituationen – noch erinnern konnten. Unklar war jedoch geblieben, welche Folgen wohl eine Schädigung des Stirnhirns im früheren Kindesalter für die spätere Entwicklung haben mag. Diese Frage meinen die Damasios nun beantworten zu können: Wer vor einer Verletzung im präfrontalen Cortex nicht bereits gelernt hat, soziale Regeln zu erkennen, ist später unfähig, darüber auch nur ein theoretisches Wissen zu entwickeln.

Eine Gehirnoperation raubte einem Jungen sein Schuldbewusstsein

Dies belegen die zwei jetzt publizierten Fallstudien. Beide Kinder, sowohl das eingangs erwähnte Mädchen als auch ein Junge, wuchsen wohlbehütet auf, in Familien, in denen es weder neurologische noch psychiatrische Erkrankungen gegeben hatte. Beide waren im Säuglingsalter völlig normal – und beide konnten sich später nicht in die Gesellschaft einfügen. Der Junge war im Alter von drei Monaten wegen eines Stirntumors operiert worden, und auch er hatte sich augenscheinlich gut erholt. Doch mit neun Jahren begann den Eltern ein merkwürdiges Verhalten aufzufallen.

Der Junge konnte keine Freundschaften aufbauen, sondern war anderen gegenüber oft aggressiv. Die Schule schaffte er mit Ach und Krach, aber wegen seiner Unzuverlässigkeit flog er später aus jedem Job. Er machte hohe Schulden, versuchte, sich mit schlecht geplanten Kleindiebstählen über Wasser zu halten, und schwängerte schließlich eine Freundin, um deren Schicksal er sich nicht kümmerte. Bei alldem zeigte er keinerlei Schuldbewusstsein, und am Ende wurde er gar entmündigt.

Mit Anfang 20 kamen diese beiden zu den Damasios, die zum ersten Mal feststellten, dass ein Hirnschaden vorlag. In neuropsychologischen Tests, die sprachlichen Ausdruck, Kopfrechnen, Erinnerungsvermögen oder Wahrnehmungsfähigkeit prüften, erzielten beide jedoch normale Ergebnisse. Nur bei Aufgaben, die soziales Einfühlungsvermögen und das Erlernen bestimmter Regeln erforderten, scheiterten sie kläglich. „Das Niveau ihrer moralischen Vernunft ist charakteristisch für Zehnjährige", schreibt das Neurologenteam. Anders als die früher untersuchten Patienten litten diese beiden aber offensichtlich nicht unter ihrem mangelhaft ausgebildeten Sozialverhalten. Anscheinend war es ihnen gar nicht bewusst.

Emotionen helfen unbewusst bei der Entscheidungsfindung

Für die Neurologen ist dies ein Hinweis darauf, dass die beschädigte Hirnregion „entscheidend für den Erwerb sozialen Wissens" sei. Möglicherweise sei bei den Unfällen im Kindesalter jenes Hirnzentrum zerstört worden, in dem Lob und Strafe verarbeitet werden. Lernprozesse, die auf solchen emotionalen Korrekturfaktoren beruhen, könnten dann erst gar nicht stattfinden. Emotionen spielen in der Theorie von Antonio Damasio eine entscheidende Rolle. Sie sind für ihn gewissermaßen die bioregulatorischen Werkzeuge, mit denen Organismen ihr Überleben sichern. Denn in der Großhirnrinde, so seine Vorstellung, wird jede Wahrnehmung mit dem zugehörigen Gefühl zu einem gemeinsamen Eindruck verknüpft – das Bild eines Zahnarztstuhles wird vermutlich bei den meisten automatisch mit eher unangenehmen Gefühlen assoziiert, während ein Liegestuhl am Strand eher entspannt stimmt.

Wann immer das Gehirn eine wichtige Entscheidung trifft, so Damasios Vorstellung, greift es automatisch auf solche gespeicherten emotionalen Eindrücke zurück; es entsteht, was man gemeinhin Intuition nennt, ein Gefühl, das uns Hinweise für bestimmte „richtige" oder „falsche" Entscheidungen gibt. Nicht umsonst spricht man von „Rechtsempfinden" und nicht etwa von „Rechtswissen".

Findet diese Verknüpfung von Emotion und Wahrnehmung nicht mehr statt – etwa weil das dafür zuständige Steuerzentrum zerstört ist –, so kann das Gehirn aus Fehlern nicht mehr lernen. Scheinbar irrationales Verhalten ist die Folge, wie bei den beiden „amoralischen" Patienten.

Natürlich mag man der These entgegenhalten, dass sie lediglich auf zwei Fallstudien beruht. Doch die Damasios sind bekannt für Sorgfalt und peinlich genaue Analysen. Ihre Folgerungen sind durch eine beeindruckende Reihe psychologischer Tests untermauert. Überdies werden ihre Resultate durch Tierversuche gestützt. Hält man Affen zur Belohnung Futter vor die Nase, werden just die Neuronen in jenem präfrontalen Bereich aktiviert, den auch die Damasios untersuchten. Zerstört man bei Ratten diesen Teil des Stirnhirns, so zeigen sie sich unfähig, ein Verhalten zu erlernen, das sie versteckte Belohnungen finden lässt.

Gleichwohl hält sich Antonio Damasio mit einer Deutung seiner Befunde zurück. „Diese Studie eröffnet die Forschung in diesem Gebiet. Wir wollen zunächst nur auf solche Fälle aufmerksam machen. Vielleicht können wir damit anderen Leuten helfen, die ähnliche Verletzungen haben." Möglicherweise, so hofft der Wissenschaftler, ließe sich eines Tages auch eine Therapie für solche Patienten entwickeln. „Wir wollen mit unserer Arbeit nicht der Meinung Vorschub leisten, jeder Straftäter habe einen Hirnschaden und müsse seinen Kopf untersuchen lassen."

Gibt es Menschen, denen man ihre fehlende Moral gar nicht vorwerfen darf?

Die vorsichtige Interpretation ist bezeichnend für den gebürtigen Portugiesen, der ungern jemandem vor den Kopf stößt und lieber – sowohl in seiner Theorie als auch in seiner Forscherehe mit Hanna – auf emotionale Kooperation setzt. Dennoch eröffnen seine Resultate brisante Aussichten: Was ist mit Menschen, die keine Verletzung, sondern nur eine physiologische Fehlfunktion im präfrontalen Cortex haben?

Muss man bei ihnen mit besonders schwach ausgebildetem Moralverhalten rechnen, ähnlich, wie manche durch eine Augenschwäche kurzsichtig sind? Dürfte man in solchen Fällen überhaupt noch von Fehlverhalten sprechen, oder wäre dies nicht eine Kategorie, die für solche Kranken bedeutungslos wäre? Blinden wird ihr mangelndes Wahrnehmungsvermögen schließlich auch nicht vorgeworfen.

„Sollte sich herausstellen, dass diese Ergebnisse korrekt sind, werden wir nicht um eine Neubewertung der sozialen Herausforderungen psychopathologischer Fälle und ähnlicher Störungen herumkommen, die derzeit im Hinterland zwischen Psychiatrie und Strafvollzug dahinsiechen", kommentiert der Hirnforscher Raymond J. Dolan in einem begleitenden Artikel in *nature neuroscience*. Das ist vorsichtig ausgedrückt, und darin ist die Angst der Wissenschaftler zu spüren, für politische Zwecke missbraucht zu werden. Die Zurückhaltung ehrt sie. Wird die neuronale Basis moralischen Verhaltens jedoch weiter erforscht, so könnte dies unser Menschenbild nachhaltiger erschüttern als so manche Sloterdijksche Spekulation.

Aus: DIE ZEIT, Nr. 43, 21. Oktober 1999

Sie fühlen sich moralisch gefestigt? Wenn Sie sich da nur nicht irren. „Während wir über eine moralisch knifflige Situation nachdenken, empfinden wir einen primitiven Emotionsschub – mehr brauchen wir nicht, um unser Urteil zu fällen", klärt uns **Cordelia Fine** auf. Sie werden jetzt einwenden, es gebe für Ihre moralischen Urteile immer gute Gründe. Die, wird ihnen Fine erläutern, erfänden wir erst nachträglich. „Dies vermittelt uns den befriedigenden, wenn auch oft illusorischen Eindruck, unsere Moral basiere auf vernünftigem und logischem Nachdenken."

Cordelia Fine hat soeben mit *Wissen Sie, was Ihr Gehirn denkt?* ihr erstes Buch vorgelegt und noch mehr neurowissenschaftlich gut begründete Demütigungen für unseren scheinbar überlegenen Verstand parat. Ihrem gelungenen Erstlingswerk ist der folgende Beitrag entnommen.

Fine hat an der Oxford University Psychologie und an der Cambridge University Kriminologie studiert, um dann am University College London in kognitiven Neurowissenschaften zu promovieren. Sie sammelt so nicht nur die besten akademischen Adressen Großbritanniens in ihrem Lebenslauf, sondern pflegt als Autorin auch feinsten britischen Humor. Er macht es ihr leicht, ihren Lesern beizubringen, was die nicht ganz so gern über sich selbst wissen wollen.

Fine zeigt unterhaltsam und doch unerbittlich, dass wir keineswegs die Kontrolle über unser Denkorgan haben. Darum solle man sich seine Selbstdisziplin für Momente und Dinge aufheben, in denen sie wirklich wichtig sei, empfiehlt die Autorin.

Cordelia Fine

Das unmoralische Gehirn

Das trotzige Kleinkind in uns

Von Cordelia Fine

Die Moral meines zweijährigen Sohnes Isaac ist einfach; sie beruht auf Emotionen, die ebenso schlicht wie überzeugend sind.

„Isaac ist dran!", brüllt er das Kind an, das auf dem Spielplatz gerade die Schaukel bestiegen hat.

„Meins!", ermahnt er das Baby und nimmt ihm das Spielzeug aus der Hand.

„Will nicht!", schreit er, wenn ich ihm die Windel anzulegen versuche – die möglichen katastrophalen Folgen für unser Sofa kümmern ihn nicht.

„Isaac will auch!", jammert er neidisch, wenn er sieht, wie sein Vater mit einem sehr scharfen Messer Zwiebeln schneidet.

Sein Verhalten offenbart keine Anzeichen für ein inneres Ringen mit komplizierten Fragen wie Gegenseitigkeit, Besitzverhältnisse, Pflicht oder Umsicht. Der richtige Weg ist ganz einfach – er entspricht genau dem, was mein Sohn gerade will.

Er hält sich auch nicht lange mit komplizierten Dingen wie den persönlichen Schwierigkeiten von Menschen auf, bevor er über ihre Vergehen urteilt.

„Böse Greta!", verkündet er, wenn seine drei Jahre alte Freundin ihr Essen quer durch das Zimmer wirft.

Gretas Mutter erklärt meinem Sohn geduldig, dass nicht Greta selbst böse ist, sondern dass sie – müde, hungrig, aufgeregt, wie sie ist –, ja, etwas Ungezogenes getan hat. Mein Sohn aber hat keine Zeit für die moderne Tendenz, über das Verhalten anstatt über das Kind zu sprechen. „Böse Greta", wiederholt er, um nach einer Denkpause fortzufahren: „Böse Greta, böse Greta, böse Greta!" Und um seine Ansicht zu unterstreichen, dass ungebührliches Verhalten am Mittagstisch ohne Nachsicht zu behandeln sei, sagt er die restliche Zeit unseres Besuchs gar nichts anderes mehr.

Natürlich gehe ich davon aus, dass mein Sohn durch das makellose Vorbild und die Erziehung seiner Eltern sein primitives und solipsistisches (ichbezogenes) Moralempfinden ablegen wird – oder zumindest lernen wird, es besser zu verbergen. Denn wenn man bei einem

Schmollendes Kleinkind.

moralisch ausgereiften Erwachsenen an der Oberfläche kratzt, tritt nicht selten ein erschreckendes Innenleben mit den ungebremsten Gefühlen eines Kleinkindes zutage. Ohne die Lebensumstände anderer im Geringsten zu berücksichtigen, sind wir mit Urteilen wie „böse Greta" ebenso schnell zur Hand wie mein Richter im Miniformat. Und wenn es uns im umgekehrten Fall die eigene Situation schwer macht, das Richtige zu tun, zeigt sich, dass wir genauso launenhaft sein können wie ein zweijähriges Kind im Trotzalter.

Die verzerrende Wirkung von Emotionen

Bei Erwachsenen mag es nicht ganz so offensichtlich sein wie bei Kleinkindern, aber unsere Emotionen spielen ohne Zweifel eine wichtige oder sogar entscheidende Rolle, wenn wir moralisch urteilen. Einer neueren Hypothese zufolge fällen wir diese scheinbar fundierten Urteile meist aus einem spontanen Bauchgefühl heraus oder mit intuitiver Moral. Während wir über eine moralisch knifflige Situation nachdenken, empfinden wir einen primitiven Emotionsschub – mehr brauchen wir nicht, um unser Urteil zu fällen. Da es aber ein Jammer wäre, jene Teile unseres Gehirns unbenutzt zu lassen, die uns von Affen und Kleinkindern unterscheiden, erfinden wir an-

Was ist eigentlich …

Moral [von latein. *moralis* = moralisch, ethisch], das praktizierte Wertesystem einer sozialen Gemeinschaft. Moral beinhaltet Verhaltens- und Einstellungsnormen, die über längere Zeit hinweg von der Mehrheit einer Gruppe als verbindlich akzeptiert und eingehalten werden. Bei Tiergesellschaften gibt es „Vorstufen" moralischen Verhaltens.

Ontogenese der Emotionen: erstes Auftreten ihres Ausdrucks beim Menschen

Emotionsausdruck	ab Monate	Emotionsausdruck	ab Monate
Lächeln	<2-3	Ärger, Wut	3- 6
Lachen, Freude	4-5	Kummer, Trauer	6-30
Schreck	0	Furcht	5- 9
Interesse	0-2	Schüchternheit	12-18
Überraschung	1-5	Schuldgefühl	12-15
Unlust, Unmut	0	Verachtung	15-18
Ekel, Abscheu	0-5		

schließend Gründe, die unsere Ansicht erklären und rechtfertigen. Dies vermittelt uns den befriedigenden, wenn auch oft illusorischen Eindruck, unsere Moral basiere auf vernünftigem und logischem Nachdenken statt auf comic-haften Reflexen wie „Huch!", „Autsch!" oder „Tss, tss". Dank der geschickten Täuschungsmanöver unseres emotionalen Gehirns glauben wir selbst und meist auch andere, dass wir ausgiebig nachgedacht haben, bevor wir unser moralisches Urteil fällten, und nicht erst danach. Fehlen uns aber gute Begründungen für unsere reflexartigen Reaktionen, wird oft beschämend deutlich, dass rationales Denken während der Urteilsfindung gar nicht stattgefunden hat.

So baten Forscher beispielsweise einige Studenten, ihr negatives moralisches Urteil über einen Mann, der sich (vorsichtig formuliert) unter bereitwilliger Mithilfe eines Hundes selbst befriedigte, zu begründen. Nach den westlichen Moralvorstellungen, die sich ungefähr mit den Worten „Alles ist möglich, solange niemand verletzt wird" zusammenfassen lassen, ist an dieser für beide Seiten erfreulichen Interaktion zwischen einem Menschen und seinem besten Freund nichts moralisch Falsches, auch wenn der Anblick eher abstoßend ist. Deshalb fiel es vielen Studenten schwer, ihre reflexartigen „Huch!"-Reaktionen zu rationalisieren; sie waren, wie die Forscher es nannten, „moralisch verblüfft". „Naja, ich, äh, ich weiß nicht, ich glaube nicht, dass, also ich [lange Pause], ich denke wirklich nicht viel über sowas nach [Lachen], darum weiß ich wirklich nicht, aber, ich weiß nicht, also ich [lange Pause], äh …" – so versuchte beispielsweise eine Studentin, ihre Ablehnung des Mann-und-Hund-Szenarios zu begründen. Moralische Intuition, die auf unüberdachten Emotionen beruht, hilft uns also nicht immer weiter, wenn wir ein schlüssiges und konsequentes Moralempfinden begründen wollen. Unser eigenes Unbehagen oder unser Ekel sind nicht immer kompatibel mit formulierten Moralvorstellungen, die angeblich auch die unseren sind.

Die Emotionen funken uns noch in anderer Weise dazwischen, wenn wir versuchen, fair und gerecht zu sein. So geschieht es manchmal,

Was ist eigentlich …

Moralentwicklung, allmähliche Übernahme der Verhaltens- und Einstellungsnormen (Moral) einer sozialen Gemeinschaft durch ein heranwachsendes Mitglied dieser Gesellschaft. Die Moralentwicklung verläuft parallel zur kognitiven Entwicklung in festgelegten, aufeinander aufbauenden Stufen. Das Konzept von Lawrence Kohlberg sieht drei Einteilungen vor, wobei das frühe Kleinkindalter als vormoralische Phase ausgeklammert wird. Phase 1: moralische Imitation (7/8 Jahre), Phase 2: moralische Heteronomie (8 bis 11 Jahre), Phase 3: moralische Autonomie (ab ca. 12 Jahren).

dass wir Gefühle, die durch ein Ereignis ausgelöst wurden, fälschlicherweise in die Beurteilung anderer Dinge mit einbeziehen. (Denken wir nur an Kunden, die ihren Autos und Fernsehgeräten bessere Noten gaben, weil sie durch ein zuvor erhaltenes kleines Geschenk besserer Laune waren.) Leider kann dieses Dazwischenfunken der Emotionen auch bei unseren moralischen Urteilen großen Schaden anrichten, denn diese sind für derlei Verzerrungen ebenso anfällig. Um die verzerrende Wirkung von Zorn zu demonstrieren, versetzte eine Forschergruppe einige Testpersonen in Rage, indem sie ihnen Filmaufnahmen zeigte, in denen ein Jugendlicher brutal zusammen geschlagen wurde. Eine zweite Gruppe Freiwilliger sah stattdessen einen Film mit bunten Formen, die ausgelassen über den Bildschirm tanzten. Im Rahmen eines angeblich ganz anderen Experiments bat

■ Was ist eigentlich ... ■

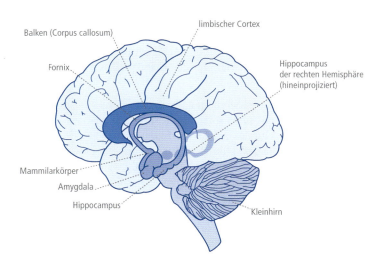

Limbisches System [von latein. *limbus* = Streifen, Gürtel], miteinander eng verknüpfte Areale von Großhirn, Diencephalon und Mesencephalon, die den limbischen Lobus beinhalten. Der Begriff limbisches System wird bezüglich zugehöriger Hirnregionen und Funktionen sehr heterogen verwendet. Vergleichend neuroanatomische, physiologische und klinische Untersuchungen haben gezeigt, dass das limbische System neben der Kontrolle des affektiven Verhaltens (Angst, Wut, Sexualität, Aggression) an Lernprozessen beteiligt ist und eine wichtige Rolle bei der Abspeicherung von Gedächtnisinhalten spielt. So wird es heute als Assoziationssystem betrachtet, das Sinnesimpulse (also Informationen von der Umwelt) verarbeitet und mit den individuellen körperlichen Bedürfnissen in Einklang bringt. Es setzt sich zusammen aus Teilen des Großhirns, des Zwischenhirns und des Mittelhirns. Zum limbischen System gehören u. a. der Hippocampus, der auch zu den Basalganglien zählende Mandelkern (Amygdala) sowie Abschnitte des Hypothalamus, der zum Zwischenhirn gehört. Zu Letzterem gehören u. a. die Mamillarkörper, welche eine Nervenverbindung, den Fornix, zum Hippocampus haben.

man anschließend alle Teilnehmer, Urteile über einige Fälle von Fahrlässigkeit abzugeben. Man befragte sie beispielsweise zu einem Baustellenleiter, der es versäumt hatte, die Bohlen zur provisorischen Abdeckung des Fußweges zu kontrollieren. Inwieweit war er verantwortlich für den Knöchel- und Schlüsselbeinbruch einer Passantin, die in eine Lücke in der Abdeckung getreten war? Wie viel Schmerzensgeld und Entschädigung sollte er ihr zahlen? Die wegen des brutalen Filmes noch vor Wut schäumenden Testpersonen waren nun selbst ungerecht gegenüber Personen, die der Fahrlässigkeit beschuldigt wurden. Ihr Urteil über deren Schuld und die Strafe, die diese vermeintlich verdienten, war wesentlich härter als das der Freiwilligen, die ohne Wut in die Befragung gegangen waren.

Und nicht nur auf diese Weise beeinträchtigt Zorn unser Urteilsvermögen. Wenn wir blind sind vor Wut, sind wir auch blind für die feinen Nuancen moralischer Zwangslagen. In einigen Fällen von Fahrlässigkeit, die sowohl den zornigen als auch den ruhigen Testpersonen zur Lektüre vorgelegt wurden, hatten die Beschuldigten ganz bewusst gehandelt (etwa der Gebrauchtwagenhändler, der einem ahnungslosen Kunden Schrott verkauft hatte). In anderen Fällen dagegen waren erschwerende Faktoren wie mangelnde Ausbildung oder Druck durch Vorgesetzte eingebaut worden. So hatte etwa der Baustellenleiter keine Anweisungen erhalten, wie er vor dem Verlassen der Baustelle deren Sicherheit zu überprüfen habe. Zudem war seine Schicht zu Ende, und er wusste, dass ihm keine Überstunden bezahlt würden, da der Bau ein Verlustgeschäft war. Die objektiven Versuchspersonen waren zugänglich für solche Informationen und sahen ein, dass die Angeklagten aufgrund dieser mildernden Umstände eine geringere Strafe verdienten. Die zornigen Teilnehmer dagegen ließen diese Feinheiten einfach außer Acht, während sie plump versuchten, die Waagschalen der ausgleichenden Gerechtigkeit auszubalancieren.

Doch Ärger führt nicht zwangsläufig zu mangelnder moralischer Scharfsicht. Einigen verärgerten Freiwilligen sagte man vor ihrer Urteilsverkündung, dass ein promovierter Forscher sie hinterher zu den Gründen für ihre Schuldzuweisung befragen würde. Diese Personen wussten also, dass sie ihren erhobenen Zeigefinger begründen müssten, und ihr Strafmaß fiel prompt eher wie das der emotionslosen Versuchsteilnehmer aus. Ich finde es beruhigend, dass wir die verzerrende Wirkung unserer emotionalen Verfassung überwinden können, wenn wir wissen, dass wir dafür verantwortlich gemacht werden. Andererseits ist es ernüchternd, dass wir uns diese Mühe nur machen, wenn wir wissen, dass wir sonst schlecht dastünden.

Was ist eigentlich …

Emotionen [von latein. *emotio* = heftige Bewegung], Gefühle, Affekte, Gemütsbewegungen, subjektive Begleitempfindungen zu Verhaltensweisen und Wahrnehmungen. Emotionen sind ererbt; erlernt wird der Gegenstand der Empfindung. Den subjektiven Empfindungen entsprechen biochemische Prozesse im Gehirn, vor allem des limbischen Systems. Aus physiologischer Sicht werden emotionale Zustände von Änderungen des vegetativen Nervensystems begleitet. Die Ethologie (Verhaltensforschung) beschäftigt sich mit den sichtbaren Korrelaten der Emotionen. Ekel, Freude, Furcht, Überraschung, Zorn und Trauer sind Grundemotionen, deren zugehöriger Gesichtsausdruck transkulturell einheitlich gesendet und interpretiert wird.

Gerechtigkeitsglaube als Selbstschutz

Unser moralisches Urteilsvermögen ist zudem auf gefährliche Weise von unserem tief verwurzelten Bedürfnis durchtränkt, an eine gerechte Welt zu glauben. Natürlich haben wir alle den Kinderglauben überwunden, dass wie im Märchen Tugend stets belohnt wird und die bösen Jungs kriegen, was sie verdienen (zumindest hier auf Erden; viele Erwachsene hoffen immer noch, dass im Jenseits Gerechtigkeit walten wird, wo der Anständige an der Himmelspforte durchgewunken wird, der Schurke aber als Küchenschabe auf die Erde zurück muss). Offen danach gefragt, werden wir das unverdiente Schicksal der vielen unschuldigen Opfer auf der Welt beklagen; im Angesicht solch unglücklicher Menschen aber strafen unsere Gefühle ihnen gegenüber unsere hehren Prinzipien oft Lügen. Als unser ältester Sohn noch ein Baby (und natürlich der Mittelpunkt unserer Welt) war, machten wir mit ihm einen Spaziergang und trafen dabei eine Nachbarin, eine dreifache Großmutter. Es war der zehnte Geburtstag einer ihrer Enkelinnen – besser gesagt, wäre es gewesen, wenn das Kind nicht vor drei Jahren an Leukämie gestorben wäre. Unsere Nachbarin schilderte uns alle Einzelheiten des körperlichen Zerfalls ihrer Enkelin, ihre schmerzhafte Krebsbehandlung und die hoffnungslose Verzweiflung der letzten Monate vor ihrem Tod. Ich bin wahrlich nicht stolz darauf, aber während die Frau ihre unglaublich traurige Geschichte erzählte, schossen mir immer wieder völlig ungebeten die schlimmsten Vorwürfe an die betroffene Mutter durch den Kopf: „Wahrscheinlich hat sie nicht gestillt", „Bestimmt hat sie sie falsch ernährt" und sogar „Sie hat sie wohl zu dicht vor dem Fernseher sitzen lassen". Einerseits wusste ich, dass diese Gedanken vollkommen ungerechtfertigt und irrational waren. Andererseits kamen sie immer wieder. Die verborgene Botschaft in dem Verlust dieser armen Frau („Es hätte dein Kind sein können") war zu belastend, um Gedanken daran zuzulassen. Um mit dieser Bedrohung umzugehen, bestand die abscheuliche und schändliche Strategie meines unmoralischen Gehirns darin, der Mutter die Schuld zu geben. Es war ihr Fehler, sie war selbst schuld, sie hat als Mutter versagt ... diese Diffamierungen vermittelten mir natürlich die unausgesprochene und beruhigende Botschaft: „Keine Sorge, *mir* wird das nicht passieren."

Auch wenn dieses Verleugnen nicht immer so offensichtlich ist, bin ich nicht die Einzige, die sich so feige verhält. Die unzähligen Ungerechtigkeiten in der Welt sind einfach zu viel für unsere empfindsamen Seelen. Wenn wir ein solches unglückliches Opfer des Schicksals sehen, kämpfen wir gegen die Erkenntnis, dass das Leben erbarmungslos und ungerecht ist. Erweist es sich aber als unmöglich, zu schwierig oder zu aufwendig, Gerechtigkeit für das betroffene Opfer zu erkämpfen, es für sein Leid zu entschädigen oder von seiner Last zu befreien, dann greifen wir zu einer anderen, einfacheren Strategie.

Wir überzeugen uns selbst davon, dass die betroffene Person selbst für ihr Schicksal verantwortlich ist. Unser Wunsch, an eine gerechte Welt zu glauben, ist so stark (andernfalls könnte es ja auch uns passieren, unverschuldet unsere Arbeit, unser Heim, unsere Gesundheit oder unser Kind zu verlieren), dass wir uns der gefälligeren Täuschung hingeben, Schlechtes würde nur schlechten Menschen widerfahren.

Hypothese von der gerechten Welt – ein hinterhältiges Experiment

Unser hartnäckiger Glaube an eine gerechte Welt wurde unter anderem durch einige Experimente bewiesen, die geschickt demonstrieren, wie sich unsere Gefühle für Menschen zum Negativen verändern, wenn wir diese leiden sehen müssen. Bei diesem hinterhältigen Experiment setzte man jeweils einige Testpersonen in einen Hörsaal und kündigte ihnen an, dass sie per Videoübertragung eine von ihnen bei einem Lernexperiment beobachten würden. Die Forscherin, Dr. Stewart, kam herein, wählte ihr Versuchskaninchen aus und erläuterte, dass bei diesem Experiment starke Elektroschocks als Bestrafung für Fehler zum Einsatz kämen. Dann führte sie die unglückliche Studentin hinaus wie ein Lamm zur Schlachtbank, und kurz darauf beobachteten die anderen auf dem Fernsehschirm, wie ihr die Elektroden angebracht wurden. Damit sie bestimmte Wortpaare erlernte, erhielt sie bei jedem Fehler schmerzhafte Elektroschocks.

Wie Sie vielleicht schon vermuten, war die arme Testperson in Wirklichkeit eine Helferin und das Video vom Lernexperiment eine Aufzeichnung. Die Forscher waren überhaupt nicht an ihrem Lernverhalten interessiert; dieser Vorwand sollte den Beobachtern nur erklären, warum sie jemanden leiden sahen, und sie bei diesem ethisch etwas fragwürdigen Versuch sozusagen zu Komplizen machen. Bevor die Teilnehmer das Video sahen, vermittelte die Forscherin den Beobachtern verschiedene Vorstellungen von dem, was nach der ersten Runde Elektroschocks mit dem Opfer geschehen würde. Mal erzählte sie, das Opfer würde für seine Teilnahme kein Geld erhalten, mal, dass es einen kleinen Betrag oder sogar eine großzügige Summe erhalten würde; die Szenarios wurden also immer erträglicher. In einer anderen, noch hinterhältigeren Version des Experiments aber machte sie den Teilnehmern weis, das arme Opfer würde in einer zweiten Stufe des Experiments sogar noch mehr Elektroschocks erhalten. Bei der Märtyrerversion der Geschichte wurde den Teilnehmern gesagt, die Studentin würde die Elektroschocks erleiden, damit sie alle ihr Geld bekämen. Nachdem der Helferin mitgeteilt worden war, dass sie weitere Elektroschocks erhalten würde, äußerte sie nervös, der Gedanke mache ihr Angst und sie würde gern aus dem Versuch aussteigen. Die knallharte Dr. Stewart aber wies sie streng darauf hin, dass dann auch die anderen, als Zuschauer engagierten Studenten kein Geld erhalten würden. Zögernd erklärte sich die Märtyrerin daraufhin einverstanden, zum Wohl der anderen mit dem Versuch fortzufahren.

Nach dem Betrachten des Films (ein für die Zuschauer, die solidarisch mit der malträtierten Studentin zusammenzuckten, offenbar belastendes Erlebnis) wurden die Versuchsteilnehmer gebeten, die Persönlichkeit des Opfers zu bewerten. Alle sahen exakt denselben Film von ihrem angeblichen Lernexperiment, doch ihre Wahrnehmung dessen, was für eine Person die Studentin sei, war erstaunlich stark von ihrem angeblichen Schicksal abhängig. Bemerkenswert und erschreckend: Je geringer die Entschädigung, die sie angeblich erhielt (oder kurz gesagt, je ungerechter das Experiment), desto weniger mochten die Beobachter das Opfer. Noch abschätziger war die Haltung gegenüber der Frau, die vermeintlich noch mehr Elektroschocks erleiden würde. Und wie verhielt es sich mit der Märtyrerin, die sich selbstlos für die anderen opferte? Ich fürchte, sie wurde am meisten verachtet.

Die Folgerung aus diesem Versuch – das Unglück einer Person wird mit entsprechender unverdienter Kritik an ihr aufgerechnet – macht einen frösteln. Doch müssen wir nicht allzu tief in unserer Seele suchen, um Beispiele zu finden, die verdächtig gut zu dem Glauben an die Hypothese von der gerechten Welt passen. Warum kursierten nach der Zerstörung von New Orleans durch den Hurrikan Katrina so viele falsche Gerüchte über Vergewaltigungen und Gewalt? Vielleicht, weil es leichter ist zu glauben, dass Menschen das bekommen, was sie verdienen? Niemand stellt sich gern Schwache und Arme verloren in einer verwüsteten Stadt vor – es geht weniger nahe, wenn man annimmt, die Zurückgebliebenen seien Vergewaltiger und Schläger.

Das Gefühl moralischer Überlegenheit

Das unmoralische Gehirn dient nicht nur einfach unserem feigen psychologischen Bedürfnis zu fühlen, dass das Leben gerecht und sicher ist. Es unterstützt auch fachkundig das überaus wichtige Gefühl moralischer Überlegenheit. Wenn das Gehirn Amateurpsychologe spielt und über Gründe und Erklärungen für das Verhalten von Menschen spekuliert, achtet es darauf, zweierlei Maß anzulegen, wann immer notwendig. Wir greifen beispielsweise gern auf die Persönlichkeit von Menschen zurück, um deren Fehler zu erklären. Dies scheint auf den ersten Blick plausibel, doch überlegen Sie sich bitte einmal, wie oft Sie für ihr eigenes Fehlverhalten lieber ausgefeilte

Entschuldigungen parat haben. Sie haben nicht etwa Probleme mit Abgabeterminen, weil Sie unaufmerksam und schlecht organisiert sind – es kamen einfach unerwartete und dringende Angelegenheiten dazwischen. Sie sind nicht gereizt und unfreundlich – schließlich fauchen nur Heilige ihren Partner nach einem langen und anstrengenden Tag nicht an. Und Sie haben nicht etwa aus Egoismus und Desinteresse noch nicht für diese gute Sache da gespendet – Sie hatten einfach so viel anderes zu erledigen. Wenn Ihr Verhalten Ihren Ansprüchen nicht genügt, bewahrt es Sie vor der unangenehmen Erkenntnis, vielleicht doch inkompetent, unfreundlich oder hartherzig zu sein, wenn Sie sich auf mildernde Umstände berufen.

Entscheiden wir auch bei anderen „im Zweifel für den Angeklagten"? Nein! Wenn wir über eigenes Fehlverhalten nachdenken, liegt es auf der Hand, dass sich widrige Umstände dazu verschworen haben, unser wahres Potenzial, unseren guten Charakter und unsere guten Absichten nicht zum Zuge kommen zu lassen. Seltsam blind sind wir aber für die speziellen Umstände, die vielleicht bei anderen Personen eine Rolle spielen. Unser Empfinden für den Kontext, das bei Dingen, die uns selbst betreffen, so ausgeprägt ist, wird beim Blick auf andere eher nachlässig und ungenau. Aus dieser oberflächlichen Sicht spiegelt das Verhalten anderer einfach wider, was diese für Menschen sind, nichts weiter. Studenten, die sagen sollten, wann sie mit einer gestellten Aufgabe fertig würden, berücksichtigten nicht frühere Probleme beim Einhalten von Terminen. Wir neigen dazu, unser früheres Unvermögen, Abgabetermine einzuhalten, auf unerwartete und unvorhersehbare Ereignisse zu schieben; so bleibt unser Vertrauen darauf, dass wir diesmal tatsächlich – jawohl! – pünktlich fertig werden, unangekratzt. Wenn wir aber bei anderen über voraussichtliche Abgabetermine spekulieren, spielen frühere Terminprobleme plötzlich eine größere Rolle. In derselben Studie wurden die Teilnehmer über die Schwierigkeiten eines anderen Studenten informiert, einen Abgabetermin einzuhalten; ihre Voraussagen, wann er wohl seine Aufgabe fertig haben würde, waren nun weit pessimistischer. Da sie offenbar sicher waren, hier einen chronischen Trödler vor sich zu haben, überschätzten die gnadenlosen Betrachter sogar die Zeit, die der zu beurteilende Student für seine Aufgabe brauchen würde. Unsere eigene Fracht kommt wegen der rauen See – der widrigen Umstände – verspätet in den Hafen; andere Schiffe kommen zu spät, weil sie getrödelt haben.

Wie schön, dass all diese beunruhigenden Forschungen über unseren Selbstbetrug und unsere Heuchelei wenigstens eine positive Erkenntnis mit sich bringen: Offenbar sind wir doch nicht so schlecht, dass wir nicht dieselben entschuldigenden Erklärungen auch auf die anwenden, die wir lieben. Meist vermuten wir hinter dem Verhalten unseres Partners sogar noch positivere Beweggründe als bei uns selbst,

> „Der Erfinder der Notlüge liebte den Frieden mehr als die Wahrheit." (James Joyce)

vielleicht weil es, wie ein zynischer Beziehungsexperte es ausdrückte, „viel schmeichelhafter ist, mit einer wundervollen Person zusammenzusein, als mit einer unpassenden". Dieser wohlwollende Nebelschleier um das Warum und Wozu des Handelns unseres Partners scheint sogar ein wichtiges Merkmal für glückliche Beziehungen zu sein. Bei Paaren, die kurz vor der Scheidung stehen, glaubt sich dagegen jeder Partner dem anderen moralisch überlegen und beobachtet sein Verhalten mit dem größten Misstrauen. Selbst freundliche und überlegte Handlungen werden als ungewöhnliche Ausnahmen vom ansonsten unzulänglichen Benehmen abgetan. Aber auch bei Paaren, die mit ihrer Ehe recht zufrieden sind, verschwindet der das Verhalten des Partners weichzeichnende Nebel manchmal gerade dann, wenn er am meisten gebraucht wird. Eheleute, die man einzeln zu einem Streit mit dem Partner befragte, griffen auf die üblichen selbstwerterhöhenden Erklärungen zurück und erläuterten, warum die Umstände des Streits ihr eigenes Verhalten rechtfertigten. Wie auf dem Schulhof, wo die Kinder „Der hat angefangen!" rufen, behaupteten fast alle, die Schuld liege beim anderen, obwohl jeweils beide Partner denselben Streit beschrieben. Als wäre ihr Ehepartner nur ein Fremder, übersahen sie besonders jene Aspekte der beschriebenen Situation, die ihren Partner entschuldigt hätten.

Unser biegsames moralisches Rückgrat ...

Auch in unserem Urteil über andere setzen wir selten im selben Maße gute Absichten voraus wie bei uns selbst. Forscher baten Versuchspersonen, zu wohltätigen Zwecken ihre Arme in Eiswasser zu tauchen; für jede Minute, die sie ihren Arm im Wasser ließen, spendeten die Wissenschaftler 50 Cent. Anschließend sollten die Teilnehmer ihren eigenen Altruismus einschätzen. Während sie sich das eisige Wasser von den kalten Gliedern wischten, gingen die Freiwilligen bei ihrem Selbsturteil weniger von der Summe aus, die sie tatsächlich für den jeweiligen guten Zweck eingenommen hatten, sondern davon, wie gerne sie der betreffenden Einrichtung geholfen hätten. Sie beurteilten sich also großzügigerweise nach dem, was sie tun *wollten*, und nicht danach, was sie tatsächlich getan hatten. Aber während uns die eigenen philanthropischen Gedanken sonnenklar sind, lassen wir die – unsichtbaren – Absichten anderer Menschen nur allzu leicht außer Acht, wenn wir uns eine Meinung über ihr Handeln bilden. Wir unterstellen anderen weniger gute Absichten als uns selbst. Eine andere Gruppe von Teilnehmern an dem Eiswasser-Experiment, die nur zusehen sollte, während sich die anderen opferten, war an deren Motiven nicht interessiert. Als man sie bat, das Ausmaß an Altruismus bei den beobachteten Personen zu bewerten, war ihnen die gute Absicht des Leidenden egal. Sie urteilten nur nach dem Er-

---

Was ist eigentlich ...

Die Psychologie befasst sich mit dem weitgesteckten Gegenstandsbereich menschlichen Verhaltens und Erlebens und stellt so unterschiedliche Fragen wie z. B., warum wir vergessen, was schizophrene Menschen kennzeichnet, wie Vorurteile zustande kommen, wie die Wahrnehmungswelt eines Kleinkindes aussieht oder ob die Aggressionsbereitschaft von Kindern durch Gewalt im Fernsehen zunimmt. Antworten auf diese Fragen werden in unterschiedlichen psychologischen Teildisziplinen gesucht: den Grundlagenfächern der Allgemeinen Psychologie, der Biologischen Psychologie, der Differenziellen und Persönlichkeitspsychologie, der Entwicklungs- und der Sozialpsychologie, sowie in den anwendungsnäheren Teildisziplinen der Klinischen und Neuropsychologie der Pädagogischen Psychologie und der Arbeits-, Organisationspsychologie und Markt- und Werbepsychologie.

gebnis. Und selbst wer von uns im heiligen Stand der Ehe verbunden ist, tut sich schwer damit, die lobenswerten Motive des Partners in demselben strahlenden Licht zu sehen wie die eigenen. Bei den von mir schon beschriebenen Ehepaaren, die zu früheren Streitigkeiten befragt wurden, schenkten die Testpersonen den eigenen löblichen Absichten im Schnitt viermal mehr Aufmerksamkeit als denen ihres Partners.

... der Beleg – die Milgram-Studie zum Autoritätsgehorsam

Unsere nachsichtige, beifällige Selbstsicht lässt uns – im Verein mit der abwertend-ungenauen Einschätzung der anderen – allesamt in dem süßen, wenn auch falschen Glauben, bessere Menschen zu sein als die anderen. Wie aber die Manipulationen von Sozialpsychologen beweisen, ist unser moralisches Rückgrat so biegsam wie junges Schilf. Einer der Meilensteine der Psychologie, die Milgram-Studie zum Autoritätsgehorsam, enthüllte, wie sehr soziale Situationen unser Verhalten lenken. In der Originalstudie rekrutierte man 40 normale und vermutlich rechtschaffene Männer (darunter Lehrer, Ingenieure und Arbeiter) für eine Studie zu Gedächtnis und Lernen an der Yale-Universität. Angeblich sollten sie jeweils zusammen mit einem

Was ist eigentlich ...

Die Sozialpsychologie beschäftigt sich mit Verhalten und Erleben im sozialen Kontext. Dabei lassen sich drei Forschungsperspektiven unterscheiden. Untersuchungen zur sozialen Kognition befassen sich mit der Frage, wie soziale Reize wahrgenommen und verarbeitet werden und wie sie das Handeln beeinflussen. Eine zweite Forschungsrichtung befasst sich mit Kommunikation und Interaktion in Dyaden (Zwei-Personen-Verhältnisse), z.B. zwischen Partnern, Mutter und Kind oder Angestellten und Vorgesetzten. Neben der Frage, wie Information ausgetauscht wird, stehen Entstehungsbedingungen, Eigenschaften und Verlaufsformen besonderer Interaktionsformen, wie interpersonelle Anziehung, Hilfeverhalten oder Aggression im Vordergrund. Eine dritte Forschungsrichtung widmet sich dem Verhalten in und von Gruppen. Beispiele für gruppenspezifische Prozesse mit z.T. erheblichem Einfluss auf das individuelle Verhalten sind Konformitätsdruck, Verhaltensansteckung, die Schaffung von Gruppenidentität und der Einfluss von Autorität.

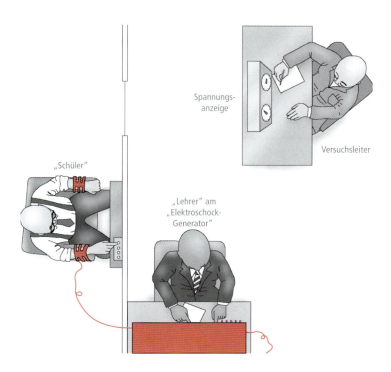

Anordnung des Milgram-Experiments zum Gehorsam.

weiteren Teilnehmer bei einem Experiment über die Wirkung von Strafen beim Lernen entweder die Rolle des Lehrers oder des Schülers einnehmen. Durch eine manipulierte Auslosung wurde dann der ahnungslose Mann für die „Lehrer"-Rolle ausgewählt. Der andere Teilnehmer (ein freundlicher Helfer), schlüpfte in die Rolle des „Schülers".

Mit bemerkenswerter Liebe zum Detail führte man nun die Teilnehmer an diesem berüchtigten Experiment hinters Licht. Zunächst wurde der Lockvogel an einer Art elektrischem Stuhl festgeschnallt (um „heftige Bewegungen zu vermeiden", hieß es), und unter die an seinen Handgelenken befestigten Elektroden strich man Elektrodenpaste (um „Blasenbildung und Verbrennungen vorzubeugen"). Die eigentliche Versuchsperson wurde dann in einem anderen Raum instruiert, als Lehrer dem Schüler immer dann Elektroschocks von zunehmender Stärke zuzufügen, wenn dieser bei einer Lernaufgabe mit Wortpaaren einen Fehler machte. Der Elektroschockgenerator (eine Attrappe, professionell beschriftet mit den Worten *Elektroschockgenerator, Typ ZLB, Dyson Instrument Company, Waltham, Mass., Leistung 15–450 Volt*) hatte eine Tafel mit 30 Schaltern, die in 15-Volt-Stufen von 15 bis 450 Volt beschriftet waren. Die Intensität der jeweiligen Elektroschockstärke wurde auf dieser Schalttafel erläutert. So trugen die Schalter für Stärken zwischen 15 und 60 Volt die Bezeichnung „leichter Schock", bei denjenigen zwischen 375 und 420 Volt dagegen hieß es warnend „Achtung, schwerer Schock". Die letzten beiden Stufen, 435 und 450 Volt, waren schlicht und rätselhaft nur mit „XXX" bezeichnet. Um den falschen Schockgenerator besonders echt wirken zu lassen, verabreichte man jedem „Lehrer" zu Beginn des Versuchs damit einen 45-Volt-Elektroschock, der in Wirklichkeit allerdings von einer im Generator versteckten Batterie stammte.

■ Was ist eigentlich … ■

Gehorsam ist die Bereitschaft eines Individuums, sich aufgrund von Rangbeziehungen bzw. Autoritätsstrukturen leiten zu lassen. Eine funktionierende Rangordnung beruht auf der Bereitschaft sowohl zu Führen wie auch zu Gehorsam, Unterordnung und Gefolgschaft. Dies sind wichtige Dispositionen, die für soziale Verbände unabdingbar sind. In menschlichen traditionalen Kulturen nimmt ein Kind in der altersgemischten Spielgruppe aufgrund seines Alters zunächst die Geführtenposition ein und kann allmählich in die Position des Führenden hineinwachsen. Altersautorität bzw. die Eltern-Kind-Rangbeziehung wird vor allem im Kindheitsalter weitgehend fraglos respektiert; hier ist wahrscheinlich der phylogenetische Ursprung des Gefolgsgehorsams zu finden, der zum Teil als Persistieren eines Jugendmerkmals angesehen wird. Angst fördert die Bereitschaft zu Unterordnung bzw. Gehorsam und kann so in Konflikt mit verschiedenen humanen Eigenschaften geraten.

Die berühmt gewordenen Milgram-Experimente belegen, wie Autoritätsgehorsam Mitleid überdecken kann. Der amerikanische Sozialpsychologe Stanley Milgram unternahm Anfang der 1960er-Jahre den Versuch, die Beziehung zwischen Autorität, Gehorsam und Aggression experimentell zu klären.

Als der Versuchsaufbau stand, war es Zeit, mit dem Lernversuch zu beginnen. Die Forscher wiesen den Lehrer an, jedes Mal 15 Volt höher zu gehen, wenn der „Schüler" einen Fehler machte. Bei 300 Volt klopfte dieser vernehmlich an die Wand seines Versuchskäfigs und gab auf die Frage des Lehrers keine Antwort. Meist fragte der jeweilige Lehrer an diesem Punkt den Versuchsleiter, was er nun tun solle, und der Versuchsleiter antwortete, er solle das Fehlen einer Antwort als falsche Antwort werten und die Stärke des Elektroschocks um weitere 15 Volt erhöhen. Bei 315 Volt wurde noch einmal verzweifelt an die Wand gehämmert, und danach war auf Seiten des Schülers nur noch Stille – nicht einmal mehr das heftige Klopfen ertönte, um den Lehrer zu beruhigen. Die „Lehrer"-Teilnehmer ihrerseits zeigten Symptome höchster Aufregung: Sie schwitzten heftig, zitterten, stotterten, bissen sich auf die Lippen, stöhnten und verkrallten ihre Finger. Einige Männer begannen sogar, nervös zu grinsen und zu lachen – in drei Fällen unkontrollierbar. Viele der Teilnehmer fragten den Versuchsleiter, ob sie weitermachen sollten, oder äußerten sich sehr besorgt darüber, welchen Schaden sie dem Schüler zufügen könnten. Der Versuchsleiter antwortete daraufhin höflich, aber immer bestimmter, sie sollten fortfahren.

Milgram führte (wiederholt) den berühmten Beweis, dass etwa zwei Drittel aller normalen Männer (und Frauen) gehorsam einen anderen Menschen mit Stromschlägen von bis zu lebensgefährlichen 450 Volt foltern, wenn ein Wissenschaftler in einem Laborkittel sie dazu auffordert. Und fast 90 Prozent der Teilnehmer im Originalexperiment verpassten dem Schüler noch mindestens einen Elektroschock, nachdem dieser schon an die Wand geklopft hatte. Der Versuchsleiter hatte keine besonderen Druckmittel, um die Teilnehmer zum Weitermachen zu bewegen, und sie wären auch in keiner Weise bestraft wor-

Ausschnitt aus dem Film *Obedience*. Der „Schockgenerator", der in Milgrams Experiment zur Gehorsamkeit verwendet wurde. Oben rechts: Der „Schüler" wird an den „elektrischen Stuhl" geschnallt. Unten links: Ein Teilnehmer erhält einen Probeschock, bevor er mit dem „Unterricht" beginnt. Unten rechts: Ein Teilnehmer weigert sich, das Experiment fortzuführen.

den, wenn sie sich seinem Willen widersetzt hätten. Doch trotz der deutlichen Anzeichen dafür, dass der Schüler unfreiwillig litt, brachten es die meisten Teilnehmer nicht fertig, sich der Autorität zu widersetzen. Die meisten Versuchsteilnehmer brachen das moralische Gebot, das man schon als kleines Kind lernt, nämlich anderen keine Schmerzen zuzufügen.

Die moralisch niederschmetternde Tatsache, dass man am unteren Ende eines „Autoritätsgradienten" steht, ist zweifellos höchst bemerkenswert. So schätzt man, dass bei etwa jedem fünften Flugzeugunglück das Zögern des Copiloten, den Mund aufzumachen und die Entscheidung des Piloten infrage zu stellen, eine Rolle spielte. Der psychologische Druck einer hierarchisch organisierten Umgebung ist so groß, dass ein Copilot vielleicht eher sein eigenes Leben – und das der Passagiere und Besatzung – opfert, als die Autorität seines Vorgesetzten anzuzweifeln. Am 1. Dezember 1993 setzte Flug 5719 der Express II Airlines Inc./Northwest Airlink nach Hibbing/Minnesota viel zu steil zur Landung an und verpasste die Landebahn. Alle Menschen an Bord starben. Wie der Stimmenrecorder aus dem Cockpit enthüllte, wusste der Copilot, dass die Maschine für den Landeanflug noch viel zu viel Höhe hatte. „Wollen ... wollen Sie so lange wie möglich in dieser Höhe bleiben?", war sein einziger zaghafter Versuch, den Flugkapitän auf seinen Irrtum hinzuweisen. Selbst als das Flugzeug Augenblicke vor dem Absturz schon die Baumwipfel streifte, beantwortete der Copilot noch respektvoll die Fragen des Piloten.

Bei einem anderen berüchtigten Experiment, das demonstrierte, wie schnell die innere Stimme der Tugend von den lautstarken Anforderungen der äußeren Umstände übertönt wird, brachten die Forscher Darley und Batson ahnungslose Theologiestudenten moralisch in die Klemme. Sie erzählten den Studenten, der Versuchsleiter wolle wissen, wie gut angehende Theologen aus dem Stegreif sprechen könnten. In einem Nachbargebäude wartete angeblich ein wissenschaftlicher Assistent, um eine spontane Rede von ihnen aufzuzeichnen. Die Hälfte der aufs Glatteis geführten Studenten sollte darüber sprechen, welche Bedeutung Erfahrungen im Priesterseminar für andere Berufe als das Pfarramt hätten; die anderen wurden gebeten, ihre Gedanken über das Gleichnis vom barmherzigen Samariter (Sie wissen schon, der vorbildliche Mensch, der einem hilfsbedürftigen Mitmenschen am Wegesrand half) kundzutun. Dann setzten die Forscher die Studenten bei ihrer Aufgabe unter unterschiedlich großen Zeitdruck, indem sie ihnen erzählten, sie hätten noch einige Minuten Zeit, sie kämen genau pünktlich oder sie seien bereits spät dran. Auf ihrem Weg in das andere Gebäude kamen die Studenten, die einzeln losgeschickt wurden, an einer Person vorbei, die geschwächt auf einer Mauer zusammengesunken war. (Erinnert Sie das an etwas?) Mit ihrem genialen Gespür für Dramatik, das in der Sozialpsychologie unerlässlich ist, ließen die Forscher den „leidenden" Mann auch noch husten (zweimal) und stöhnen, während die Studenten an ihm vorübergingen.

Eigentlich interessierte die Forscher nur, welcher Theologiestudent stehen bleiben und dem Mann helfen würde. Zuvor hatten sie die Studenten verschiedene Fragebögen ausfüllen lassen, um die Richtung und die Motive für deren Religiosität einzuschätzen. Nun wollten sie wissen, ob diese Einfluss darauf hatten, ob die Studenten praktizierten, was in der Bibel stand. Die Antwort war: nein. Ihre Befunde waren ziemlich schwer zu schlucken. Ob die Studenten halfen oder nicht, hing allein davon ab, ob sie glaubten, noch Zeit zu haben. Wenn sie dachten, sie hätten noch einige Minuten, boten sie großzügig Hilfe an, doch die angeblich schon verspäteten Testpersonen eilten fast alle an dem Mann vorüber. Ironischerweise zeigten selbst die Theologen, die sich im Geiste damit beschäftigten, was man auf der Straße von Jerusalem nach Jericho lernen könne, keineswegs mehr Mitleid mit dem Fremden. (Wie die Forscher spitz anmerkten, stiegen einige Studenten, die über den barmherzigen Samariter sprechen sollten, in ihrer Eile buchstäblich über den Leidenden hinweg.)

Schlussfolgerungen – Narzissmus unseres Gehirns

Diese Forschungen gewähren einen erschreckenden Einblick, wie brüchig unsere Moral ist, und das sollte uns eigentlich eine Lehre sein. Aber unser unmoralisches Gehirn hat seine Methoden, uns davon zu überzeugen, dass wir aus den bedauerlichen moralischen Unzulänglichkeiten anderer nichts lernen müssen, da wir selbst natürlich die wahren Heiligen sind. Forscher schilderten einigen Psychologiestudenten Milgrams Experiment und baten sie anschließend, in die eigene Seele zu blicken und darüber zu spekulieren, wie sie sich selbst in genau dieser Situation verhalten hätten. Einige Studenten kannten Milgrams legendäre Arbeit bereits. Wenn es daraus etwas zu lernen gab, dann die Tatsache, dass unser Verhalten weniger davon bestimmt wird, was wir für ein Mensch sind, als von den Zwängen der Situation, in der wir uns gerade befinden. Doch auch ihr Vorwissen brachte den Studenten keine Selbsterkenntnis. Voller Zuversicht bescheinigten sie sich, dass sie das Experiment viel früher abgebrochen hätten als ein normaler Student. Und obwohl ihnen die kleinen Selbsttäuschungen, denen wir alle unterliegen, wohlbekannt waren, war ihre Selbstdarstellung als einer von Milgrams Lehrern nicht weniger schmeichelhaft als die von Studenten, die weder von Milgrams Befunden noch vom Narzissmus unseres Gehirns wussten.

Was ist eigentlich ...

Narzissmus, die (übertriebene) Selbstliebe. Der Begriff Narzissmus geht auf die griechische Sage von Narziss zurück, der sich in sein eigenes Spiegelbild verliebte, als er es im Wasser sah. Sigmund Freud unterschied den primären Narzissmus vom sekundären. Der primäre Narzissmus des Säuglings, der noch keinen Unterschied zwischen Ich und Umwelt kennt, ist normal und verschwindet später in der Entwicklung. Beim (pathologischen) sekundären Narzissmus läuft diese Entwicklung rückläufig ab; Freud erklärte so manche Symptome der Schizophrenie. Heute wird darunter eine Persönlichkeitsstörung (narzisstische Persönlichkeitsstörung) verstanden, bei der das gleichzeitige Erleben von Depression und grandiosen Lebensentwürfen zu innerer Zerrissenheit, Minderwertigkeitsgefühlen, intensivem Ehrgeiz, Abhängigkeit von der Bewunderung Anderer und dennoch auch zu einem Gefühl von Langeweile und Leere führt.

Das Problem ist, dass man vom Verstand her durchaus wissen kann, dass die moralische Standfestigkeit der Menschen nichts ist als ein Blatt im Wind der äußeren Gegebenheiten. Man kann wissen (und jetzt wissen Sie es), wie sehr das menschliche Gehirn das Selbstbild positiv verzerrt. Und doch ist es fast unmöglich, dieses Wissen auf sich selbst anzuwenden. Irgendwie gelingt es ihm einfach nicht, unser Selbstbild zu durchdringen. Können Sie sich vorstellen, einem protestierenden Mitmenschen schmerzhafte Elektroschocks zuzufügen? Natürlich nicht. Ich bezweifle, dass irgendwer, der dieses Buch liest, sich das vorstellen kann. Wären Sie aber einer von Milgrams zahlreichen arglosen Probanden gewesen, hätten Sie sich mit großer Sicherheit genauso wie alle anderen verhalten. (Nun geben Sie es schon zu! Selbst jetzt denken Sie doch noch, Sie wären einer von den wenigen gewesen, die sich dem Versuchsleiter widersetzt hätten.)

Wenn man sich die Wahrheit in dem Spruch „Es hätte auch mich treffen können" nicht eingestehen will, ist das leider schlimmer, als wenn man sich einfach selbstgefällig für moralisch überlegen hält: Ignorieren wir nämlich, dass äußere Umstände über die Persönlichkeit triumphieren können, sehen wir schließlich fälschlicherweise im Charakter einer Person die Erklärung dafür, dass diese dem hohen Standard des Idealverhaltens nicht gerecht wurde (den wir selbst natürlich erfüllen würden). Und wir beharren auf dieser Praxis der Korrespondenzneigung (*correspondence bias*) auch dann, wenn wir es eigentlich besser wissen sollten. So zeigte man einigen Studenten den Film *Obedience* („Gehorsam") über Milgrams Experimente, und sie begingen genau diesen Fehler. Statt zu akzeptieren, welch unerwartete Macht die Autorität des Versuchsleiters entfalten kann, verfielen sie wieder in die alte, schlechte Gewohnheit anzunehmen, dass das Verhalten einer Person vorbehaltlos Einblick in die Tiefen ihres Wesens gewähre. Die Studenten vermuteten in den Seelen von Milgrams Versuchsteilnehmern dunkle, sadistische Seiten. Dies zeigte sich vor allem im zweiten Teil des Experiments, in dem man ihnen von einer Variante des Milgram-Experiments berichtete, bei der die „Lehrer" die Einstellung des Elektroschockgenerators nach Belieben einstellen konnten. Als die Studenten schätzen sollten, wie stark wohl in dieser Version von den Lehrern eingesetzte Elektroschocks wären, lagen sie weit über den tatsächlich von den Teilnehmern bei Milgrams Experiment verabreichten Spannungen. Indem sie mit dem Finger auf die Person und nicht auf die Situation zeigten, machten die Studenten aus den Teilnehmern zu Unrecht „eher Wölfe als Schafe", wie der Forscher es ausdrückte.

Uns bleibt nicht einmal der trostreiche Gedanke, dass wir in einem vertrauteren Rahmen, als ein makabres psychologisches Experiment es ist, zwischen Bedenken und äußerer Situation besser abwägen können. Studenten, die ausführlich über das Experiment mit dem "barmherzigen Samariter" informiert worden waren, beharrten dennoch auf der Ansicht, dass jemand, der an dem stöhnenden Mann vorbeigeeilt war, nicht einfach nur unter dem Druck der äußeren Umstände handelte, sondern besonders hartherzig sei. Auf die Frage, wie sich dieser wohl verhalten hätte, wenn ihm mehr Zeit geblieben wäre, antworteten sie (falsch), dass er auch dann das Opfer hätte links liegen lassen. Sie berücksichtigen den Umstand, dass wir alle durch die gegenwärtige Situation beeinflusst werden, ebenso wenig wie Studenten, die kaum etwas über das ursprüngliche Experiment wussten.

Indem wir gedankenlos verdrängen, wie sehr die unauffälligen Zwänge der äußeren Situation unser Verhalten beeinflussen können, kann es passieren, dass wir andere noch in ganz anderer Weise herabsetzen. Wir laufen Gefahr, die ungeheure Charakterstärke jener wenigen Personen zu übersehen, die sich tatsächlich von den Zwängen der Situation und der Umstände frei machen konnten. Wenn wir denken, jeder vernünftige Mensch (uns selbst eingeschlossen) hätte genauso gehandelt, können wir leichtfertig das moralische Rückgrat der paar Teilnehmer übersehen, die sich der Anweisung des Versuchsleiters, den Schüler weiter mit Stromschlägen zu malträtieren, widersetzten oder trotz knapper Zeit anhielten, um einem Bedürftigen zu helfen.

Diese meisterhafte Heuchelei des unmoralischen Gehirns verdient schon fast wieder unseren Respekt. Nachlässig greift es nur auf die oberflächlichste und negativste Auslegung des Fehlverhaltens anderer zurück; gleichzeitig richtet es sich hoch auf, um zu versichern, dass *Ihnen* kein Fehler unterlaufen kann. Natürlich kann es peinlich sein, wenn wir (was unweigerlich geschieht) vom rechten Weg der tadellosen ethischen Standards abkommen, nach denen wir zu leben glauben. Wie wir inzwischen wissen, bedient sich das Gehirn dann gelegentlich geschickt passender Entschuldigungen, um unsere nicht repräsentativen Verhaltensmängel wegzuerklären.

Die Überlistung unserer moralischen Bedenken

Was aber, wenn man sich nicht auf offensichtliche mildernde Umstände berufen kann? Mit ein bisschen mentalem Hin und Her lässt sich auch das in Ordnung bringen. Wenn wir feststellen, dass unser Verhalten nicht mit unserem moralischen Kodex vereinbar ist, finden wir uns nicht etwa mit unserem Doppelspiel ab, sondern passen unsere Ansichten geschickt so an, dass das Verhalten selbst schließlich doch akzeptabel erscheint. In dem Experiment, das den klassischen Nachweis für derlei hinterhältige Erklärungstechniken lieferte, wurden die Versuchsteilnehmer eine Stunde lang mit der langweiligen

Aufgabe beschäftigt, Tabletts mit Spulen darauf zu leeren, sie wieder zu füllen und Haken in einem Brett jeweils um einen Viertelkreis zu drehen. Immer und immer wieder. Als die Stunde schließlich um war, tat der Versuchsleiter so, als sei die Studie beendet (obwohl sie eigentlich gerade erst angefangen hatte). Er schob seinen Stuhl zurück, zündete sich eine Zigarette an und erklärte, dass an diesem Experiment eigentlich zwei verschiedene Gruppen teilgenommen hätten. Der einen Hälfte der Teilnehmer wurde im Vorfeld von seinem Assistenten mitgeteilt, dass sie eine interessante, faszinierende und aufregende Aufgabe zu erledigen hätten. Die andere Gruppe erhielt keine derartige Einführung. (Angeblich interessierten sich die Forscher dafür, wie die überschwänglichen Erklärungen im Vorfeld die Ausführung der Aufgabe beeinflussten.) Mit gespielter Verlegenheit fragte der Forscher dann einen der Teilnehmer, der gerade eine Stunde dieser ungeheuren Langeweile hinter sich gebracht hatte, ob er vielleicht die Rolle des Assistenten übernehmen könne, denn dieser sei nicht pünktlich erschienen. Er habe nichts weiter zu tun, so der Versuchsleiter, als dem nächsten Teilnehmer zu erzählen, wie unterhaltsam die Arbeit mit den Spulen und Haken sein werde. Einigen der Teilnehmer bot der Forscher einen, anderen 20 Dollar, um diese offensichtliche Lüge zu verbreiten.

Praktisch alle willigten ein, an der Täuschung im Rahmen des Experiments mitzuwirken. Bei jenen, die 20 Dollar erhielten (eine in den 1950er-Jahren, als diese Studie stattfand, stattliche Summe), ergab es durchaus Sinn, für einen so fürstlichen Lohn eine kleine Lüge zu erzählen. Wer würde das nicht ebenso machen oder einem anderen nachsehen? Die Teilnehmer aber, die nur einen Dollar erhalten sollten, konnten ihr Verhalten nicht in dieser Weise erklären. Da ihnen nicht bewusst war, dass sie mit sanftem Druck dazu gebracht worden waren, in den Vorschlag einzuwilligen, befanden sie sich nun in einer unangenehmen Situation. Einerseits hatten sie gerade eine Stunde ihrer kostbaren Lebenszeit mit furchtbar langweiligen Aufgaben verbracht; andererseits hatten sie aber aus keinem erkennbaren Grund dem nächsten Teilnehmer gesagt, er könne sich auf eine spannende Aufgabe gefasst machen. Waren sie wirklich der Typ Mensch, der für einen Dollar lügt? Natürlich nicht. Und doch ließ es sich mit der Überzeugung von ihrem guten und ehrlichen Charakter nicht vereinbaren, dass sie gerade geflunkert hatten. Um mit dieser sogenannten kognitiven Dissonanz klarzukommen, änderten die Männer einfach heimlich ihre eigene Einstellung zu der Versuchsaufgabe. Bat man sie an dieser Stelle des Experiments, ehrlich zu sagen, wie interessant und unterhaltsam sie es gefunden hatten, gaben die Teilnehmer mit nur einem Doller in der Hand der Aufgabe durchweg bessere Noten als jene mit 20 Dollar in der Tasche.

Das unmoralische Gehirn verfügt noch über eine letzte Strategie, um alle moralischen Bedenken, die wir ansonsten verspüren könnten, schon im Keim zu ersticken. Wir können uns selbst weismachen, dass die Situation, in der wir uns gerade befinden, gar keine wirkliche ethische Dimension hat. Wenn es also keine moralische Verpflichtung zum Handeln gibt, warum sollten wir uns dann schlecht fühlen, wenn wir nichts tun? Wie war das im Fall der jungen Frau im New Yorker Stadtteil Queens, die vor den Augen von 38 Zeugen erstochen wurde, ohne dass jemand eingriff oder die Polizei rief? „Wir dachten, es wäre nur ein streitendes Liebespaar", sagte eine Frau. „Ich ging wieder ins Bett." Und in versteckten Versuchsanordnungen, die ahnungslosen Testpersonen Gelegenheit geben, ihr soziales Gewissen unter Beweis zu stellen, bringen die vielen, die apathisch und tatenlos bleiben, noch bemerkenswertere Entschuldigungen vor. Leute, die nicht melden, dass Rauchschwaden in einen Raum dringen, vermuten, dass es einfach nur Staub oder Dampf sei. Leute, die einer Frau nicht helfen, die gerade von einer Leiter gefallen ist, behaupten, sie wäre gar nicht gefallen oder hätte sich gar nicht verletzt. Machten sich die vorbeieilenden Teilnehmer am „Barmherziger-Samariter"-Experiment vielleicht weis, der hustende, stöhnende arme Teufel am Wegesrand brauche nicht wirklich Hilfe? Gut möglich. So ist es einfach bequemer.

> **Was ist eigentlich ...**
>
> **kognitive Dissonanz**, im Rahmen einer sozialpsychologischen Theorie zum menschlichen Entscheidungsverhalten entwickelter Begriff. Er bezeichnet einen emotionalen Zustand, der darauf zurückzuführen ist, dass Wahrnehmungen, Gefühle, Einstellungen u. a. logisch unvereinbar sind und/oder mit früher gemachten Erfahrungen nicht übereinstimmen. Da kognitive Dissonanz als unangenehm empfunden wird, werden unter Umständen Tatsachen und Informationen negiert. Die kognitive Dissonanz kann aber auch zu einer Anpassung oder Modifikation der Gefühle und des Verhaltens führen.

Wie alle Eltern wissen, ist es ein weiter Weg von der herrlichen Gesetzlosigkeit des Kleinkindalters bis zur komplizierten Moral der Erwachsenen. Die bevorzugte Missetat meines Sohnes ist es derzeit, seinen kleinen Bruder vom Bauch auf den Rücken zu rollen. Normalerweise ist er ein lieber und fürsorglicher großer Bruder, doch manchmal, wenn die Eltern gerade nicht hinsehen, gibt er der Versuchung nach und rollt das Baby auf der Matte herum. Was er dann tut, zeigt deutlich das mangelnde kindliche Verständnis für die erwachsenen Konzepte von Recht und Unrecht. Er tut nicht so, als hätte der Kleine es verdient, und wirft dem Baby auch nicht vor, so verführerisch rund zu sein. Er entschuldigt sich nicht mit dem Hinweis auf sein zartes Alter. Er behauptet nicht, dass andere, weniger brave Kleinkinder das Baby noch viel häufiger herumrollen würden, und er kommt offenbar auch nicht auf die Idee zu verkünden, die Tränen des Kleinen seien Freudentränen und rührten nicht daher, dass dieser plötzlich zu seiner großen Bestürzung an die Zimmerdecke blickt. Stattdessen tut mein Sohn etwas, das kein erwachsenes Gehirn mit einer gewissen Selbstachtung zulassen würde: Er bremst sich selbst mit dem Ausruf „Böser Isaac!" und setzt sich, ehrlich beschämt, von allein in die Ecke.

Er muss noch viel lernen.

_{Grundtext aus: Cordelia Fine *Wissen Sie, was Ihr Gehirn denkt? Wie in unserem Oberstübchen die Wirklichkeit verzerrt wird ... und warum.* Spektrum Akademischer Verlag (amerikanische Originalausgabe: *A Mind of Its Own. How Your Brain Distorts and Deceives*, W.W. Norton & Company, übersetzt von Jorunn Wissmann).}

Auf der Suche nach dem Kapiertrieb

Hirnforscher beweisen: Erkenntnis macht Lust, Lernen ist sexy.
Nur in der Schule ist die Neurodidaktik noch nicht angekommen

Ulrich Schnabel

Jedes Aha-Erlebnis wird von einem Kick im Hirn belohnt. Spezielle Botenstoffe machen das Lernen zum Vergnügen. Das lässt sich an Babys beobachten – ihnen haben wir die Lust am Lernen noch nicht abtrainiert. Lernen ist wie Sex. Sagt die Hirnforschung. Aber das glaubt natürlich keiner. Lernen gilt als saure Pflicht, öde und nervtötend. Dabei könnte nichts weiter von der Wirklichkeit entfernt sein: Erstens ist der Trieb nach Erkenntnis mit dem Sexualtrieb durchaus vergleichbar, woraus zweitens folgt, dass Lernen sexy ist, was drittens erklärt, warum unser Gehirn nichts lieber tut als eben das: lernen.

Aber die Pisa-Studie, der Schulfrust, die Bildungsmisere? Kommen später. Zunächst einmal zeichnet sich *Homo sapiens* vor allen anderen Spezies durch eine besondere Fähigkeit aus: seine fast unendliche Lernfähigkeit. Erst der Drang, immer Neues zu entdecken, zu verstehen und aus Fehlern zu lernen, verhalf unserer Gattung zu ihrem evolutionären Siegeszug auf diesem Planeten.

Den entscheidenden Kick, glaubt der emeritierte Tübinger Hirnforscher Valentin Braitenberg, habe dem Menschen das Glücksgefühl seiner „Aha-Erlebnisse" gegeben. Zusätzlich zu den natürlichen Trieben wie Essen oder Fortpflanzung habe die Natur den Homo sapiens mit einem „Kapiertrieb" ausgestattet, der uns Lust daran empfinden lässt, Einzelheiten zu einem Ganzen zu fügen und neue Verknüpfungen zu erkennen – sei es die Pointe eines Witzes oder die Erkenntnis eines mathematischen Theorems.

Pointen oder mathematische Gedankenketten lassen uns unsere Hirnlust erleben

Braitenberg ist überzeugt, dass „beim Menschen, und nur bei ihm, die Verknüpfung der Vorstellungen zu Gedankenketten oftmals auf das eine Ziel hin gerichtet ist, diese Hirnlust zu erleben". Dass dieser Trieb so stark ist, erklärt der Hirnforscher so: Offenbar ist in der grauen Vorgeschichte der Menschheit eine Art Kurzschluss im Hirn entstanden, irgendwo zwischen einem Kontrollorgan, das Gehirninhalte ordnet, und einem Zentrum, in dem Schlüsselreize eines animalischen Triebs angesiedelt sind. „Die Vermutung liegt nahe", sagt Braitenberg, „dass es sich dabei um das Sexualzentrum handelt."

Klingt gewagt? Weil Sex nur Lust erzeugt und Lernen vor allem anstrengend ist? Weit gefehlt. „Auch sexuelle Aktivität ist anstrengend", gibt der amerikanische Hirnforscher John Gottman zu bedenken. Aber da beide Tätigkeiten wichtig für den Fortbestand unserer Gattung seien, würden sowohl beim Sex als auch beim (erfolgreichen) Lernen Botenstoffe im Gehirn ausgeschüttet, die das körpereigene Belohnungszentrum anregten. „Eine neue Stadt zu entdecken, eine neue Sprache zu lernen, das löst ein ähnliches Gefühl aus wie die Einnahme von Kokain", schwärmt Gottmann.

In Deutschland verbreitet diese Botschaft derzeit vor allem der Lernforscher Henning Scheich, Direktor am Leibniz-Institut für Neurobiologie in Magdeburg. Er hat den „Glückseffekt" beim Lernen direkt gemessen – wenn auch nur in Versuchen an Wüstenrennmäusen: Dabei setzt er den Käfigboden der Nager unter Strom und lässt kurz zuvor einen elektronischen Pieps ertönen. Bald haben alle Mäuse die Lektion gelernt: Wer beim Erklingen des Warntons in die Luft springt, entgeht dem unangenehmen Kitzelreiz. Und genau dieser Lernfortschritt (und nicht etwa das simple Abschalten des Elektroschocks), das zeigen Scheichs Untersuchungen, führt im Hirn der Mäuse zur Ausschüttung des Botenstoffs Dopamin. „Selbstständig eine Lösung zu finden bereitet ihnen offensichtlich ungeheure Lust", sagt der Hirnforscher über seine Zöglinge.

Die grundlegenden Lernmechanismen von Maus und Mensch sind dieselben

Doch Henning Scheich bleibt bei der Maus nicht stehen. Der Neurobiologe ist überzeugt, dass die grundlegenden Lernmechanismen bei Nager und Mensch dieselben sind. Daher hat er aus seinen Ergebnissen bereits „biologische Thesen zum optimalen Lernen" destilliert, die, so fordert er, künftig in der Pädagogik mehr Beachtung finden müssten. Wer von der Arbeitsweise des Gehirns nichts verstehe, hätte „keine Ahnung davon, wie Kinder am besten lernen", meint Scheich.

Auch andere Neurobiologen haben mittlerweile die Lernforschung entdeckt und glauben, dass die Schulen ohne ihre Erkenntnisse künftig nicht mehr auskommen. Die Hirnforschung sei für das Lernen so wichtig „wie die Muskel- und Gelenkphysiologie für den Sport", schreibt der Psychiater und Mediziner Manfred Spitzer in seinem Buch *Lernen*, das den Kenntnisstand zum Thema dokumentiert.

Die Hirnforschung bestätigt oft nur längst bekannte pädagogische Weisheiten

Schon kursiert der Begriff der Neurodidaktik, und mancher von der Pisa-Studie verunsicherte Bildungspolitiker mag gar glauben, darin so etwas wie ein Zaubermittel gegen die deutsche Bildungsmisere zu entdecken. Doch bei aller Faszination für die Neuroforschung: Erkenntnisse aus Ratten- und Mäuseversuchen sind nur bedingt auf den Schulalltag übertragbar. „Ganz gewiss lässt sich kein Schulsystem direkt aus der Gehirnforschung ableiten", räumt Manfred Spitzer ein. Zudem hapert es in deutschen Klassenzimmern häufig an viel mehr als nur an den richtigen Kenntnissen in Neurobiologie – an verbindlichen Standards, den nötigen Mitteln und nicht zuletzt auch an der Professionalisierung der Lehrer.

Darüber hinaus liefert die Hirnforschung, bei Licht betrachtet, oft nicht viel mehr als eine Bestätigung alter, längst bekannter pädagogischer Weisheiten: Dass Lernen mit Lust verknüpft ist und emotional gefärbte Erlebnisse besser als neutrale erinnert werden, erkannte schon vor über 300 Jahren der Verfasser der *Didactica Magna*, Jan Amos Comenius. „Alles, was beim Lernen Freude macht, unterstützt das Gedächtnis", brachte Comenius die spätere Erkenntnis der Neurodidaktik auf den Punkt.

Und die scheinbar moderne Einsicht, dass Informationen dann am besten verarbeitet werden, wenn sie auf möglichst vielfältige Weise – gesungen, gereimt, gemalt – den Wahrnehmungsapparat anregen, entspricht just der Maxime von Heinrich Pestalozzi

(1746 bis 1827), eine gute Erziehung müsse „mit Kopf, Herz und Hand" erfolgen. Selbst die wichtigste Botschaft der frühkindlichen Forschung – dass in den ersten Lebensjahren die Grundlagen für spätere Lernerfolge gelegt werden und bestimmte „Entwicklungsfenster" des Lernens sich irgendwann schließen – plappert schon der Volksmund mit seinem „Was Hänschen nicht lernt, lernt Hans nimmermehr" daher.

Wie erzeugt man Hunger?

Die Neurodidaktiker selbst geben auch gar nicht vor, Brandneues zu präsentieren. „Wir müssen zu den pädagogischen Klassikern wie Comenius, Pestalozzi oder Montessori zurück", sagt Henning Scheich. Und der Mathematiker Gerhard Friedrich aus Lahr, deutschlandweit der erste Habilitand im Fach Neurodidaktik, ergänzt: „Was könnte eine neurobiologisch fundierte Erziehungswissenschaft denn auch anderes liefern als eine Bestätigung ‚guter' Pädagogik?" Die Neurobiologie steuere dazu nur endlich eine „materiell begründbare Basis" bei.

Vor allem aber räumt die Hirnforschung mit dem Irrglauben auf, wir müssten uns zum Lernen zwingen. Im Gegenteil: Unser Gehirn lernt immerzu, ob wir wollen oder nicht. Wer es nicht glaubt, wird von allen Babys eines Besseren belehrt. Sie beweisen, dass Lernen kinderleicht ist: Von Anfang an erforschen sie die Welt, üben sich unermüdlich im Laufen, Sprechen oder Nervensägen – und haben ganz offensichtlich Spaß daran. Und warum sind Babys wahre Meister des Lernens? „Weil wir noch keine Chance hatten, es ihnen abzugewöhnen", antwortet der Psychologe Manfred Spitzer lapidar.

Für ihn ist die Frage nach der fehlenden Motivation meist völlig falsch gestellt. „Menschen sind von Natur aus motiviert, sie können gar nicht anders, denn sie haben ein äußerst effektives System hierfür im Gehirn eingebaut." Die Frage, wie man Menschen motiviere, sei etwa so sinnvoll wie die Frage: Wie erzeugt man Hunger? Die einzig vernünftige Antwort laute: Gar nicht, denn er stellt sich von allein ein. In Wahrheit gehe es bei der Motivationserzeugung letztlich immer um Probleme, „die jemand damit hat, dass ein anderer nicht das tun will, was er selbst will". Die richtige Frage laute also nicht: Wie motivieren? Sondern: Warum sind so viele Menschen häufig demotiviert? Und da entdeckt Spitzer ein ganzes Arsenal von „Demotivationskampagnen" unserer Gesellschaft – wie etwa die Ausschreibung von Preisen, die stets nur den Besten (die kein Motivationsproblem haben) verliehen werden und alle anderen Bewerber demotivieren.

Menschen sind in ihrem Lernverhalten höchst individuell

Was sich in den Schulen ändern müsste, um den Erkenntnissen der Neurodidakten gerecht zu werden, ist also häufig genau das, was weitsichtige Pädagogen wie etwa Hartmut von Hentig seit Jahrzehnten predigen: den Schülern nicht möglichst viel Stoff eintrichtern wollen, sondern sie zum eigenen Problemlösen anregen (nur dies aktiviert schließlich das Belohnungszentrum); sie im Selbstversuch die Grenzen von Erfolg und Misserfolg ausloten lassen (auch Sex erfährt man nur durch aktives Tun, nicht durch Zuschauen); besonderes Gewicht auf die frühe Förderung im Vor- und Grundschulalter legen (wenn Lernstrategien ausgebildet werden); klare Standards und Grenzen setzen (die Orientierung erlauben) und darauf achten, dass die Gehirne nicht mit zu vielen Reizen überflutet werden (Computerspiele). Vor allem aber, und das ist vielleicht die wichtigste Folgerung aus der Hirnforschung, sollten wir endlich akzeptieren, dass kein Gehirn dem anderen gleicht und Menschen – auch in ihrem Lernverhalten – höchst individuell sind. So hat die Neurobiologie gezeigt, dass die „Zeitfenster" für wichtige Fertigkeiten wie Laufen, Sprachenlernen oder Musizieren von Kind zu Kind ganz verschieden sein können. Just diese Erkenntnis – und die darauf basierende individuelle Förderung jedes einzelnen Schülers – ist eines der Erfolgsgeheimnisse von Ländern wie Finnland, die im Pisa-Test besonders gut abschnitten. Dass dies auch in Deutschland geht, demonstrieren die Bielefelder Laborschule oder die Helene-Lange-Schule in Wiesbaden, die ebenfalls beste Pisa-Noten erhielten.

Wirklich neu ist übrigens auch diese Erkenntnis nicht. Schon der kürzlich verstorbene Begründer der Kybernetik, Heinz von Foerster, hatte erkannt: „Lernen ist das Persönlichste auf der Welt. Es ist so eigen wie ein Gesicht oder ein Fingerabdruck – und noch individueller als das Liebesleben." So gesehen ist Lernen sogar noch aufregender als Sex.

Aus: DIE ZEIT, Nr. 48, 21. November 2002

Der Autor des nächsten Beitrags weiß aus eigener Erfahrung, wovon er schreibt. **Robert Jourdain** ist Wissenschaftler, Autor, Pianist und Komponist. Das menschliche Gehirn, davon ist Jourdain fest überzeugt, habe einen angeborenen Instinkt für Musik; die innige Beziehung zu Melodien, Rhythmen und Harmonien sei uns ebenso in die Wiege gelegt wie der von dem amerikanischen Hirnforscher Steven Pinker postulierte Sprachinstinkt.

Nichts, sagt Jourdain, berühre uns schließlich unmittelbarer als Musik, und er vergleicht ein berauschendes Hörerlebnis mit einem Liebesakt: „Gut geschriebene Musik lässt sich viel Zeit, bevor sie die Erwartungen erfüllt, reizt den Hörer immer wieder, indem sie Erwartungen schürt und ihre Auflösung andeutet, manchmal auf eine Lösung zustrebt, sich dann aber mit einer überraschenden Kadenz wieder zurückhält."

Für diese Wahrnehmung von Musik sei ein sehr intelligentes Gehirn erforderlich – und wie dieses Gehirn sei sie vermutlich bei der Bildung komplexer sozialer Beziehungen entstanden, sie sollte nach Ansicht vieler Anthropologen gesellschaftliche Bindungen stärken und Konflikte befrieden.

Jourdain erzählt, wo Musik heute wirksam wird: in der Therapie von Parkinson-Patienten wie im puren Genuss ungefilterter Emotion. Musik, schließt Jourdain am Ende seines Beitrags, könne eine transzendente Erfahrung sein, für wenige Augenblicke mache sie uns größer, als wir tatsächlich seien.

Robert Jourdain

Vom Schall ... zur Ekstase

Von Robert Jourdain

Frances D. hatte wieder einmal eine ihrer Krisen: Kaum wollte sie sich bewegen, erstarrte ihr Körper plötzlich zu einer Statue, und ihre Füße klebten am Boden. Ihre Augen drehten sich nach rechts oder links und blieben dort starr stehen. Mit krampfhaft zusammengepressten Lippen grub sie ihre Zähne unkontrolliert in ein bereits völlig zerbissenes Gummistück. Manchmal wiederholte sie dasselbe Wort Hunderte von Malen. Einmal verschloss sich sogar ihre Kehle, weil ihr Körper vergessen hatte, wie man atmet, und sie musste in grenzenloser Panik mit hochrotem Kopf verharren, bis endlich die Befreiung kam wie eine Explosion. Versuchte ihr jemand zu helfen, stieß sie ihn zurück: „Nein, nein, nicht! ... Bitte nicht! ... Ich bin nicht ich selbst! ... Nein, das bin nicht ich, überhaupt nicht ich!"

Sie litt an den besonders schweren und grausamen Symptomen der Parkinson-Krankheit, bei der die Nervenzellen in zwei Kernen des Hirnstammes, der Substantia nigra, ihren Dienst versagen. Das führt dazu, dass Absichten nicht mehr ausgeführt werden können. Im normalerweise mehrjährigen Krankheitsverlauf verlieren die Bewegungen des Patienten allmählich ihre Geschmeidigkeit, werden unsicher und krampfhaft, können nur schwer initiiert und ebenso schwer wieder gestoppt werden, wenn sie einmal begonnen wurden. Das Gehirn gibt zwar immer noch in vollem Bewusstsein seine *Intentionen* und Befehle aus, aber der rebellische Körper weigert sich, diese zu befolgen.

Die Parkinson-Krankheit und das Wunder der Musik

Oliver Sacks erzählt die Geschichte von Frances D. in seinem hervorragenden Buch *Zeit des Erwachens*. Er beschreibt die etwa 65 Jahre alte Patientin als eine außergewöhnlich intelligente und liebenswerte Dame, die ihre Krankheit mit sehr großem Mut bewältigt. Die Ursachen für den Parkinsonismus sind noch unklar, aber in ihrem Fall war mit Sicherheit eine Hirnhautentzündung in der Jugend dafür verantwortlich. Obgleich bei Frau D. sehr schlimme Krisen nur selten auftraten, wurde ihr Leben permanent durch die Parkinson-Krankheit bestimmt – als ob sie an einen imaginären Wagen gebunden wäre, der im einen Moment langsamer wird, dann stoppt und sie im nächsten Moment wieder vorantreibt. Man kennt für diese häufige Erkrankung

Was ist eigentlich ...

Intention [von latein. *intentio* = Spannung, Aufmerksamkeit, Absicht], das Bestreben nach oder Gerichtetsein auf etwas. Intentionen sind als Gründe konstitutiv für die Beschreibung und Erklärung von Aktionen und gelten als wesentliches Merkmal von psychischen Zuständen, d. h. Denken und Bewusstsein (Intentionalität). Intentionen müssen nicht notwendig bewusst sein. Ob und inwiefern auch Computer und Roboter Intentionalität besitzen, ist umstritten.

Internet-Links

Informationen zur Parkinson-Krankheit:

www.parkinson.web.de

www.kompetenznetz-parkinson.de

www.parkinson-vereinigung.de

www.parkinson-hilfe-deutschland.de

noch kein Heilmittel, und einige der Pharmaka, die die Symptome lindern, können sie genauso rasch auch verschlimmern.

Dr. Sacks fand jedoch eine außerordentlich wirksame Behandlungsmethode für Frances D.'s Symptome: Musik. Er schreibt:

> Eben noch sah man Mrs. D. in sich zusammengesunken, verkrampft und blockiert, zuckend und vor sich hin plappernd – wie eine Art menschliche Bombe, ... und in der nächsten Minute, beim Ertönen von Musik aus einem Radio oder einem Grammophon, wurde man Zeuge des völligen Verschwindens all dieser obstruktiv-explosiven Erscheinungen und ihrer Ablösung durch leichte und fließende Bewegungen, mit denen Mrs. D., plötzlich von allen ihren Automatismen befreit, lächelnd die Musik „dirigierte" oder sich erhob und nach ihr tanzte.

Wie Sacks entdeckte, reagieren viele Parkinson-Patienten deutlich auf Musik, ja, schon allein der *Gedanke* an Musik kann ihnen helfen. Eine Patientin zum Beispiel konnte ganze Chopin-Stücke im Geiste regelrecht „spielen" und sobald sie damit begann, normalisierte sich ihr durch die Krankheit abnormes EEG (das Elektroencephalogramm, das ihre „Hirnwellen" wiedergibt) augenblicklich und ihre Parkinson-Symptome verschwanden. Genauso plötzlich tauchten alle Symptome wieder auf, sobald ihr „mentales Konzert" zu Ende war.

Leider ist Musik nur eine unzuverlässige Medizin, denn erstens muss der Patient für Musik empfänglich sein, und zweitens muss er sich auch in der richtigen Stimmung befinden, wenn Musik etwas bewirken soll. Außerdem muss es genau die richtige Art von Musik sein, scharfe Trommelrhythmen können einen Patienten wie eine Marionette zucken lassen, und monotones Summen ist zu schwach, um viel auszurichten. Frances D. beschwerte sich, dass sie „Bumm-Bumm-Musik" oder „sentimentales Gedudel" nicht ertragen könne, sie

■ Therapie der Parkinson-Krankheit ■

Die Standardbehandlung besteht im Ersatz des fehlenden Neurotransmitters Dopamin. Gegenwärtig stellt L-Dopa das wirksamste Medikament dar; die Behandlung ist allerdings insofern limitiert, als im Verlauf Dosissteigerungen notwendig werden und mit Fortschreiten der Krankheit die Patienten nicht mehr auf das Medikament ansprechen. Obschon der Schwerpunkt vor allem bei der medikamentösen Therapie liegt, gibt es auch chirurgische Therapieansätze. Im Wesentlichen werden heute zwei Strategien verfolgt: Zum einen werden durch stereotaktisch-mikrochirurgische Eingriffe Läsionen in Teilen des Pallidums (eines Kerngebiets der Basalganglien) gesetzt, wobei diese durch den Dopaminmangel überaktiven Hirnareale zerstört werden. Durch diesen Eingriff kann es kurzfristig zu einer dramatischen Verbesserung der Symptome kommen, allerdings bleiben Langzeitergebnisse abzuwarten, da der kausale Krankheitsprozess nicht beeinflusst wird. Ein weiterer Therapieansatz besteht in der cerebralen Implantation von Zellen aus dem ventralen Mesencephalon (Mittelhirn) von acht bis zehn Wochen alten menschlichen Embryonen. Diese Methode hat zu einer zwar mäßigen, jedoch konsistenten Besserung motorischer Funktionen geführt. Schließlich gibt es inzwischen auch vielversprechende Ansätze zur Unterdrückung überaktiver Hirnregionen mittels elektrischer Stimulation.

brauchte moderate und ruhige, „hübsche" Musik: fließendes Legato, einen gut hörbaren Takt, der aber in eine sanfte Melodie eingebettet ist.

Musik hilft einem Parkinson-Patienten nur, wenn sie seinem Geschmack entspricht: So kann klassische Musik beim einen Patienten Wunder wirken, während den anderen nur Schlagermusik berührt. Musik wirkt jedenfalls als Medizin nicht passiv, sondern erfordert die Mitarbeit des Patienten, der, genauso wie jeder gute Zuhörer auch, einen Strom musikalischer Erwartungen in sich lostreten muss.

Interessanterweise ist bei der Parkinson-Krankheit gerade die Erfüllung von Erwartungen gestört. Denn das Gehirn löst die Bewegungen des Körpers nicht allein dadurch aus, dass es über die Nervenleitungen Befehle ausgibt, sondern auch, indem es die Empfindungen vorausahnt, die aus diesen Bewegungen resultieren. Bei allem, was wir tun, werden diese Erwartungen schon vorher erzeugt und dann mit den ankommenden Empfindungen verglichen. Treten deutliche Unterschiede auf, dann halten wir in unseren Bewegungen inne – ganz ähnlich wie ein Parkinson-Patient.

Überlegen Sie sich Folgendes: Wenn Sie an einem Bier nippen, dann schmecken Sie es normalerweise, nachdem Sie seinen Geschmack bereits erwartet haben. Hat Ihnen jedoch jemand stattdessen Apfelsaft untergeschummelt, dann werden Sie im ersten Moment stutzen, und der normalerweise süße Saft wird Ihnen sauer vorkommen. Lassen Sie sich einmal von jemandem (dem Sie trauen) füttern, während Sie eine Augenbinde tragen. Die Unruhe und Verwirrung, die Sie dabei empfinden werden, demonstriert eindeutig, wie unsere Sinneserfahrung aus der Interaktion von Erwartung und Empfindung entsteht.

Alle unsere Aktivitäten, auch das Musikhören, sind von immer wechselnden Erwartungen begleitet, die entweder bestätigt oder nicht bestätigt werden; auf jeden kleinsten Unterschied reagieren wir mit Anpassung der nächsten Erwartung. Wir nehmen Musik nur so gut wahr, wie wir das Kommende voraussagen können, denn nur dadurch können wir die tiefer gehenden Strukturen analysieren, die die Musik ausmachen. Die Bewegungen der Musik sind vollkommener als die unseres Körpers, der sich wenig elegant und eher ruckartig im physischen Raum bewegt. So wäre es zum Beispiel völlig unmöglich, das Kochen eines Abendessens in einem kunstvollen Tanz zu vollführen, unsere Bewegungen sind dafür zu variabel und zu diskontinuierlich.

Kunstvolle Musik jedoch erschafft sich den Raum selbst, den sie durchdringt, sie erfüllt jede Erwartung mit einer eleganten Auflösung, ja steigert die Erwartungen sogar mit jedem Mal. Während physische Bewegungen voller Starts, Stopps und Unterbrechungen sind, erzeugt die Musik einen kontinuierlichen Fluss – und das in

„Alle Kunst bemüht sich, Musik zu werden." (Armin Müller-Stahl)

Was ist eigentlich …

motorisches System, die Teile des Nervensystems, die für die Kontrolle des Bewegungsapparats, d. h. der Bewegungen des knöchernen und knorpeligen Skeletts mithilfe der quergestreiften Muskulatur zuständig sind. Üblicherweise wird das motorische System in drei Subsysteme gegliedert, die eng miteinander vernetzt sind: Reflexmotorik, Willkürmotorik sowie Mit- und Kontrollbewegungen. Die Reflexe können auf jeder Ebene des Nervensystems ausgelöst werden. Sie laufen automatisch und stereotyp ab, können aber häufig willentlich unterdrückt oder beeinflusst werden. Für unterhalb der Schwelle zum Bewusstsein ablaufende Mitbewegungen und gelernte Bewegungen sind das System der Basalganglien und das Kleinhirn zuständig. Schädigungen der Basalganglien oder des Kleinhirns führen nicht zu Lähmungen, sondern zu Störungen im Bewegungsablauf.

perfekten Proportionen. Gute Musik stockt fast nie, und hervorragende Musik kann man überhaupt nicht anhalten; der Strom der Erwartungen ist viel zu mitreißend, als dass man ihn unterbrechen könnte, ohne dass es einem sensiblen Zuhörer regelrecht in den Ohren schmerzt. Musikgenuss ist also ein durch und durch künstliches Vergnügen, aber von einer Qualität, die uns im täglichen Leben nur ganz selten begegnet, außer in den wenigen Augenblicken, wenn alles zueinander passt; und genau diese Perfektion ist es, die Musik zur Kunst erhebt.

So betrachtet ist es leicht zu verstehen, wie die Musik das gestörte motorische System eines Parkinson-Patienten vorübergehend wiederherstellt. Natürlich kann die Musik nicht die defekten Nervenzellen reparieren, die diese Krankheit verursachen, aber sie kompensiert die Symptome des Parkinsonismus, da sie das Gehirn zu einer höheren Integrationsleistung anregt. Sie erzeugt eine Art „Strom" im Gehirn, indem sie unmittelbar die Aktivitäten des Gehirns ankurbelt, diese koordiniert und die Erwartungen in Gang bringt. Dadurch bewirkt die Musik einen Strom von Absichten, an den der Parkinson-Patient seine Bewegungen anknüpfen kann. Sacks schreibt von der „kinetischen Melodie", die in unserem Körper spielt, sobald wir uns bewegen, und für die der Parkinson-Patient taub ist. Musik stellt diese Melodie für kurze Zeit wieder her, wenigstens für solche Aktivitäten, die selbst fließend oder „musikalisch" sind.

Sacks fand auch heraus, dass außer der Musik noch anderes die Parkinson-Symptome lindern konnte. So reichte bei einigen Patienten der bloße Anblick eines gehenden Menschen aus, sie aus ihrer Erstarrung zu befreien und ebenfalls zum Gehen zu bewegen. Ein Patient erklärte, er gehe in der Stadt als eine Art „Anhalter" herum, indem er die Beine anderer Passanten beobachte, was seine eigenen Beine folgen lasse. Auch Berührungen helfen; so konnte ein normalerweise gelähmter Patient elegant reiten, indem er die Bewegungen des Pferdes aufnahm, ein anderer segeln, indem er die Bewegungen von Bootsrumpf und Spire empfand. In jedem der Fälle musste die beobachtete Bewegung jedoch fließend, „organisch" sein. Mechanische Bewegungen führten unweigerlich zu einem Desaster, genauso wie Bewegungen, die mit abrupten Starts und Stopps verbunden sind, z. B. Autofahren.

Das Wunder, das Musik bei Parkinson-Patienten bewirkt, unterscheidet sich nicht von dem, was sie bei uns allen auslöst. Sie befreit uns von unseren erstarrten Denkgewohnheiten und lässt unseren Geist Dimensionen erschließen, die er normalerweise nicht erreicht. Umfängt uns gut geschriebene Musik, dann erfahren wir ein Verständnis, das weit über unsere irdische Existenz hinausgeht und das wir auch nicht mehr erfahren können, wenn die Musik verklungen ist (außer wir erinnern uns an die Musik selbst).

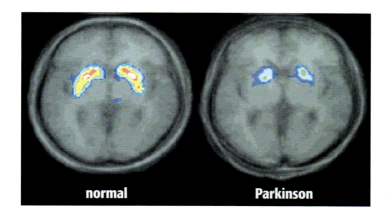

Computertomographische Gehirnaufnahmen eines Gesunden und eines Menschen mit Parkinson-Krankheit. Gezeigt ist die Anreicherung von L-Dopa im Corpus striatum.

Wenn wir sagen, dass die Musik unser Gehirn für den Moment über das normale Maß hinaushebt, dann bedeutet das, dass sie uns intelligenter macht – und das ist keine maßlose Übertreibung. Versuchspersonen, die gerade Mozart gehört haben, schneiden bei bestimmten Denkaufgaben besser ab als solche, die keine Musik oder nur anspruchslose Unterhaltungsmusik gehört haben. Sacks berichtet von einem schwer retardierten Patienten mit einem Intelligenzquotienten unter zwanzig (hundert ist Durchschnitt), der nur mit Musik komplexere, aus mehreren Schritten bestehende Aufgaben lösen konnte. Durch ihren durchdachten Aufbau vermag es Musik also, ein Gehirn

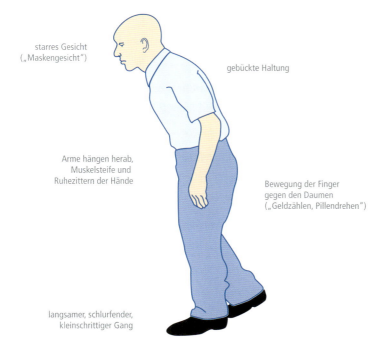

Charakteristische Körperhaltung eines Parkinson-Kranken beim Gehen.

„Musik wird angesehen als Luxusgut, das man sich leistet. Und im Übrigen ist es nicht wichtig. Es ist natürlich fatal, denn unsere Kreativität wird verarmen, wir werden weiter verdummen, wenn wir uns nicht mit Musik und Literatur auseinandersetzen. Sehr bedauerlich vor allen Dingen, dass wir in unserer Erziehungsaufgabe, einer neuen Generation gegenüber, ihnen ganze Teile eines wunderbaren Universums erst gar nicht zur Verfügung stellen. Wenn ein Kind dann irgendwann sich entschließt, mein Gott, also ich habe es nicht mit Thomas Mann, ich lese lieber Mangas – fein. Aber von Vornherein die Sichtweise zu limitieren, das halte ich für äußerst sträflich." (Anne-Sophie Mutter in einem Radiointerview)

in einer Weise zu organisieren, wie es durch eine herkömmliche, chaotische Erfahrung unmöglich wäre.

In diesem Beitrag besprechen wir, wie Musik uns „packt" und warum sie uns so tief berühren kann.

Die Ursprünge der Musik

Wollen wir verstehen, warum uns die Musik so machtvoll im Griff hat, müssen wir zuerst die Frage beantworten, warum sie sich überhaupt entwickelte.

In den späten 1980er-Jahren erkundeten französische Archäologen prähistorische Höhlen in Südwestfrankreich auf besondere Art – sie *sangen*. Sie entdeckten, dass die Kammern mit den meisten Höhlenmalereien auch die besten Resonanzen aufwiesen. Dieses überraschende Ergebnis könnte darauf hindeuten, dass in den Höhlen religiöse Zeremonien mit Musik stattfanden. Die kultischen Gesänge der Cro-Magnon-Menschen könnten genauso hochentwickelt gewesen sein wie ihre Malereien, vielleicht benutzten sie sogar Flöten, Trommeln oder Pfeifen.

Sicherlich ist Musik sehr, sehr alt, man findet sie weltweit bei allen Kulturen, auch bei den technologisch gesehen „primitiven". Musik ist also für Menschen etwas ganz Selbstverständliches. Die Entdeckung von Knochenflöten an altsteinzeitlichen (paläolithischen) Wohnplätzen legt nahe, dass Musik schon vor Zehntausenden von Jahren zur Kultur des Menschen gehörte. In der Antike war bereits eine Vielzahl von musikalischen Stilen erblüht, die Bibel ist voll von Hinweisen auf Musik, und Musikinstrumente wurden in der klassischen Kunst auf Wandmalereien, Tongefäßen und in der Bildhauerei immer und immer wieder dargestellt. Leider haben unsere Vorfahren kein effektives Notensystem hinterlassen, das uns ihre Musik heute vermitteln könnte.

Was ist eigentlich ...

Cro-Magnon, Abri (Halbhöhle) im Vézèretal bei Les-Eyzies-de-Tayac im Département Dordogne, Frankreich. Im Abri Cro-Magnon wurden 1868 altpaläolithische Siedlungsreste und fünf jungpaläolithische Skelette (drei Männer, eine Frau, ein Fetus) aus dem Aurignacien entdeckt. Unter den Skelettfunden wurde der sogenannte „Alte" von Cro-Magnon zum Prototyp des heute als Extremform des frühen *Homo sapiens* betrachteten Cro-Magnon-Typus aus dem oberen Pleistozän. Kennzeichnend für diesen sind der mittelgroße (etwa 170 cm), grobwüchsige Körperbau sowie ein langförmiger, breiter Schädel mit gedrückt-rechteckigen Augenhöhlen und kräftigen Überaugenbögen, breiten, ausladenden Jochbögen und steiler Stirn.

Wie klang diese frühe Musik? Betonte sie Rhythmus oder Melodie, den Schlag oder den Gesang? In seinem Buch *Rhythm and Tempo* schrieb der Musikwissenschaftler Curt Sachs (1881–1959):

> Als Hans von Bülow, der berühmte Dirigent und Pianist, stolz verkündete: „Am Anfang war der Rhythmus", da bestätigte er nur seinen Ruf, markige, aber wenig fundierte Sprüche loszulassen. Erst lange nachdem die Menschen – wie die Vögel – ihrer Fröhlichkeit und Traurigkeit eine Melodie gegeben haben, trat der Rhythmus auf. Solange der Sänger allein singt, ohne andere Stimmen oder Instrumente zu seiner Begleitung, ist strenger Rhythmus und Tempo kaum notwendig.

Sachs war sich hierbei ziemlich sicher, denn er hatte in den Jahrzehnten ethnologischer Musikforschung bei den traditionellen Kulturen

Amerikas, Asiens, der Pazifikregion und sogar Afrikas nur selten „die mechanische Disziplin" westlicher Rhythmusregeln gefunden. Dennoch wird der Rhythmus oft als das Grundmerkmal der Musik bezeichnet, da Musik sich zeitlich entwickelt und Zeit nun einmal die Domäne des Rhythmus ist. Ein Schlagzeuger kann komplexe Rhythmen schlagen, und jedermann wird zustimmen, dass auch das eine Art Musik darstellt, obwohl keinerlei „Töne" gespielt werden. Wo es keine unterschiedlichen Töne gibt, gibt es auch keine Tonhöhen und ohne die existiert auch keine Melodie. Folglich (so das Argument) kann Rhythmus ohne Melodie existieren und muss daher die ältere menschliche Erfahrung sein.

Sämtliche Belege sprechen jedoch gegen diese logisch klingende Schlussfolgerung. Das strenge Metrum ist nämlich nicht nur in traditionellen Kulturen selten, es ist auch in der Frühzeit der abendländischen Musik praktisch unbekannt. Unsere achthundert Jahre alte Musiktradition entwickelte sich aus den monotonen Kirchengesängen, die außer der Silbenmetrik der Sprache (Prosodie) wenig Rhythmus aufweisen. Nach Ansicht einiger Musikwissenschaftler ist sogar das Musterbeispiel metrischer Musik, die angeblich „primitive" Percussionmusik Schwarzafrikas (die in Wahrheit technisch hochentwickelt ist) eigentlich eine relativ junge Entwicklung. Sie könnte durch den Kontakt mit der metrisch reichen Musik des Mittleren Ostens entstanden sein.

Auch die Entwicklungspsychologie liefert uns Hinweise auf die Evolution der Musik, wenn man davon ausgeht, dass Kulturen am ehesten zunächst das entwickeln, was auch in der individuellen menschlichen Entwicklung zuerst kommt. Wir wissen, dass Kinder Musik zuerst als Melodie erfahren, oft indem sie die natürlichen Akzentuierungen der Sprache überbetonen. Die ersten Melodien folgen keinem exakten Schlag und variieren in der Tonhöhe. Rhythmische Regelmäßigkeit lernen Kinder erst Jahre danach und ein richtiges Gefühl für Harmonie noch später.

Wenn man verstehen will, warum wir Musik entwickelt haben, könnte man sich auch überlegen, warum sich unser Neocortex so stark vergrößert hat, denn für Musik ist ein sehr intelligentes Gehirn nötig. Immer mehr kommen die Anthropologen darin überein, dass wohl unsere *sozialen Interaktionen* die treibenden Kräfte bei der beinahe explosiven Entwicklung der Großhirnrinde waren. Während die Forscher früher die Bedeutung eines vergrößerten Cortex für den Werkzeuggebrauch betonten, heben sie heute vor allem seine Vorteile für die Kooperation beim Jagen, Fischen, Aufteilen der Nahrung und vor allem bei der Aufzucht der Jungen hervor.

Kooperation ist nicht selbstverständlich, Tiere sind normalerweise eher eigennützig. Nur die Sieger im Überlebenskampf geben ihre

Gene an die folgenden Generationen weiter, weswegen sich ihre Eigenschaften in der Art als Ganzes ausbreiten. Das individuelle Selbstopfer für die Gemeinschaft ist bei Tieren sehr selten, und sei es auch nur deswegen, weil es immer von Vorteil ist, mehr zu nehmen, als zu geben. Das Denken eines Organismus muss demnach weit in Zukunft und Vergangenheit reichen, wenn das „Gib-jetzt-und-empfange-deinen-Lohn-später"-Prinzip des Altruismus aufgehen soll. Nur das in Symbolen denkende Gehirn des Menschen ist dazu wirklich fähig.

Überdies setzt Zusammenarbeit Vertrauen voraus. Menschen müssen sich permanent des anderen versichern, damit jeder gleichermaßen dem Wohle der Allgemeinheit verpflichtet ist. Dafür senden wir vielfältige Symbole aus, vom freundlichen Hallo bis zum Jubel auf politischen Veranstaltungen. Die Rituale der Kooperation sind allgegenwärtig und werden ständig wiederholt. Diejenigen, die daran gar nicht oder nur halbherzig teilnehmen, ernten Misstrauen und Ressentiments, denn es geht um die Gesellschaft als Ganzes, nicht nur um momentane Gefälligkeiten.

Nach Ansicht vieler Anthropologen entwickelte sich Musik zuerst, um die gesellschaftlichen Bindungen zu stärken und Konflikte zu beschwichtigen, eine durchaus einleuchtende und wahrscheinliche Annahme, denn viele Tierarten verwenden ihre Stimmapparate, um ihre Emotionen und Absichten fein abgestuft zu übermitteln. Winselt ein Hund als Unterwerfungsgeste, dann gibt er eine Art Melodie von sich, die ein soziales Verhältnis untermauert. Mit der Entwicklung der menschlichen Sprache und ihrer jedem Wort inhärenten Betonung passten sich die formalen emotionalen Ausdrücke wohl zwangsläufig einer Art Melodie an. Die ritualisierte Zurschaustellung von Emotionen erscheint in traditionellen Kulturen oft in Form von stereotypen Bewegungsabläufen – kurzen Tänzen, die als Forderung, als Drohgebärde, zur Besänftigung oder zur Beteuerung getanzt werden. Warum sollte es also nicht auch ritualisierte Stimmlaute geben?

Wenn Musik wirklich entstanden ist, um Sozialkontakte zu stärken und Konflikte zu lindern, dann verdankt sie ihre Existenz den Emotionen, denn durch das Verstärken oder Besänftigen von Emotionen treten wir mit unseren Mitmenschen in Verbindung; und irgendwie verkörpert Musik solche Emotionen.

Wie ruft Musik Emotionen hervor?

Musik baut erst Erwartungen auf und erfüllt diese dann. Sie kann die Auflösungen zurückhalten und so die Erwartungen noch weiter steigern, um sie dann schließlich in einem großen Schlag zu befriedigen.

Verlässt Musik diesen Pfad und verletzt die Erwartungen, die sie selbst aufgebaut hat, dann nennen wir sie ausdrucksvoll oder „expressiv". Musiker hauchen einem Stück „Leben" ein, indem sie Geschwindigkeit und Dynamik leicht variieren. Und Komponisten bauen expressive Elemente in ihre Werke ein, indem sie absichtlich Erwartungen verletzen, die sie vorher aufgebaut haben.

Musikalische Ausdruckskraft und musikalische Struktur werden ewig feindliche Geschwister bleiben. Jede Abweichung von der Erwartung führt tendenziell zu einer Schwächung der nächsten Antizipation und unterhöhlt so die Wirkung der folgenden Abweichungen. Eine zeitweise Änderung des Tempos bringt momentan einen Hauch von Emotion, sie widerspricht aber gleichzeitig den Erwartungen über den rhythmischen Verlauf, die ein Stück in Gang halten. Kommen zu viele Abweichungen im Tempo vor, dann verliert der Zuhörer das Gefühl für das zugrundeliegende Metrum und kann die kommenden Schläge nicht mehr richtig vorausahnen. Genauso kann der Gebrauch von zu vielen leiterfremden Tönen zu einer Verschleierung des tonalen Zentrums führen, sodass die harmonischen Auflösungen an Kraft verlieren. Für Musiker wie für Komponisten besteht „Musik-Machen" immer in einem Tauziehen zwischen dem Bewahren der musikalischen Grundstruktur und dem Schwelgen in Abweichungen davon. Bei zu vielen kompositorischen „Experimenten" wird die Musik unverständlich und unzusammenhängend, sind zu wenige vorhanden, wird sie kalt und mechanisch.

Die Theorie, dass negative Emotionen aus unerfüllten Erwartungen entstehen, könnte die langjährige Debatte darüber beenden, warum Dur-Akkorde „fröhlich" klingen und Moll-Akkorde „traurig". Viele vertreten die Auffassung, dass derartige Unterscheidungen nur rein kulturell bedingt sein können, und weisen dabei auf die sehr unterschiedlichen Reaktionen hin, die diese Akkorde manchmal bei nichtwest-lichen Zuhörern hervorrufen. Trotzdem muss die Tatsache, dass ein Indonesier einen Moll-Akkord als „fröhlich" empfindet, nicht unbedingt heißen, dass die emotionale Reaktion auf Akkorde völlig willkürlich ist. Ein Indonesier wendet beim Musikhören ein völlig anderes Paradigma für Harmonik an – eines, bei dem nicht Dreiklänge im Mittelpunkt stehen – und nimmt deshalb harmonische Beziehungen ganz anders vorweg. Innerhalb dieses Kontextes könnte ein Moll-Akkord völlig seinen Erwartungen entsprechen und würde daher „fröhlich" klingen. Trotzdem könnten Moll-Akkorde immer noch innerhalb des auf Dreiklängen aufbauenden westlichen Harmonie-Systems *notwendigerweise* traurig klingen, weil sie die Erwartungen verletzen, die dieses System aufbaut. Die Obertöne von Moll-Dreiklängen überlappen sich nicht so gut wie die von Dur-Akkorden, daher sind Moll-Dreiklänge durch die Unstimmigkeiten in den Obertönen, die für unser harmonisches System so wichtig sind, grundsätzlich konfliktbeladen.

Nicht wenige Musikwissenschaftler sind bereits der Frage nachgegangen, warum wir ein Stück auch dann noch spannend finden, wenn wir es schon ein paar Mal gehört haben und bereits wissen, wo seine kompositorischen Kunstgriffe auftreten werden. Sollten wir nicht irgendwann automatisch die Abweichungen einer Komposition erwarten und dann immer weniger davon berührt sein?

Eine Erklärung dafür wäre, dass musikalische Strukturen wie Harmonie- und Formregeln die normalen Erwartungen ständig reaktivieren. Wir erfahren immer und immer wieder, dass ein Akkord folgerichtig zu einem anderen führt. Die dem harmonischen Gesamtsystem zugrunde liegende Logik zwingt so unsere Erwartungen in bestimmte Bahnen, unabhängig davon, wie vielen Abweichungen wir bereits begegnet sind. Daher berühren uns die Verletzungen der Grunderwartungen auch weiterhin.

Nach Auffassung einiger Psychologen hat dieses Phänomen eine neuronale Basis. Aufgrund der Annahme, unser Gehirn sei von Natur aus für bestimmte musikalische Strukturen prädisponiert, postulieren sie, dass Module für bestimmte Verarbeitungsaufgaben in der Großhirnrinde überhaupt nicht anders können, als bei den Abweichungen und Auflösungen so zu funktionieren, wie sie geschaffen wurden. Ein Modul, das zeitliche Muster erfasst, nimmt den nächsten Schlag konstant vorweg, unabhängig davon, wie viele Male es gehört hat, dass dieser Schlag zu spät kommt. Diese Ansicht entspringt der verbreiteten Auffassung, der Cortex sei eine Ansammlung „einfältiger" Module, die triviale Aufgaben automatisch erledigen, und Intelligenz entstünde erst durch deren kollektive Aktivität.

Sehr regelmäßige Musik wird von unserem Gehirn abgelehnt, ein gutes Beispiel dafür ist Computer-Musik, deren Tempo und Lautstärke perfekt konstant ist; solche Musik verursacht bei musikalisch sensiblen Hörern regelrecht Unwohlsein. Warum wir ein starres Tempo, ja sogar eine perfekte Stimmung der Instrumente ablehnen, könnte man dadurch erklären, dass unser Nervensystem am besten auf Änderungen reagiert. Oder anders ausgedrückt, unser Gehirn gewöhnt sich an Dinge, die sich nicht ändern, und reagiert nicht mehr darauf – ein Vorgang, den man als *Habituation* bezeichnet.

Vergnügen an der Musik

Der französische Komponist Hector Berlioz (1803–1869) begann einmal in einem Konzert ganz offen zu weinen. Auf die höfliche Frage seines Nachbarn, ob er sich nicht in die Lobby zurückziehen wolle, antwortete Berlioz erstaunt: „Warum? Denken Sie vielleicht, ich bin zum Vergnügen hier?"

Was ist eigentlich …

Habituation [von latein. *habituari* = mit etwas behaftet sein], reizspezifische Gewöhnung, ursprünglich aus dem Behaviorismus stammender Begriff, der die Abnahme in der Stärke eines unbedingten Reflexes beschreibt, wenn dieser häufig ausgelöst wird; heute allgemein im Sinne von Gewöhnung, reizspezifische Reaktionsabschwächung usw. an bzw. auf bestimmte, wiederholt auftretende unbedingte Reize gebraucht, welche auf zentralnervöse Mechanismen zurückgeführt werden können. Die Habituation kann als einfachste Form des Lernens bezeichnet werden, denn häufig auftretende Reize, auf die weder positive noch negative Erfahrungen folgen, rufen keine Reaktionen mehr hervor. Trotz ihrer Einfachheit beruht die Habituation auf einem echten Lernprozess (Aufnahme neuer Information in die Verhaltenssteuerung), da sie reizspezifisch ist. Dadurch unterscheidet sich die Habituation von der bloßen Absenkung einer Bereitschaft bzw. allgemeinen Ermüdung, die nicht als Lernprozesse gelten. Dies belegt auch, dass Intensitätsverminderungen des Habituationsreizes die Reaktionen wieder auslösen.

Natürlich ging er zum Vergnügen ins Konzert. Auf die eine oder andere Art sucht jeder Vergnügen in „seiner" Musik und lehnt Musik ab, die ihm das nicht bieten kann. Sonderbar ist nur, dass Berlioz einen solch großen Genuss in einer Musik fand, die ihn mit Melancholie und Trauer erfüllte – also einer Art Erfahrung, die wir normalerweise als unangenehm und „freudlos" bezeichnen würden. Die Begriffe „Vergnügen", „Freude" oder „Genuss" findet man selten in den Neurowissenschaften, ja selbst in der Psychologie. Kaum ein Lehrbuch, das davon handelt oder dem Thema auch nur ein Kapitel widmet, viele erwähnen die Begriffe nicht einmal im Index. Obwohl kleine und große Freuden in unserem Alltagsleben sehr häufig sind, haben nur wenige Forscher damit etwas anfangen können, und nur wenige konnten diese Erfahrungen in Konzepte integrieren, wie wir sie für das Sehen, das Gedächtnis oder die Ratio haben. Anders als die externen Objekte, die naturwissenschaftlich gut untersuchbar sind, sitzt der „Genuss" tief in unserem Inneren, tief in unserem Wesen, er hat keine scharfen Konturen und ist ständig im Fluss, was eine objektive und neutrale Bewertung völlig unmöglich macht. Genau wie das Bewusstsein für unser „Selbst" können wir auch „Genuss" nicht wirklich objektiv fassen.

Wir empfinden Genuss, wenn die Sonne scheint, beim Lösen eines Kreuzworträtsels, an einem Filet Mignon, an einem Renoir, beim Fahren eines Cabrios oder wenn wir einen kaputten Stuhl reparieren. Was können all diese Dinge gemeinsam haben? Jede dieser Aktivitäten ist auf einen unterschiedlichen Aspekt des Nervensystems gerichtet. Einige haben mit Sinneswahrnehmungen zu tun, andere mit Aktivitäten, wieder andere mit dem Denken, aber wir können in allen Genuss finden.

Eine einzelne Tätigkeit kann auf viele Arten Genuss bereiten, das gilt auch für das Füllhorn an Vergnügen, das die Musik ausschüttet. Wir können allein vom schönen Klang eines Instruments hingerissen sein, wir sind entzückt von melodischen oder harmonischen Strukturen und – bei einigen Musikgenres – von der Landschaft, die diese Gesamtform aufbaut, wir werden von der Emotionalität der Musik mitgerissen, und wir finden Gefallen an der „Bedeutung" der Musik, ob sie nun direkt in der Melodie – wie in der Programmmusik –, in einem Liedtext oder symbolisch in der Aufführung oder beim Zuhörer liegt. Alle diese Vergnügen entfalten sich in der Musik nebeneinander, wobei verschiedene Genres unterschiedliche Betonungen setzen. Der „Musikgenuss" ist also genauso komplex wie die Musik selbst.

Jedem Genuss steht aber auch etwas gegenüber, das Unlust oder Unwohlsein hervorruft: der Verzückung die Agonie, der schmeichelnden Wärme die beißende Kälte, der Köstlichkeit die Bitternis, dem

Duft der Gestank, der Schönheit die Hässlichkeit, und der Freude und Gelassenheit stehen Trauer und Angst gegenüber.

Nach der klassischen Erklärung für Lust und Unlust strebt ein Organismus danach, in einem Gleichgewicht (Homöostase) mit seiner Umgebung zu stehen. Unwohlsein entsteht, wenn er sich von diesem Gleichgewicht entfernt, und Vergnügen, wenn er zu ihm zurückkehrt. Senkt Kälte zum Beispiel die Körpertemperatur, dann empfindet der Körper Unwohlsein, das im Extremfall bis zum beißenden Schmerz werden kann. Wir fühlen uns dagegen sofort wohl, wenn wir uns, aus der Kälte kommend, aufwärmen können. Dabei resultiert das Wohlbefinden nicht aus der Wärme an sich, sondern daraus, dass der Körper seine Idealtemperatur wieder erreicht. Auch ein Zuviel an Wärme kann das Gleichgewicht stören, und schon erleben wir wieder etwas Unangenehmes, das bis zum Schmerz gehen kann. Wohlbefinden ist also nichts Absolutes, sondern immer etwas Relatives abhängig vom Gleichgewichtszustand. Dasselbe Gefühl, derselbe Geschmack, Anblick oder Klang kann im einen Kontext angenehm, im anderen schmerzlich sein.

Dieses Konzept, nach dem Vergnügen und Unwohlsein naturgemäß allen Erfahrungen innewohnen, ist elegant und weitreichend. Das Gesamtbild wird jedoch verwirrend, wenn wir bestimmte Spezialfälle von Wohlbefinden und Schmerz betrachten, auf die unser Nervensystem anscheinend besonders angepasst ist. Während das mäßige Sonnenbaden natürlicherweise aus dem Bedürfnis nach Wärme erwächst, dient das „Braten" in der Sonne doch eher der vermeintlichen Steigerung der sexuellen Attraktivität und nicht der Hautgesundheit. In der Haut liegen Schmerzrezeptoren, die anhand chemischer Reize auf Schädigungen der Haut reagieren (und die mit den normalen Tastrezeptoren der Haut nichts zu tun haben). Im Gehirn gibt es für diese Schmerzsysteme besondere Bahnen, Reizung an bestimmten Stellen – die sogenannten Lustzentren – bewirkt Schmerzhemmung oder führt sogar zu euphorischen Gefühlen.

Wir müssen also Lust und Schmerz umfassender betrachten, zum Beispiel dadurch, dass wir Lust als etwas ansehen, das aus der Befriedigung von Erwartungen folgt. Das ist eine Abwandlung dessen, was die Philosophen als „Motivationstheorie" der Lust bezeichnen. Wie wir bereits hörten, „baut" sich unser Nervensystem ein Modell seiner Umwelt, indem es auf jeder Ebene der Wahrnehmung, der Aktivität und der Planung eine Abfolge von Erwartungen anstellt. Stress und Unruhe treten immer dann auf, wenn die Realität in irgendeiner Weise mit diesen Erwartungen kollidiert und damit das Gehirn gezwungen ist, die Verhältnisse sinnvoll neu zu interpretieren (sodass es geeignetere Erwartungen anstellen kann). Vollständig erfüllte Erwartungen lösen sich dagegen ohne Spannungen auf, und das nennen wir dann Lust oder Genuss: Sogar „animalische" Genüsse wie Sex

---

Was ist eigentlich ...

Schmerzsystem, funktionelle Umschreibung für die Teile des Nervensystems, die bei der Entstehung von Schmerzen jeder Art beteiligt sind. Das Schmerzsystem hat wesentliche Komponenten im peripheren Nervensystem, Rückenmark, Hirnstamm, Thalamus, Hypothalamus, limbischen System und Neocortex. Durch das Zusammenwirken dieser Teilsysteme wird eine große Vielfalt individueller Schmerzwahrnehmungen und -erlebnisse bewirkt.

und Essen passen in dieses Konzept, da sie mit starken Erwartungen (Reizen) verbunden sind, deren Erfüllung sehr lustvoll ist.

Genauso können wir beim Musikhören Vergnügen oder Missfallen empfinden im Ton der Klarinette, in der Melodie, in der Harmonie, im Rhythmus und in vielen anderen Aspekten. Wenn wir von *dem* Musikgenuss sprechen, dann meinen wir in Wirklichkeit eine ganze Anzahl von erfüllten Erwartungen und Enttäuschungen, die Musik insgesamt ausmacht, eine Art Mittelwert der positiven und negativen Faktoren.

Von diesem Standpunkt aus kann man leicht einsehen, warum wir aus der Musik Lustgewinn ziehen. Erfüllt sie ihre Versprechen (unsere Erwartungen), empfinden wir Genuss, enttäuscht sie diese, fühlen wir Unangenehmes. Wenn herausragende Kompositionen starke, weitreichende Erwartungen hervorrufen, dann geht ihre Erfüllung mit einem intensiven Lustgefühl einher; die schwachen Erwartungen einer minderwertigen Komposition berühren uns dagegen kaum.

Die tiefsten Befriedigungen der Musik stammen jedoch aus der Abweichung vom Erwarteten: Dissonanzen, Synkopen, Brüche in der melodischen Kontur, plötzliches Anheben oder Absenken der Lautstärke und so weiter. Liegt darin nicht ein Widerspruch? Nicht, wenn diese Abweichungen dazu dienen, noch stärkere Auflösungen vorzubereiten. Die banale Musik weckt herkömmliche Erwartungen, um sie dann sogleich mit einer nahe liegenden Auflösung zu erfüllen. Das vermittelt zwar einen gewissen Genuss, der ist aber im Gegensatz zu dem von Kaviar eher mit dem eines Hamburgers vergleichbar. Gut geschriebene Musik lässt sich viel Zeit, bevor sie die Erwartungen erfüllt, reizt den Hörer immer wieder, indem sie Erwartungen schürt und ihre Auflösung andeutet, manchmal auf eine Lösung zustrebt, sich dann aber mit einer überraschenden Kadenz wieder zurückhält. Wenn sie schließlich die Erwartung erfüllt, dann kommt die ganze Wirkung von Harmonie, Rhythmus, Klangfarbe und Dynamik gleichzeitig zum Tragen. Die Kunst, solche Musik zu schreiben, besteht nicht so sehr darin, Lösungen zu konstruieren, sondern darin, Erwartungen bis zu einem übernatürlichen Maß anzuschüren. Wenn dieses Rezept für gutes „Musik-Machen" genauso klingt wie das für gutes „Liebe-Machen", dann liegt das daran, weil unser Nervensystem immer gleich funktioniert. Dieselben Grundmechanismen gelten ganz einfach deshalb für alle Lustempfindungen, seien sie nun künstlerisch oder nicht, da diese Mechanismen Lust *sind*.

Lust an Harmonie und Melodie

Beispielsweise die Harmonie. Sobald wir das Harmoniesystem unseres Kulturkreises beherrschen, den tonalen Zentren folgen können und harmonische Auflösungen gedanklich vorwegnehmen, bringen

Was ist eigentlich ...

Synkope, Betonung, die nicht auf ein gerades Taktmaß fällt (Schwerpunktverlagerung).

Was ist eigentlich ...

Kadenz, die Auflösung einer harmonischen Akkordfolge in Richtung eines tonalen Zentrums, also von Spannung zu Entspannung.

wir beim Musikhören eine Flut von Erwartungen ein. Einzelne Akkorde bestimmen die Richtung des harmonischen Verlaufs, und solange die Harmonie sich in diesen Bahnen bewegt, empfinden wir Wohlgefallen. Ein überraschender Wechsel der Tonart dagegen kann ziemlich unangenehm, sogar schmerzhaft klingen. Dosiert eingeflochtene Dissonanzen dienen hingegen häufig dazu, die Auflösung harmonischer Erwartungen hinauszuzögern und machen sie manchmal durch Aneinanderreihung vieler kleinerer Erwartungen, die sich zu ganzen Hierarchien auftürmen, umso größer. Die meisten derartigen Dissonanzen sind mit der zugrunde liegenden Harmonie verwandt, sodass sie nicht zu unangenehm klingen und die Erwartungen weniger verletzen, als vielmehr umformen.

Genuss an der Melodie entsteht ganz ähnlich: über die Antizipation der melodischen Kontur. Wenn die Melodiekontur ganz „natürlich" – das heißt erwartungsgemäß – an- und absteigt, dann empfinden wir Genuss, schwankt sie jedoch haltlos umher, bereitet uns das Missfallen, da unser Gehirn sich vergeblich bemüht, Strukturen im Gehörten zu erkennen. In gewissem Umfang entstehen die melodischen Erwartungen aus den Gestaltgesetzen, aber sie erwachsen auch aus dem kulturell erworbenen melodischen Vokabular. Die Rolle der Antizipationen beim Rhythmus ist genauso klar. Wir genießen ein Metrum, weil wir die kommenden Schläge voraussahnen. Jede plötzliche Abweichung im Tempo oder der Anzahl der Schläge pro Takt verwirrt uns. Dosiert eingesetzte Synkopen können uns jedoch vorsichtig auf eine Änderung des Grundschlages vorbereiten.

Der Rhythmus einer Phrase wird klarer, wenn er so konstruiert ist, dass er uns auf ihre Grenzen vorbereitet. Komponisten entwickeln akribisch Folgen sich entwickelnder Phrasen, von denen jede auf die jeweils nächste hinweist, die aber – auch wenn sie manchmal unerwartet ausgehen – letztlich die Gesamtform stützen.

Diese Auffassung über Musikgenuss könnte unsere emotionalen Reaktionen erklären, die wir bei der Klimax einer Beethoven-Symphonie empfinden, aber was ist mit den „einfachen" Freuden, die wir beim Klang einzelner Instrumente spüren? Das Musikempfinden entsteht doch so, dass unser Gehirn Hierarchien von Klangbeziehungen modelliert – Hierarchien, die in dem Sinne „unsichtbar" sind, dass wir sie nur schwer anderen vermitteln können, ja, über die wir nicht einmal uns selbst Rechenschaft ablegen können. Daher kann man unmöglich angeben, inwieweit der Genuss, den wir allein aus dem Klang eines Instrumentes ziehen, nicht auch aus den umgebenden musikalischen Beziehungen stammt. Irgendwelche Töne auf einer Violine können uninteressant klingen, wenn der Violinist gerade sein Instrument stimmt, die gleichen Töne können uns aber packen, wenn sie in der Klimax eines Stückes auftauchen. Obwohl Genuss scheinbar im „Klang" der Töne liegt, entsteht er doch meist aus über-

---

Was ist eigentlich ...

Phrasierung, die Kombination musikalischer Einfälle zu einem kompletten „Gedankengang". Einzelne Phrasen entwickeln sich oft hin zu einem Spannungspunkt und kehren dann zu einem Ruhepunkt zurück. Einzelne kleinere Phrasen können sich zu größeren Phrasen zusammenschließen.

geordneten Beziehungen, die wir zwar genau wahrnehmen, die uns aber nur wenig bewusst werden.

Trotzdem kann auch ein einzelner Ton einer Violine ein waches und musikalisch geübtes Ohr erfreuen! Wie ist das möglich? Um ehrlich zu sein, das weiß niemand. Wahrscheinlich werden jedoch auch auf einer „Mikroebene" musikalischen Verständnisses, dort wo der auditorische Cortex individuelle Klänge zusammensetzt, Erwartungen aufgebaut und erfüllt, allerdings viel zu schnell, um ins Bewusstsein zu gelangen. Interessanterweise finden wir keinen Gefallen an rein frequenten computergenerierten Tönen, denn weil diesen jegliche Variation fehlt, können sie auch keine Erwartungen erzeugen. Musikalische Klänge sind komplexe, sich kontinuierlich ändernde Einheiten aus vielen wellenförmigen Komponenten. Die Architektur solcher Klänge variiert mit den Fähigkeiten der Musiker, wir feiern einen Violinisten, der sein Instrument virtuos beherrscht, denn irgendwie lernt es ein solcher Geigenspieler über die Jahre hinweg, bestimmte Klänge aus seinem Instrument „herauszukitzeln". Er macht das genauso, wie wir Schnürsenkel binden, ohne darüber nachzudenken. Ein Anfänger auf der Violine dagegen kann ein musikalisches Ohr mit kratzenden Tönen peinigen – also Tönen, bei denen kein Fluss zustande kommt, wo ein Augenblick nicht zum nächsten führt, wo jede entstehende Erwartung wieder zunichte gemacht wird.

Auch die Großstrukturen der Musik können sehr leicht zu unangenehmen Empfindungen führen. Wenn ein gut ausgebildeter, aber überehrgeiziger Komponist starke Erwartungen weckt, die er nicht einlösen kann, bleiben wir unbefriedigt und werden ärgerlich oder enttäuscht. Meistens verschwindet solche Musik sehr schnell wieder aus den Konzertsälen. Neue Musik kann aber oft auch nur gewöhnungsbedürftig sein und unangenehm klingen, bis das Publikum lernt, sie richtig zu hören.

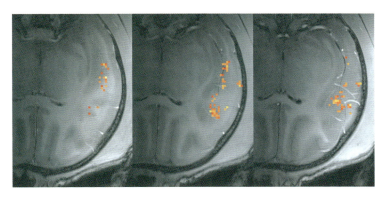

Der auditorische Cortex in Aktion, abgebildet mithilfe von funktioneller Magnetresonanz. Die farbigen Punkte zeigen Regionen, die mit starker Aktivierung auf den jeweiligen Reiz reagieren. Links: taktile Stimulation der Hand; Mitte: auditorische Stimulation; rechts: gleichzeitige taktile und auditorische Stimulation.

Außerdem empfinden wir Musik – sogar sehr gute Musik – als sehr schmerzvoll, wenn wir das falsche musikalische Vokabular auf sie anwenden und die falschen Erwartungen aufbauen. Daher kann eine Melodie in einem bestimmten Stil für jemanden, der damit sehr vertraut ist, angenehm klingen, aber unschön für den, der mit dieser Melodie eine andere Art von Erwartungen verknüpft. Das wird bei ihm einen schmerzlichen Missklang nach dem anderen hervorrufen. Solche Aussagen können beleuchten, wie wir Genuss aus musikalischer Emotionalität ziehen, aber sie erklären nicht, warum wir die Erfahrung *negativer* Gefühle in der Musik suchen, zum Beispiel Melancholie oder Trauer, schließlich versuchen doch die meisten von uns, negative Gefühlszustände im Alltag so weit wie möglich von sich fernzuhalten. In der Musik jedoch genießen wir sie irgendwie – und zwar nicht nur als außen stehende Beobachter, sondern dadurch, dass wir uns selbst melancholisch oder traurig fühlen, so als sei uns etwas Unangenehmes passiert.

Besondere Arten des Musikgenusses

In *The Critic as Artist* schrieb Oscar Wilde (1854–1900):

> Nachdem ich Chopin gespielt habe, fühle ich mich, als hätte ich Sünden bereut, die ich nie begangen habe, und Tragödien durchlitten, die nicht die meinen sind. Musik scheint mir immer diese Wirkung zu haben. Sie ruft eine Vergangenheit ins Leben, die man ignorierte, und füllt einen mit einem Gefühl von Trauer, die sich nie in Tränen zeigte. Ich kann mir gut jemanden vorstellen, der ein ganz normales Leben geführt hat, bis er zufällig über irgendein eigenartiges Musikstück stolpert und plötzlich entdeckt, dass seine Seele schreckliche Erfahrungen, fürchterliche Freude, romantische Liebe oder große Entsagung durchlebt hat, ohne dass er sich dessen je bewusst war.

Wilde spielt dabei auf den potenziellen „Sinngehalt" der Musik an. Den meisten Kompositionen fehlt zwar ein spezifischer, allgemein akzeptierter Bezug zur Realität, aber wenn wir den Bezug zu unserem eigenen Leben mit einbringen, können wir aus der Musik alles herausholen, was wir wollen. Musik erhebt Emotionen zur Kunst, positive genauso wie negative, und indem sie das tut, erhebt sie auch unser eigenes emotionales (Er)leben zeitweilig in höhere Sphären. Die „Bedeutung", die wir empfinden, liegt nicht in der Musik selbst, sondern in unseren eigenen Reaktionen auf unsere Umwelt. Musik hilft dabei, diese Reaktionen zu vervollkommnen, sie zu verschönern und damit unseren Lebenserfahrungen eine Größe zu verleihen, die sie eigentlich gar nicht haben. Und indem Musik selbst negative Emotionen mit Lustgefühlen erfüllt, rechtfertigt sie unsere großen und kleinen Leiden und versichert uns so, dass sie nicht alle umsonst waren.

Wilde liegt wohl daneben, wenn er schreibt, dass jemand, „der ein ganz normales Leben führte", zu solchen emotionalen Extremen katapultiert würde, denn die Musik erfasst meist nur Menschen, die bereits tiefe emotionale Erfahrungen gemacht haben. Es ist die Kraft unserer eigenen Existenz, die musikalische Erwartungen antreibt, und es sind die Freuden und Schmerzen in uns selbst, die durch musikalische Auflösungen bedient werden.

Um zu sehen, wie Musik Emotionen und Genuss konkret erzeugt, lassen Sie uns Henry Mancinis „Pink Panther" als Beispiel nehmen. Mancini akkumuliert Melodie, Harmonie und Rhythmus zum Spannungshöhepunkt am Beginn des dritten Taktes, an dem das Stück auf einer lang anhaltenden, betonten Dissonanz ein Plateau findet. Diese Note verletzt mehrere Arten von Erwartungen. Die Musik hört plötzlich in ihrer Beschleunigung auf und gefriert, die melodische Kontur beendet ihren gesamten Anstieg, die Harmonie wendet sich von ihrem vorherrschenden tonalen Zentrum ab und das Metrum steuert auf eine starke Betonung zu. Auch die Phrasierung, die überwiegend durch die melodische Kontur gebildet wird, stoppt hier ihren schneller werdenden, zuerst zwei- und dann vierbeinigen Schleichschritt. Für einen Moment erstarrt die Musik in Bewegungslosigkeit, genau wie das Innehalten einer sich anpirschenden Katze.

Was ist der emotionale Gehalt dieser Musik? Worin liegt ihre Schönheit? Dieses Stück Musik ist nicht aus den regelmäßigen, vorhersagbaren Mustern aufgebaut, die für „intellektuelle" Musik charakteristisch sind, es ist voll von nicht erfüllten Erwartungen und somit voll emotionaler Spannung, die im dritten, dissonanten Takt gipfelt. Man kann die Art des so erzeugten Gefühls kaum anders beschreiben als ein wachsendes Gefühl von Vorahnung. Keiner unserer gebräuchlichen Ausdrücke für Emotionen – Freude, Trauer, Glück oder was auch immer – passt wirklich zu dem, was wir bei dieser Melodie empfinden.

Dennoch macht es durchaus Sinn, diese Empfindung von „Anschleichen" als „emotional" zu bezeichnen, auch wenn es auf den ersten Blick merkwürdig aussieht. Wir kennen das Gefühl des „Anschleichens" sehr gut, weil wir uns alle schon einmal an etwas angeschlichen haben. Wir führen Bewegungen aus, die zwischen vorsichtigem Zögern und plötzlichem Hervorschnellen abwechseln und so immer wieder das Muster normaler Bewegungen verletzen. Dabei empfinden wir ein Wechselbad zwischen unangenehmem Zögern und aufregendem Weiterhuschen. Wir fühlen also das „Anschleichen", wenn wir uns auf eine bestimmte Art und in einem bestimmten Rhythmus bewegen; und wenn die Musik demselben Muster folgt, dann klingt sie wie „Anschleichen", genau wie der herumschleichende Rosarote Panther nach „Anschleichen" aussieht.

Anscheinend macht dieses Thema nicht eine Aussage durch eine emotionale „Sprache", sondern eher durch eine „Sprache" physischer Bewegung – eine Sprache, die dann „emotional" klingt, wenn die Erwartungen konsistent verletzt werden, dagegen lediglich „intellektuell", wenn das nicht der Fall ist. Es handelt sich um eine Sprache, bei der sich Klangobjekte koordiniert bewegen, genauso wie sich Körperteile koordiniert bewegen, wenn wir laufen. Kein Wunder, dass wir zur Musik tanzen wollen.

Aus dieser Perspektive betrachtet, überziehen Emotionen die Bewegungsrepräsentation in der Musik, sie modulieren musikalische Bewegungen, genau wie sie auch unsere physischen Bewegungen beeinflussen. Das beweist auch der „Pink Panther", indem er nicht nur nach „Anschleichen" klingt, sondern auch noch lustig. Natürlich muss man sich einfach über dieses glücklose Katzentier amüsieren (ein rosarotes noch dazu), das sich wie ein menschliches Wesen verhält, ein König des Dschungels, der immer auf der Flucht ist. Aber wir würden auch Vergnügen in diesem Thema finden, wenn wir keine Zeichentrickfigur damit assoziieren würden. Es enthält nämlich etwas, das in jeder Art von Humor zu finden ist, eine Art Kontrast der Gegensätze. Der Rhythmus des schleichenden Panthers wird in kontrastierenden Widersprüchen dargestellt, unser Held erscheint gleichzeitig mutig und zaudernd und wirkt damit komisch. Diese rhythmische Phrasierung gibt dem Thema seinen emotionalen Gehalt und macht es für das Ohr interessant.

Emotion im „Pink Panther".

Musik und Körper

Das Konzept, Genuss als die Befriedigung von Erwartungen zu sehen, gilt für den geistigen Genuss, wie wir ihn in der Musik oder beim Schachspielen finden. Ein solcher Genuss kann durch die gewöhnlichen körperzentrierten Definitionen von Lust auch nicht ansatzweise erklärt werden. Trotzdem empfinden wir die meisten Genüsse körperlich, auch in der Musik. Hört ein musikalisches Ohr guter Musik zu, dann finden irgendwie auch die tiefsten und abstraktesten Beziehungen ihren physischen Ausdruck. Musikliebhaber behaupten, sie würden nicht nur pulsierenden Takt in ihren Muskeln und Knochen spüren, sondern auch melodische Kontur, harmonische Übergänge, dynamische Wechsel – also Phänomene, die durch und durch „mental" sein sollten und nicht „physisch".

Das ist wirklich sehr sonderbar. Denn Musik wird durch den auditorischen Cortex verarbeitet, der intensiv mit anderen Teilen der Temporallappen und mit den Frontallappen verbunden ist. Die Hörrinde hat jedoch keine Verbindungen zum motorischen Cortex, der unsere Muskeln steuert, oder zum somatosensorischen Cortex, der die Reize der Rezeptoren in der Haut, den Sehnen und Muskeln registriert. Warum also sollte sich Klang als physische Empfindung ausdrücken? Es ist eine andere Sache, wenn ein lauter Knall uns vor Angst zusammenfahren lässt, eine solche Verbindung von Klang und körperlichen Reaktionen beruht offensichtlich auf angeborenen Verhaltensmustern zur Selbstverteidigung und Flucht. Es liegt aber kein einleuchtender Überlebensvorteil darin, warum sich musikalische Klangmuster in Muskelbewegungen ausdrücken sollten. Wenn die Musik nicht von selbst in unsere Muskeln gelangt, dann müssen wir sie natürlich irgendwie bewusst auf diese übertragen. Wir benutzen unsere Muskeln anscheinend zur *Repräsentation* von Musik, wir ahmen die wichtigsten Eigenschaften musikalischer Muster durch kleine und große Bewegungen nach. Im einen Extrem hüpfen wir zu einem pulsierenden Takt wild herum, im anderen sind wir bewegungslos, wenn auch durch die Vorahnung einer Bewegung auf die Folter gespannt, wir empfinden nur den Drang zu einer Bewegung, führen sie aber nicht wirklich aus.

Kinästhetische Antizipationen liegen so tief in unserer Natur, dass wir sie kaum bemerken, dennoch sind sie sehr einfach zu beobachten. Stellen Sie sich zum Beispiel vor, Sie starten Ihr Auto, Sie spüren den Schlüssel ins Zündschloss gleiten, die Berührung des Schalthebels und den Druck, wenn man bremst, und das alles ohne die geringste äußerliche Bewegung. Beobachten Sie sich selbst beim Musikhören, auch hier sind ganz ähnliche Empfindungen am Werk, ein unsichtbarer Tanz.

Wir empfinden Musik allerdings nicht immer kinästhetisch. Wenn wir uns auf eine Musik nicht einlassen, können wir ein Stück auch in all seinen Einzelheiten auf eine Weise anhören, die vollständig mental erscheint, ohne jede körperliche Reaktion. An einem anderen Tag jedoch reißt uns dasselbe Stück völlig mit, und unser ganzer Körper „tanzt" heimlich.

All das muss spekulativ bleiben, da es keine Theorie musikalischer Repräsentation gibt. Schließlich gibt es auch keine Typologie physischer Bewegungen oder musikalischer Kunstgriffe, mit der wir akustische und somatische Erfahrungen vergleichen könnten. Trotzdem

Was ist eigentlich ...

Kinästhesie [von griech. *kinein* = bewegen, *aisthesis* = Sinn, Wahrnehmung], kinästhetischer Sinn, Kinästhetik, die Fähigkeit vieler Wirbeltiere und des Menschen, mithilfe von Propriorezeptoren die Stellung der Körperteile zueinander, die Lage der einzelnen Körperteile zur Umwelt und die Stellungsänderungen von Gliedmaßen wahrzunehmen, zu kontrollieren und zu steuern. Dies geschieht reflektorisch und unbewusst, kann teilweise aber auch bewusst ablaufen.

kann man sich leicht zwei Funktionen vorstellen, denen solche Repräsentationen dienen könnten. Erstens bietet Repräsentation ein System, mit dem wir die Charakteristika der Musik automatisch aufzeichnen und sie uns so über einen kurzen Zeitraum leichter merken können. Auch hier kann man sich leicht selbst dabei beobachten, dass man beim Musikhören die Muskeln anspannt und so musikalische Verläufe als Muskelspannung kodiert und diese beibehält, bis sie sich auflösen. Zweitens erfüllt musikalische Repräsentation die Aufgabe, unser Musikerlebnis zu verstärken. Musikalische Muster, die Emotionen und Lustgefühle erzeugen, werden in einem zweiten, besonders ausgedehnten neuronalen System repliziert – dem motorischen System –, und daher entstehen Emotionen und Lustgefühle sowohl in diesem zweiten Medium wie in der direkten akustischen Musikerfahrung. Der Klang einer Violinensaite allein ist sehr dünn, wird aber enorm verstärkt, wenn ihre Schwingungen auf das Instrumentengehäuse übertragen werden. In ähnlicher Art nutzen wir unseren Körper als „Resonator" für auditorische Erfahrungen. Der Zuhörer selbst wird zum Instrument, er legt seinen Körper in die Hände der Musik und lässt diese auf ihm spielen.

Warum aber drückt sich Musik bei uns durch Bewegungen aus und nicht zum Beispiel durch bildliche Vorstellungen? Manche Menschen haben beim Hören von Klängen tatsächlich optische Empfindungen. Beim so genannten *Farbenhören*, einem seltenen Phänomen, sind die Sinne sozusagen „über Kreuz" und jeder musikalische Klang geht mit farbenfrohen, formlosen optischen Wahrnehmungen einher. Ein Komponist würde also sein Orchester instruieren: „Bitte, meine Herren, ein wenig mehr Blau, wenn möglich. Diese Tonart braucht das." Genau wie die Darstellung von Musik durch körperliche Bewegungen verstärkt natürlich auch das Farbenhören den Musikgenuss. Als ein Patient von Oliver Sacks mit seinem Farbensehen auch die Vorstellungsgabe für Farben verlor, verschwand auch sein Farbenhören und er fand bestürzt, dass er damit eine Dimension seiner Musikerfahrung verloren hatte, was seinen Musikgenuss erheblich minderte. Das Farbenhören repräsentiert jedoch offenbar die tiefen musikalischen Strukturen nicht sehr gut. Es gleicht mehr einem Entertainment, einer Lichtshow als einer Erweiterung der musikalischen Erfahrung. Das Farbenhören ist ein Phänomen, das Menschen ohne eigenes Zutun einfach besitzen, ihnen fehlen die Antizipationen, mit denen wir größere musikalische Strukturen zusammensetzen. Wenn wir im Gegensatz dazu Musik durch körperliche Bewegungen ausdrücken, dann ist das voll von intentionsgesteuerten Erwartungen. Unser Körper ist nämlich Experte für das Timing und die Verschmelzung zeitlicher Abläufe. Interessanterweise beruht ein neuerer Trend in der Emotionstheorie auf der Idee körperlicher Repräsentationen kognitiver Prozesse. Diese *Hypothese der somatischen Marker*, die Antonio Damasio in seinem Buch *Descartes' Irr-*

Was ist eigentlich ...

Farbenhören, [franz. *audition colorée* = gefärbte Hörwahrnehmung], eine Form der Synästhesie, bei der Farbempfindungen beim Anhören von Tönen oder Musik auftreten.

tum populär machte, geht davon aus, dass das Gehirn auf alle Arten von Erfahrungen mit angenehmen oder unangenehmen körperlichen Reaktionen antwortet. Diese Reaktionen sollen als eine Art Belohnungssystem funktionieren, das uns dazu bringt, bestimmte Verhaltensweisen zu verstärken und andere zu meiden. Nach dieser Theorie können wir durch das automatische Erfassen solcher Reaktionen schnelle Entscheidungen in Situationen treffen, wo vernünftiges Nachdenken zu langsam oder ganz unmöglich wäre. Die Gazelle empfindet einen positiven somatischen Marker, wenn sie schmackhafte Blätter im Gehölz entdeckt, aber auch einen negativen, weil sie Gebüsch mit Räubern assoziiert. Das unbewusste Abwägen beider Marker führt unterm Strich zu dem „Entschluss", dass die Blätter das Risiko nicht wert sind. Wir sind in einer vergleichbaren Situation, wenn wir überlegen, ob wir montags blaumachen sollen oder nicht. Besonders interessant an dieser Theorie ist, dass sie davon ausgeht, wir hätten evolutionsgeschichtlich alte neuronale Mechanismen, um Emotionen explizit in Muskelbewegungen auszudrücken.

Wie auch immer wir unsere körperlichen Repräsentationen von Musik erlangt haben, sie könnten dafür verantwortlich sein, dass sich unser Musikgenuss noch mehr steigert, indem sie das Gehirn zur Ausschüttung der bereits besprochenen opiatähnlichen Endorphine veranlassen. Seit langem haben Psychiater zur Behandlung Drogenabhängiger ein Medikament namens Naloxon verwendet, um die Opiatrezeptoren im Gehirn zu blockieren. Sind alle Opiatrezeptoren blockiert, können Opiate keine Wirkung mehr entfalten und der Drogensüchtige wird nach ihrer Einnahme nicht mehr „high". Da auch die Wirkung von Endorphinen auf diese Weise blockiert werden kann, kam man auf die Idee zu untersuchen, ob Endorphine auch beim Musikhören wirksam werden. Man verabreichte einer Gruppe von Versuchspersonen Naloxon und spielte ihnen dann Musik vor. Wie üblich erhielten einige ein Placebo als Kontrolle, um sicherzustellen, dass ein eventueller Effekt wirklich nur auf die Wirkung des Pharmakons zurückzuführen ist. Tatsächlich empfanden alle Versuchspersonen, die Naloxon erhalten hatten, einen deutlich verminderten Musikgenuss, während die Kontrollgruppe die Musik so anregend wie immer empfand. Musik kann also auf buchstäblich allen Ebenen unseres Wesens Wohlbefinden hervorrufen.

Musik bis zur Ekstase

Wenn Wohlbefinden bis ins Extrem geht, dann beschreiben wir es manchmal als „Ekstase". Ekstase kann jedoch mehr sein als extremes Wohlgefühl, mehr als nur eine Gänsehaut. Ekstase verwischt die Grenzen unseres Seins, enthüllt uns die Bindungen zur Außenwelt und lässt uns in ein Meer von Gefühlen eintauchen.

Was ist eigentlich ...

Naloxon, Opiatantagonist, der im Gegensatz zu anderen Substanzen dieser Gruppe keinerlei morphinagonistische Eigenschaften zeigt. Naloxon hebt die zentral dämpfenden und peripheren Wirkungen von Morphin und dessen Verwandten prompt auf, wodurch es zur Behandlung von akuten Morphinvergiftungen geeignet ist. Als reiner Antagonist wird Naloxon in der neurowissenschaftlichen Forschung verwendet, z. B. zur Untersuchung der Opiatrezeptoren. Außerdem kann Naloxon zur Unterdrückung akustischer Halluzinationen sowie zur Behandlung von Fertilitätsstörungen (bedingt durch zu hohe Endorphinkonzentrationen, z. B. bei Leistungssportlerinnen) verwendet werden.

> **Was ist eigentlich ...**
>
> Ekstase [von griech. *ekstasis* = aus sich heraustreten], allgemein ein rauschhafter Zustand; in der Psychologie Bezeichnung für ein Erlebnis der Entpersönlichung, das z. B. durch Rauschgifte, starke Affekte oder Psychosen verursacht werden kann. Die Ansprechbarkeit für Sinnesreize ist oft vermindert, dagegen treten häufig Halluzinationen auf.

Ein Charakteristikum von Ekstase ist ihre *Unmittelbarkeit*. Ekstase stellt nicht irgendein großartiges Ereignis dar, das sich vor unseren Augen und Ohren abspielt wie ein prächtiger Sonnenuntergang, sondern sie findet in uns selbst statt. Sie ist eine momentane Transformation der Person, die sie erlebt, nicht nur eine Transformation ihrer Erfahrung (obwohl außergewöhnliche Erfahrungen für Ekstase oft notwendig sind).

Musik scheint von allen Künsten die zu sein, die uns am unmittelbarsten berührt, und ist daher auch die, die am leichtesten Ekstase hervorruft. Genau wie den Parkinson-Patienten am Anfang dieses Beitrags schlägt Musik auch uns in ihren Bann. Oder wie der Trompeter Henry „Red" Allen es einmal ausdrückte: „Sie ist wie jemand, der deine Lippen bewegt und dich sagen lässt, was er denkt." Ein derartiges Besitzergreifen wird am offensichtlichsten, wenn ein Stück unseren Körper offenbar so erfasst, dass wir uns einfach bewegen müssen. Wir gehen mit dem Rhythmus mit, folgen den harmonischen Kadenzen und müssen sie einfach durchschauen. Das ist natürlich keine absolute Besessenheit, schreit jemand „Es brennt!", werden wir wieder in die Realität zurückgeholt und unsere Aufmerksamkeit wendet sich wieder anderem zu. Trotzdem, sobald wir einmal in die Musik eingetaucht sind, können wir ihrem Einfluss nur mit Mühe widerstehen. Es ist wirklich so, als hätte eine andere Macht nicht nur unseren Körper, sondern auch unser Denken besetzt, hätte uns in Besitz genommen. Gibt es etwas beim Hören, das unmittelbarer und besitzergreifender ist als bei den anderen Sinnen? Neuronal kommt dem Gehörsinn kein besonderer Status zu, er ist nichts weiter als ein Sinnessystem, das Informationen an den Cortex liefert. Das Hörsystem ist sogar weniger umfangreich als das Sehsystem, denn jedes Auge sendet eine Million Nervenfasern ins Gehirn, wohingegen kaum 30 000 aus jedem Ohr ins Gehirn führen. Auch die Sehrinde ist ausgedehnter als der auditorische Cortex. Trotzdem kann man sich kaum eine optische Erfahrung ausmalen, sei sie nun künstlerisch oder nicht, die so überwältigend ist wie die Musik (Ausnahmen sind natürlich optische Eindrücke, die starke *nichtvisuelle* Assoziationen hervorrufen wie zum Beispiel der Anblick eines angreifenden Elefantenbullen).

Die Kraft der Klänge kann nicht allein mit der Macht musikalischer Strukturen erklärt werden, denn es gibt auch viele nichtmusikalische Klänge, die uns stark berühren; als unrühmliches Beispiel sei hier nur die Kreide erwähnt, die über eine Tafel quietscht. Das Quietschen der Kreide ist auch nicht sehr laut im Verhältnis zu anderen Dingen, die Intensität kann also auch nicht schuld sein. Und obwohl die Hässlichkeit dieses Tones kaum zu übertreffen ist, gibt es Unzähliges, das mindestens genauso hässlich ist, uns aber trotzdem nicht so tief trifft und reale Schmerzen verursacht. Grauenhafter Lärm wurde schon seit Jahrhunderten als Folterinstrument verwendet und ist laut Genfer Konvention verboten. Auf der anderen Seite ist es unvorstellbar, dass man einem Spion seine Geheimnisse entlocken könnte, indem man ihn zwingt, die Exponate eines Museums für moderne Kunst zu betrachten.

Wo liegen die Stärken des Klanges? Sicherlich in der Tatsache, dass Klänge sich zeitlich entwickeln, dass sie sich *bewegen*. Wie wir gehört haben, ist Bewegung die ursprüngliche Aufgabe des Nervensystems. Unser Denken führt letztlich zu Bewegung, und das Denken ist es, das wir mit „Ich" bezeichnen, es ist unser Selbst. Musik erreicht unser Ohr und bewirkt im Gehirn einen Strom von Antizipationen, durch den wir Melodie, Harmonie, Rhythmus und Form mit Sinn erfüllen. Indem Musik diese Antizipationen hervorruft, knüpft sie an die tiefsten Ebenen unserer Intentionen an und nimmt uns so in Besitz.

Eine andere Patientin von Oliver Sacks berichtete, wie stark eine externe Kraft ihre eigene mangelnde Tatkraft überwinden konnte und sie zum Bewegen brachte:

> Wenn Sie mit mir laufen, dann fühle ich in mir Ihre Kraft beim Laufen. Ich habe an Ihrer Kraft und Freiheit Anteil, ich teile Ihre Kraft zu laufen, Ihre Wahrnehmungen, Ihre Gefühle und Ihre Erfahrung. Ohne es zu ahnen, machen Sie mir ein großartiges Geschenk.

Auch Musik war ähnlich hilfreich:

> Ich partizipiere an anderen Menschen, wie ich an der Musik teilhabe: an den Bewegungen der Musik selbst und am Fühlen dieser Bewegungen.

Diese Frau war wahrlich besessen. „Wenn Sie weggehen, falle ich wieder in mir zusammen", klagte sie. Ist es nicht das, was auch wir fühlen, wenn sich eine großartige Komposition ihrem Ende zuneigt? Jemand wie Wolfgang Amadeus Mozart brachte sich selbst irgendwie zu dem Punkt, an dem er eine künstliche Welt perfekter Proportionen und außergewöhnlich tiefer Beziehungen schaffen konnte; er fand einen Weg, diese Beziehungen in Musik zu gießen und diese den nachfolgenden Generationen zu hinterlassen. Die Klänge nahmen ihren Ursprung als Gedanken in seinem Gehirn und werden mit viel Mühe, wenn auch nicht perfekt, in anderen Gehirnen Jahrhunderte später repliziert. Wir schalten einen CD-Player an, und der Geist Mozarts erfasst uns. Das bringt ihn mit Sicherheit so nah an die Unsterblichkeit, wie es ein Mensch nur sein kann. Wenn Musik uns aber in Ekstase versetzt, dann bewirkt sie mehr als nur Bewegung in uns. Sie katapultiert uns für ein paar Sekunden auf eine Erfahrungsebene, die wir im täglichen Leben wohl kaum erklimmen. Sie ist kraftvoll und extrem angenehm, aber darüber hinaus ist sie auch *schön*. Genau wie Lust empfinden wir offenbar auch Schönheit nur dann, wenn sie auf tieferen Ebenen des Verständnisses auftritt. Eine einfache geometrische Form vermittelt uns nur wenig Schönheit, eine Arabeske schon mehr; mit zunehmender Komplexität vergrößert sich also auch die Schönheit. Mitunter gelingt es jedoch einem Komponisten, sogar in einer „einfachen" Melodie tiefe Beziehungen zu schaffen und zu erhalten, so wie Picasso eine ganze Figur durch eine einzelne Linie andeuten konnte. Wie so oft können wir aber nur die Arten von Beziehungen wahrnehmen, auf die uns unsere spezielle Musikkultur vorbereitet hat; in diesem Sinne entsteht Schönheit also weitgehend im Kopf des Zuhörers.

Viele behaupten, nur die Schönheit allein zöge sie bei der Musik an, aber großartige Musik liefert uns mehr. Musik vermittelt uns die Möglichkeit, Beziehungen zu erfahren, die weit tiefer gehen als unsere Alltagserfahrungen, indem sie dem Gehirn eine künstliche Umwelt schafft und es so in kontrollierte Denkbahnen zwingt. Bei einer genialen Komposition ist jede Note sorgfältig ausgewählt, um Unterstrukturen für außergewöhnlich tiefe Beziehungen zu bilden, keine Möglichkeit wird ausgelassen, keine Abweichung erlaubt. In dieser perfekten Welt kann unser Gehirn größere Verständnisstrukturen aufbauen, als das in der Alltagswelt jemals möglich ist, und so allumfassende Beziehungen wahrnehmen, die viel tiefer sind als die unserer Alltagserfahrung.

Aus diesem Grund kann Musik eine transzendente Erfahrung sein, für wenige Augenblicke macht sie uns größer, als wir tatsächlich sind, und bringt Ordnung in eine Welt, die in der Realität kaum vorhanden ist. Wir reagieren dabei nicht nur auf die Schönheit ihrer inneren Beziehungen, die sich uns enthüllen, sondern es befriedigt uns schon, dass wir sie wahrnehmen können. Wenn unser Gehirn auf diese Weise bis an seine Leistungsgrenze gebracht wird, dann fühlen wir, wie sich unser Dasein erweitert, und erkennen, dass es da mehr gibt zwischen Himmel und Erde, als wir uns vorstellen können, und das ist Grund genug für Ekstase.

Grundtext aus: Robert Jourdain *Das wohltemperierte Gehin. Wie Musik im Kopf entsteht und wirkt*; Spektrum Akademischer Verlag (amerikanische Originalausgabe: *Music, the Brain, and Ecstasy*; William Morrow and Company; übersetzt von Markus Numberger und Heiko Mühler).

Forschung auf dem Kopfkissen

Was ist Erinnerung? Der Lübecker Psychologe Jan Born untersucht die Zusammenhänge zwischen Lernen, Gedächtnis und Schlaf

Ulrich Bahnsen

Am Kleinbahnhof Lübeck-St. Jürgen beginnt einer der wenigen Pfade zur deutschen Spitzenforschung. Einige hundert Meter den Mönkhofer Weg entlang, „und vor der Schranke zum Campus müssen Sie rechts zu dem langen Gebäude gehen", hatte Jan Born den Weg in sein Reich am Telefon beschrieben, „Haus 23A". Haus 23A ist eine niedrige graue Holzbaracke am Rande des Geländes der Medizinischen Universität zu Lübeck. An der verglasten Eingangstür ein Schild: „Achtung Schlaflabor. Tür bitte leise schließen". Die letzte Hürde ins Büro des Professors ist genommen, wenn man links unter den Jacken am Garderobenständer durchgetaucht ist. „Ich hol mal Kaffee", sagt Born und schlängelt sich auf diesem Weg wieder hinaus. Die Sekretärin hat heute frei.

Wenn der Tiefschlaf fehlt, leidet die Erinnerung

Ein riesiger Aktenschrank auf der einen Seite des großen, hellblau getünchten Raumes, auf dem Schreibtisch in dessen Mitte Stapel von Papieren, in der Ecke eine riesige Grünpflanze mit fleischigen Blättern: Ein Faible für innenarchitektonische Raffinesse hat Jan Born offenkundig nicht. Ihn drängt es vielmehr nach Erkenntnis. Er ist der Direktor des Instituts für Neuroendokrinologie der Universität zu Lübeck, und sein Büro hat er, um zu arbeiten.

Hier will er mit seinen 15 Mitarbeitern eines der ganz großen Geheimnisse des Menschen enträtseln helfen: Wie funktioniert das Gedächtnis? Was geschieht beim Lernen, und wie bleibt, was gelernt wurde, im Gehirn? „Es gibt kein Bewusstsein ohne Gedächtnis. Ohne Erinnerungsfähigkeit zersplittert es in lauter Momente."

Seit Jahren untersucht er die Rolle des Schlafs bei der Gedächtnisbildung. Dass Schlaf wichtig ist, wenn das Gehirn zuvor Gelerntes im Gedächtnis verankert, wissen die Hirnforscher aus Experimenten mit Versuchstieren und auch mit menschlichen Probanden. Ein wichtiger Teil der Gedächtnisbildung findet offenbar während der Tiefschlafphasen statt. Was etwa das Gehirn von Medizinstudenten am Tag an Fakten, Zahlen oder Begriffen aufgenommen hat, wird zunächst im Hippocampus zwischengespeichert. Im Schlaf übt das Hirn das Gelernte gleichsam weiter und verlagert die Gedächtnisinhalte dabei in feste Erinnerungsspeicher im Neocortex. Während dieser Schlafphase sendet es langsam oszillierende elektrische Signale aus, die sogenannten Deltawellen.

Schon vor Jahren hat Born mit seinen Mitarbeitern nachgewiesen, wie wichtig der Tiefschlaf für das Gedächtnis ist. Verwehrte er Probanden den Deltaschlaf, so konnten sie sich am nächsten Tag schlechter an zuvor Gelerntes etwa an neue Wörter erinnern als jene Versuchspersonen, die schlafen durften. Noch vier Jahre später könne man bei erneuten Tests der Versuchspersonen den Unterschied zwischen Schläfern und Nichtschläfern erkennen, erzählt er. „Das sind Langzeitprozesse." Müssen Menschen also schlafen, um ihre Erinnerungen zu erzeugen?

Born hat in Tübingen Psychologie, Mathematik und „ein bisschen Philosophie" studiert. Von daher mag ein leichter Hang zu blumigen Formulierungen übrig geblieben sein, denn seine Antwort lautet: „Schlaf ist ein Bewusstseinsverlust, der Bewusstsein schafft."

Was geschieht, wenn man das Gehirn im Schlaf elektrisch stimuliert?

Aber ihn faszinieren auch andere Funktionen im menschlichen Gehirn, etwa der Einfluss von Hormonen und der Tag-Nacht-Rhythmus in den Aktivitäten der Nervennetze. Dafür musste er sich auch mit Biologie und Physiologie beschäftigen. So verließ er Tübingen und wechselte an die State University von New York in Stony Brook, um biologische Psychologie zu studieren. Mit dem Abschluss in der Tasche kehrte er nach Deutschland, nach Ulm, zurück, um noch mehr in Medizin und Physiologie dazuzulernen, und hatte damit eine individuell gestaltete Ausbildung absolviert. „So etwas gab es in den achtziger Jahren in Deutschland noch gar nicht." Inzwischen wird diese Ausbildung in den neurowissenschaftlichen Studiengängen angeboten. Schließlich wurde Born, frisch habilitiert, als Professor für biologische Psychologie an die Universität Bamberg berufen. Das war 1989, und er war mit gerade 31 Jahren der jüngste Professor in Bayern.

Jetzt ist er 48. Groß und schlaksig, könnte er wie ein Doktorand wirken, wären da nicht die ersten Falten um die Augen und das Auftreten eines Mannes mit der Autorität eines Wissenschaftlers, der in der Forschung schon allerhand gesehen hat. „Born to be write" steht an seiner Bürotür geschrieben. Mehr als 40 wissenschaftliche Arbeiten hat er allein in den vergangenen sechs Jahren veröffentlicht darunter eine ganze Reihe in erstklassigen Fachzeitschriften.

Vor wenigen Tagen hatte Born wieder einen ziemlich spektakulären Auftritt, diesmal im prestigeträchtigen Fachblatt Nature. Auch diesmal ging es um Deltawellen, jene langsamen Oszillationen im Hirn während des Tiefschlafs, die ihn schon in seiner Diplomarbeit in den Vereinigten Staaten beschäftigt hatten. Die jüngste Veröffentlichung befasst sich nun damit, was geschieht, wenn man das Gehirn im Schlaf elektrisch stimuliert. Born und seine Kollegen hatten einer Gruppe Medizinstudenten Elektroden an den Kopf geklebt und so deren Deltawellen im Tiefschlaf künstlich verstärkt. Am nächsten Tag schnitten die Testpersonen bei Gedächtnistests um acht Prozent besser ab als Kommilitonen, die ohne Strom geschlafen hatten.

Damit haben die Lübecker Forscher ein altes Rätsel der Hirnforschung gelöst. Bislang war nur offenbar, dass Deltawellen im Hirn während der Gedächtnisfixierung auftreten. Doch ob sie etwas mit diesem Prozess zu tun haben oder nur zufällig zur selben Zeit beobachtet werden, war immer ein Geheimnis geblieben. Borns Experiment hat die Sache jetzt geklärt: Wenn die Gedächtnisleistung durch eine Verstärkung der Deltawellen verbessert werden kann, müssen sie auch ursächlich für das Gedächtnis sein. Die Oszillationen sind gleichsam die messbaren Bugwellen der elektrischen Vorgänge, mit denen das Hirn die Erinnerung aus dem Zwischenspeicher im Hippocampus in den Cortex schiebt.

Eine Frage bleibt noch unbeantwortet: Wie kommt die Zeit in das Gedächtnis?

Gesunder Schlaf hilft also sicherlich beim Lernen, sagt Born: „Immerhin, Einstein war ein bekannter Langschläfer." Aber auf praktische Tipps für den Alltagsgebrauch will er sich nicht einlassen. Er hat auch nicht vor, einen Apparat zu entwickeln, den man sich des Nachts über den Kopf stülpt, um besser zu lernen. Angewandte Forschung ist ihm ohnehin suspekt, und auch von der Exzellenzinitiative hält er wenig. „Was wird denn da gefördert? Das ist doch Applied Technology. Beide Exzellenzunis sind technische Universitäten, die nicht mit Grundlagenforschung glänzen. Von mir aus wunderschön, aber das ist es nicht, was mich interessiert." Ihn interessiert etwas ganz anderes. Und das will er unbedingt noch herausbekommen: „Wie kommt die Zeit in das Gedächtnis?" Auch das ist noch ein großes Rätsel. Im Traum erscheint es zum Beispiel in dieser Form: Man träumt, in einem brennenden Zimmer eingesperrt zu sein. Es gibt kein Entkommen, doch dann hört man das Martinshorn, die Feuerwehr rückt an und man erwacht. Dann aber stellt sich heraus: Das Martinshorn war der Wecker. „In Wahrheit hat Ihr Gehirn den Wecker gehört und daraufhin den Traum konstruiert", erklärt Born, „und im Gedächtnis hat es den zeitlichen Ablauf umgekehrt."

Und wie ist das möglich? Er habe da schon eine Idee gehabt, wie das funktioniert. Aber leider habe dieser Geistesblitz den ersten Experimenten nicht standgehalten. „Mist", sagt Born, „das muss ich jetzt erst mal verdauen."

Aus: DIE ZEIT Nr. 46, 9. November 2006

Eine Schnecke hat die Neurowissenschaft das Lernen gelehrt. Ihr lateinischer Name: *Aplysia californica*. Es waren seine gut präparierbaren Nervenzellen, die das Weichtier zum Modellorganismus der Gedächtnisforschung werden ließen – und die Tatsache, dass auch eine Schnecke bei den immer gleichen Reizen zum immer gleichen Verhalten neigt, dass sie also quasi dressiert werden kann. Herauszufinden, wie sich diese Dressur in den Molekülen des Nervensystems manifestiert, war die nobelpreiswürdige Leistung von **Eric R. Kandel**.

Kandel wurde in Wien geboren und musste als Elfjähriger mit seinem Bruder und seinen Eltern vor den Nazis fliehen. Er vollendete seine Schullaufbahn in New York, studierte und forschte unter anderem an der Harvard University, an der New York University und an der Columbia University.

Es war eine befreundete Kommilitonin, die ihn zu den Neurowissenschaften brachte. Ihre Eltern waren begeisterte Anhänger von Sigmund Freud. Zunächst wollte Kandel Psychiatrie studieren und eine Ausbildung zum Psychoanalytiker anschließen. Dann entschloss er sich, die dem Gedächtnis zugrunde liegenden biologischen Vorgänge im Gehirn zu erforschen. Arbeiten von Konrad Lorenz, Nikolaas Tinbergen und Karl von Frisch zeigten ihm, dass es auch bei Tieren Lernvorgänge gibt. Sein Modellorganismus wurde schließlich jene Meeresschnecke mit dem lateinischen Namen *Aplysia californica*.

Seit fast zwei Jahrzehnten bildet Kandel ein Autorenduo mit dem Gedächtnisforscher **Larry R. Squire**. Squire ist Professor für Psychiatrie, Neurowissenschaften und Psychologie an der University of California in San Diego.

Eric R. Kandel und Larry R. Squire

Vom Geist zum Molekül

Von Larry R. Squire und Eric R. Kandel

> Das Gedächtnis bündelt die zahllosen Phänomene unserer Existenz zu einem einzigen Ganzen … Gäbe es nicht die bindende und einigende Kraft des Gedächtnisses, unser Bewusstsein würde in ebensoviele Einzelteile zerfallen, wie wir Sekunden gelebt haben.
>
> Ewald Hering (1834–1918; deutscher Physiologe und Hirnforscher)

E. P. hatte 28 Jahre lang erfolgreich als Labortechniker gearbeitet, als er 1982 in den Ruhestand trat, um sich seiner Familie und seinen Hobbys zu widmen. Zehn Jahre später, im Alter von 72, entwickelte E. P. eine akute Viruserkrankung – eine Herpes-simplex-Encephalitis –, die einen Krankenhausaufenthalt notwendig machte. Als er aus der Klinik nach Hause zurückkehrte, sahen sich seine Freunde und Familie demselben lebhaften und freundlichen Mann gegenüber, den sie immer gekannt hatten. Er lächelte gern und liebte es, zu lachen und Geschichten zu erzählen. Körperlich wirkte er kerngesund, er ging und benahm sich wie zuvor, und seine Stimme war laut und deutlich. Er war ebenso aufgeweckt wie aufmerksam und konnte sich mit Gästen angemessen unterhalten. Wie spätere Tests zeigten, war sein Denkvermögen tatsächlich völlig intakt. Aber nur wenige Momente genügten, um zu bemerken, dass mit seinem Gedächtnis irgendetwas überhaupt nicht stimmte. Er wiederholte sich ständig, stellte immer wieder dieselben Fragen und konnte mit Unterhaltungen nicht Schritt halten. Neue Besucher erkannte er selbst nach 40 Besuchen nicht wieder.

Das Herpes-simplex-Virus hatte Teile von E. P.'s Gehirn zerstört, und durch diese Hirnschädigung hatte er die Fähigkeit verloren, neue Gedächtnisinhalte zu bilden. Neue Ereignisse oder Begegnungen konnte er nicht länger als einige Sekunden erinnern. Auch war er sich nicht sicher, in welchem Haus er früher 20 Jahre lang gewohnt hatte; er wusste nicht mehr, dass eines seiner erwachsenen Kinder nebenan wohnte oder dass er zwei Enkel hatte. Die Krankheit machte es ihm unmöglich, seine Gedanken und Eindrücke in die Zukunft zu projizieren, und sie hatte seine Verbindung zur Vergangenheit zerstört, zu all dem, was sich zuvor in seinem Leben ereignet hatte. Er war nun sozusagen in der Gegenwart gefangen, auf den Augenblick reduziert.

Wie die Folgen von E. P.'s viraler Gehirnhautentzündung dramatisch illustrieren, sind Lernen und Gedächtnis für die menschliche Erfahrung essenziell. Wir können neue Kenntnisse über die Welt erwerben, weil die Erfahrungen, die wir gemacht haben, unser Gehirn verändern. Und, einmal gelernt, können wir die neuen Kenntnisse oft für sehr lange Zeit in unserem Gedächtnis speichern, weil Aspekte dieser Veränderung in unserem Gehirn bewahrt werden. Später können wir aufgrund dieses im Gedächtnis gespeicherten Wissens handeln, uns anders als bisher verhalten und in neuen Bahnen denken. Sich-Erinnern ist der Vorgang, durch den das, was wir gelernt haben, die Zeit überdauert. In diesem Sinne sind Lernen und Gedächtnis unlösbar miteinander verbunden.

Der Großteil unserer Kenntnisse und Fähigkeiten ist zum Zeitpunkt unserer Geburt noch nicht in unserem Gehirn verankert, sondern wird vielmehr durch Erfahrung erworben und im Gedächtnis bewahrt – Namen und Gesichter unserer Freunde und Familienangehörigen, Algebra und Geographie, Politik und Sport, die Musik von Haydn, Mozart und Beethoven. Was wir sind, sind wir zu einem großen Teil wegen unserer Erfahrungen und Erinnerungen. Doch Gedächtnis ist nicht nur eine Aufzeichnung persönlicher Erfahrung: Es erlaubt uns auch, Bildung zu erwerben, und stellt einen starken Motor für den sozialen Fortschritt dar. Menschen verfügen über die einzigartige Fähigkeit, anderen ihre Erfahrungen mitzuteilen, und damit können sie Wissen anhäufen, das von Generation zu Generation weitergegeben wird. Die menschlichen Errungenschaften scheinen ständig zu expandieren, doch die Größe des menschlichen Gehirns hat offenbar nicht signifikant zugenommen, seit *Homo sapiens* vor etwa hunderttausend Jahren zum ersten Mal in der Fossilüberlieferung auftritt. Was die kulturelle Veränderung und den technischen Fortschritt in diesen vielen Jahrtausenden bestimmt hat, ist weder eine Zunahme der Gehirngröße noch eine Veränderung der Hirnstruktur. Es ist vielmehr die Fähigkeit des menschlichen Gehirns, das, was wir lernen, in Sprache und Schrift einzufangen und anderen zu vermitteln.

Obgleich das Gedächtnis bei vielen besonders positiven Aspekten unserer Erfahrung eine zentrale Stellung einnimmt, gilt auch, dass viele psychologische und emotionale Probleme zumindest teilweise aus Erfahrungen resultieren, die im Gedächtnis verankert sind. Diese Probleme sind erlernt – häufig als Reaktion auf Erfahrungen in früher Kindheit, die zu bestimmten Verhaltensmustern führen. Sofern eine Psychotherapie bei der Behandlung von Verhaltensstörungen Erfolge erzielt, dann vermutlich deshalb, weil sie dem Patienten zeigt, wie er neue Verhaltensmuster erwirbt.

Der Verlust des Gedächtnisses führt zum Verlust des Selbst, zum Verlust der eigenen Lebensgeschichte und zum Verlust dauerhafter Beziehungen zu den Mitmenschen. Lern- und Gedächtnisstörungen treten bei Kindern wie bei Erwachsenen auf. Geistige Behinderung, Down-Syndrom, Dyslexie (die Unfähigkeit zu lesen), das normale altersbedingte Nachlassen des Gedächtnisses und die Zerstörungen der Gehirnstruktur durch die Alzheimer- und die Huntington-Krankheit sind nur die bekannteren Beispiele aus einer breiten Palette von (krankhaften) Veränderungen, die das Gedächtnis in Mitleidenschaft ziehen.

Mit dem Problem, wie wir lernen und Gedächtnisinhalte speichern, haben sich bisher drei Fachrichtungen beschäftigt: bis ins späte 19. Jahrhundert die Philosophie, im Verlauf des 20. Jahrhunderts die Psychologie und dann die Biologie. Heute, zu Beginn des 21. Jahrhunderts, fließen psychologische und biologische Fragestellungen zusammen. Die Psychologie fragt: Wie arbeitet das Gedächtnis? Gibt es verschiedene Gedächtnisformen? Und wenn das der Fall ist, welcher Logik folgen sie? Aus der Perspektive der Biologie wird gefragt: Wo im Gehirn lernen wir? Wo speichern wir das Gelernte als Erinnerungen? Lässt sich die Speicherung von Gedächtnisinhalten auf der Ebene einzelner Nervenzellen erklären? Und wenn dies so ist, welche molekularen Strukturen liegen den verschiedenen Prozessen der Informationsspeicherung zugrunde? Weder Psychologie noch Biologie allein können diese Fragen erfolgversprechend angehen, doch dank der kombinierten Kräfte beider Disziplinen kristallisiert sich ein neues, aufregendes Bild heraus, das andeutet, wie das Gehirn lernt und erinnert. Psychologen und Biologen haben gemeinsam ein allgemeines Forschungsprogramm definiert, das sich um zwei entscheidende Fragestellungen dreht: 1. Wie sind die verschiedenen Gedächtnisformen im Gehirn organisiert? 2. Wie geht die Speicherung von Gedächtnisinhalten vor sich? Das Aufeinanderzugehen von Psychologie und Biologie hat zu einer neuen Synthese unserer Erkenntnisse über Lernen und Gedächtnis geführt. Wir wissen heute, dass es zahlreiche Gedächtnisformen gibt, dass verschiedene Hirnstrukturen spezifische Aufgaben erfüllen und dass das Gedächtnis in einzelnen Nervenzellen codiert ist beziehungsweise von Veränderungen in der Stärke ihrer Verbindungen abhängt. Wir wissen auch, dass diese Veränderungen durch die Wirkung von Genen in den Nervenzellen stabilisiert werden, und wir wissen einiges über die molekularen Vorgänge, durch die die Verbindungsstärken zwischen den Nervenzellen verändert werden. Das Gedächtnis verspricht die erste geistige Fähigkeit zu werden, bei der wir eine Brücke vom Molekül zum Geist schlagen können, das heißt, die Funktion der einzelnen Ebenen verstehen lernen: vom Molekül über die Zelle zum Gehirn und zum Verhalten. Dieses aufkommende Verständnis könnte seinerseits zu neuen Einsichten in die Ursachen und zur effektiveren Behandlung von Gedächtnisstörungen führen.

Gedächtnis als psychologischer Vorgang

Seit Sokrates erstmals vermutete, Menschen besäßen ein Vorwissen, ihnen sei also ein gewisses Wissen um die Welt angeboren, hat sich die westliche Philosophie mit mehreren verwandten Fragen auseinandergesetzt: Wie lernen wir neue Informationen über unsere Umwelt, und wie wird diese Information im Gedächtnis gespeichert? Welche Aspekte unseres Wissens sind angeboren, und in welchem Maße kann Erfahrung diese angeborene Information beeinflussen? Um Gedächtnis und andere geistige Prozesse zu untersuchen, benutzten Philosophen ursprünglich im Wesentlichen drei – allesamt nichtexperimentelle – Methoden: bewusste Selbstbeobachtung, logische Analyse und Schlussfolgerung. Die Schwierigkeit bestand darin, dass diese Methoden nicht zu einer Einigung über Fakten oder zu einem Konsens im Sinne einer gemeinsamen Sichtweise führten. Mitte des 19. Jahrhunderts ließ der Erfolg der experimentellen Wissenschaften bei der Lösung physikalischer und chemischer Probleme auch diejenigen aufhorchen, die Verhalten und Geist untersuchten. Das führte dazu, dass die philosophische Erforschung geistiger Vorgänge allmählich durch empirische Untersuchungen des Geistes ersetzt wurde und die Psychologie sich als eigenständige, von der Philosophie unabhängige Disziplin etablierte.

Anfangs konzentrierten sich die experimentellen Psychologen in ihren Untersuchungen auf Sinneswahrnehmungen, doch mit der Zeit wagten sie sich an die komplexeren Funktionen des Geistes heran und versuchten, mentale Phänomene einer experimentellen und quantitativen Analyse zu unterziehen. Ein Pionier auf diesem Gebiet war der deutsche Psychologe Hermann Ebbinghaus, dem es in den achtziger Jahren des 19. Jahrhunderts gelang, die Erforschung des Gedächtnisses auf eine objektive und quantitative experimentelle Grundlage zu stellen. Dazu benötigte Ebbinghaus ein standardisiertes, einheitliches Testverfahren, mit dem er das Erinnerungsvermögen einer Versuchsperson überprüfen konnte. Zu diesem Zweck erfand er neuartige Silben, bei denen ein Vokal zwischen zwei Konsonanten platziert wird, wie in ZUG oder REN. Um nun Listen für seine Lernexperimente zu erstellen, bildete er rund 2 300 dieser Silben, schrieb sie auf einzelne Papierstücke, mischte sie, zog sie nach dem Zufallsprinzip und schrieb sie auf. Anschließend lernte er die Listen dieser Silben im Selbstversuch auswendig und prüfte dann in verschiedenen Zeitintervallen sein Erinnerungsvermögen. Überdies bestimmte er die Anzahl der erforderlichen Wiederholungen und die Zeit, die nötig war, um jede Liste erneut zu lernen.

Auf diese Weise gelang es Ebbinghaus, zwei Schlüsselprinzipien bei der Speicherung von Gedächtnisinhalten zu entdecken. Erstens konnte er zeigen, dass Erinnerungen unterschiedliche Lebensspannen haben. Einige Erinnerungen sind kurzlebig und bleiben nur minutenlang erhalten, andere sind langlebig und überdauern tage- oder monatelang. Zweitens wies er nach, dass Erinnerungen nach Wiederholung länger im Gedächtnis bleiben – Übung macht eben den Meister. Nach einer einzigen Trainingssitzung wird ein Proband eine Lis-

---

Porträt

Ebbinghaus, Hermann, deutscher Psychologe, * 24.1. 1850 in Barmen bei Bonn, † 26.2.1909 in Halle. Ebbinghaus führte experimentelle Methoden in die Psychologie ein und leistete Pionierarbeit bei der Erforschung von Lernen und Gedächtnis unter kontrollierten Bedingungen. Daneben beschäftigte er sich mit der Frage der Anwendung dieser Erkenntnisse auf dem Gebiet der Erziehung. Werke (Auswahl): *Über das Gedächtnis* (1885), *Die Intelligenz der Schulkinder* (1897), *Grundzüge der Psychologie* (2 Bände, 1919).

te vielleicht nur ein paar Minuten lang behalten, doch bei genügend häufiger Wiederholung kann sie tage- oder wochenlang im Gedächtnis bleiben. Einige Jahre später stellten die deutschen Psychologen Georg Müller und Alfons Pilzecker die These auf, dass diese Erinnerung, die tage- und wochenlang überdauert, im Laufe der Zeit *konsolidiert* wird. Eine Erinnerung, die konsolidiert worden ist, ist robust und widerstandsfähig gegenüber Störungen. Im Anfangsstadium sind selbst Gedächtnisinhalte, die normalerweise überdauern würden, höchst störungsanfällig; das zeigt sich beispielsweise, wenn man versucht, anderes, ähnliches Material auswendig zu lernen.

Der amerikanische Philosoph William James arbeitete diese Befunde später aus und schuf eine scharfe, qualitative Unterscheidung zwischen Kurzzeit- und Langzeitgedächtnis. Das Kurzzeitgedächtnis, so argumentierte er, umfasst einen Zeitraum von Sekunden bis Minuten und ist im Wesentlichen eine Ausdehnung des Augenblicks, beispielsweise, wenn man eine Telefonnummer nachsieht und sie dann einen Moment lang im Gedächtnis behält. Das Langzeitgedächtnis hingegen kann Wochen, Monate oder gar ein ganzes Leben andauern und wird dadurch konsultiert, dass man auf die Vergangenheit zurückgreift. Diese Unterscheidung hat sich als grundlegend für das Verständnis des Gedächtnisses erwiesen.

Etwa um dieselbe Zeit, als Ebbinghaus und James ihre klassischen Arbeiten durchführten, veröffentlichte der russische Psychiater Sergej Korsakow die erste Beschreibung einer Gedächtnisstörung (Amnesie), die schließlich seinen Namen tragen sollte, das Korsakow-Syndrom. Es ist heute das bestbekannte und -studierte Beispiel einer menschlichen Amnesie. Schon vor Korsakow ging man allgemein davon aus, dass die Untersuchung eines beeinträchtigten Gedächtnisses tiefe Einblicke in Struktur und Organisation des normalen Gedächtnisses gewähren könne. Wie auch auf anderen Gebieten der Biologie, wo die Analyse von Krankheiten geholfen hat, die normale Funktion eines Organs zu erhellen, zeigte sich auch beim Gedächtnis, dass die detaillierte Untersuchung von Gedächtnisstörungen eine Fülle nützlicher Informationen liefern konnte. So ergab die Untersuchung der Amnesie, dass es verschiedene Gedächtnisformen gibt.

Die behavioristische Revolution

Mitte des 19. Jahrhunderts vermutete Charles Darwin, dass geistige Merkmale, genauso wie morphologische, phylogenetische Kontinuität aufweisen, das heißt, bei verwandten Tierarten gleichartig sind. Gliedmaßen, beispielsweise, sind bei Säugern, Vögeln und Reptilien nach demselben allgemeinen Muster konstruiert, sodass das Vorder-

Porträt

James, *William*, amerikanischer Neuropsychologe, *11.1.1842 New York, † 26.8.1910 Chocorna (N.H.); ab 1880 Professor für Physiologie, dann Philosophie und Psychologie an der Harvard University in Cambridge. Er prägte die Bezeichnung *stream of consciousness* und bereitete den Boden für den psychologischen Funktionalismus. Seine Theorie der Gefühle wurde unter dem Namen James-Lange-Theorie der Emotionen bekannt und kehrte die Annahme, Emotion erzeuge Verhalten, um.

Porträt

Korsakow, *Sergej Sergejewitsch*, russischer Psychiater und Neurologe, *3.2.1854 Guss-Chrustallny, † 14.5.1900 Moskau; Begründer der Psychiatrie in Russland. Er strebte eine physiologische Analyse aller psychischen Krankheiten an. Korsakow führte eine freie Krankenbehandlung psychiatrischer Patienten mit individueller Krankenbetreuung, einschließlich Psychotherapie, ein.

Porträt

Pawlow, *Iwan Petrowitsch*, russischer Physiologe, *26.9.1849 Rjasan, † 27.2.1936 Leningrad; naturwissenschaftliche und medizinische Ausbildung in St. Petersburg; Professor für Pharmakologie und Physiologie an der Militär-Medizinischen Akademie in St. Petersburg. Pawlow führte in sogenannten chronischen Experimenten an Hunden umfassende Untersuchungen über die Physiologie der Verdauung durch, für die er 1904 mit dem Nobelpreis für Physiologie oder Medizin ausgezeichnet wurde. Bei seinen chronischen Experimenten an Hunden beobachtete Pawlow, dass die Speichelabsonderung auch durch Signalreize ausgelöst werden kann. Daraus schloss er, dass alle Vorgänge im Organismus und alle Beziehungen zwischen Organismus und Umwelt vom Gehirn aus gesteuert werden.

bein einer Eidechse, der Flügel einer Ente oder einer Fledermaus und ein menschlicher Arm im Grunde dieselben Knochen in derselben relativen Anordnung aufweisen. Wenn Menschen anderen Tieren in so prinzipiellen Aspekten gleichen, sollten wir auch etwas über unser Geistesleben lernen können, indem wir Tiere studieren. Aufbauend auf Ebbinghaus' erfolgreicher Untersuchung des menschlichen Gedächtnisses und inspiriert von Darwins Vorstellung, dass sich unsere geistigen Fähigkeiten aus denjenigen einfacherer Tiere evolviert haben, entwickelten der bekannte russische Physiologe Iwan Pawlow und der amerikanische Psychologe Edward Thorndike Anfang des 20. Jahrhunderts Tiermodelle zur Untersuchung von Lernprozessen. Unabhängig voneinander entdeckte jeder von ihnen eine andere experimentelle Methode, um Verhaltensreaktionen zu beeinflussen.

Pawlow entdeckte die klassische Konditionierung, Thorndike die „operante Konditionierung" (besser bekannt als Versuch-und-Irrtum-Lernen). Diese beiden experimentellen Methoden lieferten die Grundlage für die wissenschaftliche Untersuchung von Lernen und Gedächtnis bei Tieren. Bei der klassischen Konditionierung lernt ein Tier, zwei Ereignisse miteinander zu assoziieren, beispielsweise einen Glockenton mit der Gabe von Futter, sodass das Tier zu speicheln beginnt, sobald es die Glocke hört, selbst wenn kein Futter angeboten wird. Bei der operanten Konditionierung lernt ein Tier, eine Verbindung zwischen einer Handlung und einer Belohnung beziehungsweise Bestrafung zu ziehen, die auf die Handlung folgt, und verändert auf diese Weise allmählich sein Verhalten.

Diese objektive, auf Laboruntersuchungen basierende Lernpsychologie entwickelte sich zu einer empirischen Tradition, dem sogenannten Behaviorismus, der die Methodik bei der Erforschung des Gedächtnisses veränderte. Die Behavioristen, allen voran der Amerikaner John B. Watson, argumentierten, dass man das Verhalten nun mit derselben Strenge untersuchen könne wie andere naturwissenschaftliche Phänomene. Die Psychologen müssten sich lediglich aus-

Pawlow-Kammer. Versuchsumsetzung für Pawlows Experimente mit Hunden.

schließlich auf das konzentrieren, was beobachtbar ist, und sie könnten somit Reize identifizieren und Verhaltensreaktionen messen. Mit dieser Sichtweise ließen sich das Wesen subjektiver Erfahrung und die Natur geistiger Vorgänge jedoch nicht wissenschaftlich erforschen. Trotzdem erbrachte das Studium klassischer und operanter Konditionierung eine Fülle nützlicher Informationen, darunter gesetzmäßige Prinzipien, wie Tiere Assoziationen zwischen Reizen bilden, die Vorstellung der Verstärkung (oder Belohnung) als Schlüssel zum Verständnis des Lernens und Aussagen darüber, wie verschiedene „Fahrpläne" bei der Verstärkung die Lerngeschwindigkeit bestimmen.

Trotz seiner wissenschaftlichen Strenge erwies sich der Behaviorismus als restriktiv und begrenzt. Bei ihrem Versuch, mit den Naturwissenschaften zu konkurrieren und nur beobachtbare Reize und Reaktionen zu untersuchen, verloren die Behavioristen viele andere interessante und wichtige Fragen im Hinblick auf mentale Prozesse aus den Augen. Insbesondere ignorierten sie weitgehend die Befunde der Gestaltpsychologie, Neurologie, Psychoanalyse und selbst den gesunden Menschenverstand, die alle darauf hinwiesen, dass auch die „geistige Maschinerie" wichtig ist, die zwischen einem Reiz und einer Reaktion vermittelt. Die Behavioristen definierten im Grunde das gesamte geistige Leben anhand der begrenzten Techniken, die sie zu seiner Erforschung einsetzten. Dadurch reduzierte sich die experimentelle Psychologie auf eine sehr enge Palette von Fragestellungen und schloss einige der faszinierendsten Merkmale des geistigen Lebens aus ihren Untersuchungen aus, beispielsweise die kognitiven Prozesse beim Lernen und Erinnern. Auf diesen vermittelnden mentalen Prozessen im Gehirn basieren Wahrnehmung, Aufmerksamkeit, Motivation, bewusstes Handeln, Planen und Denken sowie Lernen und Gedächtnis.

Die kognitive Revolution

Der Behaviorismus war Anfang des 20. Jahrhunderts insbesondere in den Vereinigten Staaten die beherrschende psychologische Richtung bei der Erforschung von Lernen und Gedächtnis. Es gab jedoch einige bemerkenswerte Abweichungen von dieser orthodoxen Strömung, einige Forscher, für die mentale Vorgänge im Mittelpunkt standen. Ein wichtiger Vorläufer eines weniger behavioristischen, stärker kognitiv geprägten Ansatzes zur Erforschung des Gehirns war der britische Psychologe Frederic C. Bartlett. In der ersten Hälfte des 20. Jahrhunderts untersuchte Bartlett das Gedächtnis unter mehr realistischen Bedingungen, indem er seine Probanden alltägliches Material wie Geschichten und Bilder lernen ließ. Mit diesen Methoden konnte er zeigen, dass das Gedächtnis überraschend fragil und stö-

Porträt

Thorndike, *Edward Lee*, amerikanischer Psychologe, * 31.8.1874 Williamsburg (Mass.), † 10.8.1949 Montrose (N.Y.). An der Columbia University in New York führte er bereits einige Jahre vor I. P. Pawlow (1898) an Katzen und Hunden Lernexperimente durch, bei denen Reize nach wiederholter angenehmer Belohnung eine positive, bei wiederholter unangenehmer Bekräftigung eine negative Verhaltenswirkung annehmen.

Porträt

Watson, *John Broadus*, amerikanischer Psychologe, * 9.1.1878 bei Greenville, † 25.9.1958 New York. Er gilt als der eigentliche Begründer und führende Vertreter einer der wichtigsten Schulen des 20. Jahrhunderts, des Behaviorismus. Watson führte den Begriff des „bedingten Reflexes", der Konditionierung von I. P. Pawlow, in die amerikanische Fachterminologie ein und machte ihn zu einem Grundbegriff des Behaviorismus.

Porträt

Bartlett, Frederic Charles (1886–1969), englischer Kognitionspsychologe. Bartlett war einer der Begründer der kognitiven Psychologie und entwickelte bereits 1932 eines der ersten Gedächtnismodelle. Er erweiterte Ebbinghaus' streng kontrollierte Methoden zur Erforschung des Gedächtnisses durch lebensnahe Versuchsansätze.

Was ist eigentlich …

kognitive Psychologie, Kognitionspsychologie, Teildisziplin der Psychologie, welche menschliche mentale Aktivität als informationsverarbeitenden Vorgang untersucht (Kognition); diese Gebiete werden heute auch im Rahmen der kognitiven Neurowissenschaft betrachtet.

rungsanfällig ist. Er vertrat die Ansicht, ein Gedächtnisabruf sei selten sehr präzise, denn es handele sich dabei nicht einfach um eine exakte Wiedergabe passiv gespeicherter Information, die auf Reaktivierung wartet. Abruf von Gedächtnisinhalten ist seinem Wesen nach vielmehr ein kreativer Rekonstruktionsprozess, den Bartlett folgendermaßen beschrieb:

> Erinnern ist keine Reaktivierung unzähliger fixierter, lebloser und fragmentarischer Spuren. Es ist eine fantasievolle Rekonstruktion, oder eine Konstruktion, errichtet aus dem Spannungsfeld zwischen unserer Haltung gegenüber einer ganzen, aktiven Masse organisierter ehemaliger Reaktionen oder Erfahrungen einerseits und einem kleinen, hervorstechenden Detail andererseits, das gewöhnlich in Bild- oder Sprachform auftritt.

In den 1960er-Jahren waren sich viele Psychologen der Grenzen des Behaviorismus bewusst geworden – nicht zuletzt ein Verdienst der Arbeiten Bartletts. Sie gelangten zu der Ansicht, dass Wahrnehmung und Gedächtnis nicht nur von Informationen aus der Umwelt, sondern auch von der geistigen Struktur der Person, die wahrnimmt oder sich erinnert, abhängen. Diese Vorstellungen führten zur Geburt der kognitiven Psychologie. Deren wichtige wissenschaftliche Aufgabe bestand darin, nicht nur Reize und die dadurch hervorgerufenen Reaktionen zu analysieren, sondern die Gehirnprozesse, die zwischen einem Stimulus und einem Verhalten vermitteln – genau das Feld, das von den Behavioristen ignoriert wurde.

Die Kognitionspsychologen interessierten sich bei der Erforschung mentaler Prozesse insbesondere für den Informationsfluss von Auge und Ohr sowie den anderen Sinnesorganen zu ihren *internen Repräsentationen* im Gehirn. Diese interne Repräsentation bildet letztlich die Basis für Gedächtnis und Handeln und ist, so vermutete man, mit einem typischen Aktivitätsmuster in bestimmten Populationen miteinander verschalteter Hirnzellen korreliert. Wenn wir also eine Szene beobachten, so existiert nach Ansicht der Kognitionspsychologen ein Aktivitätsmuster im Gehirn, das diese Szene repräsentiert.

Doch auch diese neue Betonung der internen Repräsentation führte zu Problemen. Zu Recht hatten die Behavioristen nämlich darauf hingewiesen, dass interne Repräsentationen einer objektiven Analyse nur schwer zugänglich sind. Die Kognitionspsychologen mussten sich mit der harten Realität auseinandersetzen, dass interne Repräsentationen mentaler Prozesse theoretische Konstrukte auf wackligen Beinen waren, die experimentell schwierig zu fassen sind. Reaktionszeitmessungen vermittelten beispielsweise Erkenntnisse über die Reihenfolge, in der diese hypothetischen geistigen Operationen ausgeführt werden. Diese Technik untersuchte mentale Prozesse jedoch nur indirekt und konnte daher keine Auskunft darüber geben, wie eine mentale Operation identifiziert werden sollte oder um was genau es sich dabei handelt. Um Fortschritte zu machen, musste die kognitive Psychologie ihre Kräfte mit denen der Biologie vereinigen; nur so bestand Aussicht, die „Black Box" zu öffnen und das Gehirn zu erforschen, das von den Behavioristen so lange ignoriert worden war.

Die biologische Revolution

Glücklicherweise vollzog sich in den 1960er-Jahren parallel zur Entwicklung der kognitiven Psychologie eine Revolution in der Biologie, die beide Fächer in engeren Kontakt zueinander brachte. Diese Revolution ruhte auf zwei Pfeilern: einer molekularbiologischen und einer systemorientiert-neurowissenschaftlichen Komponente. Beide spielen inzwischen eine entscheidende Rolle beim Verständnis des Gedächtnisses.

Die molekulare Komponente der biologischen Revolution nahm Ende des 19./Anfang des 20. Jahrhunderts mit den Arbeiten von Gregor Mendel (1822–1884), William Bateson (1861–1926) und Thomas Hunt Morgan (1866–1945) ihren Ursprung. Sie wiesen nach, dass erbliche Information mittels separater biologischer Einheiten, die wir heute Gene nennen, von den Eltern an die Nachkommen weitergegeben wird und jedes Gen an einem bestimmten Ort auf den *Chromosomen* im Zellkern liegt. Im Jahre 1953 klärten James Watson und Francis Crick die Struktur der DNA auf, dieses fadenartigen und doppelsträngigen Moleküls, das die Chromosomen bildet und alle Gene eines Organismus enthält. Diese Entdeckung führte Crick dazu, das „zentrale Dogma" der Molekularbiologie zu formulieren: Danach enthält die DNA einen Code (den genetischen Code), der sich in ein zwischengeschaltetes Molekül, die Messenger-RNA, umschreiben lässt (*Transkription*), das seinerseits in Proteine übersetzt werden kann (*Translation*).

Gegen Ende der 1970er-Jahre wurde es möglich, die Sequenzen des genetischen Codes zu lesen und festzustellen, welches Protein ein Gen produziert. Wie sich herausstellte, codieren bestimmte identische DNA-Abschnitte charakteristische Domänen oder Proteinregionen. Obwohl diese Domänen auf vielen verschiedenen Proteinen vorkommen, dienen sie denselben biologischen Funktionen. Daher wurde es möglich, durch bloßes Lesen der *Sequenz* eines Gens auf die *Funktion* des codierten Proteins rückzuschließen. Allein durch den Vergleich ihrer Sequenzen konnte man nun verwandte Proteine erkennen, die in ganz verschiedenen Kontexten zu finden waren: in verschiedenen Körperzellen eines bestimmten Organismus und sogar in völlig verschiedenen Organismen. Aus diesen Erkenntnissen kristallisierte sich ein grundlegendes Schema der Zellfunktion – auch der Art und Weise, wie Zellen miteinander kommunizieren – heraus, das einen allgemeinen konzeptionellen Rahmen für das Verständnis vieler Lebensprozesse geliefert hat. Diese Konzepte hatten bereits großen Einfluss auf die molekulare Erforschung von Lernprozessen bei einfachen Wirbellosen, wie der Meeresschnecke *Aplysia* und der Taufliege *Drosophila*, und sie sollten uns in die Lage versetzen, auch die interne Repräsentation komplexer kognitiver Prozesse im Säugergehirn auf molekularer Ebene zu untersuchen.

Bei der zweiten, systemorientiert-neurowissenschaftlichen Komponente der biologischen Revolution geht es darum, Elemente kognitiver Funktionen spezifischen Hirnregionen zuzuordnen. Dieser Bereich hat durch die Entwicklung moderner bildgebender Verfahren zur Untersuchung der internen Repräsentationen kognitiver Prozesse großen Auftrieb erhalten. Heute können Forscher die Aktivität von Nervenzellen im Gehirn wacher, aktiver Tiere ableiten und mithilfe bildgebender Verfahren, wie der Positronenemissions- und der funktionellen Kernspintomographie, das menschliche Gehirn abbilden, während eine Versuchsperson eine kognitive Aufgabe durchführt. Gemeinsam haben diese Entwicklungen es uns ermöglicht, die Vorgänge im Gehirn zu untersuchen, wenn wir sensorische Reize wahrnehmen, motorische Handlungen einleiten oder lernen und uns erinnern.

Die Biologie des Gedächtnisses lässt sich heute also auf zwei verschiedenen Ebenen untersuchen: Auf der Ebene der Nervenzellen und der Moleküle innerhalb von Nervenzellen und auf der Ebene von Hirnstrukturen, Schaltkreisen und Verhalten. Die erste Forschungsrichtung beschäftigt sich mit den *zellulären* und *molekularen* Mechanismen der Speicherung von Gedächtnisinhalten, die zweite mit den *neuronalen Systemen* des Gehirns, die für das Gedächtnis von Bedeutung sind. Beide Ansätze liefern wichtige Einblicke in die Funktion des Gedächtnisses, und ihre Synthese verspricht, unser Verständnis dieser Vorgänge auf ein neues Niveau zu heben.

Die neuronalen Systeme des Gedächtnisses: Wo werden Gedächtnisinhalte gespeichert?

Die Frage, wo Gedächtnisinhalte gespeichert werden, hat eine lange Tradition, bei der es um die allgemeinere Frage geht: Kann irgendein geistiger Vorgang einer bestimmten Region oder einer Kombination von Regionen im Gehirn zugeordnet werden? Seit Anfang des 19. Jahrhunderts werden zwei gegensätzliche Vorstellungen über die Lokalisation mentaler Prozesse diskutiert. Nach der einen Ansicht setzt sich das Gehirn aus identifizierbaren, lokalisierten Teilen zusammen, und Sprache, Sehen oder andere Funktionen können bestimmten Regionen zugeordnet werden. Nach der anderen Anschauung sind die verschiedenen mentalen Funktionen nicht in bestimmten Regionen lokalisiert, sondern stellen stattdessen globale Eigenschaften dar, die aus der integrierten Aktivität des gesamten Gehirns erwachsen. In gewissem Sinne kann man die Geschichte der Hirnforschung als allmählichen Aufstieg der ersten Ansicht ansehen, nach der sich das Gehirn aus vielen verschiedenen Teilen aufbaut und diese Teile auf verschiedene Funktionen spezialisiert sind – wie Sprache, Sehen und Bewegung.

Derjenige Forscher, der heute am stärksten mit frühen Versuchen zur Lokalisation des Gedächtnisses im Gehirn identifiziert wird, ist Karl Lashley, Psychologieprofessor an der Harvard University in Boston. In einer Reihe berühmter Experimente trainierte Lashley in den zwanziger Jahren Ratten darauf, durch ein einfaches Labyrinth zu laufen.

Im Jahre 1950, gegen Ende seiner Karriere, fasste Lashley seine Suche nach dem Sitz des Gedächtnisspeichers so zusammen:

> Diese Versuchsreihe hat eine Menge Information darüber geliefert, was und wo die Gedächtnisspur nicht ist. Sie hat jedoch keinen direkten Beleg für die reale Natur der Gedächtnisspur erbracht. Wenn ich die Befunde über die Lokalisation der Gedächtnisspur Revue passieren lasse, denke ich manchmal, man kann nur zu dem zwingenden Schluss kommen, dass Lernen überhaupt nicht möglich ist. Es ist schwierig, sich einen Mechanismus vorzustellen, der die dafür gestellten Bedingungen erfüllen kann. Dennoch, trotz so vieler Befunde, die dagegen sprechen, treten Lernvorgänge manchmal tatsächlich auf.

Viele Jahre später war es nach weiteren Experimenten schließlich möglich, Lashleys berühmte Ergebnisse in einem anderen Licht zu sehen. Erstens wurde deutlich, dass Lashleys Labyrinthaufgabe ungeeignet war, um den Sitz der Gedächtnisfunktion zu untersuchen, weil die Aufgabe auf vielen unterschiedlichen sensorischen und motorischen Fähigkeiten beruht. Wenn ein Tier durch eine corticale Läsion eine Art von Hinweisen (beispielsweise die taktilen Hinweise) verliert, kann es sich noch immer recht gut mithilfe seines Gesichts- oder Geruchssinns erinnern. Zudem konzentrierte sich Lashley ausschließlich auf die Großhirnrinde (Cortex cerebri) und kümmerte sich nicht um Strukturen, die tiefer im Gehirn, unter dem Cortex, liegen. Wie spätere Arbeiten zeigten, ist an vielen Formen des Gedächtnisses aber die eine oder andere *subcorticale Region* beteiligt. Dennoch ließen sich anhand von Lashleys Befunden einige einfache Möglichkeiten ausschließen: Beispielsweise wies er nach, dass es kein einzelnes Zentrum im Gehirn gibt, in dem alle Erinnerungen dauerhaft gespeichert werden. An der Repräsentation des Gedächtnisses müssen viele Teile des Gehirns beteiligt sein.

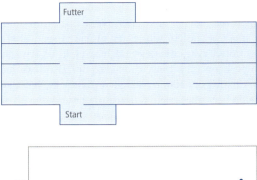

Oben: Grundriss des Labyrinths, das Lashley bei seinen Versuchen einsetzte, den Sitz des Gedächtnisses im Gehirn zu lokalisieren. Unten: Lashley fand heraus, dass eine Ratte beim erneuten Lernen der Labyrinthaufgabe umso mehr Fehler machte, je größer das Ausmaß ihrer corticalen Schädigung war.

Der Psychologe Donald O. Hebb von der McGill University in Montreal war einer der ersten, der eine Antwort auf Lashleys Befunde über den Sitz des Gedächtnisses zu geben versuchte: Um zu erklären, warum sich die Verbindungen, die durch Lernen geknüpft worden waren, offenbar keiner einzelnen Gehirnregion zuordnen ließen, postulierte Hebb über große Hirnbereiche verstreute Zellverbände, die zusammenarbeiten, um Information zu repräsentieren. Innerhalb dieser Zellverbände werden genügend verknüpfte Neuronen fast jede Läsion überleben und somit sicherstellen, dass die Information auch nach Ausfall bestimmter Teile noch repräsentiert wird.

Hebbs Vorstellung von einer verteilten Informationsspeicherung zeugte von Weitblick. Mit der Zeit sammelten sich immer mehr Befunde an, die diese Sichtweise stützten, und so wurde sie schließlich allgemein als Schlüsselprinzip der Informationsspeicherung im Gehirn angesehen. Es gibt keine einzelne Gedächtnisregion, und an der Repräsentation jedes einzelnen Ereignisses haben viele Gehirnregionen einen Anteil. Inzwischen realisieren wir, dass die Vorstellung einer weit verstreuten Informationsspeicherung nicht dasselbe ist wie die Vorstellung, alle involvierten Hirnregionen seien gleichermaßen an der Speicherung von Gedächtnisinhalten beteiligt. Nach moderner Anschauung ist das Gedächtnis weit über das ganze Gehirn verstreut, doch verschiedene Areale speichern verschiedene Aspekte des Ganzen. Es existiert kaum Redundanz oder Funktionsverdopplung zwischen diesen Gebieten. Bestimmte Gehirnregionen üben spezifische Funktionen aus, und jede trägt auf andere Weise zur Speicherung ganzheitlicher Erinnerungen bei.

Erste Hinweise auf einen Sitz des Gedächtnisses

Die Großhirnrinde teilt sich in vier Hauptregionen oder Lappen. Der Stirn- oder Frontallappen beschäftigt sich mit Planung und Willkürbewegungen, der Scheitel- oder Parietallappen mit Empfindungen der Körperoberfläche und räumlicher Wahrnehmung, der Hinterhaupts- oder Okzipitallappen mit Sehen und der Schläfen- oder Temporallappen mit Hören, visueller Wahrnehmung und Gedächtnisprozessen.

Den ersten Hinweis, dass Aspekte des Gedächtnisses im Temporallappen des menschlichen Gehirns gespeichert werden könnten, lieferte 1938 die Arbeit eines findigen Neurochirurgen, Wilder Penfield. Penfield, der am Montreal Neurological Institute arbeitete, war ein Pionier bei der neurochirurgischen Behandlung der fokalen Epilepsie. Diese Form der Epilepsie ruft Anfälle hervor, die auf begrenzte Regionen des Cortex beschränkt sind. Penfield entwickelte eine Technik, die noch immer angewandt wird, um das epileptische Gewebe zu entfernen und gleichzeitig Beeinträchtigungen der geistigen Funktionen des Patienten so gering wie möglich zu halten. Im Verlauf des operativen Eingriffs reizte er den Cortex seiner Patienten an verschiedenen Stellen und bestimmte den Effekt dieser schwachen elektrischen Stimulation auf die Fähigkeit zu sprechen und Sprache zu verstehen. Da das Gehirn keine Schmerzrezeptoren enthält, benötigten die Patienten nur eine lokale Betäubung; sie waren daher während des Eingriffs bei vollem Bewusstsein und konnten ihre Eindrücke schildern. Mithilfe ihrer Antworten konnte Penfield spezifische Hirnorte identifizieren, die beim einzelnen Patienten für Sprache wichtig waren, und dann versuchen, diese Orte auszusparen, wenn er epileptisches Gewebe entfernte.

Angeregt von Penfields Arbeiten erhielt ein anderer Neurochirurg, William Scoville, bald einen direkten Beweis dafür, dass die Temporallappen für das menschliche Gedächtnis von entscheidender Bedeutung sind. Im Jahre 1957 berichteten Scoville und Brenda Milner, eine Psychologin an der McGill University und Kollegin von Penfield, über die außergewöhnliche Geschichte des Patienten H. M. Im

Was ist eigentlich ...

Epilepsie [von griech. *epilepsia* = Anfall, Fallsucht], Fallsucht, meist chronisch verlaufende Krankheit, die mit einer Häufigkeit von 1:200 (so häufig wie Diabetes mellitus) vorkommt. Sie äußert sich in plötzlichem Auftreten von Bewusstseinsstörungen und/oder abnormen motorischen Reaktionen und basiert auf einer unkontrollierten synchronen Entladung von Nervenzellen.

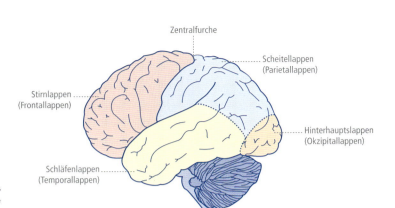

Diese Seitenansicht des menschlichen Gehirns zeigt die vier Lappen der linken Großhirnhemisphäre.

Alter von etwa neun Jahren erlitt H. M. eine Kopfverletzung, die schließlich zur Epilepsie führte. Im Alter von 27 Jahren war er schwer behindert und konnte kein normales Leben mehr führen. Da man annahm, H. M.'s Epilepsie habe ihren Ursprung im Temporallappen, entschied Scoville als letztes Mittel, die Innenfläche des Temporallappens einschließlich des Hippocampus beidseitig zu entfernen, um die Epilepsie zu behandeln. Dieser Eingriff linderte tatsächlich H. M.'s epileptische Anfälle, doch er erlitt einen verheerenden Gedächtnisverlust und konnte die Inhalte des Kurzzeitgedächtnisses nicht ins Langzeitgedächtnis überführen.

Brenda Milner entdeckte diese Gedächtnisstörung und beschrieb sie in einer Publikation, die zu dem am häufigsten zitierten Artikel auf dem Gebiet der Hirn- und Verhaltensforschung wurde. Sie hat H. M.'s Fall über mehr als vierzig Jahre hinweg verfolgt. Von Anfang an bestand der dramatischste Aspekt seiner Behinderung darin, dass er Vorkommnisse anscheinend so schnell vergaß, wie sie sich ereigneten.

Aus den Untersuchungen mit H. M. leitete Brenda Milner vier wichtige Prinzipien ab: Erstens ist die Fähigkeit, neue Erinnerungen zu erwerben, eine eigenständige cerebrale Funktion, die im medialen Abschnitt des Schläfenlappens lokalisiert ist und von anderen perzeptiven und kognitiven Fähigkeiten getrennt werden kann. Das Gehirn hat also seine perzeptiven und intellektuellen Funktionen in gewissem Ausmaß von der Fähigkeit getrennt, die Aufzeichnungen im Gedächtnis zu verankern, die gewöhnlich aus perzeptiver und intellektueller Arbeit resultieren.

Zweitens sind die medialen Temporallappen für kurzzeitiges Erinnern nicht erforderlich. H. M. hat ein ausgesprochen gutes Kurzzeitgedächtnis. Er kann eine Zahl oder ein Bild nach dem Lernen für kurze Zeit behalten. Er kann auch eine normale Unterhaltung führen, vorausgesetzt, sie dauert nicht zu lang und schneidet nicht zu viele Themen an.

Drittens können der mittlere Bereich des Temporallappens und der Hippocampus nicht die endgültigen Speicherorte für die Langzeitinhalte zuvor erworbenen Wissens darstellen. H. M. kann sich lebhaft an viele Ereignisse aus seiner Kindheit erinnern. (Wir haben inzwischen Grund zu der Annahme, dass früher erworbenes Wissen in der Großhirnrinde einschließlich des lateralen Temporallappens gespeichert wird, in denjenigen Arealen also, die die Information ursprünglich verarbeiten.)

Schließlich machte Milner die bemerkenswerte Entdeckung, dass es offenbar eine Form von Kenntnissen gab, die H. M. lernen und problemlos behalten konnte – das heißt, eine Gedächtnisform, die nicht vom medialen Schläfenlappen abhängt. In einem berühmten Experiment entdeckte Milner, dass H. M. lernen konnte, die Umrisse eines Sterns nachzuzeichnen, wobei er seine Hand und den Stern nicht direkt, sondern nur im Spiegel sehen konnte, und seine Geschicklichkeit dabei nahm von Tag zu Tag genauso zu, wie es bei einem normalen Probanden der Fall gewesen wäre. Doch zu Beginn jeder der täglichen Testsitzungen behauptete er, so etwas noch nie zuvor getan zu haben.

Diese Untersuchungen lieferten drei fundamentale Erkenntnisse über die biologische Natur des Gedächtnisses. Erstens zeigte Milner, dass Läsionen der medialen Temporallappenstrukturen einschließlich des Hippocampus das Kurzzeit- vom Langzeitgedächtnis trennen; damit bestätigte sich auf biologischem Niveau die fundamentale Unterscheidung, die William James formuliert hatte. Zweitens widerlegte sie Lashleys Vorstellung von einer Massenwirkung. Milner fand heraus, dass begrenzte Läsionen der medialen Temporallappen keine Auswirkung auf Wahrnehmung und intellektuelle Funktionen hatten, aber die Fähigkeit, neue Gedächtnisinhalte zu speichern, gravierend beeinträchtigten. Und drittens lieferte sie den ersten experimentellen Hinweis darauf, dass es mehr als eine Gedächtnisform gibt.

Zwei Formen der Gedächtnisspeicherung

Milners Befund, dass H. M. lernen konnte und seine Fertigkeit beim Spiegelzeichnen durch Übung verbesserte, wurde anfangs so gedeutet, dass der Erwerb motorischer Fertigkeiten einen speziellen, eigenständigen neurologischen Status habe. Man ging noch immer davon aus, dass jede andere Form des Lernens beeinträchtigt sei. Bald wurde jedoch deutlich, dass das Erlernen motorischer Fertigkeiten nur

Der amerikanische Psychologe W. James prägte in seinem Werk *The Principles of Psychology* (2 Bände, 1890) mit Bezug auf É. Dujardins Roman *Les lauriers sont coupés* (1888) die Bezeichnung *Stream of Consciousness* [engl. „Bewusstseinsstrom"]. Der Begriff steht für eine Erzähltechnik, die anstatt äußeren, in sich geschlossenen Geschehens die scheinbar unmittelbaren, unkontrollierten, sprunghaften und assoziativen Bewusstseinsvorgänge von Romanfiguren wiedergibt, ohne dass diese auf einen bestimmten Handlungszusammenhang ausgerichtet sind. Diese Darstellungstechnik wurde bestimmend für die Struktur der Arbeiten von u. a. Alfred Döblin, William Faulkner, James Joyce und Virginia Woolf.

Porträt

Bergson, *Henri*, französischer Philosoph, * 18. Oktober 1859 in Paris, † 4. Januar 1941 ebd., ab 1900 am Collège de France. Promovierte 1889 über den Zusammenhang zwischen Zeit und freiem Willen. Erhielt 1927 den Literatur-Nobelpreis für sein Werk .

ein Beispiel aus einem großen Bereich von Lern- und Gedächtnisfähigkeiten ist, die allesamt bei H. M. und anderen amnestischen Patienten intakt sind. Weiterhin stellte sich heraus, dass der Gegensatz zwischen der Form von Lernen und Gedächtnis, die bei Amnestikern verloren gegangen ist, und der Form, die verschont bleibt, nicht einfach ein Effekt der Hirnschädigung ist, sondern eine fundamentale Unterscheidung in der Art und Weise darstellt, in der alle Menschen Informationen verarbeiten und speichern. Eine Form des Lernens, diejenige, die bei der Amnesie verschont bleibt, weist häufig eine automatische Qualität auf. Die Information wird beim Abruf nicht bewusst als eine Erinnerung erfahren; es ist eher, als ob man eine erworbene motorische Fertigkeit, wie das Schwingen eines Tennisschlägers, ausübt. Das Lernen wird häufig langsam durch Wiederholung erworben und dann durch Praxis ausgeübt, aber ohne ein Sich-bewusst-machen irgendeiner verflossenen Erfahrung, ohne sich bewusst zu sein, dass überhaupt eine Erinnerung an die Vergangenheit genutzt wird. Die andere Form des Lernens, diejenige, die bei der Amnesie verloren geht, verleiht die bewusste Fähigkeit, sich vergangene Ereignisse wieder ins Gedächtnis zu rufen.

Wie der Psychologe Daniel Schacter und andere feststellten, hatten Philosophen und Psychologen bereits vor mehr als hundert Jahren auf der Basis von Intuition und Introspektion im Wesentlichen dieselbe Unterscheidung eingeführt. In seinem klassischen Werk *Principles of Psychology*, das 1890 veröffentlicht wurde, widmete William James der Gewohnheit (einer mechanischen, reflexartigen Handlung) und dem Gedächtnis (das ein Sich-der-Vergangenheit-bewusst-sein verlangt) jeweils eigene Kapitel. Der französische Philosoph und Literatur-Nobelpreisträger Henri Bergson schrieb 1910, die Vergangenheit könne entweder als physische Gewohnheit oder als unabhängige Erinnerung überleben. Im Jahre 1924 unterschied der Psychologe William McDougall (1871–1938) zwischen *impliziter* und *expliziter* Erinnerung, wobei erstere stärker automatisch und reflexartig ist, letztere hingegen ein bewusstes Erinnern der Vergangenheit verlangt. Später, im Jahre 1949, vermutete der britische Philosoph Gilbert Ryle (1900–1976) die Existenz zweier Wissensformen: Die eine beschäftige sich mit dem „*Wissen, wie*" oder mit Fertigkeiten, die andere mit dem „*Wissen, dass*" oder mit dem Wissen um Fakten und Ereignisse. Einige Jahre später nannte der Psychologe Jerome Bruner, einer der Väter der kognitiven Revolution, das „Wissen, wie" ein *Erinnern ohne Aufzeichnung*. Erinnern ohne konkrete Aufzeichnung spiegelt die Art und Weise wider, in der Ereignisse in einen Prozess umgewandelt werden, der die Natur des Organismus, seine Fertigkeiten oder die Regeln verändert, mittels derer er operiert, obwohl sie als individuelle Ereignisse praktisch unzugänglich sind. Im Gegensatz dazu nannte er das „Wissen, dass" eine Erinnerung mit Aufzeichnung, einen Aufbewahrungsort von Information über Personen, Plätze und Ereignisse des täglichen Lebens.

Dass Erfahrungen ihre Spuren nicht nur in Form von gewöhnlichen, bewussten Erinnerungen hinterlassen, sondern auch als weitgehend unbewusste Erinnerungen, war ein zentraler Punkt der psychoanalytischen Theorie, die Sigmund Freud gegen Ende des 19. Jahrhunderts entwickelte. Diese unbewussten (unterbewussten) Erinnerungen sind dem Bewusstsein normalerweise nicht zugänglich, können sich aber dennoch stark auf das Verhalten auswirken. Obgleich diese Ideen interessant waren, konnten sie alleine nicht viele Wissenschaftler überzeugen. Gebraucht wurde keine philosophische Debatte, sondern experimentelle Forschung darüber, wie Information im Gedächtnis gespeichert wird. H. M.'s Nachzeichnen eines Sterns im Spiegel markierte den Beginn einer Fülle experimenteller Studien, die schließlich die biologische Realität zweier Hauptformen des Gedächtnisses nachweisen sollten.

Im Jahre 1968 beschrieben Elizabeth Warrington und Lawrence Weiskrantz einen Testmodus, bei dem amnestische Patienten häufig genauso gut abschnitten wie normale Probanden. Statt die Probanden aufzufordern, zuvor gelernte Wörter zu erinnern oder wiederzuerkennen, präsentierten sie die ersten Buchstaben der Wörter als Hinweis (beispielsweise MOT für MOTEL). Die Patienten reagierten oft auf diese Hinweise (*cues*), indem sie das zuvor gelernte Wort aussprachen – und das, obwohl sie den Test offenbar eher als Ratespiel denn als Gedächtnistest ansahen. Dieses Phänomen ist heute als Priming bekannt.

Priming lässt sich gut in einem Test zur Bildbenennung illustrieren. Einer Versuchsperson wird das Bild eines bestimmten Flugzeugs gezeigt, und sie wird aufgefordert, es zu benennen. Beim ersten Mal benötigt die Versuchsperson rund 900 Millisekunden (also etwas weniger als eine Sekunde), um das Wort „Flugzeug" zu sagen. Später, wenn dasselbe Flugzeug erneut gezeigt wird, benötigt sie nur noch etwa 800 Millisekunden, das heißt, es gelingt der Versuchsperson bereits nach einer einzigen Darbietung des Flugzeugbildes besser, dieses spezifische Objekt zu verarbeiten. Eine derartige effektivere Verarbeitung findet sich auch bei amnestischen Patienten, die nicht in der Lage sind zu erkennen, dass sie dieses Objekt bereits zuvor gesehen haben. Bald vervielfachten sich die Beispiele für erhalten gebliebene Lern- und Gedächtniskapazitäten bei Amnestikern; neben dem Erlernen motorischer Fertigkeiten und dem Priming gehören dazu unter anderem das Erlernen von Gewohnheiten, klassische Konditionierung und das Erlernen von Fertigkeiten ohne motorische Komponente, beispielsweise die Fertigkeit, Spiegelschrift zu lesen.

Porträt

Freud, *Sigmund*, österreichischer Neurologe und Begründer der Psychoanalyse.
* 6.5.1856 in Freiberg (Mähren),
† 23.9.1939 in London. Freud lebte vom 4. Lebensjahr an in Wien. Nach seinem Medizinstudium arbeitete er an der Erforschung von Gehirn- und Rückenmarkserkrankungen. Nach einem Studienaufenthalt in Paris eröffnete Freud 1886 eine Privatpraxis für Psychiatrie in Wien. Hier beschäftigte er sich zunehmend mit Fragen der Hysterie und der Wirkung von Hypnose und Suggestion bei psychischen Störungen. Freud räumte den psychischen Prozessen des neurotischen Erlebens einen immer größeren Raum ein und entwickelte darüber seine Theorie der Psychoanalyse, deren theoretische Basis um 1905 weitgehend ausgearbeitet war. Dabei sprach er dem Unbewussten und insbesondere den verdrängten sexuellen Erlebnissen eine besondere Bedeutung zu, was immer wieder kontrovers diskutiert wurde. Nach dem Einrücken der Nationalsozialisten in Wien 1938 emigrierte Freud nach England.

Was ist eigentlich ...

Unter Priming versteht man die verbesserte Fähigkeit zur Verarbeitung, Wahrnehmung oder Identifikation eines Reizes, die darauf beruht, dass der Reiz kurz zuvor verarbeitet worden ist.

Dennoch bleibt eine gewisse Unsicherheit, wie viele verschiedene Gedächtnissysteme es gibt, und wie man sie nennen sollte. Hinsichtlich der Hauptgedächtnissysteme und der Hirnareale, die für das jeweilige Gedächtnissystem am wichtigsten sind, hat sich ein Konsens herauskristallisiert. Die oben erwähnten verschiedenen Klassifizierungsschemata verwenden lediglich verschiedene Termini für dieselbe grundsätzliche Unterscheidung. Beispielsweise sind das Gedächtnis für Fakten und das Gedächtnis für Fertigkeiten alternativ als Gedächtnis mit und ohne Aufzeichnung, als explizites und implizites Gedächtnis oder als deklaratives und nichtdeklaratives Gedächtnis bekannt. Aus Gründen der Übersichtlichkeit werden wir eine einzige Terminologie benutzen. Wir bezeichnen die Form des Gedächtnisses, die, wie beim Patienten H. M., durch Schädigung des Hippocampus und des medialen Temporallappens verloren geht, als *deklaratives Gedächtnis*, während wir die anderen Formen des Gedächtnisses, die intakt bleiben, als *nichtdeklarativ* bezeichnen. Das deklarative Gedächtnis ist ein Gedächtnis für Tatsachen, Vorstellungen und Ereignisse – für Information, die bewusst in Erinnerung gerufen werden kann, sei es als Verbalisation oder als geistiges Bild. Es ist die Art Gedächtnis, die man gewöhnlich meint, wenn man von „Gedächtnis" spricht: ein bewusstes Gedächtnis, in dem der Name eines Freundes, der letzte Sommerurlaub, die Unterhaltung heute Morgen gespeichert ist. Das deklarative Gedächtnis lässt sich beim Menschen wie bei Tieren untersuchen.

Das nichtdeklarative Gedächtnis basiert ebenfalls auf Erfahrung, drückt sich aber als Verhaltensänderung und nicht etwa als Erinnerung aus. Im Gegensatz zum deklarativen Gedächtnis ist das nichtdeklarative Gedächtnis unbewusst, wenn das nichtdeklarative Lernen auch häufig von einer gewissen Erinnerungsfähigkeit begleitet werden kann. Wir können eine motorische Fertigkeit erlernen und uns anschließend an einige Dinge in diesem Zusammenhang erinnern. Wir können uns beispielsweise bildlich vorstellen, wie wir diese Fertigkeit ausüben. Die Fähigkeit, diese Fertigkeit auszuüben, ist jedoch offenbar von jeder bewussten Erinnerung unabhängig. Diese Fähigkeit ist nichtdeklarativ. Verschiedene Formen des nichtdeklarativen Gedächtnisses stehen vermutlich mit verschiedenen Hirnregionen in Beziehung, wie der Amygdala, dem Kleinhirn (Cerebellum), dem Striatum wie auch den spezifischen sensorischen und motorischen Systemen, die zu reflektorischen Aufgaben herangezogen werden. Das nichtdeklarative Gedächtnis ist möglicherweise die einzige Gedächtnisform, die wirbellose Tiere aufweisen, denn für ein deklaratives Gedächtnis verfügen sie vermutlich über zu einfache Hirnstrukturen und eine zu wenig komplexe Hirnorganisation; sie haben beispielsweise keinen Hippocampus.

Mechanismen der Gedächtnisspeicherung: Wie werden Gedächtnisinhalte gespeichert?

Was genau verändert sich im Gehirn, wenn wir lernen und uns dann erinnern? Was letztlich im Gehirn geschieht, hängt davon ab, wie einzelne Neuronen anderen Neuronen Signale übermitteln, und dies wiederum hängt von der Aktivität von Molekülen innerhalb der Neuronen ab. Deklaratives und nichtdeklaratives Gedächtnis rekrutieren unterschiedliche Gehirnsysteme und wenden unterschiedliche Strategien an, um Erinnerungen zu speichern. Benutzen diese beiden separaten Gedächtnistypen unterschiedliche molekulare Schritte für die Speicherung, oder sind die Speichermechanismen grundsätzlich ähnlich? Wie unterscheidet sich die Kurzzeitspeicherung von der Langzeitspeicherung? Finden sie an verschiedenen Orten statt, oder kann dasselbe Neuron Information für das Kurzzeit- wie auch für das Langzeitgedächtnis speichern?

Die Idee, molekulare Mechanismen der Speicherung von Gedächtnisinhalten zu untersuchen, erscheint vermessen, fast eine Unmöglichkeit. Das Gehirn eines Säugers besteht aus schätzungsweise 10^{11} – einhundert Milliarden – Nervenzellen, und die Verbindungen zwischen diesen Zellen sind um ein Vielfaches zahlreicher. Wie können wir in dieser enorm großen Population Neuronen identifizieren, die für die Speicherung von Erinnerungen entscheidend sind? Glücklicherweise lässt sich die Aufgabe, molekulare Mechanismen innerhalb von Zellen zu identifizieren, experimentell vereinfachen. Forscher können beispielsweise Formen der Gedächtnisspeicherung untersuchen, bei denen nur begrenzte Teile des Wirbeltier-Nervensystems beteiligt sind, wie das isolierte Rückenmark, das Kleinhirn oder Hirnstrukturen, wie die Amygdala oder der Hippocampus. Noch radikaler ist der Ansatz, die einfacheren Nervensysteme wirbelloser Tiere zu studieren. Bei der Untersuchung von Wirbellosen ist es manchmal möglich, einzelne Nervenzellen zu identifizieren, die direkt an einer bestimmten Form des Lernens beteiligt sind. Man kann dann versuchen herauszufinden, welche molekularen Veränderungen innerhalb dieser Neuronen für Lernen und Gedächtnis verantwortlich sind.

Ende des 19. Jahrhunderts hatten die Biologen erkannt, dass die meisten reifen Nervenzellen ihre Teilungsfähigkeit verloren haben. Aus diesem Grund nimmt die Zahl neuer Neuronen im Gehirn im Laufe unseres Lebens kaum zu. Diese Tatsache veranlasste den großen spanischen Neuroanatomen Santiago Ramón y Cajal zu der Vermutung, Lernen beruhe nicht auf dem Wachstum neuer Nervenzellen. Stattdessen stellte er die These auf, Lernen führe dazu, dass bereits existierende Neuronen ihre Verbindungen mit anderen Neuronen verstärken, sodass sie effizienter mit ihnen kommunizieren

Porträt

Ramón y Cajal, Santiago, spanischer Mediziner und Histologe, *1.5.1852 Petilla de Aragón, †17.10.1934 Madrid; zunächst Militärarzt, Professor in Saragossa, Valencia, Barcelona und in Madrid, wo er das Cajal-Institut gründete. Er entwickelte eine Theorie, nach der das ganze Nervensystem aus Nervenzellen und ihren Fortsätzen besteht, und gilt damit als einer der Begründer der Neuronentheorie. 1906 erhielt er zusammen mit C. Golgi den Nobelpreis für Physiologie oder Medizin.

können. Um Erinnerungen im Langzeitgedächtnis zu speichern, könnten Neuronen zusätzliche Verzweigungen entwickeln und damit neue oder stärkere Verbindungen ausbilden. Nach dieser These verblasst eine Erinnerung, weil die Nervenzellen diese neuen Zweige verlieren und damit ihre Verbindungen schwächen. Um nur ein einfaches Beispiel zu nehmen: Ein schwaches Geräusch lässt Sie beim ersten Mal vielleicht hochschrecken. Das Geräusch aktiviert Bahnen im Gehirn, die mit den Motoneuronen in Verbindung stehen, welche Ihre Muskeln kontrollieren. Wenn sich das Geräusch über einen gewissen Zeitraum jedoch öfter wiederholt, können diese Verbindungen schwächer werden, sodass Sie nicht mehr auf dieses Geräusch reagieren.

Ramón y Cajals Vermutungen über Gedächtnismechanismen waren interessant und einflussreich, doch wie im Falle der frühen Vorstellungen über multiple Gedächtnissysteme reichten bloße Vermutungen über einen möglichen Mechanismus nicht aus. Man brauchte einfache Nervensysteme, die es erlaubten, Nervenverbindungen zu untersuchen, während ein Tier lernt. Nur auf diese Weise ließ sich entscheiden, ob die Speicherung von Gedächtnisinhalten auf Veränderungen der neuronalen Verbindungsstärke beruht. Im Verlauf der letzten fast fünfzig Jahre haben Wissenschaftler eine Reihe von Modellsystemen speziell dazu entwickelt, um die möglichen Mechanismen zur Gedächtnisspeicherung zu untersuchen, mit dem Ziel, deren zelluläre und molekulare Basis zu entschlüsseln.

Dieser Ansatz zur Aufklärung der Gedächtnisspeicherung begann mit zellbiologischen Untersuchungen an einer einfachen Meeresschnecke, dem Seehasen *Aplysia*; bald folgten genetische Untersuchungen an der Taufliege *Drosophila*. Dahinter stand die Vorstellung, dass diese einfachen Wirbellosen einfache Nervensysteme haben, sodass ihr Verhalten wie auch ihre Fähigkeit zu lernen und sich zu erinnern einer cytologischen und molekularen Analyse zugänglich ist. Als die Forscher Zutrauen zu diesem Ansatz gewannen, dehnten sie ihn auf Mäuse aus, wobei sie neue Techniken nutzten, um einzelne Gene im Gehirn von Mäusen zu verändern und deren Auswirkungen auf die Speicherung von Erinnerungen zu untersuchen.

Einfache Systeme für cytologische und molekulare Untersuchungen

Im Gegensatz zum Säugergehirn mit seinen 100 Milliarden Nervenzellen umfasst das Zentralnervensystem eines einfachen Wirbellosen wie *Aplysia* nur annähernd 20 000 Nervenzellen. Bei *Aplysia* sind diese Zellen zu Gruppen, sogenannten Ganglien, zusammengefasst, von denen jedes etwa 2 000 Zellen enthält. Ein einzelnes Ganglion wie das Abdominalganglion trägt nicht nur zu einer einzigen Verhaltensreaktion, sondern zu einer ganzen Reihe verschiedener Verhaltensreaktionen bei, beispielsweise Kiemen- und Siphonbewegungen sowie der Freisetzung von Tinte (einer Verteidigungsreaktion) oder von Geschlechtshormonen. Daher beträgt die Anzahl von Nervenzellen, die an den einfachsten Verhaltensreaktionen beteiligt sind – Reaktionen, die nichtsdestoweniger durch Lernen modifiziert werden können – unter Umständen nicht mehr als hundert.

Ein großer Vorteil von *Aplysia* und anderen Wirbellosen für cytologische Untersuchungen besteht darin, dass viele dieser Neuronen charakteristisch sind und bei jedem Einzeltier eindeutig identifiziert werden können. Tatsächlich weisen einige der Neuronen einen Durchmesser von fast einem Millimeter auf und sind damit so groß, dass sie mit bloßem Auge erkennbar sind. Infolgedessen kann der Forscher viele der an einer einfachen Verhaltensreaktion beteiligten Zellen identifizieren und dann ein „Verkabelungsdiagramm" konstruieren, das zeigt, wie diese Zellen miteinander verbunden sind. Anschließend kann er fragen, was mit den einzelnen Neuronen in einem Verhaltensschaltkreis beim Lernen geschieht.

Der Seehase (*Aplysia californica*).

Selbst einfache Tiere wie *Aplysia* zeigen verschiedene Formen des Lernens, und jede Form führt sowohl zu Kurzzeiterinnerungen, die einige Minuten anhalten, als auch zu Langzeiterinnerungen, die Wochen überdauern, je nach Anzahl und zeitlichem Abstand der Trainingsdurchgänge. Beispielsweise zeigt *Aplysia* sowohl Habituation – die Fähigkeit, einen „gutartigen" Reiz, der trivial ist und keine Information trägt, ignorieren zu lernen – als auch Sensitivierung – die Fähigkeit, ihr Verhalten zu modifizieren, wenn ein Reiz aversiv ist. Und schließlich kann *Aplysia* klassische und operante Konditionierung erlernen – sie kann lernen, zwei Reize oder einen Reiz und eine Reaktion miteinander in Beziehung zu setzen. Daher wurde es möglich, die zellulären Mechanismen zu erforschen, die zu verschiedenen Formen von Lernen und Gedächtnisspeicherung bei diesen Tieren beitragen und spezifische Moleküle zu identifizieren, die für Kurz- und Langzeitgedächtnis entscheidend sind.

Einfache Systeme für genetische Untersuchungen

Die zellbiologischen Untersuchungen, die wir gerade beschrieben haben, wurden bald durch genetische Untersuchungen ergänzt. Haustierzüchter wissen seit langem, dass viele körperliche Merkmale vererbt werden, beispielsweise Körperform und Augenfarbe, aber auch Temperament und Körperkraft. Wenn sogar das Temperament via Genwirkung erblich ist, erhebt sich natürlich die Frage: Werden auch subtilere Verhaltenskomponenten irgendwie von Genen bestimmt? Wenn das der Fall ist, spielen Gene eine Rolle bei der Modifikation des Verhaltens? Spielen sie eine Rolle beim Lernen und bei der Speicherung von Lerninhalten? Man fragte sich, ob es nicht möglich wäre, spezifische Gene zu identifizieren, die für Lernen und Gedächtnis wichtig sind. Die Identifikation solcher Gene könnte dann Hinweise auf deren Produkte, die Proteine, liefern, die für die Zellfunktion eine wichtige Rolle spielen, und schließlich zur Aufdeckung der molekularen Schritte führen, die am Schaffen und Speichern von Gedächtnisinhalten beteiligt sind.

Gregor Mendel, der Vater der Genetik, arbeitete mit Pflanzen – mit Erbsen und ihren Samen. Es war der amerikanische Biologe Thomas Hunt Morgan von der Columbia University in New York, der genetische Forschung an Versuchstieren populär machte. Zu Beginn des 20. Jahrhunderts erkannte Morgan das Potenzial der Taufliege *Drosophila* als Modellorganismus für genetische Untersuchungen. Morgan wusste zu schätzen, dass *Drosophila* in ihren Keimzellen nur vier Chromosomen trägt – bei Mendels Erbsen sind es sieben Chromosomen, bei *Aplysia* 17 und beim Menschen 23. Diese kleinen Fliegen können im Labor problemlos zu Tausenden gezüchtet werden. Mit entsprechenden Chemikalien lassen sich Mutationen erzeugen, und wegen der relativ kurzen Generationsfolge von zwei Wochen erhält man rasch viele Fliegen mit dem mutierten Gen.

Die Taufliege (*Drosophila melanogaster*).

Im Jahre 1967 gelang Seymour Benzer am California Institute of Technology in Pasadena der kritische Schritt zur Erforschung der Genetik von Verhalten, Lernen und Gedächtnis bei *Drosophila*. Mittels chemischer Methoden erzeugte Benzer Mutationen und begann zu untersuchen, wie sich die Veränderung eines bestimmten Gens auf das Verhalten auswirkte. Nachdem er zunächst eine Reihe faszinierender Mutanten identifiziert hatte, die Werbeverhalten, visuelle Wahrnehmung und zirkadiane Rhythmik beeinflussten, wandte Benzer diesen genetischen Ansatz auf das Problem von Lernen und Gedächtnis an. Mithilfe von Mutanten mit Gedächtnisdefekten konnte er verschiedene Proteine identifizieren, die für nichtdeklarative Formen der Gedächtnisspeicherung wichtig sind. Wie sich sofort zeigte, entsprachen einige dieser Proteine denjenigen, die unabhängig davon in molekularbiologischen Untersuchungen des nichtdeklarativen Gedächtnisses bei *Aplysia* identifiziert worden waren.

Komplexe Systeme für genetische Untersuchungen

Wie steht es um deklarative Formen der Gedächtnisspeicherung? Welche Moleküle werden bei dieser Form des Gedächtnisses eingesetzt? Obwohl Versuchstiere nichts erklären oder kundtun (englisch *declare*) können, können sie auf eine Weise lernen und sich erinnern, die viele kritische Merkmale des deklarativen Gedächtnisses aufweist. Lange Zeit war es jedoch experimentell nicht möglich, auf das deklarative Gedächtnis die Art von zell- und molekularbiologischer Analyse anzuwenden, die bei *Aplysia* und *Drosophila* schon Routine war. Doch diese Situation änderte sich schlagartig, als Mario Capecchi 1990 an der University of Utah und Oliver Smythies an der University of Toronto Methoden zum Ausschalten von Genen (sogenannte Knockout-Experimente) bei Mäusen entwickelten. Diese Technik ermöglichte es, Gene im Mäusegenom gezielt zu eliminieren und die Auswirkungen ihres Fehlens zu untersuchen. Einige Jahre zuvor hatte – neben anderen – Ralph Brinster an der University of Pennsylvania Methoden entwickelt, um neue Gene ins Mäusegenom einzuführen und zu aktivieren – Gene, die gewöhnlich bei Mäusen nicht vorhanden sind oder kaum exprimiert werden. Aufgrund dieser beiden Ansätze können Biologen nun jedes beliebige Gen verändern oder an- und ausschalten und dann untersuchen, wie sich eine derartige Veränderung auf das Funktionieren von Neuronen im Hippocampus oder anderen, für das Gedächtnis wichtigen Hirnregionen auswirkt. Sie können auch feststellen, wie eine solche Veränderung das deklarative Gedächtnis beim intakten, agierenden Tier beeinflusst.

Diese Fortschritte bahnten den Weg für die moderne molekulare Erforschung des deklarativen Gedächtnisses bei Säugern. Die Maus brachte für die Gedächtnisforschung bereits viele Vorteile mit sich, so ihr Säugererbe und ihre neuroanatomische, physiologische und genetische Nähe zum Menschen. Überdies wird das Mäusegenom im Rahmen des Humangenomprojekts parallel zum menschlichen Genom kartiert. Nun, da es möglich ist, auch an Mäusen genetisch zu arbeiten, kann die molekularbiologische Erforschung von Lernen und Gedächtnis ihr volles Potenzial entfalten.

Vom Molekül zum Geist: die neue Synthese

Molekularbiologische Ansätze haben sich mit denjenigen der systemorientierten Neurowissenschaften und der kognitiven Psychologie zusammengefunden. So entstand eine Forschungsallianz, die auf molekularbiologischem Gebiet ebenso faszinierende Befunde liefert wie auf verhaltensbiologischem. Die wachsende Partnerschaft zwischen diesen ehemals unabhängigen Disziplinen führt so zu einer neuen Synthese des Wissens über Gedächtnis und Gehirn. Auf der einen Seite werden bei Lernuntersuchungen immer wieder interessante neue molekulare Eigenschaften von Neuronen, insbesondere ihrer Verknüpfungen, entdeckt. Diese molekularen Befunde weisen uns den Weg, wenn es darum geht, zu erklären, wie sich Nervenverbin-

Was ist eigentlich ...

Humangenomprojekt, in den 1980er-Jahren begonnenes internationales Projekt mit dem Ziel der vollständigen Aufklärung der Struktur der menschlichen Erbsubstanz. Nachfolgend zu ersten amerikanischen Entwicklungen wurden auch in Europa und Japan Genomprojekte begonnen. 1989 schlossen sich die zu diesem Zeitpunkt am Humangenomprojekt beteiligten Wissenschaftler in einer Dachorganisation zusammen, der Human Genome Organization (Abk. HUGO).

In Deutschland legte das Bundesministerium für Bildung, Wissenschaft, Forschung und Technologie 1995 ein auf acht Jahre angelegtes Genomforschungsprogramm auf.

Internet-Links

Nationales Genomforschungsnetz: www.ngfn.de

Deutsche Humangenomforschung: www.dhgp.de

The Human Genome. Genetics in History: www.genome.wellcome.ac.uk

HUGO: www.hugo-international.org

dungen beim Lernen verändern und wie diese Veränderungen über die Zeit als Gedächtnis aufrechterhalten werden. Auf der anderen Seite erklären systemorientierte Neurowissenschaften und kognitive Psychologie, wie Nervenzellen in neuronalen Schaltkreisen zusammenarbeiten, wie Lernprozesse und Gedächtnissysteme organisiert sind und wie sie funktionieren. Zudem liefert uns die Erforschung von Gehirnsystemen und Verhalten eine Orientierungshilfe für molekulare Untersuchungen, eine Landkarte, die die Komponenten des Gedächtnisses identifiziert und die Gehirnareale lokalisiert, an denen sich diese Komponenten detailliert untersuchen lassen. Tatsächlich verdanken wir viele molekulare Erkenntnisse nur der Tatsache, dass Neuronen in einem bestimmten neuronalen Schaltkreis mit einer bestimmten Form von Gedächtnis im Sinn untersucht wurden. Daher verleiht die Erforschung des Gedächtnisses der Zell- und Molekularbiologie eine neue Faszination – eine Faszination, die aus der Möglichkeit erwächst, die Biologie wichtiger geistiger Vorgänge zu untersuchen.

Ein gutes Stück vorangekommen sind zelluläre und molekulare Forschungsansätze bei der Beantwortung einiger ungelöster Schlüsselprobleme des Gedächtnisses: Welche molekulare Beziehung besteht zwischen deklarativer und nichtdeklarativer Gedächtnisspeicherung? Welche Beziehung herrscht zwischen Kurzzeit- und Langzeitgedächtnisformen? Besonders wichtig ist, dass die molekularbiologischen Ansätze eine erste Brücke zwischen dem Verhalten intakter Tiere und molekularen Mechanismen in einzelnen Zellen geschlagen haben. Was früher nur psychologische Konstrukte wie Assoziation, Lernen, Speichern, Erinnern und Vergessen waren, können wir heute im Hinblick auf zell- und molekularbiologische Mechanismen sowie cerebrale Schaltkreise und Gehirnsysteme angehen. Auf diese Weise sind tiefe Einblicke in fundamentale Fragen über Lernen und Gedächtnis möglich geworden.

Untersuchungen über einfache Formen des Lernens bei *Aplysia* und *Drosophila* haben gezeigt, dass sich deklaratives und nichtdeklaratives Gedächtnis einen molekularen Schalter teilen, der Kurzzeit- in Langzeiterinnerungen umwandelt. Zusätzliche Einblicke in die Zellbiologie des Gedächtnisses vermitteln Gewebsuntersuchungen aus Arealen im Wirbeltiergehirn, die für das deklarative Gedächtnis wichtig sind. In diesen Gehirnregionen kann sich die Verbindungsstärke zwischen Neuronen rasch ändern und die veränderte Verbindungsstärke kann lange Zeit beibehalten werden – ein Phänomen, das als Langzeitpotenzierung (LTP) bekannt ist.

Aus experimentellen Untersuchungen von Tieren und Menschen haben wir viel über die Stärken und Schwächen des Gedächtnisses gelernt, über die Faktoren, die die Stärke und Dauerhaftigkeit von Erinnerungen beeinflussen, und über den wichtigen Beitrag, den das

Vergessen für die normale Gedächtnisfunktion spielt. Diese Untersuchungen haben auch die Gehirnsysteme identifiziert, die für das deklarative Gedächtnis verantwortlich sind, und gezeigt, wie sie funktionieren. Schließlich sind eine unerwartete Vielfalt von unbewussten, nichtdeklarativen Gedächtnistypen entdeckt und die Gehirnsysteme identifiziert worden, die für jeden Typ wichtig sind. Diese Gedächtnisformen tragen die Spuren vergangener Erfahrungen in sich und üben einen starken Einfluss auf unser Verhalten und Geistesleben aus, doch sie können außerhalb der bewussten Aufmerksamkeit (*awareness*) operieren und erfordern keinen bewussten Gedächtnisbeitrag.

Durch Verschmelzung der zell- und molekularbiologischen sowie der verhaltensbiologischen und systemorientierten Perspektive neuronaler Systeme und der kognitiven Psychologie lässt sich die neue Synthese beleuchten, die sich beim Verständnis der Gedächtnisfunktion abzuzeichnen beginnt.

Grundtext aus: Larry R. Squire und Eric R. Kandel *Gedächtnis. Die Natur des Erinnerns*; Spektrum Akademischer Verlag (amerikanische Originalausgabe: *Memory. From Mind to Molecules*; W. H. Freeman; übersetzt von Monika Niehaus-Osterloh).

Denken auf Rezept

Medikamente zur Behandlung von Alzheimer, Hyperaktivität oder Schlafstörungen erfreuen sich wachsender Popularität als leistungssteigernde Hirnpillen

Ulrich Bahnsen

Manchmal fühlt sich Konrad Beyreuther als Versager. „Das sind verlorene Tage, da bin ich meinen Job nicht wert", gesteht der baden-württembergische Staatssekretär. Er klingt dabei immer noch ziemlich fröhlich. Denn jeder Mensch hat Phasen, in denen der Groschen pfennigweise fällt. Derlei Schwankungen der intellektuellen Tagesform, meint der Alzheimer-Experte und Neuroforscher vom European Molecular Biology Laboratory (EMBL) in Heidelberg, gehörten schließlich zur Individualität jedes Menschen.

Beyreuthers Einsicht in naturgegebene Unzulänglichkeiten der höheren Hirnfunktionen ist nicht nur unbekümmerter Heiterkeit geschuldet, sondern auch dem Unvermögen seiner Fachkollegen, solchen Malaisen wirksam entgegenzuwirken. Bei intellektueller Minderausstattung – angeboren oder erworben –, bei Lerndefiziten und Gedächtnisschwächen konnten Neurologen, Psychiater und Pädagogen bislang kaum auf pharmazeutische Schützenhilfe hoffen. „Doof bleibt doof, da helfen keine Pillen" – böser Schulhof-Spott, aber wahr.

Die Pharmaunternehmen haben einen neuen Massenmarkt im Visier

Auch die im kognitiven Totalausfall mündenden Altersgebrechen wie Alzheimer und sonstige Demenzerkrankungen können Medikamente bislang bestenfalls verzögern. Vom Aufhalten oder Heilen solcher Hirnleiden ist keine Rede. Bis jetzt.

Angesichts der rapide wachsenden Zahl demenzkranker Senioren haben die Pharmaunternehmen einen neuen Massenmarkt im Visier. Auf rund 13 Millionen dürfte das Heer der Alzheimer-Patienten allein in den Vereinigten Staaten bis 2050 anschwellen, ergaben aktuelle Hochrechnungen des US-Forschers Denis Evans.

Noch gelten die Forschungsprojekte dem Wohlergehen dieser und anderer Schwerkranken. Doch mit den neuartigen Hirnpillen rückt auch die Essenz des Menschlichen in Griffweite: *neuro-enhancement*, die pharmakologische Verstärkung und womöglich auch die biochemische Lenkung der Hirnfunktionen. Mit dem Griff zur Pille dürften demnächst Intelligenz und Gedächtnis, Lernfähigkeit und Gefühle auch bei Gesunden zur Disposition stehen. „*Cognition enhancer* sind eine Zeitbombe. Das Thema wird die gleiche Bedeutung bekommen wie die verbrauchende Embryonenforschung", prophezeit Hirnforscher Beyreuther.

Glaubt man den Prognosen der Biofirmen, so gehört die Zukunft nicht dem Gendaten-Business, sondern dem Geschäft mit revolutionären Hirnpillen. Während Ethiker und Forschungskritiker noch vor den Gefahren der Gentechnik warnen und vom Menschen nach Maß fabulieren, dreht die Pharmabranche an einer neuen Klasse von Psychopillen. Angesichts der vergreisenden Industrienationen haben nicht nur Pharmariesen wie GlaxoSmithKline, Johnson & Johnson oder Merck ehrgeizige Entwicklungsprogramme für hirnfördernde Pillen aufgelegt. Allein in den Vereinigten Staaten arbeitet ein halbes Dutzend junger Neuro-Companys wie NeuroLogic, Helicon oder Axonyx mit Hochdruck an neuartigen Gedächtnis- und Lernpillen. Dabei geht es keineswegs nur um schwere manifeste Erkrankungen. Auch die milde kognitive Störung, *vulgo* Altersvergesslichkeit, an der angeblich bis zu 60 Prozent der Hochbetagten leiden, wird nun zum Ziel der Pharmabranche. Die Betroffenen haben Schwierigkeiten, sich Telefonnummern zu merken, verlieren in unbekannten Stadtteilen die Orientierung und verlegen ständig Brille, Schlüssel und Gebetbuch. Oft mündet derlei Schusseligkeit später doch in die Alzheimer-Demenz, warnen Fachleute.

Die ersten Pillen gegen das Vergessen werden bereits an Patienten erprobt

Für Pharmaexperten ist dies Grund genug, das Übel umsatzträchtig schon an der Wurzel zu packen. Erste Produkte haben die Labors bereits verlassen und werden an Patienten der Wirksamkeitsprüfung unterzogen: Memory Pharmaceuticals, eine erst 1998 in Montvale bei New York gegründete Pharmafirma, will dem Gedächtnisverlust mit einem sogenannten PDE-4-Hemmer entgegenwirken. Der neue Wirkstoff blockt den Abbau eines Signalmoleküls (cAMP) durch das Enzym Phosphodiesterase (PDE). Zusammen mit dem Pharmagiganten Roche plant Memory-Manager Axel Unterbeck, noch in diesem Jahr Tests an Patienten zu starten.

Wissenschaftlicher Mentor des aufstrebenden Unternehmens ist der Nobelpreisträger Eric Kandel von der New Yorker Columbia University. Das Gedächtnis werde die erste kognitive Fähigkeit des Menschen sein, „die wir auf molekularer Ebene vollständig verstehen", prognostiziert der 73-jährige, einst vor den Nazis geflüchtete Wiener. In fünf Jahren werde die erste Gedächtnispille marktreif sein.

Dieses Ziel hat man auch bei der Konkurrenz fest im Blick. Im kalifornischen Irvine testen die Forscher der Neurofirma Cortex Pharmaceuticals sogenannte Ampakine bereits an gedächtnisschwachen Senioren. Die Wirkstoffe sollen die Empfindlichkeit der Nervenzellen für den gedächtnisbildenden Signalstoff Glutamat erhöhen. Auch die Cortex-Manager haben hochrangigen Beistand: Ihr wissenschaftlicher Berater ist der schwedische Nobelpreisträger Arvid Carlsson.

Der Vormarsch an der Forschungsfront ruft indessen nicht nur Begeisterung hervor. Gesundheitsexperten warnen, die neuartigen Brain-Booster könnten bald als Modedrogen missbraucht werden. Denn was die kognitiven Defizite ernsthaft Erkrankter lindern soll, könnte gesunde Menschen zu Höchstleistungen anstacheln.

Auf mehreren Konferenzen in den USA diskutierten Philosophen, Neuroforscher und Sozialwissenschaftler das neue Feld der Neuroethik. Hauptthema der Gelehrten: Was tun, wenn demnächst Gutverdienende ihre berufliche Intelligenz mit Alzheimer-Pillen hochkatapultieren? Spalten die Hirnpillen die Gesellschaft bald in eine wohlhabende Kaste gedopter Schlaumeier und in pharmakologisch Unterprivilegierte, die kaum mehr eine Chance auf gut bezahlte Aufsteigerjobs bekommen, weil sie sich die Neuroaufrüstung nicht leisten können?

Willkommen im Zeitalter des Neuro-Booster, in der Welt der Lernpillen und pharmakologischen Intelligenzturbos. „Es geht um mehr als bloße Suchtgefahren", warnt Beyreuther. Da sei doch nun endgültig das Individuum berührt, murrt der Hirnexperte: „Darüber muss jetzt ensthaft gesprochen werden – wollen wir wirklich so in die menschliche Existenz und Persönlichkeit eingreifen?"

Die Botenstoffe der Erinnerung sind identifiziert

Auch wenn noch längst nicht im Einzelnen geklärt ist, wie Gedächtnis und Lernen des menschlichen Gehirns funktionieren – zumindest die molekulare Kernmannschaft, die im elektrischen und biochemischen Wechselspiel für Erinnerungen oder Aufmerksamkeit zuständig ist, wurde in den Labors identifiziert. Erinnerungen, soviel scheint gesichert, bilden sich in plastischen Nervennetzwerken. Die Ausschüttung von Signalstoffen wie cAMP, Neurobotenmolekülen wie Glutamat, Serotonin oder Dopamin in den Nervenzellen ist für Aufmerksamkeitshöhe, Konzentrationsfähigkeit oder Lernerfolg maßgeblich.

Doch wie baut das Hirn eine Erinnerung? An den ersten Kuss, den EC-PIN-Code oder an die Cholesterinbiosynthese im Physiologielehrbuch? „Wir wollen verstehen, wie das Hirn Erinnerungen codiert, wie es sie speichert und wieder abruft", sagt der amerikanische Neuroforscher Sebastiano Cavallaro. „Das ist unser ehrgeizigstes Ziel."

Wie ambitioniert die Durchleuchtung des komplexen Zusammenspiels von molekularen Faktoren in den Nervenzellen des Gehirns bei der Gedächtnisbildung tatsächlich ist, erfuhr Cavallaros Forscherteam am Rockefeller Neurosciences Institute in Rockville, Maryland, bei Lernversuchen mit Laborratten. Die Molekularbiologen maßen bei den Nagern Tausende Gene im Hippocampus, einem für die Gedächtnisbildung entscheidenden Hirnteil. Nachdem die Tiere gelernt hatten, durch ein Wasserlabyrinth zu schwimmen, hatte sich die Aktivität von immerhin 140 Genen im Hippocampus der Ratten schlagartig verändert – praktisch alle gehörten zur Kommunikationsinfrastruktur der Neuronen. Besonders auffällig erschien die Betriebsamkeit im FGF-18-Gen (Fibroblast Growth Factor 18). Die Forscher injizierten einigen Tieren eine geringe Menge des Botenmoleküls – prompt bewältigten die gedopten Nager ihre Aufgabe in der Hälfte der Zeit.

Zwar ist keineswegs sicher, dass solche und andere Stoffe auch beim Menschen wirken. Es gebe doch noch einige Unterschiede zwischen Maus und Mensch, spottet Rodney Pearlman, dessen kalifornische Company Saegis Pharmaceuticals ebenfalls an Gedächtnisstützen arbeitet. „Eine Maus muss sich schließlich keine PIN-Codes merken." Wer hofft, das von manchem Privatfernsehsender angesteuerte Millionenpublikum anscheinend grenzdebiler Deutscher in eine Generation Blitzgescheiter zu verwandeln, der wird wohl Schiffbruch erleiden. „Auch mit dem Zeug kriegen sie keine Relativitätstheorie hin", unkt Beyreuther.

Dennoch werden Befunde wie die von Cavallaro derzeit zuhauf erhoben. Sie bieten Pharmakologen mannigfaltige Ziele für präzisere Eingriffe in die Vorgänge im Gehirn. Die bisher verfügbaren Alzheimer-Medikamente zielen vor allem auf die Erhöhung des Botenstoffes Acetylcholin im Zentralnervensystem. Doch damit ist allenfalls eine moderate und befristete Verbesserung der Krankheitssymptome zu erreichen. Keines der Präparate wie Memantine, Donezepil, Galantamine oder Rivastigmine kann den Verlauf der Erkrankung aufhalten.

Ein Ende im Fiasko

Im Fiasko endete vorläufig gar der erste Versuch, das Alzheimer-Leiden wirklich zu stoppen. Ein im Tierversuch erfolgversprechender Impfstoff des Pharmaunternehmens Elan hatte bei einer Reihe von Patienten so schwere Nebenwirkungen hervorgerufen, dass die Studie abgebrochen werden musste. Allerdings zeigen Zwischenanalysen bei bereits geimpften Patienten, dass die Vakzine womöglich bei einigen tatsächlich funktioniert hat. Die Fachleute hoffen seither auf künftige Erfolge mit verbesserten Impfstoffen.

Mehr als eine wirksamere Behandlung der Symptome und ein Hinauszögern des Verlaufs dürften auch die nun auf den Markt drängenden Psychopillen der zweiten Generation kaum leisten. Das allerdings ist den Drogennutzern gerade gut genug. Das Medikament, das Lernfähigkeit und Gedächtnis, Konzentration und Aufmerksamkeit bei geringsten Nebenwirkungen mit anhaltender Wirkung so richtig nach vorn bringt, soviel gilt der Neuroszene als gesichert, wird für Möchtegern-Hirnakrobaten eine ähnliche Bedeutung erlangen wie Viagra für erschlaffte Dunkelkammer-Sportler.

Manchem Medikament steht eine Karriere als Lifestyle-Droge bevor

Wie ernst das Hirndoping per Pille zu nehmen ist, zeigen Erfahrungen aus den Vereinigten Staaten mit anderen lange verfügbaren Psychopharmaka. Dort sorgen sich Fachleute, weil prüfungsgeplagte Studenten, gehetzte Geschäftsleute oder Kreative ihre Leistungen mit Ritalin-Pillen zu steigern trachten. Ritalin, ein amphetaminähnlicher Stoff, ist eigentlich nur zur Behandlung hyperaktiver und aufmerksamkeitsgestörter Kinder zugelassen, auf die es paradoxerweise beruhigend wirken soll. Doch es dient offenbar zunehmend zur Prüfungsvorbereitung. „In meinen Kursen kennt jeder Student Leute, die das Zeug schlucken oder verkaufen", sagt die Wissenschaftlerin Martha Farah vom Center for Cognitive Neuroscience der University of Pennsylvania. „Und das beschränkt sich nicht auf meine Universität. Es ist ein nationaler Trend."

Auch die Arznei Provigil, gedacht zur Behandlung plötzlicher Schlafattacken bei Narkolepsie-Patienten, erfreut sich neuerdings größter Beliebtheit bei partyfreudigen Professionals. Die Pille erlaubt auch nach stressigen Arbeitstagen gnadenloses Feiern bis in den Morgen. Jedes Schlafbedürfnis wird von dem Wunderstoff abgebügelt – ohne dass am nächsten Tag der große Absacker kommt. Auf Dauer könne chronischer Schlafentzug indessen nicht ohne Folgen bleiben, warnen Schlafmediziner vor dem Missbrauch als Partydroge. Der Hersteller Cephalon will mit dem neuen Trend nichts zu tun haben. Gleichwohl müht sich die Firma, derzeit neue Anwendungsgebiete für ihr Nischenpräparat zu erschließen. Mit großem Brimborium wird nun der Jet-Lag zum behandlungsbedürftigen Leiden stilisiert. Probates Mittel dagegen: Provigil.

Für Begeisterung in der Szene der Hirndoper dürften auch unpublizierte Ergebnisse der Neuroforscherin Danielle Turner von der Cambridge University sorgen. Unter Provigil zeigten ihre freiwilligen Probanden auch bei verschiedenen neuropsychologischen Tests deutlich verbesserte Leistungen.

Dem Medikament könnte also noch eine große Karriere als Lifestyle-Droge bevorstehen. Nur in Deutschland nicht: Hier unterliegt der Stoff dem Betäubungsmittelgesetz. Bei Gefälligkeitsrezepten macht der Doktor Bekanntschaft mit der Polizei.

Aus: ZEIT Nr. 35, 21. August 2003

Fast alles, was wir gelernt haben, wissen wir nicht. Wir können es trotzdem. Erklären Sie einmal einem Außerirdischen, wie man einen Mantel anzieht oder die Schnürsenkel bindet. Sie werden sich, prophezeit **Manfred Spitzer**, ganz schön anstrengen müssen. Die Komplexität der Welt um uns herum bewältigt das Gehirn offenbar, indem es hinter den komplexen Mustern einfache Regeln entdeckt. „Unsere Sprache", sagt Spitzer, „ist dafür ein gutes Beispiel: Sie steckt voller Regeln." Diese allgemeinen Regeln seien in unserem Kopf gespeichert – nicht als Regeln, die wir aufschreiben könnten, sondern als Fähigkeit der Beherrschung unserer Muttersprache.

Manfred Spitzer gilt als besessen neugierig, ein Renaissance-Mensch, ein Forscher, der sich für einfach fast alles interessiert. Er hat Medizin, Psychologie und Philosophie studiert. Er war Gastprofessor in Harvard. Er ist ärztlicher Direktor der Psychiatrischen Universitätsklinik Ulm und hat dort das „Transferzentrum für Neurowissenschaften und Lernen" gegründet.

Seine Bücher werden unter Lehrern und Eltern weitergereicht, seine Vorträge sind überfüllt. Er hat seine eigene Fernsehsendung („Geist & Gehirn") im Bildungskanal Bayern alpha.

Spitzer scheut nicht davor zurück, mit starken Thesen aufzutreten („Fernsehen und Computerspiele sind für Kinder schädlich"). Der Vater von fünf Kindern hat eine Mission. Er will die neurobiologische Basis des Lernens weiter erforschen und die Erkenntnisse der Neurowissenschaften an die Schulen bringen. Für einen besseren Unterricht – und ein besseres Verständnis des menschlichen Gehirns.

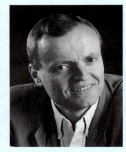

Manfred Spitzer

Wissen und Können

Von Manfred Spitzer

Wussten Sie, dass die Verben, die auf „-ieren" enden, das Partizip Perfekt ohne „ge" bilden? Wir sind gestern gelaufen, sind aber nicht durch den Wald ge-spaziert, sondern nur spaziert. Auch habe ich mir die Barthaare gekürzt, mich aber nicht ge-rasiert, sondern nur rasiert; und was ich vorgestern nur verloren (und nicht ge-verloren) habe, das habe ich gestern wieder gefunden.

Kannten Sie die eingangs genannte Regel? Sofern Sie nicht „Deutsch für Ausländer" unterrichten, ist die Wahrscheinlichkeit äußerst gering, dass Sie diese und Tausende anderer Regeln der deutschen Grammatik kennen. Und das ist auch in Ordnung so, denn Sie brauchen diese Regeln nicht zu wissen, um richtiges, d. h. grammatikalisch einwandfreies Deutsch zu sprechen.

Viel können und wenig wissen

Es mag eigenartig klingen, aber es ist dennoch so: Fast alles, was wir gelernt haben, wissen wir nicht. Aber wir *können* es. Weil's Spaß macht, noch ein Beispiel: Es ist verboten, den Schutzmann umzufahren. Es ist vielmehr geboten, den Schutzmann zu umfahren. – Warum? Weil nach der deutschen Grammatik „um" ein sogenanntes Halbpräfix ist, das (wie die Grammatik mit weiteren Termini technici erklärt) fest und unfest vorkommen kann. „Um" kann also sowohl wie die unbetonten Präfixe „ver", „be", „ent", „er" und „zer" gebraucht werden und ist dann untrennbar mit dem Verb verbunden, dessen Partizip, dies sei angemerkt, ebenfalls ohne „ge" gebildet (also nicht ge-erzeugt) wird. Damit ist das Problem keineswegs umgangen, denn mit etwa der Hälfte der Fälle muss anders umgegangen werden. Hier ist das „um" betont und nicht fest mit dem Verb verbunden. Man muss jetzt umdenken: Nicht nur das Partizip wird mit „ge" umgedacht, sondern eben auch der Schutzmann verbotenerweise umgefahren, wie der Grammatikduden ganz klar darlegt. Offenbar können wir alle das „zu" in das Verb hineinnehmen, wenn das Präfix betont ist; andernfalls stellen wir es voran. – Hätten Sie's *gewusst*? Jedenfalls *können* Sie es mit links!

Im Vergleich zu unserem Können ist unser Wissen bei Licht betrachtet unglaublich bescheiden. Dies bezieht sich keineswegs nur auf die Sprache, sondern auf die unterschiedlichsten Lebensbereiche. Bei unserem sprachlichen Können wird die Sache lediglich besonders

„Eigentlich weiß man nur, wenn man wenig weiß. Mit dem Wissen wächst der Zweifel."
(Johann Wolfgang von Goethe in Maximen und Reflexionen, Nr. 410)

„Ich weiß, dass ich nichts weiß."
(Sokrates)

> Als die Mücke zum ersten Male den Löwen brüllen hörte, da sprach sie zur Henne: „Der summt aber komisch." „Summen ist gut", fand die Henne. „Sondern?" fragte die Mücke. „Er gackert", antwortete die Henne. „Aber das tut er allerdings komisch."
> (Günther Anders: Der Löwe)

augenfällig, denn das Können bezieht sich ja gerade auf die Struktur, in der Wissen allgemein vermittelt wird, nämlich die Sprache. Es mag zunächst paradox erscheinen, aber selbst und gerade im Hinblick auf die Sprache ist das, was wir gelernt haben, nur zu einem ganz kleinen Teil sprachlich (als Wissen) vorhanden. Der größte Teil unserer sprachlichen Kompetenz ist vielmehr in uns gerade nicht sprachlich vorhanden, sondern besteht in Können, nicht aber in Wissen.

In anderen Bereichen unserer Kompetenz ist dies ohnehin klar. Sie können sich den Mantel anziehen und sich den Schuh binden. Wenn Sie aber etwa einem außerirdischen Wesen mitteilen wollten, wie Sie dies genau machen, so würden Sie sich wahrscheinlich ganz schön anstrengen müssen. Auch die in den Medien derzeit weit verbreitete Unsitte, Athleten nach einem Wettkampf zu interviewen, zeigt das Gleiche mit kaum überbietbarer Deutlichkeit: Da hat gerade jemand eine Sache so gut gekonnt wie kein anderer auf der Welt und dafür die Goldmedaille bekommen. Wird er jedoch danach befragt, wie er seine Leistung denn bewerkstelligt hat, kommt wenig Brauchbares aus seinem Mund. Gewiss, diese Interviews sind authentisch und manchmal sehr emotional. Aber schlau wird man durch sie nicht.

Ganz offensichtlich geht es dem Athleten mit seiner Fähigkeit wie uns mit dem Sprechen. Die Information ist prozedural gespeichert. Wir sind zwar in der Lage, mit viel Mühe manches von diesem prozedural gespeicherten Können zu versprachlichen, aber dies ist eine eigene, sehr mühevolle Leistung. Wenn Sie dem Außerirdischen erklären wollen, wie Sie Schuhe binden, so müssen Sie Ihr Können verwenden, um sich die Vorgänge bildhaft vorzustellen. Dann wiederum nehmen Sie die Sprache, um Ihre Vorstellungen zu beschreiben.

Wie viele Fenster hat Ihr Wohnzimmer? – Wenn Sie diese Frage beantworten, dann haben Sie gerade wieder nicht sprachlich gespeicherte Information in sprachliches Wissen umgewandelt. Und wie haben Sie das gemacht? – Nehmen wir an, Sie befinden sich gerade nicht in Ihrem Wohnzimmer. Dann haben Sie sich im Geist in Ihr Wohnzimmer gestellt und die Fenster gezählt. Bildhafte Information hat gegenüber Prozeduren den Vorteil, dass sie leichter zu versprachlichen ist. Unser Können im Bereich des Handelns ist jedoch nur selten so konkret wie bei den Schnürsenkeln, weswegen uns die Versprachlichung von Handlungen keineswegs leicht fällt. Manchmal gelingt sie gar nicht.

Schöne Beispiele hierfür finden sich im Musikunterricht: Wenn die Gesangslehrerin versucht, dem Schüler zu erklären, wie man richtig singt, so kann sie im Grunde nur bildhaft bzw. metaphorisch reden. Dies ist jedoch in Ordnung! Denn sie wird den Schüler durch allerlei

Was ist eigentlich ...

Sprache ist ein auf mentalen Prozessen basierendes, sozial bedingtes und historischer Entwicklung unterworfenes Mittel zum Ausdruck bzw. Austausch von Gedanken, Gefühlen, Vorstellungen, Erkenntnissen und Informationen sowie zur Fixierung und Tradierung von Erfahrung und Wissen. Dies geschieht in erster Linie mit komplex strukturierten Lautfolgen, kann jedoch auch in anderen Medien erfolgen (Gestik, Mimik, Gebärdensprache, visuelle Zeichen in Bilder- und Schriftsprachen usw.). In diesem Sinne bezeichnet Sprache eine artspezifische, nur dem Menschen eigene Fähigkeit, die sich von Tiersprachen unterscheidet, u.a. durch Kreativität (praktisch unendliche Anzahl möglicher Sätze), die Fähigkeit zur begrifflichen Abstraktion.

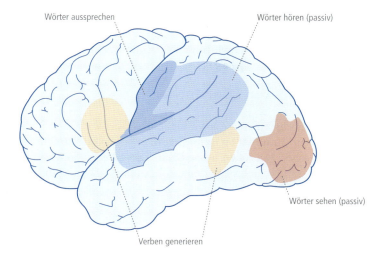

Lokalisation bestimmter Teilbereiche der Sprachfähigkeit. Es gibt mehrere „Kanäle" für die Sprachfunktionen: für die Verarbeitung von Visuellem und Auditivem, für die Generierung von Verben (Syntax) und Substantiven, für automatisches und geplantes Sprechen sowie für die Produktion von Phonemen (kleinste lautliche Einheiten). So wie man keine bestimmte Hirnregion festmachen kann, die „sieht" oder sich „erinnert", so lässt sich auch kein Ort lokalisieren, der „redet". Die Sprachfähigkeit hängt von einem komplexen Gefüge sensorischer Integration, symbolischer Assoziation, motorischer Fertigkeiten, gelernter syntaktischer Muster und dem verbalen Gedächtnis sowie dem begrifflichen Wissen ab.

eigenartige Aufforderungen („Singe, als müsstest du gähnen!", „Atme in den Rücken!") dazu bringen, mit seiner Stimme zu experimentieren, und dies wiederum wird ihm zeigen, welche Möglichkeiten in ihr stecken. Auch beim Erlernen von Instrumenten werden nicht selten eigenartige Dinge gesagt. Es geht ja auch gar nicht darum, ob das, was gesagt wird, stimmt, sondern darum, ob das Gerede den Lernenden dazu bringt, die richtigen Handlungen beim Atmen oder beim Halten des Körpers, der Hände und der Finger hervorzubringen.

Nicht nur in Sport und Musik wird Können vermittelt, und keineswegs nur in den Lehrberufen geht es vor allem um das Können. Ein guter Mathematiker „sieht es einer Gleichung schon an", wie er ihr beikommt. Er wird bei Nachfrage auch die Regeln, die seiner Auflösung zugrunde liegen, angeben können, aber für sein praktisches Handeln ist wichtig, dass er diese Regeln „beherrscht". Hierbei geht es wiederum um nichts weiter als um das Können, nicht um das Wissen. Wer eine Fremdsprache kann, braucht deren Grammatik nicht zu wissen, wenn es auch beim Lernen durchaus sinnvoll sein kann, dieses Wissen einzusetzen (beispielsweise, um sich viele Beispiele selbsttätig zu generieren).

Ganz allgemein gilt: Wir können sehr vieles. Man spricht hier auch von *implizitem Wissen*, d. h. von einem Wissen, das wir nicht als solches – explizit – haben, über das wir jedoch verfügen können, indem wir es nutzen. Man spricht auch vom Wissen, *dass* etwas soundso ist (explizit), und vom Wissen, *wie* etwas geht (implizit). Wenn daher von Wissen ganz allgemein die Rede ist, so sind nicht selten diese beiden Formen des Wissens gemeint: implizites Wissen und explizites Wissen. Mit Rücksicht auf Einfachheit und Klarheit bleiben wir jedoch bei den beiden Termini *Wissen* und *Können*, denn sie drücken genau das aus, worum es geht. Wer also beispielsweise Englisch *kann*, muss keineswegs *wissen*, dass man bei adverbialem Gebrauch von Adjektiven ein „ly" anhängen muss. Er tut es einfach.

Synapsenstärken können viel

Woran liegt es eigentlich, dass wir nicht alles, was wir können, auch explizit wissen? Information ist im Gehirn in Form von Verbindungsstärken zwischen Neuronen gespeichert. Diese Verbindungsstärken bewirken, dass das Gehirn bei einem bestimmten Input einen bestimmten Output produziert. Das Ganze geschieht ohne jegliche explizite, sprachlich gefasste Regel. Der Affe, der je nach herannahender Raubtierart einen anderen Warnschrei ausstößt, kennt auch nicht die Regeln „wenn Raubvogel, dann Schrei A"; „wenn Löwe, dann Schrei B" etc., aber er verhält sich danach. Ein visueller Input sorgt bei ihm regelhaft für einen entsprechenden akustischen Output.

Kommt ein Löwe zur linken Tür herein, so erreicht eine schlechte Schwarzweißkopie des Bildes des Löwen auf unserer Netzhaut bereits nach weniger als 200 Millisekunden den Mandelkern, der dafür sorgt, dass Blutdruck, Puls und Muskelspannung ansteigen, lange bevor das Farbareal in unserer Gehirnrinde dessen Farbe mit beigebraun-gelblich herausgeknobelt hat. In dieser Zeit rennen wir bereits zur rechten Tür! (Und wer dieses Input-Output-Mapping nicht so rasch beherrschte, zählt nicht zu unseren Vorfahren!)

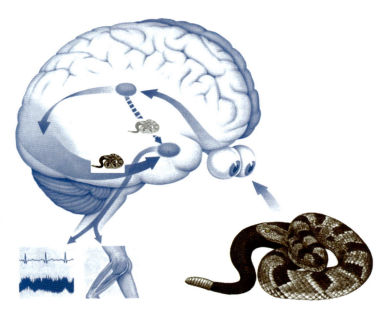

Was passiert beim plötzlichen Anblick einer Schlange in unserem Gehirn? Die Information wird von der Netzhaut zunächst an eine Schaltstelle im Thalamus (Corpus geniculatum laterale) weitergeleitet und von dort zum primären visuellen Cortex am hinteren Gehirnpol. Noch bevor die eingehende visuelle Verarbeitung des Stimulus abgeschlossen ist, wurde bereits eine Art schlechte Schwarzweißkopie vom Thalamus an die Mandelkerne (in der Zeichnung ist nur der linke zu sehen) weitergereicht, der sofort für die Vorbereitung des Körpers für Flucht oder Abwehr sorgt; Puls, Blutdruck und Muskelspannung werden gesteigert (links unten). Diese Reaktion des Mandelkerns läuft automatisch ab und sichert das Überleben des Organismus.

Das Gehirn bewerkstelligt die Produktion des Outputs durch die richtigen Synapsenstärken. In diesen ist unser Können gespeichert. Man kann zeigen, dass überhaupt nur dadurch, dass unser Gehirn auf diese Weise funktioniert, es auch so gut funktioniert. Verglichen mit Computerchips sind Nervenzellen langsam und unzuverlässig. Dass wir uns trotz dieser, wie die Amerikaner sagen, *lousy hardware* in unseren Köpfen so erfolgreich verhalten können, liegt genau daran, dass neuronale Informationsverarbeitung mittels Erregungsübertragung an sehr vielen Synapsen sehr vieler Neuronen geschieht.

Wir haben allerdings keinen direkten Zugang zu dieser Ebene unserer Hirnfunktion. Ebenso wenig, wie wir den Zustand jeder Zelle unserer Magenschleimhaut oder unseres Herzmuskels kennen, kennen wir den Zustand unserer Neuronen. Die Maschinerie der im Gehirn ablaufenden Informationsverarbeitung ist uns ebenso wenig direkt zugänglich wie die Maschinerie der Informationsverarbeitung im Computer auf unseren Schreibtischen. Wir blicken auf den Farbbildschirm, sehen Symbole und hantieren mit ihnen, obwohl tief im Inneren des Computers „nur" Nullen und Einsen nach wenigen logischen Regeln miteinander verknüpft werden.

Wenn wir die Augen schließen, um in uns hinein zu hören, und unserem Geist bei der Arbeit zuschauen wollen, so geht es uns dennoch nicht viel anders als vor dem Computerbildschirm: Wir blicken keineswegs auf Neuronen und Synapsen, sondern auf das im Laufe der Evolution entstandene überwiegend grafische User-Interface unseres

Was ist eigentlich ...

Synapse, spezialisierte Struktur zur Kommunikation zwischen zwei Neuronen bzw. zwischen einem Neuron und einer Muskelzelle. Synapsen lassen sich je nach Mechanismus der synaptischen Übertragung in chemische und elektrische Synapsen unterteilen.

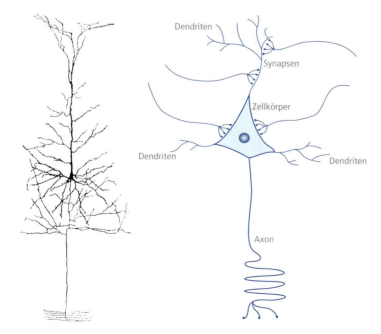

Lichtmikroskopische (links) und schematische Darstellung (rechts) eines Neurons. Es erhält über dünne Fasern Impulse von anderen Neuronen, verarbeitet diese und schickt dann über sein Axon (nur eines pro Neuron) einen Impuls weg oder auch nicht.

Die Übertragung von Nervenimpulsen findet an Synapsen statt. Dies geschieht dadurch, dass beim Eintreffen des Impulses (links) kleine Bläschen in der Synapse, die einen Überträgerstoff (Neurotransmitter) enthalten, mit der Wand der Synapse verschmelzen (Mitte), wodurch der Neurotransmitter freigesetzt wird und seinerseits die nachfolgende Zelle erregt (rechts).

Gehirns in Form innerer Bilder und Töne sowie zuweilen Sprachbruchstücke. Die eigentliche Informationsverarbeitungsmaschinerie in unserem Gehirn jedoch erkennen wir nicht. Sie ist uns verborgen, und wenn wir sie erkennen wollen, bleibt nur der harte Weg wissenschaftlicher Untersuchungen.

Daher dauerte es recht lange, bis die Hirnforschung dieser Maschinerie zumindest teilweise auf die Schliche kam. Es bedurfte neuer Techniken und neuer Begriffe, um die Funktion von Nervenzellen erfahrbar zu machen und um aus diesen Erfahrungen (d. h. aus Daten) Funktionsprinzipien, Modelle und Theorien abzuleiten.

Konnten wir nicht auch schon lernen, ohne diese Maschinerie zu kennen? – Natürlich! Es ist ja gerade der Witz am Gehirn, dass es auch dann lernt, wenn der lernende Organismus keine Ahnung hat, was vor sich geht. Unser Herz schlägt ja auch ohne kardiologische Theorie und zum Atmen brauchen wir den Lungenfachmann nicht. Zum Arzt geht man nur, wenn etwas nicht bzw. nicht mehr geht. Weil der Arzt weiß, wie die Maschinerie funktioniert, kann er eingreifen und reparieren. Es ist wie beim Automechaniker, der den Motor reparieren kann, weil er ihn kennt. Beide, Arzt und Mechaniker, können sogar noch mehr: Wer Motoren kennt, der weiß, wie man mit ihnen umgehen muss, damit sie das Optimum leisten und lange halten. Er wird im Winter nach dem Start hohe Drehzahlen vermeiden oder beispielsweise den Wagen nicht im fünften Gang einen steilen Berg untertourig hinaufquälen. Wer das Herz kennt, der weiß um die Notwendigkeit gesunder Ernährung und körperlicher Ertüchtigung, und wer die Lunge kennt, hat über das Rauchen eine begründete Meinung.

Und was ist mit dem, der das Gehirn kennt? Nach dem Gesagten fällt die Antwort nicht schwer: Solange es mit dem Lernen und Denken klappt, ist das Wissen um die Funktion des Gehirns vielleicht interessant, es ist aber nicht unbedingt nötig. Wenn aber etwas schief geht (und auch ohne die PISA-Studie drängte sich der Gedanke im Hinblick auf unsere Schulen schon lange auf), dann wird das Wissen um die Gehirnfunktion besonders wichtig.

Synapsen lernen, aber langsam

Legen Sie bitte einmal Ihre rechte Hand auf den Tisch oder die Stuhllehne und tippen Sie mit den Fingern (Daumen = 1, Zeigefinger = 2, ... kleiner Finger = 5) in folgender Reihenfolge auf die Unterlage:

33455432112332223345543211232211. Versuchen Sie es! Geben Sie nicht auf, und beginnen Sie, wenn Sie mit einem Durchgang fertig sind, wieder von vorne.

Sie werden sich anfangs schwer tun. Nach einer Weile jedoch hat Ihr Gehirn bestimmte regelhafte Eigenschaften der Zahlenfolge und damit der Fingerbewegungen registriert. Es benutzt dieses implizite Wissen bei der Programmierung der Bewegungen, weswegen man in entsprechenden Experimenten feststellt, dass die Bewegungsfolge mit den Fingern immer schneller ausgeführt werden kann.

Unter diesen Bedingungen reagiert eine Testperson im Versuch zunächst auf jede Zahl einzeln mit dem Drücken der entsprechenden Taste. Nach mehrfachem Wiederholen der gleichen Folge wird sie schneller, d. h. drückt die Tasten nicht erst dann, wenn sie die Zahl gesehen und die Reaktion vorbereitet hat, sondern beginnt mit der Programmierung der Bewegung bereits früher, unmittelbar nach der zuvor ausgeführten Bewegung. In dem Maße, wie sie zunehmend Bewegungen miteinander verknüpft, braucht sie sich immer weniger auf die Wahrnehmung zu stützen. Aus einzelnen Bewegungen werden so verknüpfte Bewegungen, organisch ineinander greifende Bewegungsabläufe.

Wie die Abbildung unten verdeutlicht, wird die Versuchsperson bereits deutlich schneller, wenn sie die Folge noch nicht als solche kennt (und auf Nachfrage explizit benennen kann). Sie verfügt also bereits über implizites Wissen um die Bewegungsabfolge, über mo-

Lernen von Bewegungsabfolgen. Die Testperson muss gar nicht wissen, dass sie eine Folge lernt. Man gibt einfach nur jeden Hinweisreiz einzeln vor. Auch so wird die Testperson langsam schneller. Sie lernt die Folge implizit. Irgendwann wird aber die Folge auch von der Testperson als Folge explizit bemerkt (Pfeil). Wenn man der Testperson nach erfolgtem Lernen eine neue Folge vorgibt und wieder die Reaktionszeiten bestimmt, sind diese etwas kürzer als zu Beginn des Lernens der alten Folge (die Tasten werden etwas schneller gedrückt; man spricht von unspezifischem Lernen), aber deutlich langsamer als bei bekannter Folge.

torische Fähigkeiten im Hinblick auf die Folge, wenn das explizite Wissen noch nicht vorhanden ist. Im Gegensatz zum expliziten Wissen, das sprunghaft einsetzt, entwickelt sich das implizite Können langsam und stetig.

Langsames Können-Lernen

Wenn wir eine Fähigkeit lernen, so können wir sie schrittweise immer besser. Dieses Lernen – man nennt es auch *Üben* – geht langsam voran, wie jeder weiß, der beispielsweise ein Instrument zu spielen gelernt hat. Man konnte zeigen, dass ein wirklich guter Musiker bis zum etwa 20. Lebensjahr mindestens 10 000 Stunden mit seinem Instrument zugebracht hat.

Auch bei Fließbandarbeitern wurde nachgewiesen, dass die Leistung langsam zunimmt, d. h. die Zeit, die für eine bestimmte Abfolge von Handgriffen benötigt wird, kontinuierlich mit der Anzahl der gemachten Handgriffe abnimmt und dass eine optimale Leistung erst nach 1–2 *Millionen* solcher Handgriffe erreicht wird. Es dauert also ganz offensichtlich sehr lange, bis wir bestimmte Fähigkeiten können. Die beiden genannten Untersuchungen, so verschieden sie auch sind, stimmen im Hinblick auf die benötigte Zeit zur Perfektionierung komplexer Bewegungsabläufe gut überein: Es dauert jeweils Tausende von Stunden, bis eine Bewegung so gut abläuft, dass sie nicht mehr verbessert werden kann.

Untersuchungen an Modellen neuronaler Netzwerke haben gezeigt, dass simulierte Nervenzellen nach entsprechendem Training mit den erforderlichen Beispielen praktisch jede Regel produzieren, d. h. anwenden können. Betrachten wir das vielleicht bekannteste Beispiel.

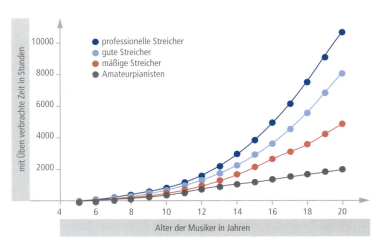

Zusammenhang zwischen der mit Üben am Instrument verbrachten Gesamtzeit und dem Alter der Musiker. Die vier Kurven entsprechen den Werten für vier Gruppen mit unterschiedlichem erreichten professionellen Niveau. Wer ein Profi-Geiger wird, hat mit zehn Jahren schon 1 000 Stunden Geige gespielt, mit 15 Jahren 4 000 Stunden und mit 20 Jahren mehr als 10 000 Stunden. Mäßige Streicher haben etwa halb so viel Zeit mit ihrem Instrument zugebracht und Amateurpianisten noch einmal die Hälfte davon.

Sprachentwicklung: Regeln an Beispielen lernen

Praktisch alle Menschen können sprechen. Schlägt man jedoch eine Grammatik auf, so glaubt man nicht, dass dies so ist: Hätten wir die Muttersprache in all ihrer Komplexität auf dem Gymnasium lernen müssen, würden die meisten von uns bis heute wahrscheinlich eher stammeln als sprechen. Wie lernen wir sprechen? Kinder, genau genommen deren Gehirne, erkennen Regeln in jeglichem Input, der auf sie einstürmt. Zu diesem Input gehört die Sprache der anderen. Anhand der Vorgänge, die sich bei Kindern beobachten lassen, wenn sie sprechen lernen (man muss allerdings sehr genau und systematisch hinschauen), kann man Prozesse des Lernens sehr gut studieren. Betrachten wir also einige Beispiele aus der Sprachentwicklung, wie sie in sehr vielen Studien, die heute zum Standard der entwicklungspsychologischen Forschung gehören, untersucht wurden.

Es gibt etwa 6 000 Sprachen auf der Welt, die insgesamt mit etwa 70 kleinsten lautlichen Einheiten, den *Phonemen*, auskommen. Jede einzelne Sprache braucht weniger als 70 Phoneme, das Englische beispielsweise 44, das Deutsche etwa 40, das Italienische etwa 30. Bei der Geburt reagiert der Säugling noch auf alle 70 Phoneme, die

---

■ Sprachfamilien ■

Die Verschiedenheit der Sprachen ist das wohl faszinierendste Zeugnis von der Vielfalt der menschlichen Natur. Heute gibt es noch ungefähr 6 000 Sprachen auf der Erde, wobei die meisten nicht verschriftlicht sind und sich einige nur schwer voneinander abgrenzen lassen. Mit der Untersuchung von Wortschatz, Lautinventar und syntaktischen Eigenheiten können Sprachverwandtschaften ermittelt werden. Sprachen lassen sich dann in Gruppen, Familien und, in spekulativerer Form, sogar Superfamilien und Stämme unterteilen. Je umfassender die Taxa sind, desto umstrittener ist die Klassifikation auch. Die rund zwei Dutzend beschriebenen Sprachfamilien entstammen einer jeweiligen Stammform, die bis zu 10 000 Jahre alt ist. Dass Sprachen eine Entwicklungsgeschichte haben und sich diese als Stammbaum rekonstruieren lässt, ist schon Ende des 18. Jh. erkannt worden, Jahrzehnte bevor Charles Darwin seine epochale Abhandlung *Von der Entstehung der Arten* schrieb. Durch die Methode des Sprachvergleichs wurde z. B. die Verwandtschaft fast aller europäischen Sprachen (außer Finnisch, Ungarisch, Baskisch und Etruskisch) sowie der iranischen und indischen Sprachgruppe offenkundig. Ihr Wortbestand sowie die bekannten grammatischen Strukturen der heutigen, aber auch einiger ausgestorbenen und überlieferten Sprachen (wie Latein, Gotisch, Keltisch) lassen sich auf eine gemeinsame, rekonstruierbare Ursprache zurückführen. Seither werden alle diese Sprachen in der Sprachfamilie des Indoeuropäischen (oder Indogermanischen) zusammengefasst. Sie besteht aus 140 Einzelsprachen und ist heute mit mehr als zwei Milliarden Sprechern, bedingt hauptsächlich durch die Kolonisierungen seit dem 15. Jh., auf der Erde dominant. Mit gröberen Methoden, insbesondere der multilateralen Analyse (statistischer Massenvergleich), wird nach noch größeren Verwandtschaftsbeziehungen gesucht. Eine dieser Superfamilien wird das Eurasiatische oder Nostratische genannt und umfasst neben dem Indoeuropäischen auch Türkisch, Mongolisch, Koreanisch und Japanisch. Mittlerweile helfen genetische Verwandtschaftsanalysen beim Studium der Sprachverwandtschaften, weil die genetischen Stammbäume aufgrund der langen, relativ weitreichenden Isolation der Völker mit den linguistischen weitgehend parallel laufen. Ob alle Sprachen aus einer gemeinsamen Wurzel stammen, ist unbekannt.

es überhaupt gibt, gleich, bereits mit sechs Monaten jedoch lässt sich nachweisen, dass er einen Unterschied macht zwischen den Lauten, die er täglich mit seiner Muttersprache hört, und den Lauten, die er nicht hört.

In einer Untersuchung an sieben Monate alten Säuglingen konnte man weiterhin zeigen, dass Kinder dieses Alters bereits abstrakte Regeln lernen und anwenden können. Wie aber untersucht man die Sprachfähigkeiten sieben Monate alter Säuglinge experimentell? – Seit langem ist bekannt, dass Säuglinge sich mit dem, was sie schon kennen, langweilen und daher dazu neigen, ihre Aufmerksamkeit Neuem, Unbekanntem zuzuwenden. Kurz: Alle Babys sind von Natur aus neugierig. Man macht sich dieses natürlicherweise vorkommende Verhalten in Experimenten zunutze, wenn man herausfinden will, ob ein bestimmter Reiz (also beispielsweise eine Lautfolge) den Babys als neu erscheint oder nicht. Man dreht den Spieß dann um und schaut nach, ob das Baby Neugierverhalten an den Tag legt, wenn man ihm zunächst etwas und dann etwas geringfügig anderes zeigt. Ist das Baby beim zweiten Reiz neugierig, dann hat es offenbar mitbekommen, dass dieser anders ist als der erste. Man kann auf diese Weise herausfinden, welche Unterschiede Babys machen können und welche nicht.

Entwicklungsstadien beim Spracherwerb

durchschnittliches Alter	sprachliche Errungenschaften
6 Monate	Gurren, Wechsel zum Plappern durch Verwendung von Konsonanten
1 Jahr	Anfänge von Sprachverständnis, Ein-Wort-Äußerungen
12–18 Monate	Repertoire von 30–50 Einzelwörtern (einfache Substantive, Adjektive und Verben), die noch nicht zu Sätzen verbunden werden können. Noch kein Gebrauch von Konjunktionen, Artikeln und Hilfsverben (*und, kann, der, die, das*)
18–24 Monate	Zwei-Wort-Sätze (Telegrammsprache) werden nach syntaktischen Regeln gebildet. Das Vokabular besteht aus 50 bis mehreren hundert Wörtern. Das Kind versteht logische Regeln
2–5 Jahre	tägliche Erweiterung des Vokabulars, drei und mehr Wörter in vielen Kombinationen; Konjunktionen, Artikel, Hilfsverben tauchen auf; viele grammatikalische Fehler und eigene Ausdrücke werden gebildet; gutes Verstehen von Sprache
3 Jahre	vollständige Sätze; wenige Fehler; das Vokabular umfasst ca. 1000 Wörter
4 Jahre	nähert sich der Sprachkompetenz von Erwachsenen

Um nun herauszufinden, welche Laute für die Babys neu sind und welche nicht, konstruierte man Sätze einer künstlichen Sprache, die zwei unterschiedliche Strukturen aufwiesen. Die Sätze hatten entweder die Form ABA (Beispiele: „ga ti ga", „li na li", „ta na ta" etc.) oder die Form ABB (Beispiele: „ga ti ti", „li na na", „ta na na" etc.). Es handelte sich also um künstliche Sätze mit einer sehr einfachen Struktur, bestehend aus drei einsilbigen Wörtern.

Die konkrete Untersuchungssituation sah dann wie folgt aus: Die Kinder saßen in einer Experimentierkabine auf dem Schoß der Mutter. In der Mitte vor ihnen befand sich ein gelbes Licht. Links und rechts davon befand sich je eine rote Lampe und dahinter ein Lautsprecher.

Die Säuglinge wurden zunächst für zwei Minuten entweder an die grammatische Form ABA oder an die grammatische Form ABB gewöhnt. Dann begann die eigentliche Testphase. Am Beginn eines Testversuchsdurchgangs blinkte die mittlere gelbe Lampe. Das Ganze wurde von einem Versuchsleiter beobachtet, der eine der beiden roten Lampen einschaltete, sobald das Kind die mittlere gelbe Lampe betrachtete. Daraufhin wandte sich das Kind natürlich der blinkenden roten Lampe rechts oder links zu. Nachdem dies geschehen war, wurde ein Dreiwort-Testsatz aus dem Lautsprecher hinter der blinkenden roten Lampe vorgespielt. Der Satz wurde so lange wiederholt, bis das Kind sich abwandte. Gemessen wurde die Zeit, die der Säugling auf das rote Blinklicht vor dem jeweiligen Lautsprecher schaute.

Wenn Säuglinge tatsächlich bereits mit sieben Monaten Regeln erworben haben, dann sollten sie diese Regeln auch beim Hören völlig neuer Sätze anwenden. Während der Testphase wurden den Babys Sätze vorgespielt, die entweder die Struktur aufwiesen, an die die Babys schon gewöhnt waren, oder die andere, neue Struktur. Wer also zuvor Sätze wie „ga ti ti", „li na na", „na ta ta" etc. gehört hatte, der bekam in der Testphase Sätze wie „wu fe wu" (neue Struktur) oder „wu fe fe" (bekannte Struktur) in zufälliger Reihenfolge vorgespielt. Der Grundgedanke war, dass ein für das Kind strukturell neuer Satz seine Aufmerksamkeit länger fesselt und das Kind daher vergleichsweise länger in die entsprechende Richtung blickt. – Und so war es auch! 15 der 16 getesteten Säuglinge zeigten eine deutliche Präferenz für die Sätze der jeweils neuen Form. Sie blickten statistisch hochsignifikant länger auf das Blinklicht, das sich vor dem Lautsprecher befand, aus dem der Satz mit der jeweils neuen Form ertönte.

Mit diesem und zwei weiteren Kontrollexperimenten wurde erstmals eindeutig nachgewiesen, dass sieben Monate alte Säuglinge eine allgemeine Struktur der Form ABA oder ABB lernen können. Sie bilden also anhand von Beispielen bereits nach wenigen Lerndurchgängen selbstständig eine allgemeine innere Repräsentation aus, die auf völlig neues Stimulusmaterial übertragen und angewendet werden kann.

Um es nochmals hervorzuheben: Das Besondere an dieser Studie ist die Tatsache, dass erstmals völlig neue Stimuli verwendet wurden, um zu untersuchen, ob eine bestimmte allgemeine Struktur gelernt worden war: Säuglinge, die für zwei Minuten „ga ti ti", „li na na", „na ta ta" etc. gehört hatten, wurden von „wu fe fe" gelangweilt, von „wu fe wu" aber nicht. Dies lässt sich nur dadurch erklären, dass die Säuglinge die allgemeine Struktur des Input gelernt hatten – und nicht lediglich irgendwelche Silben nachplapperten und dann die einen für etwas interessanter hielten als die anderen.

Vergangenheitsbewältigung

Schreiten wir ein Stück weiter voran in der kindlichen Sprachentwicklung. Interessante Studien zum Erfassen grammatikalischer Regeln wurden unter anderem im Hinblick auf die Entwicklung der Fähigkeit, Verben in die Vergangenheit zu übertragen, durchgeführt.

Kinder lernen, die Vergangenheitsform von Verben zu bilden. Dies geschieht schrittweise. Zunächst benutzen sie vor allem häufige, starke Verben und lernen deren Vergangenheit durch Imitation (ich bin – ich war; ich gehe – ich ging). In einem zweiten Stadium scheinen die Kinder die Regel für die schwachen Verben erkannt zu haben, denn sie wenden diese Regel nun auf alle Verben an, unabhängig davon, ob deren Vergangenheitsform regelmäßig oder unregelmäßig gebildet wird. In diesem Stadium kann man Fehler der Form „laufte" und „singte" oder sogar der Form „sangte" beobachten. In diesem Stadium können die Kinder auch die Vergangenheitsform von Phantasieverben bilden: „quangen" – „quangte". Diese Fähigkeit ist ein Beleg dafür, dass die Kinder nicht nur Einzelnes auswendig gelernt, sondern vielmehr eine Regel gelernt haben und diese Regel anwenden können. Erst im dritten Stadium beherrschen die Kinder die regelmäßige und die unregelmäßige Bildung der Vergangenheit, also die Regel und die Ausnahmen: „kaufen – kaufte", aber „laufen – lief"; „spitzen – spitzte", aber „sitzen – saß" usw. Fängt man erst einmal an, darüber nachzudenken, wie eigenartig viele Formen gebildet werden, so beginnt man zu ahnen, welche enorme Lernleistung jedes Kind in seinen ersten Lebensjahren vollbringt. Man konnte nun zeigen, dass sich neuronale Netzwerke bei entsprechendem Training mit Beispielen ebenso verhalten wie Kinder: Sie lernen zuerst die Ausnahmen, dann die Regel (und machen Fehler, indem sie überregularisieren) und können schließlich die Regel und die Ausnahmen.

Allein dadurch also, dass Synapsenstärken im Netzwerk langsam in Abhängigkeit von den Lernerfahrungen verändert werden, kommt es dazu, dass das Netzwerk eine Regel kann. Es „weiß" um diese Regel ebenso wenig wie die Kinder. Dieses Wissen ist jedoch für das Können völlig unerheblich.

Besonders hervorzuheben war die Tatsache, dass die Lernkurven des Modells sowohl im Hinblick auf die regelmäßigen als auch die unregelmäßigen Verben mit den entsprechenden Lernkurven von Kindern übereinstimmten: Die Vergangenheitsform der regelmäßigen Verben wurde in stetiger Weise immer besser produziert, wohingegen die Produktion der Vergangenheitsform der unregelmäßigen Verben zunächst ebenfalls immer besser wurde. Danach kam es jedoch zu einem Einbruch der Fähigkeit (wohlgemerkt: bei kontinuierlichem Lernen), und erst später stellte sich wieder eine Verbesserung ein.

Die Tatsache, dass das Modell nicht nur in ähnlicher Weise wie Kleinkinder seine Leistung über die Zeit verbessert, also lernt, sondern sogar in einer bestimmten Phase die gleichen Fehler macht wie Kinder, kann als starkes Argument dafür gewertet werden, dass Kinder und Netzwerke in ähnlicher Weise lernen. In beiden Fällen sollte ein ähnlicher Mechanismus am Werke sein, anders sind die verblüffenden Gemeinsamkeiten nicht zu erklären. Gesteht man dies jedoch zu, ergeben sich weitreichende Konsequenzen.

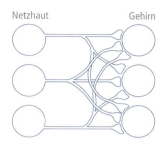

Ein sehr einfaches neuronales Netzwerk. Es hat zwei Schichten, eine Input-Schicht (links) und eine Output-Schicht (rechts). Die Neuronen sind schematisch als Kreise dargestellt. Beide Schichten sind miteinander durch Fasern, die in Synapsen enden, verbunden. Über die Verbindungen erhalten alle Neuronen der Output-Schicht den Input von allen Neuronen der Input-Schicht.

Zu keiner Zeit wurde eine Regel explizit vom simulierten Netzwerk oder vom Kind gelernt. Es gibt diese Regel streng genommen auch gar nicht, außer als Beschreibung dessen, was gelernt wurde. An Modellen neuronaler Netzwerke konnte man also zeigen, dass es für das Erfüllen einer bestimmten geistigen Leistung genügt, dass die Verbindungsstärken zwischen Hunderten von Neuronen optimal eingestellt sind. Es muss weder eine Regel einprogrammiert werden, noch muss das System diese Regel explizit irgendwo enthalten.

Wir folgen beim Sprechen keinen Regeln. Gewiss, wir können im Nachhinein solche Regeln formulieren (was keineswegs einfach ist! Versuchen Sie doch einmal, eine deutsche Grammatik zu schreiben, also einfach einmal die Regeln aufzuschreiben, die Sie ganz offensichtlich können). Wir folgen den Regeln aber ebenso wenig, wie wir beim Laufen einer Regel folgen (obwohl auch das Laufen nach physikalischen und physiologischen Regeln beschrieben werden kann).

Was bedeutet dies für andere anscheinend regelgeleitete Fähigkeiten und Tätigkeiten des Menschen?

Tomaten im Kopf

Gehirne sind Regelextraktionsmaschinen. Sie können gar nicht anders. Neuronen sind so aufgebaut, dass sich ihre synaptischen Verbindungen langsam ändern. Immer dann, wenn Lernen stattfindet, ändern sich die Stärken einiger Synapsen ein klein wenig. Daher vergehen die meisten unserer Eindrücke, ohne dass wir uns später wieder an sie erinnern können. Und das ist auch gut so!

Betrachten wir einen einfachen Fall. Sie haben sicherlich in Ihrem Leben schon Tausende von Tomaten gesehen bzw. gegessen, können sich jedoch keineswegs an jede einzelne Tomate erinnern. Warum sollten Sie auch? Ihr Gehirn wäre voller Tomaten! Diese wären zudem völlig nutzlos, denn wenn Sie der nächsten Tomate begegnen, dann nützt Ihnen nur das, was Sie über *Tomaten im Allgemeinen* wissen, um mit dieser Tomate richtig umzugehen. Man kann sie essen, sie schmecken gut, man kann sie zu Ketchup verarbeiten, werfen etc. – All dies wissen Sie, gerade *weil* Sie schon sehr vielen Tomaten begegnet sind, von denen nichts hängen blieb als deren allgemeine Eigenschaften bzw. Strukturmerkmale.

Das Lernen von einzelnen Fakten oder Ereignissen ist daher meist nicht nur nicht notwendig, sondern auch ungünstig. Ausnahmen sind Orte und wichtige Ereignisse des persönlichen Lebens, d. h. Inhalte, die eben nicht allgemein, sondern speziell sind. Dieses Wissen von Einzelheiten ist ansonsten aber wenig hilfreich. Aber glücklicherweise lernen wir ja auch keineswegs jeden Kleinkram. Im Gegenteil:

Unser Gehirn ist – abgesehen vom Hippocampus, der auf Einzelheiten spezialisiert ist – auf das Lernen von Allgemeinem aus.

Dieses Allgemeine wird aber nicht dadurch gelernt, dass wir allgemeine Regeln lernen. – Nein! Es wird dadurch gelernt, dass wir Beispiele verarbeiten (eben z. B. viele tausend Wörter in der Vergangenheit oder nicht weniger Tomaten) und aus diesen Beispielen die Regeln *selbst* produzieren.

Regelhafte Welt

Es ist daher wichtig, sich zu vergegenwärtigen, dass dies immer dann geschieht, wenn der Welt um uns herum irgendwelche Regeln zugrunde liegen. Auch wenn wir diese Regeln nicht kennen, findet sie unser Gehirn, denn dadurch wird erstens Speicherplatz für Einzelheiten gespart und zweitens das gespeicherte Wissen in den meisten Fällen überhaupt erst nutzbar gemacht.

Für den Erwerb der Sprache ist es wichtig, dass Kinder nicht nur jedes einzelne Wort lernen, sondern tatsächlich die Regel. Wie oben bereits angedeutet, kann man die Tatsache, dass Kinder eine Regel erlernt haben, dadurch nachweisen, dass man sie diese Regel auf neues Material anwenden lässt. So kann man ihnen eine Geschichte von Zwergen erzählen, die quangen und die sich am nächsten Tag erneut treffen, um über den Vortag zu plaudern. Was haben sie wohl gesagt? „Ach wie schön war das gestern; wir haben mal wieder so richtig schön ... gequangt." Falls sich die Zwerge am Vortage zum Schmuffieren getroffen hatten, so haben sie tags darauf so richtig schön schmuffiert, also nicht geschmuffiert, denn man weiß ja, wie es sich mit dem Partizip Perfekt der Verben auf „-ieren" verhält. Man kennt die *Regel* (und nicht nur einzelne Wörter), und man kann die Regel eben auch auf Wörter anwenden, die es gar nicht gibt. Gerade dadurch kann man zeigen, dass die Kinder die allgemeine Regel gelernt haben und nicht nur eine Art Tabelle (Look-up-Table) für Einzelheiten.

Fazit

Wir können viel und wissen wenig. Unser Können bezieht sich darauf, dass wir auf den unterschiedlichsten Input mit der sehr schnellen Produktion eines Outputs reagieren können, weil unser Gehirn Billionen synaptischer Verbindungen enthält, die es dazu befähigen. Nur diejenigen unserer Vorfahren haben überlebt, die dieses umweltgerechte Input-Output-Mapping schnell und zuverlässig beherrschten und es vor allem rasch anhand einiger Beispiele lernten.

Unsere Fähigkeit, die Welt zu meistern, steckt in den synaptischen Verbindungen zwischen den Nervenzellen in unserem Gehirn. Da die Welt regelhaft ist, brauchen und müssen wir uns nicht jede Einzelheit merken. Hätten Sie jede einzelne Tomate, die Ihnen je begegnete, als jeweils diese oder jene ganz bestimmte Tomate abgespeichert, dann hätten Sie den Kopf voller (einzelner) Tomaten. Dies würde Ihren Kopf nicht nur unnötig füllen, Sie hätten auch nichts von diesem einzelnen Wissen. Nur dadurch, dass wir von Einzelnem abstrahieren, dass wir verallgemeinern und eine allgemeine Vorstellung von einer Tomate aus vielen Einzelbegegnungen mit Tomaten formen, sind wir in der Lage, z.B. die nächste als solche zu erkennen und dann sofort zu wissen, welche allgemeinen Eigenschaften (Aussehen, Geruch, Geschmack, man kann sie essen, kochen, trocknen, werfen, zu Ketchup verarbeiten etc.) sie hat.

Soll das Lernen uns zum Leben befähigen, sollen wir also für das Leben lernen, geht es in aller Regel um solche *allgemeinen* Kenntnisse, um Fähigkeiten und Fertigkeiten. Unsere Sprache ist ein gutes Beispiel hierfür. Sie steckt voller Regeln, die wir nicht wissen, die wir aber können. Wir haben diese allgemeinen Regeln im Kopf, aber nicht als Regeln (die wir aufschreiben könnten), sondern als Fähigkeit der Beherrschung unserer Muttersprache.

Im Hinblick auf das Lernen in der Schule oder an der Universität folgt, dass es nicht darum gehen kann, stumpfsinnig Regeln auswendig zu lernen. Was Kinder brauchen, sind Beispiele. Sehr viele Beispiele und wenn möglich die richtigen und gute Beispiele. Auf die Regeln kommen sie dann schon selbst.

Jedoch selbst dann, wenn es vermeintlich darum geht, eine Regel zu lernen, sind Beispiele wichtig. Nur dann, wenn die Regel immer wieder angewendet wird, geht sie vom expliziten und sehr flüchtigen Wissen im Arbeitsgedächtnis in Können über, das jederzeit wieder aktualisiert werden kann. Betrachten wir abschließend ein Beispiel: Schreiben Sie doch bitte einmal all das, was Sie während Ihrer gesamten Schulzeit in Mathematik gelernt haben, auf einen Zettel. – Ich wette, dass ein recht kleiner Zettel genügt. War also jahrelanger Mathematikunterricht völlig umsonst? – Keineswegs! Auch derjenige, der nicht einmal mehr die binomischen Formeln oder den Satz des Pythagoras auf seinem Zettel hat, weiß, wie man an einen Sachverhalt mathematisch herangeht, was es heißt, einen Sachverhalt zu quantifizieren oder eine Abhängigkeit zweier Variablen zu formalisieren. Selbst dann, wenn Sie jetzt sagen: „Das weiß ich aber gar nicht!", so *können* Sie es. Warum würden Sie sich sonst an der Tankstelle über Benzinpreiserhöhungen ärgern und das Argument: „Macht nichts, ich tanke immer nur für 20 Euro!" verwerfen?

Grundtext aus: Manfred Spitzer *Lernen. Gehirnforschung und die Schule des Lebens*; Spektrum Akademischer Verlag.

Immer Ich

Katharina Kluin

Träfe man das Ich auf der Straße, hätte man allen Grund, ihm aus dem Weg zu gehen: Das Ich manipuliert, blendet, lechzt nach Bestätigung und überschätzt sich gnadenlos. Es hält sich für den großen Macher, weiß nicht, wo seine Grenzen liegen und wie abhängig es von dem ist, was dahinter liegt. Psychologen drücken das natürlich freundlicher aus. Sie sprechen vom Selbstkonzept und von der Tendenz, sich wahrzunehmen und die Welt so zu deuten, wie es diesem Konzept entspricht.

Nichts ist uns näher als das Ich. Es ist immer da – der Ausschnitt des Selbst, der uns ständig bewusst ist. Das Ich denkt, zweifelt, analysiert. Und gerade weil es den Blick auf einen selbst und alles andere so sehr beeinflusst, fasziniert es die Menschheit seit Jahrtausenden. Das Ich ist eines der ältesten Themen der Philosophie – eben der Disziplin, aus der sich im 19. Jahrhundert die Psychologie entwickelte.

Darüber, was das Ich ist, was es kann und welche Macht es tatsächlich hat, streiten Philosophen und Psychologen seit jeher. Doch egal, ob sie es Geist, Selbst oder Seele nennen: Immer wollen sie das erfassen, was wir als Ich erleben. Für Aristoteles, Platon und später Descartes bestand es aus dem bewussten Denken. Für William James aus der Gesamtheit dessen, was wir „unser Eigen" nennen. Und Sigmund Freud sah die Seele als Dreiklang des bewussten Ich, der unbewussten Triebe des Es und der Ideale des Über-Ich.

Doch selbst wenn sich wohl nie eine allgemein anerkannte Definition finden lässt: Kognitions-, Sozial- und Persönlickeitspsychologen, Philosophen und Neurowissenschaftler haben mit ihren Studien und Streits dafür gesorgt, dass sich seit etwa 50 Jahren ein genaueres Bild von dem zeichnen lässt, was uns ausmacht. Und immer deutlicher stellt sich heraus: Das denkende Ich ist nur ein kleiner Teil davon.

Das Ich ist ein Angeber

Dieser kleine Teil nimmt sich sehr wichtig. Was das Ich von sich zu wissen glaubt, prägt das Denken, Wahrnehmen und Handeln. In unzähligen Experimenten haben Psychologen herausgefunden, dass wir Informationen, die mit unserem Bild vom Ich zu tun haben, schneller verarbeiten und uns besser daran erinnern. Zudem ähnele die Vorstellung von dem, was andere über uns denken, verdächtig dem Selbstbild. Und unser Verhalten ziele entweder darauf ab, gut dazustehen oder zumindest nicht kritisiert zu werden.

Damit nicht genug: Das Ich hält sich nicht nur für viel einzigartiger, sondern auch für deutlich besser als es ist. Nach besonders charakteristischen Eigenschaften befragt, gaben neun von zehn Studienteilnehmern einer US-amerikanischen Untersuchung zielsicher dieselben drei an – sie hielten sich für besonders selbstkritisch, sensibel und humorvoll.

In einer weiteren Studie waren acht von zehn befragten Studenten überzeugt, dass sie an einem Benefiz-Stand eine Blume kaufen würden, aber nur gut die Hälfte der Kommilitonen ebenso spendabel handeln würde. Besser hätten sie sich genauso schlecht eingeschätzt wie die anderen: Tatsächlich spendete nicht einmal jeder Zweite. Wozu hat unser Ich das nötig? „Sich selbst in etwas weicherem Licht zu sehen, ist gesund", sagt die Persönlichkeitspsychologin Astrid Schütz von der Technischen Universität Chemnitz. Sie erforscht die Wechselwirkungen zwischen Selbstbewertung und Verhalten seit mehr als zehn Jahren. „Die Realitätsverzerrung ist wichtig und menschlich. Sie sorgt unter anderem dafür, dass wir uns neuen Herausforderungen stellen."

Zu viel Realismus schadet da nur. Tatsächlich sind es ausgerechnet die depressiven Gemüter, die ihr Ich und seine Wirkung auf andere realistisch einschätzen. „Gnadenlos realistisch", sagt Jens Asendorpf, Persönlichkeitspsychologe an der Berliner Humboldt-Universität. „Dagegen sind Menschen mit geschöntem Selbstbild zufriedener, motivierter, erfolgreicher und beliebter als andere." Das Weichzeichnen ist also Teil eines psychischen Immunsystems. Das Ich zahlt dafür mit einem Mangel an Selbsteinsicht.

Ich lüge, also bin ich

Dass es mindestens so viele Versionen der Wahrheit gibt wie Menschen, beginnen Kinder mit etwa vier Jahren zu lernen. Dann begreifen sie, dass nicht jeder weiß, was sie wissen; nicht jeder sieht, was sie sehen. Sie fangen an, mit dieser Erkenntnis zu spielen, sie zu testen und auszureizen: Wer das Ich entdeckt, entdeckt auch die Lüge.

Die wichtigste Voraussetzung für das Bild von sich selbst wird schon mit etwa 18 Monaten geschaffen: wenn Kinder sich im Spiegel erkennen. In dieser Phase verstehen sie den Zusammenhang zwischen ihrer Wahrnehmung und ihrem Körper. Sie erfassen, dass Mama, Papa und alle anderen auf ganz ähnliche Weise funktionieren wie sie selbst und entwickeln die Fähigkeit zur Empathie: Wenn du so bist wie ich, dann kann ich deinen Schmerz nachfühlen.

„Bis zum Grundschulalter füllt sich dieses Selbst dann mit Inhalten", sagt Jens Asendorpf. Es lernt, will immer mehr Dinge selber tun, zieht Schlüsse, übernimmt Werte der Eltern und des Umfelds – und traut sich eine Menge zu: „Ich kann das!" Wie sonst sollte sich ein Kind auf hohe Bäume, glattes Eis oder ein wackeliges Fahrrad wagen? Erst in der Schule ändert sich das. Dort erleben sich Kinder zum ersten Mal im Vergleich und in Konkurrenz zu anderen und müssen ihr Bild von sich vielleicht deutlich revidieren.

Eine eher harmlose Station auf dem Weg zum Ich, verglichen mit der großen Identitätskrise in der Pubertät: Wenn Kinder jugendlich werden, entsteht auch ihre Fähigkeit, über das Ich zu reflektieren, es in Zweifel zu ziehen, ein besseres Ich sein zu wollen, und manchmal am liebsten auch jemand anderer. Eine Zeit, in der viele Jugendliche vollauf mit sich beschäftigt sind und in der sie alle Widersprüche und Fehler, die sie an sich entdecken, mit einem ganzen Set von Identitäts-Pflastern überdecken: Musik, Frisur, Klamotte, Schmuck – all das sind nun Symbole jenes Ich, das es sein will.

„Die Arroganz des Ich ist nur möglich, weil es seine Grenzen nicht kennt."

Ein Leben lang feilen wir an unserem Selbstkonzept. Dabei ist es nicht mehr als der bewusste Ausschnitt all der geistigen Prozesse, die unsere Persönlichkeit formen. „Das Ich als Steuermann unseres Denkens, Wollens und Fühlens ist eine Illusion", sagt der Osnabrücker Persönlichkeitspsychologe Julius Kuhl. Sein Kollege Asendorpf formuliert es noch abgeklärter: „Das Ich ist nur ein Konstrukt neuronaler Netzwerke."

Wer glaubt, sein Ich, dieser bewusste, planende, analysierende Teil unseres Selbst, habe die Fäden in der Hand, der irrt. Das

Männchen im Kopf, das alles steuert, gibt es nicht. „Die Arroganz des Ich ist nur möglich, weil es seine Grenzen nicht kennt", sagt Julius Kuhl. Die Grenzen – das sind die Grenzen des Bewusstseins.

Dahinter wacht ein noch viel größeres und wohl auch prägenderes System, das die moderne Wissenschaft vom Geist immer besser zu verstehen lernt: der unbewusste Teil des Selbst. Im Vergleich dazu sei das bewusste Ich gerade einmal „ein Schneeball auf der Spitze des Eisbergs", schreibt der US-Sozialpsychologe Timothy Wilson, der diesem neuen Selbstverständnis mit *Gestatten, mein Name ist Ich* ein Buch gewidmet hat. Tatsächlich müsse man bei dem, was wir als Ich erleben, zwei erste Personen unterscheiden, meint auch Julius Kuhl: „das denkende Ich und das ganzheitlich erkennende und intuitiv fühlende Selbst."

Das Ich weiß nicht einmal, warum es tut, was es tut

Schon beim Lesen eines Buches laufen parallel viele verschiedene geistige Prozesse ab, ohne dass das denkende Ich einen Gedanken daran verschwenden müsste. Das Gehirn sorgt dafür, dass aus den Reizen, die der Sehnerv ihm schickt, eine Information entsteht, und interpretiert sie mithilfe des gespeicherten Wissens. Gleichzeitig wertet es noch viele andere Reize aus. Es registriert die Haltung der Füße, spürt die Kleidung auf der Haut, hört, was in der Umgebung geschieht. Vieles davon bleibt so lange im Unterbewusstsein verborgen, bis sich der Lichtkegel der Aufmerksamkeit darauf richtet. Dennoch ist jeder dieser Prozesse Teil unseres ganzheitlich erkennenden Selbst.

Noch weitaus größer ist der Anteil von Prozessen, die auch gezielte Aufmerksamkeit nicht beleuchten kann. Dazu gehört der Weg, auf dem das Gehirn uns Buchstaben als Sprache verstehen lässt. Oder die Motivation, gerade einen bestimmten Text lesen zu wollen. Denn Interesse ist in erster Linie ein Gefühl – und damit Teil des intuitiven Selbst. Wer könnte schon mit Sicherheit feststellen: „Dieses Gefühl ist zu 50 Prozent aus biografischer Prägung entstanden, zu 30 Prozent aus angeborener Neugier und zu 20 Prozent aus der aktuellen Stimmung."

„Die charakteristische Art, wie wir gehen und sprechen, denken und fühlen, beruht auf Systemen, die sich auf Erfahrungen stützen, aber außerhalb des Bewusstseins arbeiten", schreibt der Hirnforscher Joseph LeDoux in *Das Netz der Persönlichkeit*. Diese neue Sicht auf das, was im Verborgenen unser Wesen bestimmt, hat nur wenig zu tun mit der Freudschen Version des Unbewussten. Für ihn war es vor allem Hort verdrängter und bedrohlicher Gedanken und Gefühle.

Heute könne der unbewusste Teil des Selbst nicht länger als „quengelndes Kind" des Seelenlebens betrachtet werden, schreibt der Sozialpsychologe Timothy Wilson. Für ihn ist der beschränkte Blick unseres bewussten Ich schlicht und einfach die effizienteste Lösung: „Unser Geist ist ein hervorragend konstruiertes System, das viele Arbeitsvorgänge parallel ausführen kann, indem es die Welt außerhalb des Bewusstseins analysiert und erfasst, während es an etwas anderes denkt." Julius Kuhl sagt: „Wir können an alles denken, ohne an alles denken zu müssen."

Immerhin ist an der Illusion des federführenden Ich nicht allein unser Hang zur Realitätsverzerrung schuld. Die Vorstellung ist tief in der westlichen Kultur verankert und hielt mit René Descartes' „Ich denke, also bin ich" Einzug in Philosophie und Wissenschaft. Descartes, dessen Schriften der Aufklärung den Boden bereiteten, glaubte, dass Körper und Geist getrennte Systeme seien und beschränkte den Geist auf das Bewusstsein. Philosophie, Medizin, Naturwissenschaft – sie alle hielten Jahrhunderte lang an diesem Bild fest. Erst Sigmund Freuds Theorie des Unbewussten brachte das Dogma nachhaltig ins Wanken.

Der beste Beweis für die Beschränktheit des denkenden Ichs ist die Intuition

Psychologen und Hirnforscher haben Mitte des vorigen Jahrhunderts begonnen, den Eisberg des Unbewussten Stück für Stück zu kartografieren. Mit jeder Untersuchung darüber, wie Denken und Fühlen, Wollen und Handeln funktionieren, gewinnt das Gebilde aus denkendem Ich und intuitivem Selbst an Kontur.

So fanden Joseph LeDoux und seine Mitarbeiter heraus, dass es in unserem Kopf zwei parallele Wege der Informationsverarbeitung geben dürfte: Neben dem Pfad von den Sinnesorganen über das bewusste Denken zu den Gefühlszentren, existiert offenbar noch eine Abkürzung, die auf direktem Wege emotionale Reaktionen auslösen kann, ohne dass unser Bewusstsein den Auslöser auch nur registriert hätte.

„Quick and dirty" nennt LeDoux diese unbewusste Verarbeitung, denn sie ist blitzschnell, aber fehleranfällig. Nach dem ersten Adrenalinstoß beim Anblick des länglichen Etwas auf dem Waldweg („Schlange!"), wird das analysierende Ich fast immer korrigieren müssen: „Es ist nur ein Stock!" Unser bewusst denkendes Ich ist oft also eine Art Qualitätssicherungssystem, das uns vor kopflosem Handeln bewahrt.

Doch es steht unter dem ständigen Einfluss des Unbewussten. Wie sehr, das hat vor allem die Erforschung der Intuition, des Einflusses der Gefühle auf Entscheidungen, gezeigt. Was wir diffus als Bauchgefühl bezeichnen, wies der Neurologe Antonio Damasio tatsächlich nach: „Somatische Marker" nennt er die feinen Nervenimpulse, die uns bei schwierigen Entscheidungen mit leichtem Kribbeln in den Händen, Drücken im Bauch oder kaum merklicher Enge in der Brust die Richtung weisen.

Wie sehr dieses Aus-dem-Bauch-heraus-Entscheiden unsere wahren Motive am bewussten Ich vorbeischleust, zeigt eine Erfahrung aus dem Alltag: die Fehlbarkeit der Pro-und-Kontra-Listen, die uns Entscheidungen angeblich erleichtern sollen. Wie oft führen sie vor allem zu dem Ergebnis „Verdammt, da sind zu viele Argumente auf der falschen Seite!" – und erfüllen so nur auf paradoxe Weise ihren Zweck? „In die meisten Entscheidungen spielen unglaublich viele Faktoren hinein. Kalkül funktioniert da nicht", sagt Julius Kuhl.

Das Ich erfindet Geschichten über sich

Weil unser bewusstes Ich so wenig Zugriff auf all die Informationen hat, die seine Gedanken, und Motive bestimmen, füllt es die Lücken auf seine ganz eigene Weise: Es erfindet Mythen über sich. „Fast zeit unseres Erwachsenenlebens arbeiten wir bewusst und unbewusst an unseren Geschichten", schreibt der Psychologe Dan McAdams in *Das bin ich* über die persönlichen Mythen. Geschichten darüber, wieso das Ich so und nicht anders handelt, weshalb es einen anderen Menschen mag oder nicht, warum es zu dem geworden ist, was es ist. Das funktioniert natürlich nur, weil es nicht einmal merkt, dass es alles erfindet.

Doch wie schon der Weichzeichner-Effekt ist auch diese Täuschung Teil des psychischen Immunsystems. Diese Lügen stiften Sinn. „Wir erzählen Geschichten, um zu leben", schreibt die amerikanische Autorin Joan Didion. Besonders deutlich hat das eine Studie des Sozialpsychologen James Pennebaker von der University of Texas gezeigt. Er bat hunderte Menschen, ihre prägendsten emotionalen Erfahrungen aufzuschreiben und ihren Einfluss darauf, „wie Sie gern wären, wie Sie früher waren oder wie Sie jetzt sind".

Er beobachtete einen erstaunlichen Effekt. Diejenigen, die offenbar erst während des Schreibens zu einer schlüssigen Geschichte über sich gefunden hatten, erlebten eine ganzheitliche Heilung: bessere Noten im Studium, weniger Fehlzeiten am Arbeitsplatz und ein stärkeres Immunsystem. Offenbar ging es ihnen besser, nachdem sie ihrem Trauma einen Sinn zugeschrieben hatten.

Einschnitte wie die erste Liebe, der Start ins Berufsleben, Heirat, Scheidung und der Verlust von Angehörigen können uns dazu bringen, unsere bisherige Geschichte zu revidieren. „An diesen Wendepunkten hinterfragen wir vielleicht manche Annahmen in unserem Leben und in unserem Mythos", schreibt Dan McAdams. „Mit dem Ergebnis, dass wir den Mythos vielleicht neu konzipieren, neue Handlungen und Charaktere aufnehmen und andere Szenen aus der Vergangenheit und andere Erwartungen für die Zukunft in den Vordergrund stellen."

Es ist eine Kunst, genau die Geschichte zu stricken, die neben dem bewussten Ich auch dem unbewussten Selbst gerecht wird – und dabei realistisch zu bleiben. Eine Kunst, die glücklich macht. Die Psychologie hat erste Methoden entwickelt, unbewusste Motive erkennbar zu machen. Und sie hat eine Reihe von Hinweisen gefunden, dass Menschen sich wohler fühlen, je mehr ihr bewusstes Handeln mit diesen unbewussten Motiven übereinstimmt.

Auf der Suche nach dem schlüssigen, sinnstiftenden Mythos helfen weder Selbstunterschätzung noch Narzissmus. Für etwas Realismus im Selbstkonzept sorgt vor allem der Blick auf das Tun. Also sollte man nicht nur die Gedanken und Gefühle, sondern vor allem sein Verhalten beobachten. Denn der gute Mythos, so Dan McAdams, sei in sein soziales Umfeld eingebettet. Im Idealfall könnten so beide profitieren: „der Künstler, der den Mythos schafft, und die Gesellschaft, die damit bereichert wird."

Aus: ZEIT-Wissen 4/07

Welches Weltbild hat eine Fledermaus? Wie sehen wir Rot? Wie erkennen wir unsere Schwiegermutter? Diese neurophysiologischen Fragen beantwortet in dem nun folgenden Beitrag ein Philosoph. Für ihn ist Bewusstsein nicht mehr (und nicht weniger) als „eine Meisterleistung neuronaler Netzwerke". Das erstaunt Sie?

Nun gut, **Paul M. Churchland** ist nicht irgendein Philosoph. Er zählt zu den einflussreichsten Philosophen der Vereinigten Staaten. Dabei gibt es diesen Paul Churchland eigentlich gar nicht, wenigstens nicht allein. Mit seiner Frau Pat ist er seit mehr als vierzig Jahren verheiratet. Beide lehren Philosophie an der University of California in San Diego. Ihre Thesen testen sie aneinander. Ihre Arbeiten kritisieren sie gegenseitig. Ihre Arbeit ist so eng aufeinander abgestimmt, dass sie in manchen Büchern und Zeitschriftenartikeln als eine Person behandelt werden.

Dabei sind die beiden sehr unterschiedlich. Pat ständig in Bewegung, Paul der ruhige Pol. Vielleicht wirkt er in seiner Ruhe umso provozierender, wenn er unser Denken und Fühlen in das Reich der Physik verbannt. Ahnungen, Überzeugungen, Empfindungen – für Paul Churchland sind das keine wissenschaftsadäquaten Begriffe. Die Churchlands arbeiten an einer philosophischen Entmystifizierung unseres Fühlens und Denkens und stoßen dabei auch auf deutliche Kritik. Denn vielen Kollegen gerade aus der philosophischen Fakultät geht der Materialismus der beiden gebürtigen Kanadier zu weit, der alles Empfinden auf das Feuern von Neuronen reduziert.

Paul M. Churchland

Durchbruch zum Bewusstsein

Von Paul M. Churchland

Zugegeben, Bewusstsein ist etwas Eigenartiges. Wir kennen aus unserer Alltagserfahrung nichts Vergleichbares, kein auch nur entfernt verwandtes Phänomen und kein eindeutiges und aussagekräftiges Modell, mit dem wir das Wesen unseres Bewusstseins irgendwie erfassen könnten. Bewusstsein erscheint somit einzigartig und steht für viele jenseits wissenschaftlicher oder wenigstens jenseits aller rein naturwissenschaftlicher Erklärungsmöglichkeiten. Bewusstsein, so wird argumentiert, ist ein notwendigerweise subjektives Phänomen, nur dem Individuum zugänglich, das es besitzt, wohingegen alles Physische – zum Beispiel die Hirnaktivität – von Natur aus objektiv und somit mehreren Individuen aus verschiedenen Blickwinkeln zugänglich ist. Die Phänomene des Bewusstseins, so wird häufig geschlussfolgert, können also kaum ausschließlich mit rein physischen Phänomenen des Gehirns identisch sein, und die objektive Naturwissenschaft, die letztere untersucht, wird den prinzipiell subjektiven Charakter des Bewusstseins niemals erklären können. Diese Ansicht mag richtig sein, aber ich neige eher zur gegenteiligen Auffassung. Lassen Sie mich erläutern, warum.

Parallelen, die zur Vorsicht mahnen

Wir sind schon früher mit vergleichbaren Geheimnissen konfrontiert worden; dafür gibt es mehr als nur ein Beispiel. So bestritt der Astronom Claudius Ptolemäus, der im ersten nachchristlichen Jahrhundert in Alexandria lebte, die Möglichkeit, für die Natur und die Bewegungen der Sterne und Planeten eine wirklich wissenschaftliche Erklärung zu finden, da sie zu weit entfernt und unerreichbar für das menschliche Verständnis seien. Wir könnten nur danach streben, das Wenige an Bewegung zu beschreiben, das wir sehen. Die Physik, so meinte er, würde nie die wahre Natur dieser Bewegung erfassen oder die zugrunde liegenden Himmelskräfte erklären können, denn diese seien aus unserer Erdenperspektive unerreichbar.

Eine ähnliche Ansicht über das Firmament vertrat der Mathematiker, Wissenschaftshistoriker und Positivist Auguste Comte sogar noch im 19. Jahrhundert. Wegen ihrer unvorstellbaren Entfernung hielt er es für unmöglich, dass wir jemals etwas über den physikalischen Zustand und die chemische Zusammensetzung der Sterne herausfinden könnten.

Porträt

Ptolemäus, *Claudius*, griechischer Astronom, Mathematiker und Geograf, * um 100 in Ptolemais (Ägypten), † um 160 bei Alexandria. Seine Hauptleistung liegt in der Erweiterung des astronomischen Wissens seiner Zeit. Sein Hauptwerk, die *Megale syntaxis*, das bis ins Mittelalter als Grundlage der Astronomie galt, enthält in 13 Bänden die Begründung des geozentrischen, Ptolemäischen Weltsystems und den ältesten überlieferten Sternenkatalog.

Porträt

Comte, *Isidore Marie Auguste François Xavier*, französischer Philosoph, * 19.1.1798 Montpellier, † 5.9.1857 Paris. Comte gilt als einer der Begründer des (von ihm so genannten) Positivismus. Er lehnte alle Metaphysik und Absolutheitsvorstellungen ab und leugnete die Erkenntnismöglichkeit eines An-sich-Seins der Dinge.

Beide Männer waren keine Dummköpfe, ganz im Gegenteil. Ptolemäus war der größte Astronom der Antike und Comte ein vehementer und gebildeter Verfechter wissenschaftlicher Methodik. Die Beispiele sollen nur zeigen, dass sogar ein brillanter Geist zu der Schlussfolgerung kommen kann, dass sich etwas, das seine eigene Vorstellungskraft übersteigt, auch prinzipiell der wissenschaftlichen Erkenntnis entzieht.

Vielleicht sollten wir uns also von der verwirrenden Natur des Bewusstseins nicht zu sehr beeindrucken lassen. Dass unser Bewusstsein der Wissenschaft momentan noch als einzigartiges und für immer unerreichbares Mysterium erscheint, könnte nur unsere eigene Unwissenheit und unsere gegenwärtige Konzeptionslosigkeit widerspiegeln und nicht irgendeine besondere, metaphysische Eigenschaft des Bewusstseins.

Ein vergleichsweise modernes Beispiel soll diesen Punkt unterstreichen. Mitte bis Ende der 1950er-Jahre wurde das Wesen des Lebens in akademischen Kreisen wie in der Öffentlichkeit heftig diskutiert. James Watson und Francis Crick hatten damals (1953) gerade den molekularen Aufbau der Desoxyribonucleinsäure (DNA) entschlüsselt, der Erbsubstanz im Kern einer jeden Zelle. Als die Struktur der DNA endlich geklärt war, wurden ihre überaus wichtigen funktionellen Eigenschaften langsam, aber stetig von den Molekularbiologen enthüllt. Eine rein materialistische, reduktionistische Erklärung des Lebens – der Selbstvervielfältigung, der genetischen Vielfalt, der Evolution, der Proteinsynthese, der Regulation von Entwicklung und

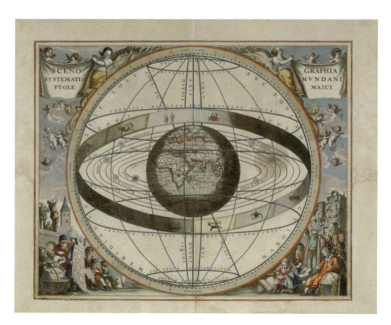

Das ptolemäische Weltbild in einem Gemälde aus dem 17. Jahrhundert.

Stoffwechsel – schien vielen Wissenschaftlern nun in greifbarer Nähe zu liegen.

Außerhalb der Molekularbiologie herrschte jedoch eine ganz andere Einstellung vor. Die Freunde meiner Eltern, meine Mitschüler und meine Lehrer waren fast alle der Ansicht, dass man Leben nie auf diese Art erklären könne. Sogar der Biologielehrer meiner Frau teilte diese Auffassung und vertrat sie in seinem Unterricht. Nach diesem „vitalistischen" Standpunkt gibt es eine nichtphysikalische Lebenskraft, einen Lebensfunken, den Gott bestimmten glücklichen Objekten eingehaucht hat, die ohne ihn nichts als tote Materie wären. Dieser Lebenshauch sei für die Phänomene verantwortlich, die einen lebenden Organismus ausmachen.

Uneinig waren sich die Vitalisten darüber, ob Gott diesen Lebensfunken jeder Kreatur bei der Geburt von neuem einhaucht oder ob er es vor langer Zeit nur einmal getan hatte und der Funke jetzt auf irgendeine Weise von den Eltern auf die Nachkommen übertragen würde. Allen gemeinsam war aber die Ablehnung des reduktionistischen Prinzips. Die meisten Leute beharrten darauf, dass sie es sich nie und nimmer vorstellen könnten, wie eine derartige reduktionistische Erklärung des Lebens jemals Erfolg haben sollte. „Wie soll aus immanent toter Materie, irgendwie zusammengemischt, jemals Leben entstehen?" war die entscheidende Frage. Und da niemand darauf eine exakte Antwort gehen konnte, schien die Schlussfolgerung klar: „Es geht nicht!"

Genau wie bei unseren historischen Beispielen war die Argumentation einleuchtend, aber die Grundannahme falsch. Die eigene beschränkte Vorstellungskraft ist ein schlechter Ratgeber, um zukünftige wissenschaftliche Erkenntnisse vorauszusehen. Das Leben hat sich als komplexes, aber rein physikalisch-chemisches Phänomen erwiesen. Könnte dem Bewusstsein ein ähnliches Schicksal bevorstehen?

Ist Bewusstsein eine physische Eigenschaft des Gehirns? Leibniz' Ansicht

Eine philosophische Tradition, die sich mindestens bis auf den großen Mathematiker und Philosophen Gottfried Wilhelm Leibniz zurückführen lässt, besagt, dass Bewusstseinsphänomene – Gedanken, Wünsche, Empfindungen, Emotionen und so weiter – offensichtlich und fundamental verschieden von physischen Phänomenen sind. In seinem metaphysischen Hauptwerk, der *Monadologie*, führt Leibniz ein Gedankenexperiment durch, das in diesem Zusammenhang interessant ist. Er schreibt, wir sollen uns vorstellen, auf die Größe eines

Was ist eigentlich ...

Vitalismus [von latein. *vita* = Leben], überholte philosophische Auffassung, nach der der Ablauf aller Lebensvorgänge im Unterschied zu den Vorgängen der nichtorganischen Materie durch eine übernatürliche, immaterielle Lebenskraft bestimmt sein soll.

Was ist eigentlich ...

Reduktionismus [von latein. *reducere* = zurückführen], umstrittene Betrachtungsweise, nach der sich komplexe Phänomene erklären lassen, indem man sie auf ihre kleinsten Bestandteile zurückführt (und diese erklärt). Die höheren Integrationsebenen komplexer Systeme (in der Neurowissenschaft z. B. Kognition, Emotionen) sind demnach vollständig aus der Kenntnis der elementaren Bestandteile (z. B. Verschaltungen von Nervenzellen, Anatomie/Physiologie des Gehirns) heraus erklärbar.

Porträt

Leibniz, Gottfried Wilhelm, Mathematiker und Philosoph, * 1.7.1646 Leipzig, † 14.11.1716 Hannover. Zentralbegriff seiner Welterklärung ist die Monade, eine einfache, nicht ausgedehnte und daher unteilbare Substanz, die äußeren mechanischen Einwirkungen unzugänglich ist, in deren spontan gebildeten Wahrnehmungen (Perzeptionen) sich jedoch das ganze Universum spiegelt.

winzigen Zwerges zu schrumpfen und dann die Maschinerie des Gehirns zu betreten, wie man die riesige Maschinenhalle einer Mühle betritt, mit ihren Hebeln, Rädern, Laufbändern und all den anderen Dingen, die man in physikalischen Maschinen findet. Auch dann, meint Leibniz, würden wir darin sicherlich nie auch nur den leisesten Hauch eines Gedankens, eines Wunsches oder eines Gefühls entdecken, wie sorgfältig wir die Funktionsweise dieser riesigen Mühle auch immer beobachten. Diese Phänomene seien Teil einer ganz anderen Realität.

Eine Reihe moderner Philosophen unterstützten Leibniz' Schlussfolgerungen mit Argumenten, die wir noch untersuchen werden. Leibniz' Gedankengang beruhte jedoch auf einem Irrtum. Dieser Irrtum bezog sich aber nicht auf das, was wir erkennen würden, wenn wir uns ganz klein im Gehirn aufhalten würden. Es wäre in der Tat extrem unwahrscheinlich, dass wir bei der Betrachtung des arbeitenden Gehirns beobachten könnten, wie ein Gedanke oder Gefühl „vorüberzieht".

Leibniz übersieht aber, dass dieser Misserfolg ebenso wahrscheinlich einträte, wenn Gedanken und Gefühle tatsächlich mit irgendeinem physikalischen Zustand im Gehirn identisch wären. Wir würden dieses Faktum wahrscheinlich deshalb nicht erkennen, weil uns das Verständnis für die nun sichtbar vor uns liegenden Dinge fehlen würde. Unerfahrene Beobachter „aufs Gehirn loszulassen" ist keine Lösung, denn was sie erkennen oder nicht erkennen, hängt genauso subjektiv von ihrem erlernten Wissen ab wie davon, was es objektiv zu sehen gibt. Leibniz nimmt *a priori* an, dass die zu erwartende „Blindheit" mit dem Fehlen des gesuchten Phänomens gleichzusetzen ist, nicht etwa mit der Unfähigkeit, dieses zu erkennen. Diese Annahme jedoch ist genau die ursprüngliche Behauptung in anderer Verkleidung; hier beißt sich die Katze in den Schwanz. Das bedeutet aber

Der Philosoph und Mathematiker Leibniz sucht – geschrumpft auf die Größe eines Zwerges – nach Gedanken und Gefühlen in der mechanischen Mühle des Gehirns.

nicht, dass die antireduktionistische Position falsch ist oder dass der Materialismus triumphiert hat. Es bedeutet nur, dass dieses spezielle Argument gegen den Materialismus nicht stichhaltig ist. Anders ausgedrückt: Auch wenn man Leibniz' Argumentation folgt, bleibt es denkbar, dass die Geschmacksempfindung beim Biss in einen Pfirsich mit einem vierdimensionalen Aktivierungsvektor in den Geschmackssinnesbahnen identisch ist. Und falls es uns gelingen sollte, einmal herauszufinden, welche Vektoren welche Empfindungen darstellen und wie oder wo wir nach diesen Vektoren suchen müssen, dann könnten wir diese Vektoren vielleicht tatsächlich aus unserer Zwergenperspektive „im Vorbeilaufen" beobachten. Ein Beobachter mit Vorwissen könnte etwas entdecken, das einem Unwissenden entgeht, denn „man sieht nur, was man weiß".

Da Leibniz' Vergleich intuitiv so anschaulich ist, möchte ich mit einer analogen Metapher seine logische Schwachstelle beleuchten. Überlegen wir uns ein Argument ähnlich dem von Leibniz, das in dem heutzutage beigelegten historischen Disput über das Wesen des Lebens verwendet worden sein könnte. Der Biologielehrer meiner Frau hätte 1952 folgendermaßen argumentieren können:

„Stellen Sie sich vor, Sie schrumpfen auf die Größe eines Atoms und dringen so in den menschlichen Körper ein, in die geheimen Nischen seiner Biochemie, durch die Zellwand in den Zellkern und bis zu den Windungen und Spalten seiner großen Moleküle. Aber wie genau Sie diese Moleküle auch immer dabei beobachten, wie sie sich falten und entfalten, miteinander verbinden und sich wieder trennen und wie sie ziellos in dieser Suppe herumschwimmen, Sie werden sicher nie den Lebensimpuls beobachten, der sie zum Wachsen veranlasst, nie das Telos (griechisch: Ziel, Zweck) des Lebens, das die artspezifische Entwicklung kennt und lenkt. Sie würden nie diese Lebenskraft selbst beobachten können oder ihr Verschwinden, wenn die Kreatur stirbt. Lediglich molekulare Bewegungen könnten Sie beobachten oder das Fehlen von solchen Bewegungen. Es ist also eindeutig, dass die Merkmale des Lebens zu einer ganz anderen, nichtphysischen Realität gehören als die physikalisch-chemische Materie."

Auch hier sehen wir Unkenntnis wiederum als Wissen verkleidet. Mit Sicherheit würde Pats Biolehrer (würde man ihn auf diese Fantasiereise schicken) nichts von dem, was er aufzählt, beobachten – genau wie er es voraussagt. Aber nur deswegen nicht, weil er keine oder kaum eine Vorstellung davon hat, wonach er sucht, und weil er nicht weiß, wie er das Gesuchte erkennen könnte, selbst wenn es ihm direkt ins Auge stechen sollte.

Natürlich gibt es keine Garantie dafür, dass wir im Fall des Bewusstseins zu ähnlichen Ergebnissen kommen wie beim Leben, aber das wird uns die zukünftige Forschung beantworten, so oder so. Wir kön-

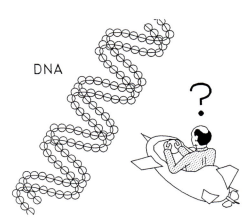

Patricias Biologielehrer als Vitalist sucht – geschrumpft auf die Größe eines Atoms – bei den Molekülen im Zellkern nach der Lebenskraft oder dem Lebensfunken.

nen jedoch sicher sein, dass uns ein Gedankenexperiment à la Leibniz keine Antwort geben wird, weder in der einen noch in der anderen Richtung. Es baut nur auf unsere Unwissenheit und setzt insgeheim voraus, was es zu beweisen vorgibt. Sehen wir uns an, ob moderne Philosophen bessere Argumente haben.

Nagels Fledermaus: Die schwer zu fassende subjektive Perspektive

1974 veröffentlichte der New Yorker Philosoph Thomas Nagel einen Artikel mit dem Titel: *What Is It Like to Be a Bat?* („Wie fühlt sich eine Fledermaus?"), in dem er eine ähnliche Argumentation wie Leibniz vertrat. Sein Gedankenexperiment fand im Gehirn einer Fledermaus statt, und er wählte diesen Ort bewusst, weil diese Tiere eine für uns vermutlich sehr fremde Wahrnehmungswelt haben. Fledermäuse lokalisieren, wie Sie vielleicht wissen, Objekte im Dunklen nicht optisch, sondern mithilfe von Ultraschallechos.

Nagels Behauptung ist nachvollziehbar und klingt *prima facie* plausibel. Er argumentiert, man könne unabhängig davon, wie viel man über die Neuroanatomie des Fledermausgehirns und die Neurophysiologie ihrer Echoortung weiß, immer noch nichts darüber sagen, wie es wäre, wenn man die sensorischen Erfahrungen einer Fledermaus machen könnte. Man würde einfach nicht wissen, wie eine Fledermaus diese Sinneseindrücke subjektiv empfindet, da diese Perspektive einzig und allein ihr selbst zugänglich ist.

Wieder einmal scheint sich eine Lücke zwischen der physikalischen Realität des Gehirns und der psychischen Realität einer individuellen Bewusstseinserfahrung zu öffnen. Umfassende Kenntnisse über Ers-

Nagels Fledermaus und ihr Geheimnis. Die subjektiven Eigenschaften ihrer Wahrnehmung können wir nicht nachvollziehen.

teres verleiht uns offensichtlich nicht automatisch auch umfassendes Wissen über Letzteres. Demzufolge, schlussfolgert Nagel, können Bewusstseinsphänomene nicht rein materiell erklärt werden.

Das mag genau wie Leibniz' Argumentation, übertragen auf ein Fledermausgehirn, erscheinen, aber das ist nicht der Fall. Zwischen beiden besteht ein grundlegender Unterschied, der Nagels Argumentation interessanter macht. Im Gegensatz zu Leibniz behauptet Nagel nämlich nicht, dass sogar ein neurowissenschaftlich vorgebildeter Betrachter die mentalen Zustände in einem Fledermausgehirn nicht erkennen und verstehen könnte. Der Beobachter könnte tatsächlich in der Lage sein, diese Zustände aus den neuronalen Aktivitäten des Fledermaushirns herauszulesen. Nagels Argument zielt, glaube ich, in eine andere Richtung: Angenommen, wir könnten die Sinneseindrücke der Fledermaus irgendwie nachvollziehen, indem wir ihre neuronalen Aktivitätsmuster verfolgen, dann würden wir immer noch nicht wissen, wie die Fledermaus sie subjektiv wirklich empfindet. Die subjektiven Eigenschaften sensorischer Empfindungen blieben uns also verborgen. Die reinen Naturwissenschaften scheinen also Grenzen zu haben, an die sie beim subjektiven Charakter von Bewusstseinsinhalten stoßen.

Nagels knappes Argument ist schon in vielen antireduktionistischen Diskussionen ins Feld geführt worden. Zeigt es wirklich, dass die Erklärungsbemühungen der modernen Neurowissenschaften fruchtlos bleiben müssen? Zeigt es wirklich, dass es einen nichtphysischen Aspekt bei Bewusstseinszuständen gibt? Sehen wir uns das einmal genauer an.

Unzweifelhaft besitzt die Fledermaus einen individuellen Zugang zu ihren ureigenen Empfindungen, der jedem Wissenschaftler verschlossen bleibt. Auch jeder von uns hat seinen ganz persönlichen

Zugang zu seinen eigenen Empfindungen, den niemand sonst mit ihm teilt. Das liegt daran, dass jeder von uns, genau wie die Fledermaus, über neuronale Bahnen, die nur ihm selbst zueigen sind, Informationen über die gerade in seinem Gehirn und Nervensystem ablaufenden sensorischen Aktivitäten erhält. Andere Lebewesen haben natürlich ähnliche Bahnen, aber diese bilden Verbindungen zwischen deren Sinnessystemen und deren Gehirn. Jedes Muster solcher Verbindungen ist infolgedessen immer „gehirneigen" und damit individuell.

Das bedeutet, dass jedes Tier seine eigenen sensorischen Zustände in einer Weise kennt wie niemand sonst. Andere können vielleicht etwas über Ihre sensorischen Zustände erfahren, indem sie Schlussfolgerungen aus dem allgemeinen Kontext oder aus Ihrem Verhalten ziehen, oder indem sie Ihr Gehirn mit Elektroden oder PET (Positronenemissionstomographie) untersuchen. Das sind Alternativen, mit deren Hilfe Sie etwas über Ihre sensorischen Zustände erfahren können; andere aber können sie nicht über dieselben Informationswege erfahren wie Sie, denn nur Sie selbst besitzen genau diese Bahnen. Es sind die neuronalen Bahnen, die Ihr Gehirn und Ihr Nervensystem bilden, die Bahnen, die Ihre neuronalen Netze mit Ihrer eigenen Hierarchie, Ihrer individuellen synaptischen Konfiguration und Ihrer individuellen Aufteilung des Merkmalsraums ausbilden. Kurzum, Sie verfügen über eine interne Repräsentation Ihrer eigenen sensorischen und kognitiven Empfindungen, und Sie besitzen neuronale Verbindungen zu diesen Zentren, die andere nicht haben.

Zweifellos trifft es zu, dass man seine eigenen inneren Zustände auf eine individuelle Art wahrnimmt und kennt, aber bedeutet das auch, dass an diesen Zuständen etwas Nichtphysisches ist, etwas, das über die Darstellungsmöglichkeiten der Naturwissenschaften hinausgeht? Vielleicht, aber nicht unbedingt. Sehen wir uns dazu mehrere Analogien an, die alle allgemeingültig und alltäglich sind.

So wissen Sie über den Füllzustand Ihrer Blase oder Ihres Darmes Bescheid. Niemand sonst kennt ihn so wie Sie selbst. Andere können vielleicht den Säuregehalt Ihres Magensaftes messen, aber nur Sie haben Sodbrennen. Nur Sie selbst fühlen es, wenn die Mikromuskeln in Ihrer Haut eine Gänsehaut verursachen; andere bemerken es vielleicht daran, dass sich Ihre Haut verändert, sehen, wie sich Ihre Körperhaare aufstellen, aber nur Sie selbst empfinden es direkt. Die anderen können hören, dass Sie erkältet sind, aber glücklicherweise spürt niemand sonst den beklagenswerten Zustand Ihrer oberen Luftwege. Die anderen bemerken vielleicht, wie Sie erröten (weil sich ihre subkutanen Blutgefäße erweitern), aber niemand spürt die Hitze so ins Gesicht steigen wie Sie selbst, wenn Sie verlegen sind. Die anderen hören vielleicht an Ihrer Sprechweise, dass Ihre Kehlkopfmusku-

---

Was ist eigentlich ...

neuronale Netze, 1) Netze von Nervenzellen, die durch Synapsen miteinander verbunden sind (Nervennetze). 2) künstliche neuronale Netze, auf dem Rechner realisierte Simulationsmodelle von Neuronennetzen, d. h. Netze aus künstlichen Neuronen. In den biologisch orientierten Simulationen steht die möglichst getreue Wiedergabe von neuronalen Eigenschaften im Vordergrund, die in der Neurobiologie untersucht werden. In technisch orientierten Simulationen geht es um den Einsatz künstlicher neuronaler Netze zur Lösung technischer Probleme, etwa in der Mustererkennung oder bei der Vorhersage von Zeitreihen; dies ist Gegenstand der Neuroinformatik.

latur aus Furcht oder Zorn verkrampft ist, aber nur Sie selbst spüren den Kloß im Hals.

Es gibt noch mehr solcher Beispiele, aber diese mögen genügen, um den Punkt zu verdeutlichen. Die Existenz eines eigenen subjektiven Zugangs zu irgendeinem Phänomen bedeutet nicht, dass dieses Phänomen nichtphysischer Natur sein muss. Es bedeutet nur, dass jemand Informationen über dieses Phänomen via neuronaler Bahnen erhält, die sich von denjenigen außenstehender Beobachter unterscheiden, weil ihnen diese Bahnen fehlen.

Dieser Punkt verdient besondere Betonung. Beachten Sie bitte, dass sich Nagels Argumentation über die scheinbaren Grenzen der Naturwissenschaften mit diesen rein physischen Beispielen genauso plausibel machen lässt. Passen Sie auf: Unabhängig davon, wie viel ein Wissenschaftler über die gegenwärtigen Gelenk- und Muskelstellungen Ihres Körpers weiß, wird er sie nicht in der nur Ihnen eindringlichen Art und Weise kennen. Unabhängig davon, wie viel ein Wissenschaftler über den gegenwärtigen Zustand Ihrer Blase weiß – selbst wenn er jede gedehnte Zelle, jede kontrahierte Muskelfaser kennt – wird er ihn nicht so kennen, wie Sie das tun. Unabhängig davon, wie viel ein Wissenschaftler über den gegenwärtigen Zustand Ihrer Gesichtskapillaren weiß, er wird sie nicht so kennen wie Sie, wenn Sie verlegen werden.

Bedeutet die Richtigkeit jeder dieser Aussagen, dass diese körperlichen Phänomene deshalb jenseits der Erklärungsmöglichkeiten der Naturwissenschaften liegen? Sicherlich nicht. Diese Phänomene sind rein physikalisch. Es bedeutet nur, dass jede Person einen selbstbezüglichen Weg hat, ihre eigenen physischen Zustände zu kennen, einen Weg, der unabhängig davon ist, was sie hören oder sehen kann, unabhängig von externen Geräten, die sie vielleicht benutzt, und unabhängig davon, welches angelesene Wissen sie besitzt. Dieser eigentümliche, ich-fokussierte Weg, seine eigenen internen Zustände zu kennen, ist von fundamentaler Bedeutung, und jeder Organismus, von der Qualle bis zum Menschen, besitzt ihn in gewissem Umfang. Es ist ein Teil des internen Systems zur Körperregulation, das für das Überleben eines jeden Lebewesens notwendig ist.

Solche „selbstbezogenen" (autokonnektiven) Formen der Wahrnehmung sind ursprünglich, sehr wichtig und im ganzen Tierreich fast universell verbreitet, doch sie nehmen genau dieselben rein physischen Objekte und Zustände wahr, die mitunter auch von anderen Organismen „fremdbezogen" wahrgenommen werden. Wenn mir die Schamröte ins Gesicht steigt, liegt der Unterschied zwischen meinem und fremdem Wissen nicht im Objekt des Wissens, sondern in der Art des Wissens. Ich nehme dieses über meine „autokonnektiven" Verbindungen (mein somatosensorisches System) wahr, die anderen über ihre „heterokonnektiven" Verbindungen (ihr visuelles System). Die Schamröte selbst ist ein rein physisches Phänomen.

Große Hufeisennase (*Rhinolophus ferrumequinum*).

Wir wollen nun zu den internen Zuständen zurückkehren, von denen wir ursprünglich ausgegangen sind; den sensorischen Erfahrungen einer Fledermaus. Sicherlich nimmt die Fledermaus fliegende Insekten in einer Art wahr, die ich nicht kenne, denn sie hat ein besonderes sensorisches System, um fliegende Insekten mittels Echoortung zu lokalisieren, das ich nicht besitze. Sicherlich kennt die Fledermaus ihren eigenen Körper und ihre Sinneswahrnehmungen in einer Art, die mir fremd ist (ich habe keine autokonnektiven Verbindungen zu dieser Fledermaus). Und sicherlich werde ich diese der Fledermaus eigene Art auch nie erlernen, indem ich nur neurophysiologische Methoden anwende, auch wenn ich damit alles nur Mögliche über Fledermausgehirne herausfinde. All das ist wahr.

Aber keine dieser Tatsachen lässt den Schluss zu oder deutet auch nur darauf hin, dass irgendetwas an den Sinneszuständen der Fledermaus über die Erkenntnismöglichkeiten der Naturwissenschaften hinausgeht. Der intrinsische Charakter dieser Sinneszustände wird in der Tat von der Fledermaus auf eine sehr spezifische und individuelle Weise mithilfe ihrer autokonnektiven Bahnen interpretiert und repräsentiert. Und trotz all unserer wissenschaftlichen Bemühungen werden wir diese Sinneszustände nicht auf diese spezifische und individuelle Weise nachvollziehen können, obwohl wir sie natürlich nachweisen (mit Mikroelektroden) und auch repräsentieren können (durch wissenschaftliche Darstellung). Die so dargestellten Zustände, also die sensorischen Wahrnehmungen der Fledermaus, sind jedoch vermutlich in beiden Fällen genau dieselben. Wie vorhin liegt der Unterschied nicht im Objekt, sondern in der Art der Erkenntnis.

Will man also behaupten, mentale Zustände hätten nichtphysische Komponenten, dann bedarf es schon besserer Argumente, als Nagel sie liefert. Es ist natürlich möglich, dass mentale Zustände nichtphysische Eigenschaften haben, und es bleibt auch weiter denkbar, dass die autokonnektiven Bahnen diese wahrnehmen, was letztlich Nagels Behauptung ist. Das ist sicher nicht unmöglich, ganz im Gegenteil. Aber die bloße Existenz autokonnektiver Wahrnehmungsbahnen bei fast jedem Tier sollte nicht zur Postulation nichtphysischer Merkmale verleiten. Falls diese wirklich existieren, müsste das durch eine andere Argumentationskette bewiesen werden.

In Wirklichkeit sind die Aussichten für Nagels Theorie noch düsterer als oben dargestellt, denn selbst wenn solche nichtphysischen Merkmale existierten, warum sollten die autokonnektiven Verbindungen sie überhaupt wahrnehmen können? Diese Verbindungen sind ja selbst ausschließlich physischer Natur; wie könnten sie mit irgendetwas Nichtphysischem interagieren? Auf jeden Fall mutet es viel wahrscheinlicher an, dass sich diese Bahnen in der Evolution entwickelt haben, um die verschiedenen Aspekte unserer internen physiologischen Vorgänge zu überwachen, sensorische wie motorische. Nichtphysikalische Erklärungsmöglichkeiten sind auch bei der Selbstwahrnehmung keine Lösung. Die Existenz autokonnektiver Wahrnehmungsbahnen, ihr Ursprung und ihre Funktionen sind ausnahmslos mit rein naturwissenschaftlichen Annahmen erklärbar.

Noch einmal sensorische Qualitäten: Jacksons Neurowissenschaftlerin

1983 veröffentlichte der australische Philosoph Frank Jackson eine neue Version von Nagels Gedankenexperiment, diesmal am menschlichen Gehirn. Es hat einen besonderen Reiz und wurde mindestens so bekannt wie Nagels Fledermaus.

Die Hauptperson in diesem Gedankenexperiment ist eine Neurowissenschaftlerin namens Mary. Mary hat zwei Besonderheiten: Erstens ist Mary so aufgewachsen, dass sie die Welt wie in einem alten Schwarz-Weiß-Film sieht. Sie hat also auch die Farbe Rot nie so gesehen, wie wir das können, und weiß daher nicht, wie es ist, wenn man etwas Rotes sieht.

Zweitens wurde Mary trotz ihrer künstlich erzeugten Farbenblindheit eine hervorragende Neurowissenschaftlerin und weiß alles über das menschliche Gehirn, insbesondere über das visuelle System und seine Fähigkeit, Farben zu unterscheiden und zu repräsentieren. Trotz dieses umfassenden neurophysiologischen Wissens gibt es etwas, so Jackson, das Mary nicht kennt: wie es ist, wenn man die Farbe Rot sieht, wie es sich anfühlt, eine normale Farbtüchtigkeit zu besitzen. (Dieser Mangel ist offensichtlich, denn Mary würde sicherlich etwas lernen, wenn man ihre optischen Implantate entfernen würde, sodass ihre Farbtüchtigkeit zutage träte, und man ihr eine reife Tomate zeigen würde. Sie würde auf die Dauer sicherlich auch lernen, was man empfindet, wenn man Rot sieht und ein normales sensorisches Empfinden für Rot besitzt.)

Genau wie zuvor Nagel schließt auch Jackson aus diesem Beispiel, dass die Naturwissenschaft an Grenzen stößt, wenn wir durch sie etwas über Bewusstseinszustände erfahren wollen. Und weil bei rein naturwissenschaftlicher Betrachtungsweise etwas fehlt, so schlussfolgert er, muss die Bewusstseinserfahrung noch eine nichtphysische Komponente enthalten.

Denken wir darüber etwas nach, dann erkennen wir in dieser Argumentation dieselbe Vermengung von Art und Objekt der Erkenntnis wie bei Nagels Beispiel. Infolge ihrer Farbenblindheit kann Mary tat-

Jacksons „allwissende", aber farbenblinde Neurowissenschaftlerin Mary denkt über ihr Wahrnehmungsdefizit nach.

sächlich keine Rot-Empfindung über ihre autokonnektiven Bahnen erhalten. Kein Neurophysiologiewissen kann diese Rotempfindung in ihren neuronalen Bahnen jemals hervorrufen, denn diese Bahnen bleiben inaktiv, abgeschnitten von der normalen Quelle ihrer Erregung. Jedwede Repräsentation von Rotheit muss bei Mary in ganz anderen neuronalen Bahnen irgendwo im Gehirn liegen, in Bahnen, die aktiv sind, wenn sie diese Dinge theoretisch lernt. Erst dann, wenn sie jemals ihr Farbensehen wiedererlangen sollte und eine reife Tomate sieht, wird sie die Farbe Rot in einer Weise kennenlernen, wie sie sie nie vorher gekannt hat, nämlich über ihre autokonnektiven Bahnen.

Nicht nur Nagel und Jackson, auch viele andere Philosophen nehmen an, dass der mathematisch-physikalische Ansatz, mit dem die Neurophysiologie an die menschliche Kognition herangeht, notwendigerweise der Vorstellung von Bewusstsein und der einzigartigen, individuellen Perspektive zuwiderläuft, die jedes Tier von sich und der Welt hat. Obwohl dies eine weit verbreitete Ansicht ist, könnte sie nicht weiter von der Wahrheit entfernt sein. Eine der ehrgeizigsten Aufgaben, die zu lösen sich die kognitive Neurobiologie vorgenommen hat, ist es, die komplexen und einzigartigen kognitiven Wahrnehmungsmechanismen zu rekonstruieren, mit denen jede Kreatur die Welt wahrnimmt. Bevor wir darauf eingehen, wollen wir aber noch eine letzte antireduktionistische Position überprüfen.

Kognition ohne Reduktion: Searles Zwitterhypothese

Man muss kein altmodischer Anhänger des Dualismus Descartes' sein, um reduktionistische Bestrebungen der modernen Neurowissenschaften zurückzuweisen. Man muss also nicht darauf beharren, dass einerseits physikalische Materie und andererseits ein immaterieller Geist oder eine Seele existieren und letztere das wahre Selbst und das wahre Subjekt aller Bewusstseinszustände bildet. Es gibt eine theoretische Option, die zwischen diesem historischen und dem neurowissenschaftlichen Standpunkt vermittelt, nach dem alle mentalen Phänomene im Grunde rein physischer Natur sind. In seinem Buch *The Rediscovery of the Mind* („Die Wiederentdeckung des Geistes", 1993) hat der Philosoph John Searle versucht, eine derartige Zwitteransicht zu formulieren und zu verteidigen. Searle unterscheidet sich von früheren Antireduktionisten insofern, als er darauf besteht, dass Gefühle, Gedanken und mentale Phänomene ganz allgemein Funktionen oder Eigenarten des Gehirns sind. Searle möchte nichts mit irgendeinem Substanzdualismus zu tun haben. Das Gehirn selbst ist der geeignete Ort oder das Subjekt aller mentaler Aktivität.

Andererseits, argumentiert er, sind diese mentalen Zustände und Aktivitäten selbst keine physischen Zustände des Gehirns. Sie sind weder identisch mit ihnen, noch können sie darauf reduziert werden, sondern sie sind vielmehr metaphysisch von den physischen Zuständen des Gehirns unterschieden, mit denen sich die Neurowissenschaft beschäftigt. Nach Searle bilden mentale Zustände eine eigene und neue Klasse von Phänomenen, mit eigenen und spezifischen Eigenschaften (wie Bedeutung und Intentionalität) und ihren eigenen besonderen Verhaltensformen (was sich in Vernunft und Überlegung zeigt). Vergeblich würden wir versuchen, sie auf rein physische Phänomene zu reduzieren.

Welche Beziehung besteht dann aber zwischen den physischen Zuständen des Gehirns auf der einen Seite und seinen mentalen Zuständen auf der anderen? Es ist eine Kausalbeziehung, sagt Searle. Mentale Zustände sind nicht identisch mit physischen Gehirnzuständen, wie der Reduktionismus annimmt, vielmehr verursachen die physischen Phänomene des Gehirns die mentalen und *vice versa*. Das zentrale Ziel einer wissenschaftlichen Theorie des Geistes sollte es daher sein, das besondere Wesen mentaler Phänomene verstehen zu lernen, beispielsweise ihre Eigenart, eine „Bedeutung" oder einen „Sinn" (*meaning*) zu besitzen. Sekundär sollte man nach Searle herausfinden, wie diese nichtphysischen Charakteristika des Gehirns kausal mit den rein physischen Merkmalen interagieren.

Das ist in Grundzügen Searles „konservativ-moderne" Position zum Status mentaler Phänomene. Sie ist konservativ, weil sie fest von der unabhängigen Existenz und dem metaphysisch unterschiedlichen Status mentaler Phänomene ausgeht. Und sie ist modern, weil sie diese den (nichtphysischen) Eigenschaften des Gehirns zuordnet, die mit naturwissenschaftlichen Methoden erforschbar sind.

Zur Vereinheitlichung des wissenschaftlichen Weltbildes kann John Searle nicht viel beitragen. Was also ist seine Motivation für diese Zwitterposition?

Zum Weiterlesen

Andere Werke von John Searle (Auswahl): *Geist. Eine Einführung* (2006), *Freiheit und Neurobiologie* (2004), *The Mystery of Consciousness* (1977), *Minds, Brains and Science* (1984).

Searle beantwortet diese Frage direkt. Seiner Ansicht nach zeigen die Argumente von Nagel und Jackson, dass mentale Zustände nicht mit irgendwelchen physischen Zuständen des Gehirns identisch sein können. Um die Möglichkeit zurückzuweisen, mentale Phänomene könnten mit physischen Zuständen des Gehirns gleichgesetzt werden, bietet Searle noch ein weiteres Argument an:

> Angenommen, wir wollten behaupten, dass Schmerz nichts anderes sei als das Feuern von Neuronen. Wenn wir eine solche ontologische Reduktion versuchten, dann würden wir essenzielle Merkmale des Schmerzes unberücksichtigt lassen. Keine Beschreibung der objektiven, physiologischen Fakten durch jemand anderen würde dem subjektiven, individuellen Phänomen Schmerz auch nur nahe kommen, einfach deshalb, weil die objektiven Charakteristika nicht mit den subjektiven identisch sind.

Diese Argumentation kommt jedoch einfach dadurch zu ihrer Schlussfolgerung, dass sie als Prämisse (nämlich: „die objektiven Charakteristika sind nicht mit den subjektiven identisch") eine leicht verkleidete Abwandlung dessen annimmt, was sie eigentlich beweisen will (nämlich: „der Schmerz und seine subjektiven Eigenschaften sind nicht identisch mit den physischen Gehirnzuständen und ihren objektiven Eigenschaften"). Searles kurzer Einschub darüber, was bestimmte Beschreibungen können oder nicht können, ist nur wieder eine Nagelsche oder Jacksonsche Nebelwand, die das Bild verschleiert. Übrig bleibt ein schönes Beispiel dafür, was lateinisch als *petitio principii* bezeichnet wird und was wir heute einen Zirkelschluss nennen würden: Man setzt voraus, was man beweisen will. Die zentrale Frage ist und bleibt, ob die mentalen Eigenschaften, die man durch subjektive oder autokonnektive Methoden erkennt, identisch mit objektiven Eigenschaften des Gehirns sind, die ihrerseits mit objektiven Methoden (also heterokonnektiv) erkannt werden können, oder nicht.

Warum aber, so mag man sich fragen, ist Searle so überzeugt davon, dass die qualitativen Eigenschaften seiner Gefühle nicht physischer Natur sein können? Seiner Ansicht nach besitzt man ein direktes und unmittelbares Wissen über den Charakter seiner Gefühle. Im Falle physischer Dinge, meint er, gibt es jedoch einen begründeten Unterschied zwischen Schein und Realität. Nur beim Mentalen verschwindet dieser Unterschied und lässt sich nicht aufzeigen. Im Geiste ist der Schein Realität und *vice versa*; man kann über das Wesen seiner eigenen mentalen Zustände keine falsche Vorstellung haben.

Diese Doktrin der Unfehlbarkeit der Introspektive ist den zeitgenössischen Philosophen wohlbekannt, ein Rudiment früherer Zeiten. Sie ist bis heute so vielfach entkräftet worden, dass es erstaunlich ist, wenn ein Philosoph von Searles Rang ihr immer noch anhängt. Der

Mythos ist leicht durchschaubar, und die Unterscheidung, was real ist und was man für real hält, ist einfach zu treffen, auch im Geiste.

Denken Sie zum Beispiel an Wünsche, Ängste und Eifersüchteleien. Wir sind nicht nur unzuverlässig in der Bewertung dieser Gefühle, sondern wir sind uns ihrer selbst unsicher. Man kann durchaus seine eigenen Wünsche und Ängste fehlinterpretieren. Sicherlich sind wir bei der Einschätzung aller unserer mentalen Zustände ebenso wenig unfehlbar.

Schließlich, und das ist der wichtigste Punkt, können wir uns nicht nur gelegentlich, sondern systematisch falsche Vorstellungen über das Wesen unserer mentalen Phänomene machen. Wir können von Anfang an ein unrichtiges oder oberflächliches Konzept von ihrem grundsätzlichen Charakter haben. Wenn dem so ist, dann führen die Konzepte, die wir zur Interpretation dieser Phänomene anwenden, zwangsläufig zu Irrtümern. Das ist eine reale Möglichkeit, die Searle nicht einmal erwähnt. Aber genau das könnte passieren, wenn sich die Neurowissenschaft an die Erklärung von Bewusstseinsphänomenen macht.

Was letztlich die Entscheidung bringen wird, ist nicht die Frage, ob uns intuitiv das Subjektive, Mentale verschieden vom Physischen, Neuronalen erscheint. Wie uns Dinge erscheinen, spiegelt nur zu oft unsere eigene Unwissenheit oder fehlende Vorstellungskraft wider. Ob mentale Phänomene sich als physische Zustände des Gehirns erweisen werden oder nicht, hängt davon ab, ob die Suche der kognitiven Neurowissenschaft nach den neuronalen Analoga für alle intrinsischen und kausalen Eigenschaften des Mentalen letztlich erfolgreich sein wird oder nicht.

Erinnern Sie sich an den Fall des sichtbaren Lichts, um nur eines von vielen historischen Beispielen zu zitieren. Vom Gesichtspunkt des unwissenden gesunden Menschenverstandes erschien Licht mit seinen mannigfaltigen sensorischen Eigenschaften sicherlich als etwas ganz anderes als so abstrakte und fremde Phänomene wie elektromagnetische Felder, die mit einer Frequenz von einer Million Hertz schwingen. Aber genau das ist Licht, obwohl es intuitiv einen ganz anderen Eindruck vermittelt!

Die Menschen haben häufig Schwierigkeiten damit, eine ungewöhnliche wissenschaftliche Erklärung auf ein Feld anzuwenden, das gewohnheitsmäßig bereits von einer eingefahrenen Vorstellung belegt ist. Durch diese konzeptionelle Unbeweglichkeit wird oft ein neues, tieferes Verständnis behindert; das gilt sogar dann, wenn ein neues Modell dem alten Modell haushoch überlegen und bereits allgemein akzeptiert ist.

Was Searle wiederentdeckt, ist nicht der Geist selbst, sondern nur unser vorwissenschaftliches, volkspsychologisches Alltagskonzept von Geist. Das Ziel der Wissenschaft ist es dagegen, ein neues, tieferes Konzept zu entdecken. Wenden wir uns jetzt also endlich von den wiederholten Behauptungen, Bewusstsein sei naturwissenschaftlich nicht zu erklären, ab und der Jagd nach diesem wissenschaftlichen Ziel zu.

Inhalt und Wesen des Bewusstseins: erste Schritte

Wenn die Wissenschaft systematisch mentale auf physische Phänomene zurückführen will, so ist das eine wirklich anspruchsvolle Aufgabe. Idealerweise sollte sie in den Begriffen der Neuroinformatik alle uns bereits bekannten mentalen Phänomene erklären und technisch rekonstruieren können (plus oder minus einiger unserer früheren Fehlinterpretationen), und sie sollte uns auch Neues über mentale Phänomene lehren, Eigenschaften, die in den noch unbekannten Besonderheiten der Neuronen begründet sind.

> **Was ist eigentlich ...**
>
> Neuroinformatik, zwischen den Fächern Informatik, Psychologie, Neurobiologie, Medizin (Neurologie), Mathematik und Physik angesiedeltes, interdisziplinäres Fachgebiet, welches die Informationsverarbeitung in neuronalen Netzen untersucht. Dabei werden vorwiegend künstliche Neuronen, also Simulationsmodelle von biologischen Nervenzellen, betrachtet. Historisch hat sich die Neuroinformatik vor allem aus der Kybernetik und der Neurobiologie entwickelt. In diesen Bereichen wurden bereits seit den 1940er-Jahren künstliche neuronale Netze untersucht.

Derartiges hat die Wissenschaft bereits in anderen Bereichen geleistet. Wir können sagen, dass Licht elektromagnetische Wellen sind, weil Maxwell und andere gezeigt haben, wie wir alle bekannten optischen Phänomene mit dieser Theorie erklären können, und weil Maxwells Theorie die Existenz von Radiowellen vorhersagte, die bald darauf von Hertz experimentell erzeugt wurden. Wir sagen, Wärme ist molekulare Bewegung, weil Joule, Kelvin, Maxwell und Boltzmann bewiesen haben, dass man (fast) alle bekannten Temperaturphänomene mit molekularkinetischen Begriffen erklären kann und weil diese neue Theorie so unerwartete Tatsachen, wie die statistische Verteilung von Rauchpartikeln in einem Gas, voraussagte, was von Perrin und Einstein später verifiziert wurde.

Wenn sich also eine allgemeinere und fundamentalere Theorie zur Erklärung eines Aspekts der Realität insgesamt als besser erweist als eine frühere Theorie oder Vorstellung, dann sagen wir, die frühere Vorstellung sei auf eine neue und allgemeinere Theorie reduziert worden; wir sagen, die Phänomene, die mit dem bisherigen Konzept erklärt wurden, hätten sich als Spezialfälle der neuen und grundlegenderen Theorie erwiesen.

Das lässt sich leicht an einem bekannten Beispiel illustrieren. Die folgende Liste enthält sieben hervorstechende Eigenschaften des Lichts, die wir gerne in einem einheitlichen Modell erklärt hätten.

1. Licht breitet sich linear aus.
2. Die Lichtgeschwindigkeit im Vakuum beträgt 300 000 Kilometer pro Sekunde.
3. Licht setzt sich aus Wellen zusammen.
4. Licht existiert in verschiedenen Farben.
5. Die Lichtgeschwindigkeit ist abhängig vom Medium (Luft, Glas, Wasser etc.), in dem sich das Licht ausbreitet, und ist im Vakuum am höchsten.
6. Licht wird beim Übertritt von Luft in Wasser oder allgemein von einem transparenten Medium in ein anderes mit anderer Dichte von seiner geraden Bahn abgelenkt (gebrochen).
7. Licht ist polarisierbar. Polarisiertes Licht schwingt in einer Ebene senkrecht zu seiner Ausbreitungsrichtung und wird durch polarisiertes Glas blockiert, dessen Polarisationsrichtung rechtwinklig dazu orientiert ist.

Diese Punkte waren im 19. Jahrhundert bekannt, ließen sich aber nicht ausreichend erklären. Erst durch die brillante und umfassende Theorie James Clark Maxwells konnten diese Eigenschaften des Lichts später als Charakteristika elektromagnetischer Felder gedeutet werden. Seine Theorie hatte auf den ersten Blick überhaupt nichts mit Licht zu tun. Erst nachdem Maxwell einige Gleichungen formuliert hatte, um Michael Faradays frühere Entdeckungen über die wechselseitigen Effekte elektrischer und magnetischer Felder mathematisch auszudrücken, bemerkte er, dass jede oszillierende magnetische oder elektrische Ladung eine elektromagnetische Welle erzeugen muss, die sich nach allen Seiten hin ausbreitet, genau wie die Wellen, die entstehen, wenn man einen Stein ins Wasser wirft. Von da an ging alles sehr rasch.

Und am Ende lassen sich alle bekannten Eigenschaften des Lichts – und auch viele weniger bekannten – als natürliche, unabdingbare Eigenschaften elektromagnetischer Wellen erklären bzw. rekonstruieren. Die naheliegendste Hypothese ist also, dass Licht mit elektromagnetischen Wellen identisch ist, Licht zeigt alle Eigenschaften von elektromagnetischen Wellen, weil es aus elektromagnetischen Wellen besteht.

Könnte so etwas auch hier zutreffen? Könnte eine systematische Reduktion jemals den Geist erklären? Können wir alle bekannten mentalen Phänomene mithilfe der Neuroinformatik erklären? Nein, momentan können wir das nicht. Aber gibt es gute Gründe anzunehmen, dass so etwas jemals möglich sein wird? Ist diese Aufgabe unsere systematischen Bemühungen wert? Was spricht dafür?

Die Tatsache, dass der Mensch das Ergebnis von 4,5 Milliarden Jahren rein chemischer und biologischer Evolution ist, spricht nach Ansicht der meisten Wissenschaftler und Philosophen stark für das Argument, dass auch mentale Phänomene nicht mehr als eine besondere Ausdrucksform von Materie und Energie sind. Das gilt für die Atome, aus denen Moleküle entstehen, aus welchen wiederum Zellen und vielzellige Organismen hervorgehen. Warum nicht auch Geist?

Dieselben Theoretiker würden auch die allgemein bekannte Tatsache anführen, dass jedes Individuum am Anfang seines Lebens nur eine Kugel aus Wasser, Fetten und Proteinen ist, die einen Zellkern mit DNA einschließt, und dass sich der Organismus daraus in einem langen und komplizierten, aber eben rein physikalischen Prozess entwickelt. Da unsere phylogenetische und ontogenetische Vergangenheit rein physisch ist, könnten wir doch erwarten, dass mentale Phänomene nur der systematische Ausdruck komplex organisierter physischer Phänomene sind. Es wäre, gelinde gesagt, erstaunlich, wenn dem nicht so wäre.

Aber Vorsicht, wir wurden schon öfter überrascht. Obwohl dies alles gewichtige Hinweise sind, bleiben es doch nur Annahmen; sie lassen einen reduktiven Ansatz untersuchenswert erscheinen, aber sie führen keine Entscheidung herbei. Etwas Derartiges kann man nur durch die Untersuchung der verschiedenen mentalen Phänomene selbst erreichen. Gibt es irgendeinen Ansatzpunkt für die reduktionistischen Bestrebungen der Neurowissenschaften?

Sicherlich gibt es einige solcher Ansatzpunkte. Rekonstruktionsversuche kognitiver Phänomene haben kognitive Neurowissenschaft und Neuroinformatik bereits geleistet. Die ersten Ergebnisse sind dabei so ermutigend, dass man daraus den Schluss ziehen kann: Mentale Phänomene sind rein physiologische Phänomene.

Aber nicht jeder sieht das so. Skeptische Stimmen über die Aussichten des neurophysiologischen Reduktionismus sind immer noch weit verbreitet und konzentrieren sich auf das Phänomen, nämlich das Bewusstsein. Das ist die Festung, die es zu erobern gilt, die wahre Essenz des Geistes, so werden viele argumentieren, und das entzog sich bisher jeder plausiblen Erklärung durch die Neurowissenschaften. Alle anderen kognitiven Phänomene könnten ja erfolgreich von einem rein physikalischen oder elektronischen Netzwerk nachgeahmt werden. Aber trotz seiner ausgefeilten Fähigkeiten ist immer noch nicht klar, dass ein solches Netzwerk Bewusstsein besitzen muss. Wir sollten also vorsichtig sein und nicht allzu beeindruckt von den vielen Rekonstruktionserfolgen der kognitiven Neurowissenschaften und der Neuroinformatik, zumindest so lange nicht, bis auch das Bewusstsein selbst verständlich wird. Die anderen Erfolge bedeuten gar nichts, so wird argumentiert, solange wir nicht dieses zentrale Geheimnis rein physikalisch erklären und nachbilden können.

Man kann darüber diskutieren, ob man dem Bewusstsein eine so zentrale und privilegierte Stellung einräumen sollte, und ich werde diese Frage auf den folgenden Seiten weiterverfolgen. Das Bewusstsein ist aber zumindest ein reales und wichtiges mentales Phänomen, dessen Erklärung die Neurowissenschaftler durchaus als ein zentrales Ziel ihrer Forschungen ansehen sollten. Es ist besser, wenn wir uns dieser Aufgabe stellen und uns nicht aus prinzipiellen Gründen davor drücken. Früher oder später werden wir uns sicher damit beschäftigen müssen; sehen wir uns also unsere Erfolgsaussichten einmal an.

Wenn wir das Bewusstsein erforschen wollen, dann lassen Sie uns versuchen, seine wichtigsten Eigenschaften aufzuzählen, damit wir uns darüber klar werden, was die Neurowissenschaft versuchen muss zu rekonstruieren. Wir müssen dabei keine allgemeingültige Definition für Bewusstsein liefern; das wäre in diesem frühen Stadium ein Fehler. Definitionen formuliert man am besten erst dann, wenn wir genau wissen, was wir definieren müssen, und das wird solange nicht der Fall sein, bis wir eine wissenschaftlich haltbare Theorie des Bewusstseins haben. In der Zwischenzeit jedoch können wir dieses Phänomen dadurch ein wenig eingrenzen, dass wir uns einige offenkundige und wichtige Eigenschaften des menschlichen Bewusstseins klarmachen:

1. Bewusstsein ist mit Gedächtnis verbunden.
   Typischerweise ermöglicht uns Bewusstsein wahrzunehmen, wie sich der eigene psychische und physische Zustand im Laufe der Zeit entwickelt. Ein derartiger Sinn erfordert wenigstens eine gewisse kognitive Erfassung der unmittelbar vorangegangenen Geschehnisse und damit eine Form von Gedächtnis, wenigstens ein Kurzzeitgedächtnis.

2. Bewusstsein ist unabhängig von sensorischen Wahrnehmungen.
   Man kann seine Augen und Ohren verschließen und auch sonst alle Sinneswahrnehmungen ausschließen, aber das Bewusstsein bleibt bestehen. Man kann seine Tagträume in die Zukunft schweifen lassen oder seine Gedanken in die Vergangenheit, oder man kann in seiner Vorstellung einem komplexen Problem nachgehen, alles ohne Informationen von den Sinnesorganen. Zweifellos wird das Bewusstsein verändert oder unzusammenhängend, wenn man jemanden über längere Zeit von allen Sinneswahrnehmungen ausschließt (sensorische Deprivation); das haben Experimente gezeigt. Die Existenz von Bewusstsein hängt aber kurzzeitig offenbar nicht vom Vorhandensein irgendwelcher Sinneseindrücke ab.

3. Bewusstsein beinhaltet steuerbare Aufmerksamkeit.
   Bewusstsein ist etwas, das man steuern und konzentrieren kann, auf diesen Punkt anstatt auf jenen, auf dieses Objekt oder auf ein

anderes, auf eine Sinneswahrnehmung oder auf eine andere, sogar wenn die externe Perspektive der Wahrnehmung gleich bleibt.

4. Bewusstsein beinhaltet die Fähigkeit, komplizierte oder uneindeutige Fakten auf mehrere Arten interpretieren zu können.
Richtet man seine Aufmerksamkeit auf irgendetwas, dann kann man das Gesehene oder Gehörte auf unterschiedliche Weise wahrnehmen, interpretieren und durchdenken, besonders, wenn die Situation verwirrend oder problematisch ist.

5. Bewusstsein verschwindet im Tiefschlaf.
Tief zu schlafen ist sogar der üblichste Weg, das Bewusstsein zu verlieren. Es wäre sehr interessant zu erfahren, warum das der Fall ist und was dann passiert.

6. Bewusstsein taucht beim Träumen wieder auf, wenigstens in veränderter oder ungeordneter Form.
Die Form des Bewusstseins während des Träumens ist sicherlich nicht die übliche, aber sie scheint nur ein anderes Beispiel desselben Phänomens zu sein. Auch hier wäre interessant zu wissen, wo die Unterschiede liegen und wozu es überhaupt Träume gibt.

7. Bewusstsein umfasst die Inhalte mehrerer sensorischer Modalitäten innerhalb einer einzigen gemeinsamen Erfahrung.
Ein Organismus mit Bewusstsein hat offenbar nicht mehrere unterschiedliche Bewusstseinsformen, eine für jeden der Sinne, sondern vielmehr ein einziges Bewusstsein, zu dem jeder Sinn seinen Teil beiträgt, der vollständig integriert wird. Wie und wozu diese Teile zusammengesetzt werden – auch das würden wir gerne verstehen.

Mit dieser Liste möchte ich dem Phänomen, um das es nun geht, eine provisorische Struktur und Substanz geben. Jetzt müssen wir diese sieben Phänomene einheitlich und sinnvoll mit den Konzepten der Neuroinformatik erklären. In letzter Zeit fügten sich theoretische Netzwerkmodelle und experimentelle neurowissenschaftliche Daten zu einem gemeinsamen Bild zusammen und zeigten völlig unerwartet, wie so etwas geschehen könnte. Es scheint, als könne ein rekurrentes Netzwerk durchaus kognitive Funktionen zeigen, die diesen sieben Eigenschaften des Bewusstseins entsprechen.

Nachbildung von Bewusstsein durch neuronale Netzwerke

Die Modelle, die für das Bewusstsein relevant sind, sind einerseits die speziellen Eigenschaften rekurrenter Netzwerke und andererseits – auf Ebene der experimentellen Forschung – die verschiedenen funktionellen Aspekte eines Systems neuronaler Bahnen. Diese Bah-

---

Was ist eigentlich ...

rekurrentes Netz [von latein. *recurrere* = zurückkehren], ein künstliches neuronales Netz, welches Rückkopplungen enthält. In den Anwendungen von künstlichen neuronalen Netzen sind rekurrente Netze nicht so verbreitet wie vorwärtsgekoppelte Netze, dies vor allem auch, weil rekurrente Netze schwierig zu analysieren sind. Anwendungen rekurrenter Netze sind hauptsächlich im Bereich der Optimierung zu finden.

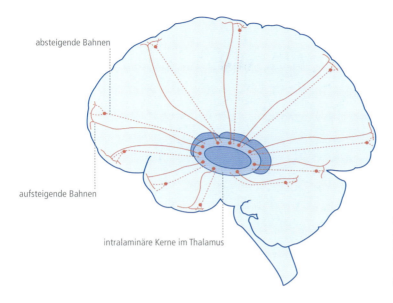

absteigende Bahnen

aufsteigende Bahnen

intralaminäre Kerne im Thalamus

Die auf- und absteigenden Bahnen, die alle Gebiete der Großhirnrinde mit den intralaminären Kernen im Thalamus verbinden. Die absteigenden Verbindungen sind gestrichelt dargestellt.

nen verbinden fast alle Gebiete des Großhirns und auch tiefer liegende Gebiete mit einem zentralen Areal des Thalamus, den sogenannten intralaminären Kernen. Der Thalamus und seine Strukturen sind stammesgeschichtlich sehr alt; sie entwickelten sich lange bevor die Evolution die Möglichkeiten entdeckte, die sich durch die beiden Großhirnhemisphären boten. Heute senden die Thalamuskerne beim Menschen und bei Tieren viele Axone in alle Gebiete der beiden Großhirnhälften. Interessanterweise empfängt der Thalamus auch systematisch aus all diesen Gebieten neuronale Verbindungen, wobei diese in tieferen Cortexschichten entspringen. (Die dünne und in sich gefaltete Großhirnrinde ist in Schichten aufgebaut.) Dieses Arrangement neuronaler Bahnen bildet also ein großes rekurrentes Netzwerk, das die ganze Großhirnrinde umfasst und in den intralaminären Kernen zusammenläuft.

Sehen Sie sich das auf der Folgeseite abgebildete rekurrente Netzwerk an. Seine rekurrenten Bahnen liefern ununterbrochen Informationen auf die zweite Ebene zurück, die aus früheren Verarbeitungsschritten genau dieser Ebene stammen. Dieses System enthält somit eine primitive Form von Kurzzeitgedächtnis, und es ist dabei nicht nur auf einen einzelnen Netzwerkzyklus limitiert. Ein Teil der Information, die im Aktivitätsvektor der zweiten Ebene zwei oder drei Zyklen vorher vorhanden war, kann in der Aktivität, die über die rekurrenten Bahnen dort gerade ankommt, immer noch implizit vorhanden sein. Solche Informationen nehmen kontinuierlich über mehrere Zyklen ab und sind nicht bereits nach einem Zyklus schon vollständig verschwunden. Wie schnell oder wie langsam sie abnehmen,

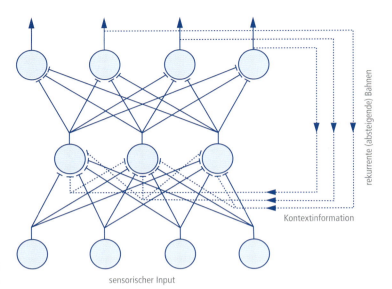

Ein einfaches rekurrentes Netzwerk.

Was ist eigentlich ...

Elman-Netz, ein zweischichtiges, rekurrentes künstliches neuronales Netz mit einer Rückkopplung der Ausgänge der versteckten Schicht auf ihre Eingänge. Die rekurrente, versteckte Schicht erlaubt dem Elman-Netz das Lernen und Erkennen zeitlicher und räumlicher Muster.

hängt von den Eigenarten ab, die für jedes Netzwerk typisch sind, wie zum Beispiel von dem Verhältnis von sensorischen zu rekurrenten Eingängen auf der zweiten Ebene und von den spezifischen Verbindungsstärken der Synapsen. Außerdem ist diese Abnahme auch nicht uniform; einige Informationen verschwinden schnell, während andere Arten über viele Zyklen hindurch stabil bleiben. Diese Eigenart, selektiv Informationen zu behalten, ist z. B. entscheidend für die erfolgreiche Codierung grammatikalischer Informationen bei Elmans Sprachverarbeitungsnetzwerk. Diese Fähigkeit ist eine automatische und zwangsläufige Eigenschaft aller rekurrenten Netzwerke. Bei zunehmend größeren Netzwerken mit mehrstufigen rekurrenten Schleifen reicht das Kurzzeitgedächtnis zunehmend weiter in die Vergangenheit zurück.

Eine antrainierbare Form von Kurzzeitgedächtnis, die sowohl objektbezogen ist, als auch eine „Vergesslichkeit" variabler Dauer zeigt, folgt damit einfach aus der Struktur und Dynamik rekurrenter Netze; sie ist eine immanente Eigenschaft solcher Systeme. Ob ein solcher Prozess tatsächlich auch unserem Kurzzeitgedächtnis zugrunde liegt, ist immer noch eine offene Frage, aber es wäre sicherlich eine schöne Erklärungsmöglichkeit. Wenden wir uns nun dem zweiten Merkmal von Bewusstsein zu.

Ein rekurrentes Netzwerk, das kontinuierliches motorisches Verhalten hervorrufen kann, ist nicht notwendigerweise auf sensorische Eingänge angewiesen, wenigstens nicht für die Kontinuität seiner Aktivität. Die Aktivitätsvektoren, die über rekurrente Bahnen an seiner zweiten Schicht ankommen, können diese Kontinuität im gesamten Netzwerk garantieren, und das typische Ergebnis sind sich kontinuierlich entwickelnde Vektorsequenzen in der zweiten Schicht, die definierte Spuren durch den Merkmalsraum legen. So repräsentieren die betreffenden Aktivitätsvektoren die Gesamtkonfigurationen der Muskelspannungen des Körpers, und die Vektorsequenz stellt die Körperbewegungen dar.

Aber rekurrente neuronale Aktivität kann nicht nur motorische Vektoren erzeugen, sondern alle Arten von Aktivitätsvektoren können auf diese Weise generiert werden, auch sensorische Vektoren oder Vektoren, die etwas beschreiben, zum Beispiel eine Vorstellung beinhalten. Wenn periphere Sinneswahrnehmungen fehlen, dann müssen wir diese intern generierten Vektorbahnen ehrlicherweise als Tagträume, Fantasien oder spontane Gedanken bezeichnen, und das ist auch, wenn wir es recht überlegen, völlig berechtigt. Die kontinuierliche kognitive Aktivität in einem rekurrenten Netzwerk ist also – ebenso wie unser Bewusstsein – nicht auf den ununterbrochenen Strom externer Sinnesreize angewiesen; sie kann selbstgeneriert sein. Nun wollen wir uns der dritten Eigenschaft des Bewusstseins zuwenden.

Aufmerksamkeit ist naturgemäß selektiv; man richtet sie auf bestimmte Möglichkeiten und lässt andere unbeachtet. Der Torwart beobachtet das Verhalten des Elfmeterschützen, um abschätzen zu können, auf welche Ecke er zielt. Alle anderen Sinneswahrnehmungen unterdrückt er. Die besorgte Mutter achtet auf jeden Ton ihres kranken Kindes im Nebenraum, um nötigenfalls sofort zur Stelle zu sein. Andere Geräusche – das Rumpeln eines vorbeidonnernden Lastwagens, das Signal eines entfernten Zuges – nimmt sie kaum wahr. In beiden Fällen wird ein mentaler Rahmen geschaffen, durch den die einströmenden sensorischen Informationen permanent gefiltert werden: Man versucht, bestimmte Wahrnehmungen auf Kosten anderer zu optimieren. Der dafür gezahlte Preis ist ganz real: Während man einem Aspekt einer Situation viel Aufmerksamkeit schenkt, kann man sehr leicht Vorgänge und Merkmale übersehen, die man normalerweise bemerkt hätte. Aber die Vorteile liegen auch auf der Hand: Die gebündelte Aufmerksamkeit steigert die kognitive Leistungsfähigkeit zumindest lokal, was das Objekt des momentanen Interesses angeht.

Um die Chance für eine spezifische Erkennung zu verbessern, muss man in einem neuronalen Netzwerk die Wahrscheinlichkeit erhöhen, dass ein geeigneter Prototypvektor von den sensorischen Eingängen aktiviert wird. Rekurrente Bahnen sind dazu in der Lage und beeinflussen solche Aktivierungswahrscheinlichkeiten, indem sie die betreffenden neuronalen Schichten in Richtung auf den einen oder anderen Prototypvektor leicht voraktivieren (zum Beispiel rechtes unteres Eck im Falle des Torwarts oder Husten im Falle der besorgten

Mutter). Dieser so favorisierte Prototyp wird damit zum momentanen Brennpunkt der Aufmerksamkeit des Netzwerks, zumindest in dem funktionalen Sinn, den wir bereits skizziert haben. Und diese Aufmerksamkeit ist durch die eigene kognitive Aktivität des Netzwerks steuerbar, denn je nachdem, wie die rekurrenten Bahnen die jeweilige Schicht beeinflussen, rufen sie verschiedene partielle Voraktivierungen hervor. Wieder einmal finden wir in einem Modell der Neuroinformatik etwas, das funktionell einer Eigenschaft des Bewusstseins analog ist, nämlich der steuerbaren Aufmerksamkeit.

Wenden wir uns nun unserer Fähigkeit zu, bei ein und demselben wahrgenommenen Phänomen bewusst nach verschiedenen Interpretationen suchen und über diese nachdenken zu können, besonders dann, wenn uns das, was wir sehen/hören, irgendwie verwirrend oder uneindeutig vorkommt.

Ein rekurrentes Netzwerk kann durch die Beeinflussung seiner eigenen kognitiven Prozesse verschiedene Interpretationsmöglichkeiten auf ein und dieselbe Wahrnehmung anwenden.

Diese Fähigkeit ist übrigens komplementär zur steuerbaren Aufmerksamkeit. Bei Letzterer wird ein spezielles und eng fokussiertes Filter auf eine sich dauernd ändernde Situation angewandt, in der Hoffnung, man könne bestimmte, besonders wichtige Merkmale herausfiltern, sobald sie auftreten. Unsere Fähigkeit zu multiplen Interpretationsmöglichkeiten auf der anderen Seite ist ein mentaler Filter, den wir andauernd ändern, wobei das Objekt der Betrachtung konstant bleibt. Interessanterweise entstehen beide kognitiven Phänome ganz von selbst in rekurrenten Netzwerken.

Der nächste Punkt unserer Liste ist das Verschwinden von Bewusstsein. Warum verlieren wir unser Bewusstsein im tiefen oder traumlosen Schlaf? Und warum erscheint es wieder, wenn wir träumen, also in den sogenannten REM-Schlafperioden? Hier müssen wir uns mit den interessanten Ergebnissen einiger Untersuchungen von Rodolfo Llinás beschäftigen, dem Leiter der Abteilung für Neurophysiologie und Biophysik an der Universität von New York. Die Daten wurden am menschlichen Gehirn gewonnen und führen uns zu dem rekurrenten Netzwerk, das die Abbildung auf Seite 254 zeigt.

Die anatomische Grobstruktur der hier dargestellten Verschaltung ist aus *post mortem*-Untersuchungen an menschlichen und anderen Säugerhirnen abgeleitet. Neu sind einige funktionelle Aspekte, die Llinás' Forschungen enthüllt haben. Er entwickelte eine hochsensitive Methode, um die gemeinsame Aktivität der Milliarden von Neuronen im Cortex ohne operativen Eingriff belauschen zu können: die Magnetoencephalographie (MEG). Einzelne Zellen lassen sich mit dieser Technik nicht untersuchen; man hört vielmehr dem Chor der Neuronen unter einem bestimmten Bereich der Schädeldecke zu. Das ist

Was ist eigentlich ...

REM-Schlaf [Abk. für engl. *rapid eye movement* = rasche Augenbewegung], paradoxer Schlaf, aktivierter Schlaf, durch rasche Augenbewegungen, muskuläre Atonie und ein aktiviertes Elektroencephalogramm (EEG) gekennzeichnete Schlafphase, die sich zyklisch mit dem non-REM-Schlaf (NREM-Schlaf) abwechselt; die Weckschwelle ist vergleichsweise hoch. Besonderheit dieses Schlafstadiums ist die Instabilität vegetativer Funktionen, wie Herzfrequenz, Atmung und Blutdruck. Im REM-Schlaf wird die intensivste psychische Aktivität nachgewiesen, die sich in visuell und motorisch geprägten Erlebnisprozessen darstellt, z. T. in bizarrer Ausformung, wobei Einsicht, Urteilskraft und Kontrolle typischerweise dabei fehlen (Träume).

genauso, als höre man das Grölen und Pfeifen der Menge in der Südkurve eines Fußballstadions. Der an- und abschwellende Geräuschpegel ist gut vernehmbar, aber einzelne Stimmen kann man aus dem Lärm nicht heraushören.

Die erste wichtige Beobachtung war eine kleine, aber stetige Oszillation der neuronalen Aktivität mit einer Frequenz von etwa 40 Hertz (Hz). Llinás fand diese sanften 40-Hz-Oszillationen in allen Bereichen der Großhirnrinde; und sie standen in den verschiedenen Gehirnregionen in konstanter zeitlicher Relation zueinander, das heißt, sie schlugen im Takt, wie von einem Orchesterdirigenten geleitet. Diese geordnete Aktivität deutet darauf hin, dass diese Oszillationen in der einen oder anderen Weise alle zu einem einzigen System gehören, das dieses Verhalten hervorruft. Der Hauptkandidat für diese gemeinsame verbindende Struktur sind die rekurrenten Verbindungen. Davon unabhängige Versuche hatten nämlich bereits gezeigt, dass die Neuronen des intralaminären Kerns im Thalamus, wenn sie überhaupt aktiv sind, die Tendenz haben, mit einer Frequenz von 40 Hz zu feuern (das heißt, sie geben Salven von Aktionspotenzialen ab, sogenannte Bursts).

Nun aber zum interessanten Teil, den die folgende Abbildung verdeutlicht. Erstens wird diese konstante 40-Hz-Hintergrundoszillation während der normalen Wachperioden durch die große, unregelmäßig variierende allgemeine Neuronenaktivität überlagert (a). Diese spiegelt die starke Codierungsaktivität im Gehirn wider, die im Gegensatz zu den 40-Hz-Oszillationen in jedem Gehirngebiet anders aussieht. Inhalt und Bedeutung dieser kollektiven Aktivitäten sind durch das MEG natürlich nicht entschlüsselbar, denn wir hören einer großen Zahl von Zellen gleichzeitig zu. Aber genau wie bei der Menge im Fußballstadion bemerken wir zumindest, wenn ein Tor gefallen ist, also irgendetwas Wichtiges passiert. Und tatsächlich ändern sich diese Aktivitätsbursts im wachen Zustand deutlich, wenn zum Beispiel das Licht ausgeht oder Geräusche zu hören sind, wenn der Versuchsperson also Reize dargeboten werden. Die kognitive Aktivität, die man mithilfe der MEG in der Großhirnrinde registrieren kann, korreliert also wenigstens teilweise mit den Wahrnehmungsvorgängen im Gehirn.

Zweitens kann man die nicht invasive MEG-Technik auch benutzen, um dieselben kognitiven Systeme zu belauschen, wenn die Versuchsperson im Tiefschlaf kein Bewusstsein hat. Während des tiefen, sogenannten delta-Schlafs sind die 40-Hz-Oszillationen über den ganzen Cortex immer noch vorhanden, wenn die Amplitude der Schwingungen auch sehr klein ist (b). Die darüber liegenden Bursts der neuronalen Aktivität fehlen jetzt jedoch; die heftige Codierungsaktivität, die dieses gehirnweite rekurrente Repräsentationssystem im Wachzustand zeigt, ist vollständig verschwunden. Es sieht so aus, als ob

Was ist eigentlich ...

Magnetencephalographie, Verfahren zur Registrierung der magnetischen Aktivität des Gehirns mittels eines Magnetencephalographen. Wie alle elektrische Aktivität ist auch die des Gehirns von einem hierzu senkrecht stehenden magnetischen Feld begleitet. Dieses kann in gegenüber Störfeldern abgeschirmten Kammern mithilfe von sogenannten SQUIDs (Abk. für engl. *superconductive quantum interference device*) gemessen werden.

Was ist eigentlich ...

burst [engl. = Feuersalve], in der Elektrophysiologie ein Aktivitätsmuster, das durch den wiederholten Wechsel von Ruheperioden und Aktivitätsphasen (Salven) charakterisiert ist. Burstende Nervenzellen, sogenannte „Burster", bilden Gruppen von Aktionspotenzialen.

Neuronale Aktivität des Cortex im Wachzustand (a). Aktivität beim Tiefschlaf (b). Aktivität während der REM-Schlafperioden (c).

dieses große Teilsystem des Gehirns nichts mehr codiert; es ist „vorübergehend stillgelegt". Interessanterweise sind auch die Neuronen im intralaminären Kern des Thalamus während des Tiefschlafs inaktiv.

Drittens tritt diese heftige Aktivität auf, wenn die Versuchsperson in die Phasen des REM-Schlafs kommt – wenn sie also träumt. Wieder werden die 40-Hz-Oszillationen deutlich durch die nichtperiodische kollektive Neuronenaktivität überlagert. Auf dem MEG sieht es so aus, als habe die Versuchsperson ihr Bewusstsein wiedererlangt (c). Es gibt jedoch einen deutlichen Unterschied: Während des REM-Schlafs ist die Aktivität des Gehirns nicht mit Änderungen in der Umgebung der Testperson korreliert. Schwächere Lichter können an- und ausgehen, Geräusche können hörbar sein, aber all das wird im Fluss der neuronalen Aktivität nicht so registriert wie im Wachzustand. Welche „Geschichte" auch immer im träumenden Gehirn erzählt wird, sie wird intern erzeugt, nicht durch externe Wahrnehmung. Ort und Grundcharakter dieser Aktivität sehen im MEG aber fast genauso aus wie im Wachzustand.

Unsere Diskussion der ersten vier Haupteigenschaften des Bewusstseins hat uns bereits entscheidende Argumente dafür geliefert, dass rekurrente Netzwerke zur Generierung typischer Bewusstseinsphänomene in der Lage sind. Die Ergebnisse Llinás' lenken unsere Aufmerksamkeit auf ein gehirnumspannendes rekurrentes Netzwerk, das strahlenförmig vom intralaminären Kern ausgeht und zu diesem zurückläuft. Außerdem liefern sie uns modellhafte Vorstellungen von den Unterschieden und Gemeinsamkeiten von wachem Bewusstsein, Bewusstsein während des Träumens und Tiefschlaf.

Man sollte zudem erwähnen, dass die einseitige Schädigung des Thalamus, sowohl bei Versuchstieren als auch bei Patienten, einen halbseitigen Neglect verursacht, bei dem alle sensorischen wie motorischen Systeme auf der damit verbundenen Körperhälfte ausfallen – eine umfassende Agnosie und damit einhergehende Apraxie. Eine beidseitige Schädigung des intralaminären Kerns ruft ein tiefes und unwiderrufliches Koma hervor; das Bewusstsein erlischt vollständig. Obwohl der intralaminäre Kern weit unterhalb des Cortex liegt, mit dem er rekurrent verbunden ist, ist er offensichtlich für bewusste kognitive Aktivität essenziell. Wir fangen langsam an zu verstehen, warum: Das ganze rekurrente System kann seine komplexe Aktivität nicht aufrechterhalten, wenn dieser Knotenpunkt ausfällt, an dem alles zusammenläuft.

Das hier angedeutete Modell könnte auch erklären, warum die Aktionen und Episoden in unseren Träumen normalerweise einen so realistischen und prototypischen Charakter haben. Fehlen die üblichen Kontrollen des rekurrenten Netzwerks durch seine sensorischen Eingänge, dann bewegen sich die Vektoren offenbar hauptsächlich auf den Bahnen durch die Merkmalsräume, die schon vorher „ausgetreten" waren, nämlich denen der Prototypen. Hierzu gehören zweifellos die emotionalen und kognitiven Zustände, in denen sich der Träumer unmittelbar vor dem Schlaf befand, und die geringe Ruheaktivität, die jedes neuronale System zeigt. Insgesamt erklären sich auch Schlaf und Traum recht selbstverständlich aus den dynamischen Eigenschaften rekurrenter Netzwerke.

Schließlich: Warum gibt es mehrere verschiedene Sinnesorgane, aber nur ein gemeinsames Bewusstsein? Es gibt ein weit verzweigtes rekurrentes System mit einem zentralen Punkt, an dem alle Informationen zusammenlaufen, dem intralaminären Kern. Dieses rekurrente System wird mit Informationen aus allen sensorischen Cortexarealen gefüttert, die kollektiv in den Aktivitätsvektoren des Thalamus repräsentiert und dann von den dort ausstrahlenden Axonen wieder zurückgesandt werden. Die Repräsentationen in diesem rekurrenten System müssen folglich einen polymodalen Charakter besitzen. Dieses Arrangement ist auch mit der Beobachtung vereinbar, dass man bei Sauerstoffmangel oder in Narkose das visuelle Bewusstsein verlieren kann, während man das auditorische oder somatosensorische noch kurze Zeit behält.

Ein kleiner Teil der ganzen Wahrheit

Lassen Sie uns das bisher Besprochene kurz zusammenfassen. Wir haben ein spezielles rekurrentes Netzwerk charakterisiert, das folgende Eigenschaften und Fähigkeiten besitzen sollte: (1) objektbezo-

Was ist eigentlich ...

Agnosie [von griech. *agnosia* = Unkenntnis], teilweise oder vollkommene modalitätsspezifische Unfähigkeit, sensorische Reize wahrzunehmen. Agnosien können als eine spezifische Amnesie interpretiert werden und sind nicht erklärbar durch die Schädigung eines Sinnesorgans, eingeschränkte Wachheit oder intellektuelle Defizite. Ursachen sind vielmehr Läsionen spezifischer Hirnareale (meist corticale Rindenfelder).

Was ist eigentlich ...

Apraxie [von griech. *apraxia* = Untätigkeit], Unfähigkeit, Körperteile zweckmäßig zu bewegen, obwohl die Wahrnehmung und Bewegungsfähigkeit selbst intakt sind, also keine physiologische Schwäche vorliegt (wie z. B. eine Lähmung). Es handelt sich um eine Fehlfunktion der Steuerung von Bewegungen innerhalb des unmittelbaren persönlichen Raumes, nicht um eine Bewegungsstörung allgemein.

gen, variable Abklingzeit, Kurzzeitgedächtnis, (2) steuerbare Aufmerksamkeit, (3) variable Interpretationsfähigkeit, (4) eine von sensorischen Eingängen unabhängige kognitive Aktivität, (5) Tiefschlaf, (6) Träumen und (7) kollektive, polymodale kognitive Aktivität. In den Begriffen der Neuroinformatik können wir beschreiben, wie jede einzelne dieser Eigenschaften generiert wird, und es ist denkbar, dass die physischen Strukturen unseres Gehirns sie ebenfalls derart erzeugen. Unsere Hypothese sieht also folgendermaßen aus: Eine kognitive Aktivität taucht dann und nur dann in unserem Bewusstsein auf, wenn sie als Vektor oder Vektorsequenz innerhalb des weiträumigen rekurrenten Systems repräsentiert wird. Natürlich zeigt unser Gehirn viele andere Aktivitäten, aber nach unserem Modell sind diese nicht Teil unseres aktiven Bewusstseins.

Wir können diese Theorie testen, denn sie enthält etwas, das wir noch nicht über das Bewusstsein wussten und das vielleicht falsch ist. Sobald zum Beispiel die vom intralaminären Kern ausstrahlenden oder auf ihn zulaufenden Bahnen durchtrennt werden, sollte das Bewusstsein in diesem Organismus erlöschen. Eine teilweise Unterbrechung dieser Verbindungen zum einen oder anderen Areal der primären sensorischen Cortices sollte zum Verschwinden genau dieser Dimension der bewussten Wahrnehmung führen.

Ich weiß nicht, ob dieses Modell die richtige Erklärung für Bewusstsein ist, und Sie müssen es auch nicht glauben. Es besteht zwar eine gewisse Chance, dass dies der Fall ist, viel wahrscheinlicher ist es jedoch nur ein kleiner und noch unausgereifter Teil der ganzen Wahrheit. Und höchstwahrscheinlich liegt dieses Modell bei der Identifizierung der zentralen neurofunktionalen Strukturen, die für das Bewusstsein verantwortlich sind, völlig daneben. Das ändert aber nichts an dem Grund, den ich hatte, dieses Modell hier zu skizzieren. Ich wollte damit nämlich nur klarmachen, dass das vorgestellte Modell ein logisch mögliches neuroinformatisches Modell für Bewusstseinsphänomene darstellt. Es ist ein reales Beispiel dafür, wie man die beobachteten Phänomene des Bewusstseins systematisch und einheitlich rekonstruieren könnte. Das muss jedes Erklärungsmodell versuchen; die Frage, ob es wahr ist, ist dann eigentlich zweitrangig. Aber das Modell könnte richtig sein, und ob es bestätigt oder verworfen wird, wird davon abhängen, wie sich die empirische Forschung weiterentwickelt, und nicht davon, mit welchen Gemeinplätzen, Vorurteilen oder schlecht getarnter Dogmatik man das Thema beurteilt. Die vielen Facetten des Bewusstseins zu erklären, ist sicherlich eine entmutigende Aufgabe, aber es ist eine wissenschaftliche Fragestellung, bei der wir bereits erkennen können, wie sie anzugehen ist.

Lassen Sie uns nochmal auf die alte Streitfrage über die essenziell objektive Natur physischer Phänomene und das essenziell subjektive Wesen mentaler Phänomene zurückkommen. Wir erkennen jetzt, dass physische Phänomene nichts exklusiv Objektives an sich haben, da sie gelegentlich auch subjektiv erfasst werden können, besonders via „autokonnektiver" Wahrnehmung. Die physischen Zustände des Gehirns sind nicht immanent objektiver als die Materie des Körpers intrinsisch und immanent tot ist. Das hängt in beiden Fällen ganz davon ab, wie die physischen Strukturen organisiert sind und wie sie funktionieren.

Mentale Zustände haben auch nichts ausschließlich Subjektives an sich. Obwohl man sie in der Regel natürlich über die eigenen autokonnektiven Bahnen wahrnimmt, kann man sie durchaus auch auf anderen Wegen erfahren. Tatsächlich nehmen wir ständig von außen mentale Zustände anderer wahr: Meine Mitmenschen ziehen anhand meiner Worte, meines Gesichtsausdrucks und meines Verhaltens Rückschlüsse auf meinen Mentalzustand. Der zentrale Punkt hierbei ist, dass es einfach keinen Widerspruch zwischen einer objektiven und einer subjektiven Betrachtungsweise gibt; ein und derselbe Zustand kann beides – subjektiv und objektiv – sein.

Ich schließe diesen Beitrag, wie ich ihn begonnen habe, indem ich an die Ansichten des Astronomen Ptolemäus und des Philosophen Comte erinnere. Die Ironie lag in beiden Fällen darin, dass der „unerreichbare" Schlüssel zum Verständnis der großen Geheimnisse, vor denen sie standen, in Wirklichkeit ein zentraler und logischer Teil ihres alltäglichen Erfahrungsschatzes war: die Schwerkraft bei Ptolemäus und das Sonnenlicht bei Comte. Aber wie alltäglich diese Phänomene auch waren, sie blieben in ihrer Bedeutung unerkannt und unbeachtet, weil man nicht über das konzeptionelle oder theoretische Rüstzeug verfügte, um die richtigen Schlussfolgerungen zu ziehen.

Vermutlich ergeht es uns mit dem Bewusstsein und anderen mentalen Phänomenen nicht anders. Das „unerreichbare Wesen" des Bewusstseins ist klar im Alphabet neuronaler Aktivität beschrieben, die sich in unserem Gehirn und Nervensystem abspielt. Auch wir haben über unsere autokonnektiven Bahnen und kraft unserer Fähigkeit zur Selbstwahrnehmung dauernd Zugang zu großen Teilen dieser neuronalen Aktivität. Trotzdem erkennen wir das Bewusstsein nicht als das an, was es ist; eine Meisterleistung neuronaler Netzwerke! Denn noch fehlen uns die Konzepte und theoretischen Voraussetzungen, um das zu erkennen, was direkt vor unserer Nase liegt – oder vielmehr direkt hinter unserer Stirn.

Aus dieser Unkenntnis erwächst die populäre Annahme eines mysteriösen Dualismus oder, schlimmer noch, die Behauptung, Bewusstsein sei überhaupt niemals verstehbar. Aber während unsere derzeitige Lage ähnlich der von Ptolemäus oder Comte ist, muss es unsere Einstellung nicht sein. Wir können versuchen, das Gedankengebäude zu schaffen, das uns noch fehlt. Wir können hoffen, das ver-

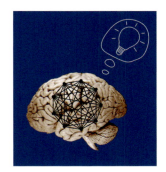

Ein komplexes neuronales Netzwerk, modelliert von Wissenschaftlern des MPI für Dynamik und Selbstorganisation, Göttingen.

schwommene Verständnis von unserer internen Realität in ein scharfes Bild zu verwandeln. Die dafür notwendigen Methoden bietet, wie so oft, die empirische Naturwissenschaft, und das notwendige theoretische Rüstzeug liegt vermutlich bereits in unseren Händen: Es sind die Aktivitätsvektoren und die parallel verteilte Verarbeitung in einem umfangreichen rekurrenten neuronalen Netzwerk.

Grundtext aus: Paul M. Churchland *Die Seelenmaschine. Eine philosophische Reise ins Gehirn*; Spektrum Akademischer Verlag (amerikanische Originalausgabe: *The Engine of Reason, the Seat of the Soul*; Massachusetts Institute of Technology; übersetzt von Markus Numberger).

Wissen, ohne zu wissen

Wie der Neuropsychologe Lawrence Weiskrantz bizarre Bewusstseinsstörungen erforscht

Ulrich Schnabel

Die Kitzelforschung gehört zwar nicht zu seiner Hauptbeschäftigung, dennoch hat Lawrence Weiskrantz dieses Fachgebiet um ein trickreiches Experiment bereichert. Das Problem lautet: Warum können wir uns nicht selbst kitzeln? Um das zu klären, ersann Weiskrantz einen Kitzelapparat, mit dem er seine Versuchspersonen an den Fußsohlen stimulierte. Der wissenschaftliche „Standardreiz" wird dabei von einem Metallstift erzeugt, der sich über einen Hebel sanft über die Füße der Probanden bewegen lässt. Erstaunlicherweise hängt die Wirkung des Streichelns davon ab, wer die Befehlsgewalt über den Hebel besitzt. Steuert ihn der Forscher, ruft die Fußsohlenbehandlung wohligste Schauer hervor, führt dagegen der Kitzelproband selbst den Hebel, erzielt der Reiz keinerlei Wirkung. Legen beide Hand an die Steuerung, ist die Reaktion mittelmäßig.

Der ungewöhnliche Versuch beweist zweierlei: Erstens hängen körperliche Wahrnehmung und Reaktion extrem vom Bewusstseinszustand ab, mit dem man eine Situation erlebt. Und zweitens offenbart sich dieses intime Wechselspiel zwischen Geist und Körper oft nur dann, wenn man ihm mit trickreichen Methoden zu Leibe rückt. Dies hat kaum jemand besser verstanden als der britische Neuropsychologe Lawrence Weiskrantz. Er wurde mit der Entdeckung des paradoxen *blindsight*-Phänomens berühmt: Blinde können mehr sehen, als ihnen bewusst ist. In ausgeklügelten Experimenten zeigte er nicht nur, dass physiologisch Blinde doch zum Sehen in der Lage sind, sondern auch, dass Patienten mit Gedächtnisverlust sich an Vergangenes erinnern – obwohl die Untersuchten jeweils steif und fest behaupten, gerade dies nicht mehr zu können. Damit hat Weiskrantz zugleich die alte philosophische Frage nach dem menschlichen Bewusstsein neu gestellt. In seinem Labor in Oxford hat er über ein Vierteljahrhundert lang erstaunliche Antworten darauf gefunden.

„Es ist ermutigend, wenn man keine Beweise findet, die die eigene Position erschüttern."

Dass er dennoch außerhalb der Fachwelt nahezu unbekannt ist, liegt am bescheidenen Wesen des inzwischen emeritierten Wissenschaftlers. Während andere Bewusstseinsforscher bereits großspurig behaupten, das Rätsel des menschlichen Denkens gelöst zu haben, sagt Weiskrantz mit leiser Ironie: „Es ist ermutigend, wenn man keine Beweise finden kann, die die eigene Position erschüttern – aber nicht jedermann sucht ausdrücklich nach solchen Beweisen." Er selbst hält die Behauptung, die Lösung für „das dornenreiche Problem der bewussten Wahrnehmung" gefunden zu haben, für „extrem anmaßend" und hofft lediglich, seine Ergebnisse seien einigermaßen „hilfreich". Das ist mehr als Understatement. Denn Weiskrantz' Experimente haben die Bewusstseinsforschung stärker vorangebracht als viele halb gare Spekulationen seiner Kollegen. Doch erst jetzt, nach über 30 Forschungsjahren, hat er es gewagt, so etwas wie eine Bewusstseinstheorie zu entwickeln, die er in seinem Buch *Consciousness Lost and Found* darlegt.

In den Tiefen des Gehirns scheint es unbewusste Erinnerungsspuren zu geben

Darin beschäftigt er sich mit fast allen nur denkbaren Folgen spezifischer Gehirnschäden. Denn der Ausfall bestimmter Hirnregionen – durch Unfall, Krankheit oder Operation – kann zu ebenso tragischen wie lehrreichen Bewusstseinsstörungen führen. Manche Patienten verlieren die Fähigkeit, bekannte Gesichter zu erkennen (Prosopagnosie), andere nehmen nur noch Dinge in der rechten Hälfte ihres Gesichtsfelds wahr und bewegen sich quasi in einer halbierten Welt (Neglect-Syndrom), wieder andere können Wörter zwar buchstabieren, aber nicht mehr verstehen (Dyslexie) oder scheitern an der Grammatik der Sprache (Broca-Aphasie). Wie Weiskrantz herausfand, ist vielen dieser Fälle eines gemeinsam: Die Patienten verfügen zwar nicht mehr bewusst über die jeweiligen Kapazitäten, können sie aber dennoch nutzen.

Das zeigen etwa Versuche mit Probanden, die ihr Gedächtnis verloren haben. Ihre Erinnerung, so erklärt Weiskrantz, ist so löchrig, „als ob sie mit Zaubertinte geschrieben" sei. Unterhält man sich mit ihnen und verlässt kurz den Raum, so erkennen sie einen bei der Rückkehr nicht wieder. Bilder, die sie vor wenigen Minuten gesehen haben, erscheinen ihnen gänzlich unbekannt. Da die Patienten steif und fest behaupten, sich an nichts erinnern zu können, greift Weiskrantz zu einer List. Er präsentiert ihnen das Bild eines Gegenstands (etwa eines Flugzeugs) in stark fragmentierter Form und setzt es erst nach und nach zur Endform zusammen. Wiederholt er den Versuch einige Tage oder Wochen später, dann geben die Patienten zwar wie gewohnt an, das Bild noch nie gesehen zu haben. Sollen sie jedoch raten, was das erste Bildfragment darstellen könnte, so tippen sie mit hoher Wahrscheinlichkeit auf „Flugzeug". Offenbar ist in den Tiefen ihres Gehirns doch noch eine Erinnerungsspur vorhanden, ohne dass es ihnen tatsächlich zu Bewusstsein kam.

„Auf dieses Resultat reagierten wir zunächst einmal mit ungläubigem Staunen", erzählt Weiskrantz heute. „Das konnte einfach nicht sein." Doch wiederholte Experimente bestätigten die erstaunliche Beobachtung. So legte er seinen Probanden beispielsweise Rätsel vor wie: „Der Heuhaufen war hilfreich, weil das Tuch riss." Die richtige Antwort („Fallschirm") fanden beim zweiten Mal auch Patienten, die angaben, die seltsame Frage nie gehört zu haben. „Heute wissen wir, dass man für nahezu alle Bereiche menschlichen Denkens, die von Hirnschädigungen beeinträchtigt sein können, Patienten findet, bei denen diese Kapazität vorhanden ist – ohne dass sie es wissen", sagt Weiskrantz.

Entsteht Bewusstsein erst, wenn man darüber reden kann?

Besonders bekannt wurde der Neuropsychologe für die Erforschung eines Phänomens, das er *blindsight* – Blindsehen – nennt. Von Affen wusste man, dass sie ihre Umwelt wahrnehmen, auch wenn ihnen operativ jene Teile der Großhirnrinde entfernt werden, die optische Reize verarbeiten. War dagegen bei Menschen der visuelle Cortex zerstört, blieben sie schlicht blind. Dies wurde lange Zeit als Hinweis auf das höher entwickelte Gehirn des *Homo sapiens* gedeutet. Der menschliche Denkapparat galt gegenüber dem tierischen als komplexer – und damit anfälliger.

Erst in den siebziger Jahren gaben sich die Wissenschaftler nicht mehr damit zufrieden, von ihren Patienten die immer gleiche Antwort zu hören: „Ich sehe nichts." Daher stimulierte man ihr blindes Gesichtsfeld mit kurzen Lichtreizen und zwang sie zu raten, wo sie den Reiz vermuteten. Die Blinden wiesen eine erstaunliche Trefferquote auf. Von diesem Ergebnis inspiriert, förderte Lawrence Weiskrantz weitere erstaunliche Fähigkeiten der vermeintlich Blinden zutage. Sollten sie raten, welche Figuren er in ihrem blinden Gesichtsfeld präsentierte, trafen sie mit großer Sicherheit das richtige Ergebnis. Niemand konnte ihnen ein X für ein U vormachen. Sie deuteten auf die richtigen Dinge, obwohl sie glaubhaft versicherten, diese nicht zu sehen. Damit erschienen auch die Tierexperimente plötzlich in anderem Licht. Bald stellte sich heraus, dass auch die Affen „blindsehen", wenn ihr visueller Cortex zerstört ist.

Manchmal kann es fatale Folgen haben, zu sehr bewusst zu sein

„Es reicht also nicht, nur das Verhalten von Tieren oder Menschen zu beobachten, um herauszufinden, ob sie sich einer Sache bewusst sind", schließt Weiskrantz daraus. Bei der Erforschung des flüchtigen Phänomens Bewusstsein gelte gewissermaßen eine umgekehrte Heisenbergsche Unschärferelation. „Die Botschaft von Werner Heisenberg lautete: Eine Messung verändert oder zerstört das zu beobachtende Phänomen. Meine Botschaft lautet: Das Phänomen Bewusstsein wird überhaupt erst durch die Fähigkeit erzeugt, darüber eine messbare Aussage formulieren zu können."

Doch nicht nur der Verlust der bewussten Wahrnehmung kann fatale Folgen haben. Paradoxerweise kommt einem mitunter auch ein Zuviel des Guten in die Quere. In seinem Buch gibt Weiskrantz beispielsweise einen todsicheren Tipp, um einen Konkurrenten beim Golf zu verwirren: Man lobe den Gegner nach einem guten Schlag überschwänglich und bitte darum, das Geheimnis seiner Technik erfahren zu dürfen. Am besten zücke man dazu eine anatomische Zeichnung und fordere den Spieler auf, genau zu erläutern, welcher Muskel wann und wie benutzt wurde. Im Allgemeinen reiche dies aus, meint Weiskrantz, um bei dem bedauernswerten Opfer die unbewusst automatisierte Fertigkeit gründlich zu zerstören.

Dass er sich einmal mit derart grundlegenden Fragen beschäftigen würde, hätte der zurückhaltende Brite selbst nicht gedacht. „Als ich jung war, gehörten Fragen nach dem Bewusstsein für mich zur Metaphysik." Doch der Umgang mit Patienten hat ihn zum Umdenken gezwungen. „Wer selbst unter *blindsight* leidet, weiß, wie wichtig das Bewusstsein ist. Versuchen Sie einmal, einen hirngeschädigten Patienten vom Gegenteil zu überzeugen."

Aus: DIE ZEIT Nr. 6, 3. Februar 2000

Für bewusstes Erleben ist nur ein bestimmter Typ von Nervenzellen im Gehirn verantwortlich. Davon sind **Christof Koch** und **Francis Crick** überzeugt. Koch arbeitet am California Institute of Technology mit Mäusen, bei denen er versucht, Nervenzellen so zu verändern, dass er sie durch die Gabe einer Droge für bestimmte Zeit, etwa eine halbe Stunde, ausschalten kann.

Seine Idee vermittelt der provozierende Neurowissenschaftler mit einem sehr ernst gemeinten Gedankenexperiment. Wenn Bewusstsein nur von wenigen Zellen erzeugt wird, also quasi eine zusätzliche Eigenschaft eines Gehirns ist, das die komplexe Interaktion mit der Umwelt auch ohne Bewusstsein bewältigt, könnte es denkbar sein, dass unter uns Zombies leben. Menschen, die sich äußerlich ganz normal benehmen, aber sich ihres Tuns überhaupt nicht bewusst werden. Wohlgemerkt: Das ist ein Gedankenexperiment, und als solches verweist Koch es gern wieder in das Fachgebiet jener Philosophen, die es ersonnen haben. Dennoch, schreibt Koch, gebe es offenbar einen Zombie in uns. Viele Dinge, die wir tun, gehen nicht mit bewusstem Erleben oder Entscheiden einher.

Zombiesysteme nennt Christof Koch daher jene neuronalen Schaltkreise, die uns husten lassen, wenn ein Fremdkörper unsere Atemwege reizt, die unser Körpergleichgewicht regeln. Das Nicht-Bewusste, der Zombie in uns, so hofft Koch, wird uns näher bringen, was eigentlich Bewusstsein ist.

Christof Koch wagt eine provozierende Prognose: Dieses Rätsel des Bewusstseins könne möglicherweise über Nacht gelöst werden. So wie sein langjähriger Mitdenker Francis Crick gemeinsam mit James Watson die Struktur der Erbsubstanz und mit ihr die molekulare Basis der Vererbung aufklärte – und dafür den Medizin-Nobelpreis erhielt.

Christof Koch und Francis Crick

Das Nicht-Bewusste oder der Zombie in uns

Von Christof Koch

> An diesem Punkt wäre es, abgesehen von dem nagenden Wunsch, immer in Belqassims Nähe zu sein, hart für sie gewesen zu wissen, was sie fühlte. Schon vor langem hatte sie ihre Gedanken durch lautes Sprechen in eine Richtung gelenkt, und sie hatte sich daran gewöhnt zu handeln, ohne sich dieses Handelns bewusst zu sein. Sie tat nur das, was sie eben gerade tat.
>
> Aus *Der Himmel über der Wüste* von Paul Bowles

Unter uns könnten Zombies leben – das behaupten zumindest einige Philosophen. Diesen fiktiven Geschöpfen fehlt jedes subjektive Gefühl, doch sie verfügen über Verhaltensweisen, die denjenigen ihrer normalen bewussten Gegenstücke entsprechen. Ein Zombie zu sein, fühlt sich nach nichts an. Sie wurden von Philosophen einfach so erfunden, um das paradoxe Wesen von Bewusstsein zu illustrieren. Einige argumentieren, die logische Möglichkeit ihrer Existenz impliziere, dass Bewusstsein nicht aus den Naturgesetzen des Universums folge, sondern dass es ein Epiphänomen sei. Von diesem Standpunkt aus macht es keinen Unterschied, ob Personen etwas fühlen oder nicht, weder für sie selbst noch für ihre Nachkommen noch für die Welt als Ganzes.

Francis Crick und mir erscheint dieser Standpunkt unfruchtbar. Wir interessieren uns für die reale Welt, nicht für ein logisch mögliches Niemandsland, in dem Zombies herrschen. Und in der realen Welt hat die Evolution Organismen mit subjektiven Gefühlen hervorgebracht. Diese bergen einen bedeutenden Überlebensvorteil, denn Bewusstsein geht Hand in Hand mit der Fähigkeit zu planen, verschiedene Handlungsmöglichkeiten durchzuspielen und eine davon auszuwählen.

Hochinteressant aber ist die Beobachtung, dass mir viel von dem, was sich in meinem Kopf abspielt, entgeht. Während ich älter werde und über die Erfahrungen nachsinne, die ich im Laufe meines Lebens gemacht habe, dämmert mir, dass große Teile meines Lebens jenseits der Grenzen des Bewusstseins liegen. Ich tue Dinge – komplizierte Dinge wie Auto fahren, reden, ins Sportstudio gehen, kochen – automatisch, ohne darüber nachzudenken.

Was ist eigentlich ...

Epiphänomenalismus, die Betrachtung von Gedanken als Produkte körperlicher Vorgänge, wobei weder die Gedanken auf den Körper zurückwirken noch zwischen den Gedanken selbst ursächliche Zusammenhänge bestehen. Der Epiphänomenalismus unterscheidet also die Bereiche Geist und Körper und erlaubt keine Reduktion des einen auf den anderen, nimmt jedoch an, dass die Gehirnprozesse das Eigentliche sind und die geistigen Vorgänge ein reines Epiphänomen.

Versuchen Sie sich beim nächsten Mal, wenn Sie reden, selbst zu beobachten. Sie werden gut formulierte Sätze hören, die aus Ihrem Mund strömen, ohne zu wissen, welche Wesenheit sie mit der entsprechenden Syntax gebildet hat. Ihr Gehirn kümmert sich darum, ohne dass Sie sich bewusst bemühen müssten. Sie mögen sich daran erinnern, diese Anekdote oder jene Beobachtung zu erwähnen, aber das bewusste „Sie" produziert die Worte nicht oder setzt sie in die richtige Reihenfolge.

Nichts davon ist neu. Das Unterbewusste, das Nicht-Bewusste – nach dem Ausschlussprinzip definiert als alles, was im Gehirn vor sich geht und nicht hinreichend ist für bewusste Gefühle, Empfindungen oder Erinnerungen – ist seit Ende des 19. Jahrhunderts ein wissenschaftliches Thema. Friedrich Nietzsche (1844–1900) war der erste große westliche Denker, der die dunkleren Winkel unbewusster menschlicher Wünsche erkundete, andere zu beherrschen und Macht über sie zu gewinnen, oft verkleidet als Mitleid. In der medizinisch-literarischen Tradition verwandte Sigmund Freud (1856–1939) sein Leben darauf, die Existenz von unterdrückten Wünschen und Gedanken und ihre unheimliche Fähigkeit darzulegen, Verhalten auf verborgene Weise zu beeinflussen.[1]

Die Wissenschaft hat überzeugende Beweise für eine ganze Menagerie sensomotorischer Prozesse geliefert, die ich *Zombies* oder *Zombiesysteme* nenne und die ohne direktes bewusstes Empfinden oder Kontrolle Routineaufgaben erledigen. Man kann sich der Handlungen eines Zombies durch internes oder externes Feedback bewusst werden, aber gewöhnlich erst nach dem Ausführen der Handlung. Anders als die Zombies der Philosophen oder der Voodoopriester agieren Zombiesysteme ständig in uns allen.

Diese Wesen haben eine unselige praktische Konsequenz: Die bloße Existenz von scheinbar komplexem Verhalten besagt nicht unbedingt, dass das Subjekt Bewusstsein hat. Zum Kummer von Haustierbesitzern wie auch von frischgebackenen Eltern könnte es sein, dass das freudige Schwanzwedeln des Hundes oder das strahlende Lächeln des Kleinkindes automatische Reaktionen sind. Um auf Bewusstsein zu schließen, müssen zusätzliche Kriterien herangezogen werden.

Porträt

Nietzsche, Friedrich Wilhelm, Altphilologe und Philosoph, * 15.10.1844 Röcken, † 25.8.1900 Weimar; spätestens mit Friedrich Nietzsche begann in der philosophischen Betrachtung eine Aufwertung der Gefühle. Er schrieb den Emotionen sogar eine eigene Intelligenz zu, sah Rationalität und Emotionalität also nicht mehr als Gegensätze, sondern komplementär, und hielt Vernunftglauben für Eskapismus.

Was ist eigentlich ...

Zombie, in der Voodoo-(Wodu-)Religion eine Schlangengottheit; auch die Kraft, die einen Toten wieder belebt, oder der wieder belebte Tote selbst; in Horrorfilmen ein eigentlich Toter, der ein willenloses Werkzeug dessen ist, der ihn zum Leben erweckt hat.

---

[1] Im Allgemeinen vermeide ich den Begriff „unbewusst" wegen seiner Freudianischen Untertöne und bevorzuge den neutraleren Begriff „nicht bewusst", wenn es um Operationen und Berechnungen geht, die für einen phänomenalen Inhalt nicht hinreichend sind.

Zombies im Alltag

In gewissem Sinne sind Zombies wie *Reflexe*. Zu den einfachen Reflexen gehören *Blinzeln*, wenn sich etwas in Ihrem Blickfeld abzeichnet, *Husten*, wenn Ihre Atemwege belegt sind, *Niesen*, wenn die Nase juckt, oder *Erschrecken* aufgrund eines plötzlichen Geräusches oder einer unerwarteten Bewegung. Sie werden sich dieser Reaktionen möglicherweise erst dann bewusst, wenn sie geschehen. Diese Reflexe sind schnell, automatisch und hängen von Schaltkreisen im Rückenmark oder im Hirnstamm ab. Man kann sich Zombieverhalten als flexible und adaptive Reflexe vorstellen, an denen höhere Zentren beteiligt sind. In diesem Beitrag soll ihr Modus operandi bei gesunden Menschen beschrieben werden.

> **Was ist eigentlich ...**
>
> Reflex [von latein. *reflexus* = Zurückbiegen], Bezeichnung für einen Reiz-Reaktions-Zusammenhang, bei dem ein bestimmter Reiz bei allen Individuen einer Art dieselbe, relativ gleichförmige bis stereotype, nervös ausgelöste Reaktion hervorruft. An jedem Reflex sind ein Rezeptor und ein Effektor beteiligt, die durch Nerven zu einem Reflexbogen miteinander verbunden sind.

Augenbewegungen

Viele Kerne und Netzwerke sind auf das Bewegen der Augen spezialisiert. Im Großen und Ganzen tun sie dies stumm, ohne dass es uns bewusst würde. Der Neurophysiologe Melvyn Goodale von der University of Western Ontario in Kanada und zwei seiner Kollegen demonstrierten dies sehr eindringlich auf folgende Weise: Eine Versuchsperson saß im Dunkeln und fixierte eine einzelne Leuchtdiode. Wenn das zentrale Licht ausgeschaltet wurde und in der Peripherie wieder auftauchte, richtete die Versuchperson ihren Blick durch eine rasche Augenbewegung – eine Sakkade – auf die neue Position. Da die Augen gewöhnlich zu kurz springen, kompensieren sie den Fehler mit einer zweiten Sakkade, die sie direkt auf das Ziel richtet. Das ist ihre Aufgabe.

Manchmal bewegten die Forscher das Licht ein zweites Mal, während die Augen der Versuchsperson mit ihrer Sakkade beschäftigt waren. Da das Sehen während dieser raschen Augenbewegungen teilweise ausgeschaltet ist (sakkadische Unterdrückung), bekam die

> **■ Sakkadische Unterdückung oder warum Sie nicht sehen können, ■
> dass sich Ihre Augen bewegen**
>
> Stabilität und Schärfe der visuellen Welt während Augenbewegungen sind eine Folge zahlreicher Prozesse, einschließlich sakkadischer Unterdrückung, ein Mechanismus, der sich auf das Sehen während Augenbewegungen auswirkt. Sie können sakkadische Unterdrückung erleben, wenn Sie sich vor einen Spiegel stellen und zuerst Ihr rechtes, dann Ihr linkes Auge fixieren, immer hin und her. Es wird Ihnen nie gelingen, Ihre Augen „unterwegs" zu überraschen. Ihre Augen bewegen sich nicht zu schnell, denn Sie können problemlos die Sakkaden im Auge eines anderen erkennen. Während der Zeitspanne, in der sich Ihr Auge sakkadisch bewegt, ist das Sehen teilweise abgeschaltet. Das eliminiert das Verschwimmen und das Gefühl, dass die Welt dort draußen mehrmals pro Sekunde hin und her hüpft.

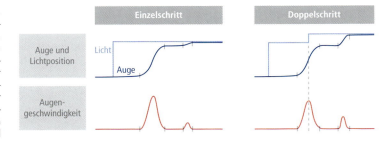

Das Sehen lässt sich täuschen, aber nicht die Augen. Versuchspersonen bewegen ihre Augen, wenn ein Licht seine Position wechselt (links); eine erste, große Sakkade, gefolgt von einer kleineren, korrigierenden Augenbewegung, um das Ziel auf der Fovea scharf zu stellen. Bei einigen Versuchsdurchgängen (rechts) wird das Licht, während die Augensakkade bereits begonnen hat, erneut bewegt. Die Versuchspersonen sehen diesen Sprung in der Position des Lichtes nicht; dennoch kompensieren ihre Augen die perzeptuell unsichtbare Verlagerung.

Versuchsperson die Verschiebung der Zielposition nicht mit und musste raten, in welche Richtung sich das Ziel verschoben hatte. Dennoch verloren die Augen der Versuchsperson keine Zeit und führten eine Sakkade der richtigen Größenordnung zum neuen Ziel aus. Die Augen der Versuchsperson wussten etwas, dass die Person nicht wusste.

Das Sakkadensystem reagiert außerordentlich empfindlich auf Positionsveränderungen des Zieles. Angesichts seiner hohen Spezialisierung besteht kaum Anlass, in seine stereotypen Aktionen Bewusstsein einfließen zu lassen. Wenn Sie sich jeder Augenbewegung bewusst werden, sie planen und ausführen müssten, könnten Sie kaum etwas anderes tun. Warum das Erleben mit diesen Details überfüllen, wenn sie von Spezialisten ausgeführt werden können?

Körpergleichgewicht

Andere nicht bewusste Zombies kontrollieren Kopf-, Gliedmaßen- und Körperhaltung. Wenn Sie sich auf der Straße Ihren Weg durch eine Menge von Kauflustigen bahnen, passen sich Ihr Rumpf, Ihre Arme und Beine der Situation ständig an, sodass Sie aufrecht bleiben und niemanden anrempeln. Sie denken sich nichts bei diesen Aktionen, die ein Timing in Sekundenbruchteilen und ein perfektes Zusammenspiel von Muskeln und Nerven erfordern – etwas, das bis heute keine Maschine auch nur annähernd fertig bringt.

In einem einfallsreichen Experiment stellten Psychologen ihre Versuchspersonen in einen künstlichen Raum, dessen Styroporwände an der Decke eines größeren Raumes aufgehängt waren. Als sich die Schaumstoffwände sachte um ein paar Millimeter vor- und zurückbewegten, passten die Versuchspersonen ihre Haltung an, indem sie sich synchron hin- und herwiegten. Die meisten bemerkten die Bewegung der Wände und die kompensatorischen Haltungsanpassungen ihres Körpers gar nicht.

Die Netzwerke, die Körperbalance und -haltung vermitteln, erhalten ständig aktualisierte Informationen von vielen Sinnesmodalitäten, nicht nur von den Augen. Das Innenohr kümmert sich um Kopfdrehungen und Linearbeschleunigung, während Myriaden von Bewegungs-, Positions- und Drucksensoren in Haut, Muskeln und Gelenken die Lage des Körpers im Raum überwachen. All diese Information steht hoch koordinierten, aber nicht bewussten Zombiesystemen zur Verfügung, die verhindern, dass Sie mit dem sich nähernden Radfahrer kollidieren oder dass Sie das Gleichgewicht verlieren, wenn Ihnen ein Freund plötzlich kräftig auf den Rücken schlägt.

Die Steilheit eines Hügels abschätzen

Haben Sie sich auf einer Fahrt durch die Berge schon einmal über die „offensichtliche" Diskrepanz zwischen dem auf den Verkehrschildern angegebenen Gefälle und Ihrem Gefühl gewundert, die Neigung sei viel stärker? Der Psychologe Dennis Proffitt von der University of Virginia in Charlottesville hat diese beiläufige Beobachtung bestätigt. Es handelt sich dabei um nur eines von vielen erstaunlichen Beispielen für ein Auseinanderklaffen von Wahrnehmung und Handlung.

Am Fuß von Hügeln befragten Proffitt und seine Assistenten 300 vorbeikommende Studenten nach dem Gefälle, wobei sie verbale, visuelle und manuelle Maße verwandten. Im Rahmen der visuellen Beurteilung sollten die Versuchspersonen eine Scheibe, die hinter einem verborgenen Winkelmesser montiert war, so einstellen, wie es ihrer Meinung nach der Steilheit des deutlich sichtbaren Hügels entsprach. Im manuellen Modus justierten die Versuchspersonen eine geneigte Fläche, während eine Hand flach ausgestreckt auf einem Stativ ruhte. Um „Kontamination" durch Sehen zu vermeiden, wurden sie daran gehindert, ihre Hand zu sehen.

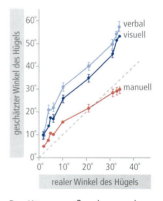

Visuell und verbal überschätzten die Versuchspersonen das Gefälle der Hügel stark, bewegten sich aber in der richtigen Größenordnung, wenn sie die Steilheit mit der Hand angaben.

Bemerkenswerterweise hängt das Ungleichgewicht zwischen dem wahrgenommenen Gefälle eines Hügels und visuell gesteuerten Handlungen, wie Hand- oder Fußplatzierung, vom physiologischen Zustand des Individuums ab. Die visuelle und verbale Überschätzung der Hügelsteilheit stieg nach einem anstrengenden Lauf um mehr als ein Drittel, während die Schätzung per blinder Hand unbeeinflusst blieb. Wenn man erschöpft ist, sehen Hügel daher steiler aus, als sie im ausgeruhten Zustand wirken. Was man bewusst sieht, ist nicht das, was die eigenen Handlungen leitet.

Der Körper weiß es besser als das Auge. Versuchspersonen gaben die Steilheit eines Hügels verbal, aufgrund visueller Einschätzung oder durch entsprechende Neigung ihrer flachen, ausgestreckten Hand an. Während sie im letzteren Fall ziemlich richtig lagen, überschätzten sie das Gefälle bei der verbalen oder visuellen Bewertung durchgängig.

Nachtwandern

Ich verbrachte einen Teil des Sommers 1994 am Santa Fe Institute for Complexity in New Mexico. Sandra Blakeslee, eine dort lebende Wissenschaftsjournalistin, überzeugte mich, an einer nächtlichen Tour teilzunehmen, die von den Psychotherapeuten und Schriftstellern Nelson Zink und Stephen Parks geleitet wurde. Ich ging einer faszinierenden Erfahrung entgegen, die vielleicht ein weiteres Beispiel für ein von der bewussten Wahrnehmung losgelöstes visuo-motorisches Verhalten ist.

Wir versammelten uns am Grund eines Canyons weit außerhalb der Stadt. Der mondlose Nachthimmel war klar und funkelte von Sternen. Die Sichtweite war also gering, betrug aber nicht Null. Wir trugen Baseballkappen mit einem nach vorn herausragenden Draht, der am Ende eine phosphoreszierende Kugel trug. Aufgeladen durch eine Taschenlampe, glühte die Kugel minutenlang schwach. Der Trick bestand darin, aufrecht in die Dunkelheit zu schreiten, während man auf die von der Kappe baumelnde Kugel blickte, und den Blick trotz des Dranges, den Boden in Marschrichtung zu inspizieren, darauf fixiert zu halten. Zunächst bewegte ich mich behutsam über den sandig-felsigen Grund und tastete ihn mit meinen Füßen ab, bevor ich mein volles Körpergewicht darauf setzte. Nach überraschend kurzer Zeit wurde ich jedoch selbstsicherer und schritt vergleichsweise zügig über den unebenen Boden, während ich die ganze Zeit die Kugel fixierte. Schließlich wurde die Kugel überflüssig, und es reichte aus, den fernen Horizont oder einen Stern zu fixieren, um das zentrale Sehen davon abzuhalten, beim Platzieren der Füße zu helfen.

Eine Erklärung für dieses *Nachtwandern* ist, dass Information, die in gewisser Entfernung gesammelt worden ist, implizit gespeichert wird und das Setzen der Füße lenkt, sobald diese Position erreicht ist. Das wäre in diesen Canyons voller Sandhügel, Löcher und Flussbetten eine beeindruckende Leistung. Eine andere Möglichkeit wäre, dass die visuelle Peripherie ganz unten den Winkel der Fußplatzierung kontrolliert, ebenso die Höhe, in die Füße gehoben werden müssen, damit die Zehen nicht gegen Felsen stoßen, ohne dass etwas davon ins visuelle Bewusstsein dringt. Die Repräsentation des visuellen Feldes im Colliculus superior erstreckt sich gerade noch bis zu den Füßen, daher hat das Nervensystem zu dieser Information Zugang.[2] Es gibt wenig Anlass, Objekte am Rande des Sehens zu klassifizieren; das würde erklären, warum sich das bewusste Sehen nicht bis dahin erstreckt.

Was ist eigentlich ...

Colliculus superior, obere Hügelplatte im Mittelhirndach; der Colliculus superior ist das wichtigste visuelle Verarbeitungszentrum bei Fischen, Amphibien und Reptilien. Bei Primaten ist ein Großteil seiner Funktion vom Cortex übernommen und erweitert worden. Dennoch spielt der Colliculus superior auch weiterhin eine wichtige Rolle bei Orientierungsreaktionen wie auch bei Augen- und Kopfbewegungen. So ist der Colliculus entscheidend an den raschen Augenbewegungen beteiligt, die als Sakkaden bezeichnet und die von Primaten ständig durchgeführt werden. Der Colliculus superior signalisiert den Unterschied zwischen dem Ort, auf den die Augen momentan gerichtet sind, und demjenigen, auf den sie sich als nächstes richten werden.

---

[2] Rezeptive Felder in der ventralen *vision-for-perception*-Bahn konzentrieren sich auf oder um die Fovea.

Diese Ideen ließen sich überprüfen, indem man das Ausmaß bestimmt, in dem das untere periphere Feld Hinweise für die Navigation bei schlechten Lichtverhältnissen liefert. Wie gut können nächtliche Wanderer die Oberflächenneigung oder die Höhe von Hindernissen auf dem Boden beschreiben? Wie sehen diese subjektiven Urteile im Vergleich zur tatsächlichen Platzierung der Füße aus? Wissen die Füße etwas, was das phänomenale Sehen nicht weiß?

Visuelle Wahrnehmung unterscheidet sich von visuellem Handeln

Der Neurophysiologe David Milner an der University of Durham in England und Melvyn Goodale plädieren für eine Vielzahl von visuomotorischen Systemen, von denen jedes ein spezifisches Verhalten kontrolliert, etwa Augenbewegungen, Haltungsanpassungen, Handgreifen oder -zeigen, Fußplatzierung und so weiter, jedoch keines bewusstes Empfinden auslöst. Stellen Sie sich vor, jedes dieser Systeme würde eine hochspezialisierte Berechnung in Echtzeit durchführen. Milner und Goodale bezeichnen sie als Online-Systeme. Diese visuo-motorischen Verhalten befassen sich mit dem Hier und Jetzt. Sie benötigen keinen Zugang zum Arbeitsgedächtnis oder zum deklarativen Gedächtnis. Das ist nicht ihre Aufgabe. Psychophysiologische Experimente zeigen recht schlüssig, dass eine erzwungene Verzögerung von 2–4 Sekunden zwischen einem kurzen visuellen Input und einer erforderlichen Hand- oder Augenbewegung eine andere räumliche Karte der Welt anzapft, nahe der, die von der visuellen Wahrnehmung eingesetzt wird, und recht anders als jene, die eingesetzt wird, um eine beinahe unmittelbare motorische Reaktion auszuführen.

Diese visuo-motorischen Systeme sind wie eine Armee von Zombiesystemen. Parallel dazu operieren die Netzwerke, die Objektklassifikation, Erkennen und Identifizieren vermitteln – also jene Netzwerke, die für bewusste Wahrnehmung verantwortlich sind.

Weil Online-Systeme dem Organismus helfen, seinen Weg sicher durch die Welt zu finden, brauchen sie Zugang zur tatsächlichen Position eines Zieles relativ zum Körper. Andererseits muss Wahrnehmung Dinge erkennen und sie als „verdorbene Banane", „errötendes Gesicht" und dergleichen klassifizieren. Diese Objekte können weit weg sein oder in der Nähe und müssen im vollen Licht der Mittagssonne ebenso erkannt werden wie in der Dämmerung, sodass die Objektwahrnehmung für Entfernung, Umgebungsbeleuchtung, genaue Position auf der Retina (Netzhaut) und so weiter invariant sein muss. Infolgedessen ist die *räumliche* Position dessen, was Sie bewusst sehen, nicht so präzise wie die Information, die Ihrem nicht bewussten

Was ist eigentlich ...

Psychologen unterscheiden zwei Hauptkomponenten des Kurzzeitgedächtnisses: das unmittelbare oder primäre Gedächtnis und das Arbeitsgedächtnis. Das unmittelbare Gedächtnis enthält die Informationen, die gerade wahrgenommen werden und im Fokus der Aufmerksamkeit stehen, d. h. bewusst sind. Seine Kapazität ist sehr begrenzt – es können gewöhnlich sieben plus/minus zwei Einheiten (*chunks*) erinnert werden. Die zeitliche Ausdehnung des unmittelbaren Gedächtnisses ist das Arbeitsgedächtnis. In ihm wird die aktuell verfügbare Menge von Informationen und Such-, Entscheidungs- bzw. Lösungsstrategien während der Beschäftigung mit einer Aufgabe bereitgehalten.

Milners und Goodales Hypothese von den zwei visuellen Systemen

	Zombiesysteme	**Sehsystem**
visueller Input	einfach	kann komplex sein
motorischer Output	stereotype Reaktionen	viele Reaktionsmöglichkeiten
minimale Verarbeitungszeit	kurz	länger
Auswirkung von einigen Sekunden Verzögerung	arbeitet nicht	kann dennoch arbeiten
bewusst	nein	ja

Zombie zugänglich ist, der die nächste Bewegung plant. Vom Standpunkt der Informationsverarbeitung aus ergibt diese Strategie durchaus Sinn. Die neuronalen Algorithmen, die nötig sind, um die Hand auszustrecken und nach einem Werkzeug zu greifen (Sehen, um zu handeln: *vision for action*) operieren in Bezugsrahmen und haben Invarianzen, die sich von den Operationen unterscheiden, welche das Objekt als Hammer identifizieren (Sehen, um wahrzunehmen: *vision for perception*).

Im normalen Alltagsablauf sind Zombiesysteme eng mit den Netzwerken verknüpft, die Wahrnehmung vermitteln. Was Sie wahrnehmen, lernen oder erinnern, ist ein Geflecht von nichtbewussten und bewussten Prozessen, und ihre jeweiligen Anteile zu trennen, ist nicht einfach. Das Problem, bewusstes von nichtbewusstem Verhalten zu trennen, ist als das *process purity problem* bekannt. Da Milner und Goodale die Grenzbereiche untersuchen, wo sich *vision for perception* und *vision for action* auseinander bewegen, können sie die beiden relativ isoliert testen.

Die Wahrnehmung muss Objekte als das erkennen, was sie sind, gleichgültig, wo sie sind. Umgekehrt muss das motorische System über die genaue räumliche Beziehung des zu manipulierenden Objekts relativ zum Organismus Bescheid wissen. Dementsprechend argumentieren Milner und Goodale, dass die Größenkonstanztäuschung – die Tatsache, dass ein Objekt unabhängig von seiner Entfernung gleich groß aussieht – nur für *vision for perception* gilt und nicht für *vision for action*, dessen Aufgabe es ist, Objekte anzuschauen, auf sie zu zeigen oder sie aufzunehmen. Das erfordert präzise Information über Größe, Position, Gewicht und Form des Objekts. Inzwischen hat man begonnen, diese interessanten Ideen zu testen, doch gibt es bisher noch keine klaren Schlussfolgerungen. Einige Dissoziationen zwischen *vision for action* und *vision for perception* sind gefunden worden – siehe den Abschnitt über Gefälleschätzung –, haben sich aber nirgendwo sonst aufzeigen lassen.

> **■ Ein Experiment ■**
>
> Bei einem Experiment zur räumlichen Orientierung schätzten Versuchspersonen die Entfernung (zwischen einem und fünf Metern) zu einem klar erkennbaren Ziel. Diese Schätzung wurde mit der Kopplung verglichen, bei der die Versuchspersonen mit geschlossenen Augen auf die (vermutete) Zielposition zuschritten. Beide Maße überschätzten durchgehend die Entfernung zu nahegelegenen Punkten und unterschätzten sie zu weiter entfernten Zielen. Da beide im selben Grad von der wahren physikalischen Entfernung abwichen, machen beide Maße – anders als bei der Gefälleschätzung – von derselben Information Gebrauch.

Die Hypothese von einer Vielzahl visuo-motorischer Zombiesysteme, ergänzt durch ein vielseitiges Mehrzweckmodul für bewusstes Sehen, ist attraktiv. Sie passt gut zu unserer Vorstellung, dass die Funktion von Bewusstsein darin besteht, mit all jenen Situationen fertig zu werden, die eine neuartige, nichtstereotype Antwort erfordern.

Ihr Zombie arbeitet schneller, als Sie sehen

Einer der Hauptvorteile von Zombies ist, dass sie dank ihres hohen Spezialisationsgrades rascher antworten können als das perzeptuelle Mehrzweck-System. Sie greifen nach dem Stift, bevor Sie ihn tatsächlich vom Tisch fallen sehen oder Sie ziehen Ihre Hand von der Flamme weg, bevor Sie die Hitze wirklich spüren.

Der letzte Punkt ist wichtig, denn er straft die Vorstellung Lügen, dass Sie Ihre Hand wegziehen, weil Sie bewusst Schmerz empfinden. Das Zurückziehen einer Extremität nach einem irritierenden oder schädigenden Stimulus ist ein Rückenmarksreflex; er kommt ohne Einschaltung des Gehirns aus. Selbst dekapitierte Tiere wie auch Querschnittsgelähmte, deren Rückenmark im unteren Bereich nicht mehr mit dem Gehirn in Verbindung steht, zeigen solche Rückziehreflexe (Abwehrreflexe). Bewusstsein muss daran nicht beteiligt sein. Wird beispielsweise der Rücken eines dekapitierten Frosches durch einen schädlichen Stimulus gereizt, versucht ein Bein, das störende Objekt vom Rücken zu wischen. Die bemerkenswerten sensomotorischen Fähigkeiten dekapitierter oder decerebrierter Tiere standen in der zweiten Hälfte des 19. Jahrhunderts im Zentrum einer Debatte, in der es um das Ausmaß ging, in dem Bewusstsein mit dem Rückenmark assoziiert ist.

Marc Jeannerod vom Institut des Sciences Cognitives in Bron, Frankreich, ist einer der weltweit führenden Experten, was die Neuropsychologie des Handelns angeht. In einem wegweisenden Experiment schätzten Jeannerod und seine Kollegen die Verzögerung zwischen einer raschen manuellen Antwort und subjektivem Bewusstsein ab. Vor der Versuchsperson, deren Hand auf dem Tisch lag, lagen drei Holzstäbe. Plötzlich wurde der mittlere Holzstab von unten angestrahlt, und die Versuchsperson sollte ihn so rasch wie möglich ergreifen. Manchmal wechselte das Licht direkt, nachdem die Hand sich zu bewegen begonnen hatte, zum rechten oder linken Stab, der damit zum neuen Ziel wurde. Sobald die Versuchsperson das neue Ziellicht sah, sollte sie rufen.

Im Mittel vergingen zwischen dem Beginn der motorischen Antwort und dem Rufen 315 ms (Millisekunden). Manchmal hatte die Versuchsperson sogar schon den zweiten Stab ergriffen, bevor sie begriff, dass dies das neue Ziel war – das Handeln ging also dem Bewusstsein voraus. Selbst wenn man den Zeitabstand zwischen dem Einsetzen der Muskelkontraktion der Sprachartikulatoren und dem Beginn des Rufes mit großzügig bemessenen 50 ms ansetzt, bleibt noch immer eine Viertelsekunde zwischen dem Greifverhalten und dem bewussten Perzept, das zu dem Ruf führte. Diese Verzögerung ist der Preis, der für Bewusstsein gezahlt werden muss.

Zum besseren Verständnis stellen Sie sich einen Sprinter vor. Nehmen wir unter Vorbehalt an, dass die 250-ms-Verzögerung auch für das Hörsystem gilt, dann ist der Sprinter bereits vom Startblock losgelaufen, bevor er den Knall der Startpistole bewusst wahrnimmt! Ähnlich muss ein Baseballspieler, der einen Pitchball mit 90 Meilen pro Stunde heranjagen sieht, seinen Schläger zu schwingen beginnen, bevor er bewusst entschieden hat, ob er den Ball schlägt oder nicht.

Können Zombies riechen?

Zombies beschränken sich nicht auf die visuelle Domäne; man findet sie bei allen Sinnesmodalitäten. Ein Sinn, den es näher zu erkunden lohnt, ist der Geruchssinn. Obwohl unsere moderne Gesellschaft bei Körpergeruch abweisend die Stirne runzelt – eine Haltung, die zu einem endlosen Strom von Hygieneprodukten geführt hat, um ihn zu tarnen –, leben wir in einer von Gerüchen durchzogenen Welt, ob wir uns dessen nun bewusst sind oder nicht. Tatsächlich wird schon seit langem vermutet, dass viele sexuelle, appetitive, reproduktive und soziale Verhaltensweisen von unterbewussten olfaktorischen Reizen ausgelöst werden. Es hat sich jedoch als schwierig erwiesen, diese Theorie rigoros zu belegen.

Beispiele, wo auf Geruch basierende Entscheidungen untersucht worden sind, reichen vom Banalen, wie einen Sitz im Kino zu wählen, bis zum Wesentlichen, wie einen Sexualpartner zu suchen. Das bekannteste Beispiel ist die Synchronisation der Menstruationszyklen bei Frauen, die eng zusammenleben oder -arbeiten (wie in Studentenheimen oder Militärunterkünften). In einer sorgfältig konzipierten Studie applizierte Martha McClintock von der University of Chicago geruchlose Komponenten aus den Achselhöhlen von Frauen auf die Oberlippe anderer Frauen. Daraufhin verlängerte oder verkürzte sich der Menstruationszyklus der Empfängerinnen je nach der Menstruationsphase der Spenderinnen.

Derartige Effekte könnten von *Pheromonen* vermittelt werden, flüchtigen Substanzen, die von einem Individuum sezerniert werden und die Physiologie oder das Verhalten eines anderen Individuums verändern. Einige Tiere können auf einzelne Pheromonmoleküle reagieren. Beim Menschen enthält der Achselschweiß von Männern ein Testosteronderivat, während Frauen eine östrogenähnliche Verbindung ausschwitzen. Beide flüchtige Substanzen führen zu geschlechtsspezifischen physiologischen Veränderungen in tiefgelegenen neuralen Strukturen. Wie könnten solche nichtbewussten, flüchtigen Signale vermittelt werden? Ein Täter könnte das *Vomeronasalorgan* sein. Es ist nicht allgemein bekannt, dass Säuger nicht nur einen, sondern zwei olfaktorische Sinne besitzen. Das primäre olfaktorische Organ sitzt im Hauptepithel der Nase und projiziert zum Riechkolben (Bulbus olfactorius) und von dort zum olfaktorischen Cortex. Dieses Organ ist ein breit abgestimmtes Allzwecksystem. Ein zweites Modul beginnt im Vomeronasalorgan an der Basis der Nasenhöhle. Von dort laufen Axone zum akzessorischen Riechkolben und weiter zur Amygdala. Das Vomeronasalorgan vermittelt Pheromone und ist mit geschlechtsspezifischer Kommunikation in Zusammenhang gebracht worden. Über die olfaktorischen Rezeptormoleküle der Maus ist so viel bekannt, dass man ihre Expression in dem einen, aber nicht dem anderen Organ blockieren kann; das macht es möglich, die molekularen und neuronalen Korrelate genetisch programmierten Sexual- oder Fortpflanzungsverhaltens zu untersuchen.

Bei den meisten Menschen ist das Vomeronasalsystem, manchmal auch als *Jacobsonsches Organ* bezeichnet, möglicherweise verkümmert – es funktioniert nicht mehr. Seine Aufgabe könnte von der primären olfaktorischen Bahn übernommen worden sein. Eine andere Möglichkeit ist, dass nur eine Untergruppe von Menschen die relevanten Rezeptoren exprimiert. Ein intensives Forschungsprogramm könnte die Individuen, die empfindlich für „geruchlose" Gerüche sind, für weitere genetische und physiologische Screenings identifizieren, um das neurale Substrat unbewusster und bewusster olfaktorischer Verarbeitung zu vergleichen.

Was ist eigentlich ...

Geruchssinn, Riechsinn, olfaktorischer Sinn, die Fähigkeit, mithilfe spezialisierter Organe Geruchsstoffe (Duftstoffe) zu detektieren und neuronal zu verarbeiten (Geruchswahrnehmung). Der Geruchssinn ist wie das Seh- und Hörsystem ein Fernsinn und dient der Ortung von Nahrung, Territorien und Feinden sowie der Erkennung chemischer Signale von Artgenossen (Pheromone). Er gehört neben dem Geschmackssinn und dem allgemeinen chemischen Sinn (Reizung freier Nervenendigungen in den Schleimhäuten von Mund, Nase und Rachen, z. B. durch scharfe Speisen oder scharfe Duftstoffe wie Ammoniak oder Chlor) zu den chemischen Sinnen. Man geht davon aus, dass der Mensch ca. 100 000 verschiedene Substanzen als Geruchsstoffe wahrnehmen kann, wobei unterschiedliche Konzentrationen desselben Geruchsstoffs verschiedene Geruchseindrücke hervorrufen können.

Zusammenfassung

In diesem Beitrag wurden die vielfältigen Belege für Zombiesysteme zusammengefasst – hochspezialisierte, sensomotorische Wesen, die hervorragend arbeiten, ohne dass es zu phänomenologischen Empfindungen käme. Die wichtigsten Merkmale von Zombies sind: 1. rasche, reflexartige Verarbeitung, 2. eine enge, aber spezifische Input-Domäne, 3. ein spezifisches Verhalten und 4. der fehlende Zugang zum Arbeitsgedächtnis.

In der visuellen Domäne argumentieren Milner und Goodale für zwei getrennte Verarbeitungsstrategien – Sehen, um zu handeln (*vision for action*), und Sehen, um wahrzunehmen (*vision for perception*), realisiert von Netzwerken in der dorsalen beziehungsweise der ventralen Bahn. Weil die Aufgabe der visuo-motorischen Systeme darin besteht, Dinge zu ergreifen oder darauf zu zeigen, müssen sie die aktuelle Distanz zwischen dem Körper und diesen Objekten, ihre Größe und andere metrische Maße codieren. Der *vision-for-perception*-Modus vermittelt bewusstes Sehen. Er muss Dinge unabhängig von ihrer Größe, Orientierung oder Lage erkennen. Das erklärt, warum Zombiesysteme mehr wahrheitsgetreue Information über räumliche Beziehungen in der Welt abrufen können als bewusste Wahrnehmung. Das heißt, auch wenn Sie vielleicht nicht sehen, was wirklich da draußen ist – Ihr motorisches System tut es. Prominente Beispiele für solche Trennungen sind Zielverfolgung mit den Augen, Anpassen der Körperhaltung, Abschätzen von Gefälle und Nachtwandern.

Zombiesysteme kontrollieren Ihre Augen, Hände, Füße und Körperhaltung und verwandeln sensorischen Input rasch in stereotypen motorischen Output. Sie könnten sogar aggressive oder sexuelle Verhaltensweisen auslösen, wenn Sie einen Hauch der richtigen Substanz

> **Was ist eigentlich ...**
>
> dorsal [von latein. *dorsualis* = auf dem Rücken befindlich], zur Rückenseite gehörend, an oder in der rückenwärtigen Körperpartie gelegen.
> ventral [von latein. *ventralis* = Bauch], in der Bauchregion gelegen.

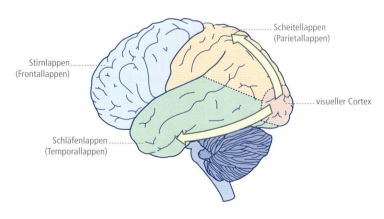

Vom visuellen Cortex (rot) führt der dorsale Strom zum hinteren Parietallappen (gelb), der ventrale Strom zum unteren Temporallappen (grün). Melvyn Goodale und David Milner haben die Idee der zwei Verarbeitungsströme der visuellen Wahrnehmung übernommen und mit einer These über Bewusstsein verknüpft.

in die Nase bekommen. All das geht jedoch am Bewusstsein vorbei. Das ist der Zombie in uns.

Bisher habe ich nichts über die Unterschiede zwischen zombiehafter und bewusster Verarbeitung auf neuronaler Ebene gesagt. Die vorwärts gerichtete Netzwelle, die von einem kurzen sensorischen Input ausgelöst wird, ist unter Umständen zu kurzlebig, um für die neuronalen Korrelate des Bewusstseins (NCC) hinreichend zu sein, kann aber Zombieverhalten vermitteln. Die bewusste Wahrnehmung benötigt genügend Zeit, damit Feedback-Aktivität aus frontalen Arealen stabile Koalitionen aufbauen kann.

Was ist eigentlich ...

NCC, nach C. Koch neuronale Korrelate des Bewusstseins; der kleinste Satz neuronaler Ereignisse, der für eine bestimmte bewusste Wahrnehmung (Perzept) hinreichend ist.

Grundtext aus: Christof Koch *Bewusstsein. Ein neurobiologisches Rätsel* (mit einem Vorwort von Francis Crick); Spektrum Akademischer Verlag (amerikanische Originalausgabe: *The Quest for Consciousness – A Neurobiological Approach*, Roberts & Company Publishers, übersetzt von Monika Niehaus-Osterloh und Jorunn Wissmann).

Nachwort: Die Erforschung des Gehirns – eine Herausforderung

Von Wolf Singer

Die Hirnforschung nimmt unter den Wissensdisziplinen eine besondere Stellung ein. Ihr Ziel ist es, Architektur und Arbeitsweise eben jenes Organs zu erkennen, dem wir alle Erkenntnis verdanken. Sie ist Wissenschaft und Metawissenschaft zugleich und steht dabei vor der Herausforderung, erklären zu müssen, wie neuronale, also materielle Prozesse, geistige Phänomene hervorbringen.

Die unvorstellbare Komplexität des menschlichen Gehirns stellt eine weitere große Herausforderung dar. Schätzungen lassen vermuten, dass die Zahl der dynamischen Zustände, die durch die Wechselwirkungen von 10^{11} Nervenzellen erzeugt werden können, die Zahl der Atome im Universum bei weitem übersteigt.

Dennoch hat die Hirnforschung in ihrer relativ kurzen Geschichte erstaunliche Einblicke in die Funktionsweise von Nervensystemen ermöglicht. Die Erfolge verdanken sich nicht nur der Entwicklung faszinierender Analyseverfahren, sondern vor allem dem Umstand, dass das Gehirn das Produkt eines evolutionären Prozesses ist. Die grundlegenden Funktionsprinzipien von Nervensystemen haben sich im Laufe der Evolution kaum verändert. Deshalb können nahezu alle Erkenntnisse, die an den Nervensystemen von Tieren gewonnen werden, auf das menschliche Gehirn übertragen werden.

Die Hirnforschung überspannt von den Human- und Sozialwissenschaften über die Physiologie und Psychologie bis hin zu Physik und Informatik ein gewaltiges Disziplinenspektrum

Die Hirnforschung muss sich mehr als alle anderen Wissenschaftsdisziplinen mit einer Fülle unterschiedlicher Forschungs-, Beschreibungs- und Begriffssysteme auseinandersetzen. Bei Tieren beschränken sich die Forschungsfragen in der Regel auf Leistungen, die im Vokabular der Verhaltensforschung zu beschreiben sind. Es geht um Sehen, Hören und Erkennen, um Lernvorgänge und um die Steuerung von Bewegung. Für die Erforschung der Leistungen hochdifferenzierter Wirbeltiere, und insbesondere des Menschen, ist die Natur der wissenschaftlichen Herausforderungen jedoch eine andere. Zu ihrer Definition muss das Begriffssystem der Psychologie herangezogen werden, das auch jene Phänomene benennt, die nur der eigenen subjektiven Wahrnehmung zugänglich sind: Aufmerksamkeit, Emotionen, Bewertungen, Entscheidungen, Vorstellungen, Intentionen und beim Menschen natürlich die Beherrschung von Sprache. In jüngster Zeit wendet sich die Hirnforschung sogar Funktionen zu, die nur dann fassbar sind, wenn man die Wechselwirkung zwischen

Personen, zwischen sich gegenseitig reflektierenden Gehirnen, mit einbezieht: etwa Mitgefühl, Fairness sowie die Fähigkeit, sich kognitive Vorgänge im Gehirn des je anderen vorstellen zu können, eine enorme Leistung, die mit dem Begriff „Theorie des Geistes" (*theory of mind*) umschrieben wird. Hier betritt die Hirnforschung Territorien, die bislang ausschließlich Forschungsfeld der Humanwissenschaften waren.

Um die neuronalen Prozesse hinter der „Theorie des Geistes" zu erfassen, muss sich die Hirnforschung aber gleichermaßen mit den biophysikalischen und molekularen Vorgängen im Gehirn befassen und diese zu verstehen suchen. Die hierzu erforderlichen Methoden sind den unterschiedlichsten naturwissenschaftlichen Disziplinen entlehnt, der Physik, der Biochemie, der Molekularbiologie und der Genetik. Die Auswertung und Modellierung der gewonnenen Daten erfordert den Einsatz leistungsfähiger Rechner und die Anwendung von Algorithmen, die in der Physik zur Analyse nichtbelebter komplexer Systeme entwickelt wurden. So hat sich die neue Disziplin der theoretischen Neurobiologie, der „Computational Neuroscience" entwickelt, die für die Hirnforschung eine ähnlich tragende Rolle spielen wird wie die theoretische Physik für die Experimentalphysik.

Die „Computational Neuroscience" wird für die Hirnforschung eine ähnlich tragende Rolle spielen wie die theoretische Physik für die Experimentalphysik

Da die Funktionen des Gehirns nicht nur von den genetisch vorgegebenen Verschaltungsarchitekturen bestimmt werden, sondern diese Architektur von der Umwelt entscheidend beeinflusst wird, muss sich die Forschung ferner mit der Frage befassen, wie sich aus einer befruchteten Eizelle ein so komplexes System wie das menschliche Gehirn entwickeln kann und wie es mit so erstaunlicher Zuverlässigkeit im Laufe seiner Entwicklung zur vollen Funktionstüchtigkeit heranreift.

Während der Embryonalentwicklung folgt die Ausdifferenzierung des Nervensystems weitestgehend den Entwicklungsprozessen, die auch für andere Organe gelten. Es ist ein selbstorganisierender Prozess, der von der Wechselwirkung zwischen der gespeicherten genetischen Information und den sich im Laufe der Entwicklung ständig ändernden Umgebungsbedingungen getragen wird. Bei höheren Wirbeltieren ist die Entwicklung des Gehirns zum Zeitpunkt des Schlüpfens aus dem Ei beziehungsweise bei der Geburt noch lange nicht abgeschlossen. Das menschliche Gehirn entwickelt sich bis etwa zum 20. Lebensjahr. Während dieser Zeit werden neuronale Verschaltungen durch Ausbildung neuer Verbindungen und die Vernichtung bereits angelegter Nervenbahnen ständig verändert. Diese Auf-, Ab- und Umbauprozesse werden nicht mehr nur von den Genen, sondern von der Aktivität der Neuronen selbst gesteuert.

Die Gehirne von Säugetieren, und das gilt für den Menschen in ganz besonderem Maße, benötigen zu ihrer Ausreifung die Interaktion mit der Umwelt, weil nur so die Informationen gewonnen werden können, die zusätzlich zu den gespeicherten genetischen Instruktionen erforderlich sind. Folglich hat sich auch die Entwicklungsneurobiologie zu einem interdisziplinären Forschungsbereich geweitet, der die Kooperation von Genetikern, Molekularbiologen, Neurophysiologen, Entwicklungspsychologen und Soziologen erfordert.

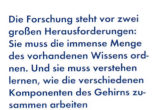

Die Forschung steht vor zwei großen Herausforderungen: Sie muss die immense Menge des vorhandenen Wissens ordnen. Und sie muss verstehen lernen, wie die verschiedenen Komponenten des Gehirns zusammen arbeiten

Ein wesentlicher Teil naturwissenschaftlichen Bemühens besteht darin, komplexe Systeme in immer kleinere Untereinheiten zu zerlegen und diese, jeweils so vollständig wie möglich, zu analysieren und zu beschreiben. Dieser Ansatz folgt aus der Intuition, dass Systeme der unbelebten wie der belebten Welt aus Komponenten bestehen, aus deren Zusammenwirken sich die Eigenschaften des Ganzen ergeben. Erklärungen gelten dann als solche, wenn es gelingt, bestimmte Merkmale des Gesamtsystems aus den Eigenschaften der Komponenten und ihren Beziehungen zueinander herzuleiten. Diese reduktionistische Vorgehensweise hat eine Fülle von Detailwissen angehäuft. Jetzt stehen wir vor der wohl größten Herausforderung in der noch jungen Geschichte der Hirnforschung. Zwei Probleme gilt es zu bewältigen: Zum einen müssen Wege gefunden werden, dieses Wissen zu ordnen, da es von einzelnen Forschern schon längst nicht mehr überschaut werden kann. Zum anderen wollen wir verstehen lernen, wie aus den Teilfunktionen der Systemkomponenten die Leistungen des Gehirns hervorgehen.

Die systematische Erforschung des Gehirns begann mit der anatomischen Untersuchung seiner Struktur. Dieses Projekt nähert sich seinem Abschluss. Die meisten, wenn nicht gar alle unterscheidbaren Strukturen, sind mit Namen belegt. Für viele von ihnen ist auch bekannt, wie sie miteinander verbunden sind und welche Funktionen sie erfüllen. Selbst Strukturen, deren Funktionen höchste kognitive Leistungen wie Empathie, soziale Kompetenz und moralisches Urteilen vermitteln, konnten identifiziert werden.

Bekannt sind auch die wichtigsten zellulären Komponenten von Nervensystemen, die Neuronen und die ebenso zahlreichen Stützzellen, die so genannten Gliazellen. Wir kennen die Verteilung der verschiedenen Zelltypen in den unterschiedlichen Hirnstrukturen, wissen in groben Zügen, wie diese untereinander verschaltet sind und welche funktionellen Eigenschaften sie aufweisen. In nicht zu ferner Zukunft ist die strukturelle und funktionelle Organisation der wichtigsten Schaltkreise soweit aufgeklärt, dass realistische Modelle im Computer simuliert werden können.

Wir wissen also, wo welche Leistungen erbracht werden, wie Nervenzellen verschaltet sind und miteinander kommunizieren, aber wir verstehen nur in Ansätzen, auf welchen informationsverarbeitenden Prinzipien die erstaunlichen Leistungen beruhen, und nicht selten täuscht uns bei der Hypothesenbildung über die vermuteten Prinzipien unsere Intuition.

Unsere Intuition legt nahe, dass es im Gehirn ein Zentrum geben müsse, in dem alle Informationen zusammengefasst werden, ein Ort, an dem Sinnessignale zu Wahrnehmungen werden, an dem Entscheidungen fallen und Vorsätze gefasst werden, an dem Handlungsentwürfe entstehen. Schließlich wäre dies auch der Ort, an dem das Ich sich konstituiert und sich seiner selbst bewusst wird. Wir empfinden uns als fähig, jederzeit, losgelöst von äußeren und inneren Bedingtheiten, Bestimmtes zu wollen und uns frei für oder gegen etwas zu entscheiden.

Unsere Intuition führt uns in die Irre. Es gibt kein übergeordnetes Zentrum im Gehirn, das Entscheidungen fällt oder Vorsätze fasst. Es gibt keinen festen Ort, an dem das Ich zuhause ist

Die moderne Hirnforschung entwirft jedoch ein gänzlich anderes Bild. Ihr stellt sich das Gehirn als ein System dar, dessen Aktivitäten über weite Bereiche des Organs verteilt sind. Es findet sich kein singuläres Zentrum, das die vielen, an unterschiedlichen Orten gleichzeitig erfolgenden Verarbeitungsschritte koordinieren und deren Ergebnisse zusammenfassen könnte.

Wie kann sich ein System aus 10^{11} Neuronen so organisieren, dass es trotz seiner dezentralen Struktur in der Lage ist, sinnvolle Interpretationen seiner Umwelt zu liefern, Entscheidungen zu treffen, komplexe motorische Reaktionen zu programmieren und sich dieser Eigenleistungen zudem gewahr zu werden und darüber berichten zu können?

Sich mit diesen Fragen zu befassen und die neuronalen Mechanismen zu identifizieren, die diesen Leistungen zugrunde liegen, ist eines der großen Projekte der Hirnforschung. Hierbei wird das Gehirn als ein Organ wie jedes andere betrachtet. Die Grundannahme ist, dass sich seine Funktionen naturwissenschaftlich beschreiben und erklären lassen müssen, da neuronale Prozesse den Naturgesetzen unterworfen sind. Schließlich verdanken sich Gehirne, ebenso wie der sie beherbergende Organismus, einem kontinuierlichen evolutionären Prozess.

Das legt die Schlussfolgerung nahe, dass alle Verhaltensleistungen, also auch die höchsten kognitiven Funktionen auf neuronalen Prozessen im Gehirn beruhen müssen. Bislang sind alle Befunde, die diese Schlussfolgerung stützen, widerspruchsfrei geblieben. Auch wenn die zugrundeliegenden Mechanismen noch längst nicht vollständig aufgeklärt sind, gibt es keinen Grund zur Annahme, mentale Vorgänge könnten auf anderen als neuronalen Prozessen beruhen.

Dies aber legt wiederum nahe, dass mentale Prozesse wie das Bewerten von Situationen und das Planen des je nächsten Handlungsschrittes auf neuronalen Wechselwirkungen beruhen, die ihrer Natur nach bestimmten Gesetzen folgen, in der Sprache der Wissenschaft also "deterministisch" sind: Der jeweils nächste Zustand ist die notwendige Folge des jeweils unmittelbar Vorausgegangenen.

Die Komplexität des Systems und die mit ihr verbundenen unzähligen Möglichkeiten erzeugen in uns die Illusion eines freien Willens. Tatsächlich beruht jede neuronale Aktivität auf den festen Regeln der Naturgesetze

Sollte sich das Gesamtsystem in einem Zustand befinden, für den es gleich mehrere Folgezustände gibt, deren Eintreten ähnlich wahrscheinlich ist, so können minimale Schwankungen der Systemdynamik den einen oder anderen Schritt favorisieren. Es kann dann wegen der unübersehbaren Zahl der Einflussfaktoren nicht vorausgesagt werden, für welchen Weg sich das System „entscheiden" wird. Es kann völlig neue, bislang noch nie aufgesuchte Orte in einem Zustandsraum mit unzähligen Dimensionen besetzen – was dann als kreativer Akt in Erscheinung tritt. Jeder der kleinen Schritte, die aneinandergefügt die Entwicklungsbahnen des Gesamtsystems ausmachen, beruht auf neuronalen Wechselwirkungen, die im Prinzip festen Naturgesetzen folgen.

Diese Sichtweise steht im eklatanten Widerspruch zu unserer Intuition: Wir sind fest davon überzeugt, zu jedem Zeitpunkt frei darüber befinden zu können, was wir als je nächstes tun oder lassen sollen. Da gemeinhin angenommen wird, dass die Zuschreibung von Schuld, und damit einer der Grundpfeiler unserer Rechtssysteme, mit der Existenz dieser Freiheit verbunden ist, werden die Grundthesen der modernen Hirnforschung nicht ohne Besorgnis wahrgenommen und haben einen neuen Anstoß für die überfällige Rezeption naturwissenschaftlicher Erkenntnisse durch die Humanwissenschaften gegeben.

Parallel zu diesem notwendigen Diskurs mit den Humanwissenschaften muss sich die Hirnforschung nun mit dem Problem befassen, das sie selbst zutage gefördert hat: Wenn es im Gehirn keine zentrale, allen Subprozessen übergeordnete Instanz gibt, wie wird dann die Zusammenarbeit der Milliarden von Zellen in den mit verschiedenen Aufgaben betrauten Arealen der Großhirnrinde koordiniert? Wie findet ein so verstreut organisiertes System zu Entscheidungen? Woher weiß es, wann die verteilten Verarbeitungsprozesse ein Ergebnis erzielt haben? Wie beurteilt es die Verlässlichkeit des jeweiligen Ergebnisses?

Auf irgendeine Weise müssen die Ergebnisse der verteilten sensorischen Prozesse zusammengebunden werden, weil unsere Wahrnehmungen geschlossen und nicht zersplittert erscheinen. Wie bereits angedeutet, gibt es aber weder einen singulären Ort, zu dem alle sensorischen Systeme ihre Ergebnisse senden könnten, noch gibt es eine zentrale Lenkungs- und Entscheidungsinstanz. Offensichtlich hat die Evolution das Gehirn mit Mechanismen zur Selbstorganisation ausgestattet, die in der Lage sind, auch ohne eine zentrale koordinierende Instanz globale Ordnungszustände herzustellen.

Der Vergleich mit Superorganismen liegt nahe. Auch Ameisenstaaten kommen ohne Zentralregierung aus. Die Mitglieder des Staates kommunizieren über ein eng gewebtes Netzwerk von Signalsystemen. Auch hier hat die Evolution eine geniale Interaktionsarchitektur entwickelt, die sicherstellt, dass sich die Myriaden der lokalen Wechselwirkungen zu global geordneten Systemzuständen fügen.

Noch sind wir weit davon entfernt, die Prinzipien zu verstehen, nach denen sich die verteilten Prozesse im Gehirn zu kohärenten Zuständen verbinden. Vieles deutet jedoch darauf hin, dass die nicht weiter reduzierbare neuronale Entsprechung eines kognitiven Objekts, etwa eines roten Balls, ein komplexes, raumzeitlich strukturiertes Erregungsmuster in der Großhirnrinde ist, an dessen Erzeugung sich jeweils eine große Zahl von Zellen beteiligt. Ähnlich wie mit einer begrenzten Zahl von Buchstaben durch Rekombination nahezu unendlich viele Worte und Sätze gebildet werden können, lassen sich durch Rekombination von Neuronen, die lediglich elementare Merkmale wie Farbe oder die visuell wahrnehmbare Lage einer Struktur im Raum kodieren, nahezu unendlich viele Objekte der Wahrnehmung repräsentieren, selbst solche, die noch nie zuvor gesehen wurden.

Bei dieser Kodierungsstrategie müssen die Erregungsmuster der Neuronen jedoch zwei Botschaften gleichzeitig vermitteln. Zusätzlich zu der Botschaft des Merkmals, welches sie kodieren, müssen sie angeben, mit welchen anderen Neuronen sie gerade gemeinsame Sache machen, welche Farbe zu welcher wahrgenommenen Fläche gehört. Einigkeit besteht, dass das Ausmaß der Erregung eines Neurons Auskunft darüber gibt, mit welcher Wahrscheinlichkeit ein bestimmtes Merkmal vorhanden ist. Heftig diskutiert wird jedoch die Frage, worin die Signatur bestehen könnte, die angibt, welche Neuronen jeweils gerade miteinander verbunden sind, um zum Beispiel ein bestimmtes Objekt im Gesichtsfeld zu kodieren.

Wir haben vor mehr als einer Dekade beobachtet, dass Neuronen in der Sehrinde – jenem Teil des Großhirn, in dem die Signale der Netzhaut verarbeitet werden – ihre Aktivitäten mit einer Präzision von einigen tausendstel Sekunden synchronisieren können, wobei sie meist eine rhythmisch oszillierende Aktivität in einem Frequenzbereich um 40 Hertz annehmen, die sogenannten Gamma-Oszillation. Wichtig war dabei die Beobachtung, dass Zellen vor allem dann ihre Aktivität synchronisieren, wenn sie sich an der Kodierung des gleichen Objektes beteiligen. Wir leiteten daraus die Hypothese ab, dass die präzise Synchronisierung von neuronalen Aktivitäten die Signatur dafür sein könnte, welche Zellen sich temporär zu funktionell kohärenten Ensembles gebunden haben.

Heute mehren sich die Hinweise, dass die Synchronisation solcher Aktivitätsmuster genutzt wird, um neuronale Signale zu verstärken

Der Rhythmus ihrer Aktivität lässt Neuronen in weit verstreuten Bereichen des Gehirns zusammenarbeiten. So entsteht aus den neuronalen Signalen für die Merkmale Rot und Rund eine Repräsentation des Objekts Ball

und ihre Fortleitung im hochverzweigten Netzwerk der Hirnrinde zu ermöglichen, um Signale im Zusammenhang von Aufmerksamkeitsprozessen für die selektive Weiterverarbeitung auszuwählen, um über Gleichschaltung der Oszillationsfrequenzen von sendenden und empfangenden Strukturen sicherzustellen, dass Botschaften nur an ganz bestimmte Adressaten versandt werden, um die Verarbeitungsprozesse in verschiedenen Subsystemen des Gehirns miteinander zu koordinieren, um Gedächtnisinhalte auszulesen und Information kurzfristig im Arbeitsgedächtnis zu halten. Vermutlich ist die synchrone Aktivität in weit verzweigten Netzwerken der Hirnrinde sogar die notwendige Voraussetzung für die Bewusstwerdung von Wahrnehmungsinhalten.

Vieles spricht also dafür, dass wir uns als neuronale Entsprechung, als Korrelat von Wahrnehmungen komplexe, raumzeitliche Erregungsmuster vorstellen müssen, an denen sich jeweils eine große Zahl von Nervenzellen in wechselnden Konstellationen beteiligt. Je nach der Struktur des Wahrgenommenen können solche koordinierten Zustände weite Bereiche der Großhirnrinde umfassen. Da wir in der Regel mehrere Objekte gleichzeitig wahrnehmen, zwischen ihnen Bezüge herstellen und diese im Kontext der einbettenden Umgebung erfahren, müssen sich zudem in den Nervennetzen der Großhirnrinde mehrere unterschiedliche Ensembles ausbilden können, die voneinander getrennt sein, aber in Wechselwirkung stehen müssen.

Wie immer auch die Lösungen für die vielfältigen Koordinationsprobleme in unseren dezentral organisierten Gehirnen aussehen, fest steht schon jetzt, dass die dynamischen Zustände der vielen Milliarden miteinander wechselwirkenden Neuronen der Großhirnrinde ein Maß an Komplexität aufweisen, das unser Vorstellungsvermögen übersteigt.

Die Lösung des „Rätsels Ich" wird eine sehr abstrakte sein: mathematisch komplex, unanschaulich und vermutlich unserer Intuition deutlich widersprechend

Dies bedeutet nicht, dass es uns nicht gelingen kann, analytische Verfahren zu entwickeln, mit denen sich diese Systemzustände erfassen und in ihrer zeitlichen Entwicklung verfolgen lassen. Aber die Beschreibungen dieser Zustände werden abstrakt und unanschaulich sein. Sie werden keine Ähnlichkeit aufweisen mit den Wahrnehmungen und Vorstellungen, die auf diesen neuronalen Zuständen beruhen. Wir werden zur Analyse und Beschreibung dieser Systemzustände mathematisches Rüstzeug und den Einsatz sehr leistungsfähiger Rechner benötigen. Und wir werden das gleiche Problem haben, mit dem die moderne Physik konfrontiert ist. Die Modelle werden unanschaulich sein und vermutlich auch unserer Intuition von der Verfasstheit unserer Gehirne widersprechen.

Für uns ist die Vorstellung sehr ungewohnt, dass das neuronale Korrelat der Wahrnehmung eines mit Augen oder Händen zu erfassenden soliden Objekts ein hoch abstraktes räumlich und zeitlich strukturiertes Erregungsmuster sein könnte, dass die Abbildung eines dreidimensionalen, greifbaren Objekts in unserem Gehirn auf die gleiche Weise erfolgen könnte wie die Repräsentation eines Geruchs, einer Emotion oder einer Handlungsintention. Immer wird es sich um einen von nahezu unendlich vielen möglichen Zuständen handeln, den ein komplexes System mit hochgradig nichtlinearer Dynamik einzunehmen in der Lage ist.

In dieser Dynamik verändert sich das System fortwährend, weil seine funktionelle Architektur durch die dabei gemachten Erfahrungen ständig verändert wird. Es kann deshalb niemals je an den gleichen Ort zurückkehren. Dies ist der Grund dafür, dass wir Zeit als nicht umkehrbar erleben. Das gleiche Objekt wird, wenn es zum zweiten Mal gesehen wird, einen anderen dynamischen Zustand bewirken als beim ersten Mal, es wird zwar als das Gleiche erkannt werden, aber in dem neuen Zustand wird mitkodiert, dass es schon einmal gesehen wurde.

Diese Überlegungen lassen erahnen, mit welch unanschaulichen Beschreibungen von Systemzuständen wir es zu tun haben werden, wenn wir tiefer in die funktionellen Abläufe unserer Gehirne eindringen. Leider ist unsere Intuition wenig geeignet, über die Vorgänge im Gehirn Auskunft zu geben, die diese Intuition hervorbringen. Die Lösung des „Rätsels Ich" wird eine sehr abstrakte sein, vielleicht ist sie so abstrakt, dass sie nur von wenigen überhaupt als Lösung erkannt werden wird.

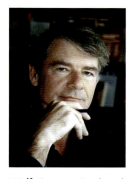

Wolf Singer ist Direktor des Max-Planck-Instituts (MPI) für Hirnforschung in Frankfurt am Main und zählt zu den angesehensten und einflussreichsten Neurowissenschaftlern Deutschlands.

Bild- und Textnachweise

Bildnachweise:
- S. 3 CT-Längsschnitt des Gehirns: © Larry Mulvehill/Corbis
- S. 6 Schema nach Gall: Domestic Propensities (litho) (b/w photo) by English School, (19th century) © Private Collection/The Bridgeman Art Library Nationality/copyright status: English / out of copyright
- S. 39 F. H. C. Crick: Siegel RM, Callaway EM Francis Crick's Legacy for Neuroscience: Between the α and the ω. PLoS Biol 2/12/2004:e419; Foto: Marc Lieberman
- S. 49 Orang-Utan-Dame Padana: Mit freundlicher Genehmigung © Max-Planck-Institut für evolutionäre Anthropologie (Leipzig)
- S. 65 Kernspintomographische Aufnahme Gehirn: © Ken Glaser, Corbis
- S. 71 Hippocampus: © Nick Rawlins
- S. 85 Synaptisches Netzwerk von Nerven: Mit freundlicher Genehmigung des Max-Planck-Instituts für Neurobiologie, Martinsried
- S. 101 Bororo-Mann: © Tiziana und Gianni Baldizzone/Corbis
- S. 104 „Männersache": Mit freundlicher Genehmigung von Clara Natoli
- S. 105 „Frauensache": Mit freundlicher Genehmigung von Xenia Antunes
- S. 106 Geschlechtschromosomen: © NAS/Okapia KG
- S. 108 Mosuo-Frauen: © Michael S. Yamashita/Corbis
- S. 113 Mutter und Kind: Mit freundlicher Genehmigung von Ana C, Golpe/Morguefile
- S. 128 Autorenfoto Cordelia Fine: © John Lamb at Port Melbourne Photography
- S. 130 Kind: Mit freundlicher Genehmigung von Anita Patterson Peppers
- S. 141 Aus dem Film „Obedience", im Verleih der New York University Film Library. © Stanley Milgram 1965
- S. 167 Auditorischer Cortex in Aktion: Mit freundlicher Genehmigung von Christoph Kayser, MPI für biologische Kybernetik, Tübingen
- S. 184 Ebbinghaus: © Bettman/Corbis
- S. 201 Aplysia: © Thomas Teyke
- S. 224 Kind: Mit freundlicher Genehmigung von Anita Patterson
- S. 234 Ptolemäisches Weltbild: Aus: Andreas Cellarius Harmonia Macrocosmica, 1660/61. Rex Nan Kivell Collection
- S. 242 Fledermaus: Mit freundlicher Genehmigung von Frau Dr. Gack, Freiburg
- S. 261 Neuronales Netzwerk: Mit freundlicher Genehmigung von Marc Timme, Max-Planck-Institut für Dynamik und Selbstorganisation, Göttinen

Textnachweise:

Was ist eigentlich … Psychopharmaka, S. 16; Cogito ergo sum, S. 37; Panpsychismus, S. 43; kognitive Dissonanz, S. 147; Hermaphroditismus, S. 122; Cro-Magnon, S. 159; Zombie, S. 268 aus: Brockhaus Enzyklopädie digital © Bibliographisches Institut & F. A. Brockhaus AG, 2006
Was ist eigentlich … Geschlechterforschung, S. 120; aus: Brockhaus multimedial 2007 premium © Bibliographisches Institut & F. A. Brockhaus AG, 2007

Buchbeiträge aus:

Greenfield, *Reiseführer Gehirn* (2003), Kapitel 1 und 5; Koch, *Bewusstsein – ein neurobiologisches Rätsel* (2005), Kapitel 1 und 12; Wickler/Seibt, *Männlich – Weiblich* (1998), Kapitel 13; Fine, *Wissen Sie, was Ihr Gehirn denkt?* (2007), Kapitel 3; Jourdain, *Das wohltemperierte Gehirn* (2001), Kapitel 10; Squire/Kandel, *Gedächtnis. Die Natur des Erinnerns* (1999), Kapitel 1; Spitzer, *Lernen* (2006), Kapitel 4; Churchland, *Die Seelenmaschine* (2001), Kapitel 8.

Index

Kursive Seitenzahlen verweisen auf Zusatzelemente (Randspaltentexte, Exkurse, Bilder), steile Seitenzahlen auf den Grundtext.

A
Abruf 30f, *73*
absteigende Bahnen 253
Adenosintriphosphat (ATP) 24
affektives Verhalten *132*
Agnosie 259, *259*
Alkmaion 2
Allen, H. „Red" *174*
Altersvergesslichkeit 207
Altruismus 138f
Alzheimer-Krankheit 1, 22f, 182, 206–209
Amenorrhoe 113, *114*
Amnesie (Gedächtnisverlust) 67, 72, 76, 79, 86, 185, 196, 263
  anterograde 76
  kindliche 29
  retrograde 76
Ampakine 207
Amygdala (Mandelkern) *19, 72, 79, 132,* 198f, *214,* 277
Anders, G. *212*
Anderson, S. 124
Androgene *107*
Angiogramm 22f
Antireduktionismus 245
Antizipation, Musik 161, 166
Aplysia californica 50, 82f, *83,* 190, 200–202, *201,* 204
Apraxie 259, *259*
Aquin, T. von 40
Arbeitsgedächtnis *16,* 57, 75, 226, *273,* 278
  Versagen 16f
Aristoteles 40, 227
Arroganz 229
Asendorpf, J. 228
Assmann, A. 28
Assoziationscortex 12–14, *12, 14, 36*
atonische Lähmung 20
auditorischer Cortex 11, *12,* 167, *167,* 171
Aufmerksamkeit 209, 255
aufsteigende Bahnen 253
Augenbewegung 269f, *270*
autobiografisches Gedächtnis 28, 30
autokonnektive Bahnen 244
Autorität 139–144
Axon 46, 86, *215,* 253, 277

B
Balken (Corpus callosum) *3, 19, 132*
Baron-Cohen, S. 90
Barres, B. 95
Bartlett, F. C. 187, *188*
Basalganglien *13, 19,* 79f, *79, 132, 156*
Bateson, W. 46, 189
Bauby, J.-D. *45*
bedingter Reflex *187*
Behaviorismus 40, *42,* 185–188, *187*
Benzer, S. 202
Bergson, H. 196, *196*
Berlioz, H. 162
Bevölkerungswachstum *100*
Bewegung 155
Bewegungsablauf, Störung 156
Bewegungsapparat *156*
bewegungsinduzierte Blindheit 50f, *50*
Bewegungskoordination 56
bewusstes Handeln 231
Bewusstsein 4, *36,* 177, 229, 233–262
  Arbeitsdefinition 47
  bei Tieren 48f
  Eigenschaften 251f
  emergente Eigenschaft 45f
  enaktive oder sensomotorische Erklärung 44
  Erklärungsansätze 39–57
  immaterielle Seele 39f
  Leib-Seele-Problem 54
  materielle Grundlage 45
  Nachbildung, neuronale 252–259
  neuroinformatisches Modell 260
  neuronale Aktivität 44f
  neuronale Basis 51–54
  philosophische Positionen 40–42
  rätselhafte Aspekte 35–57
  Verhalten 44f
  visuelles 50
Bewusstseinserfahrung 243
Bewusstseinsforschung 263–265
Bewusstseinsstörung 263–265
Bewusstseinstheorie 264
Bewusstseinszustand 263
bildgebende Verfahren 23–26, 28f, 57, 190
Binik, I. 92
biologische Revolution
  molekulare Komponente 189f
  systemorientiertneurowissenschaftliche Komponente 190

Blank, H. 32
Bleuler, E. *17*
Blindheit, bewegungsinduzierte 50f, *50*
Blindsehen (*blindsight*-Phänomen) *266f*
Bloodsworth, K. 28
Born, J. 177–179
Bororo 100–102, *101*
Botenstoffe 59f, 208
Braitenberg, V. 148
Brizendine, L. 92
Broca, P. 6, 8
Broca-Aphasie 7, 264
Broca-Areal 6–8, *12*
Bruno, G. 43
Brustregion (Thoracalregion) *13*
Bülow, H. von 158
Bundy, T. 28
Burst 257
Butler, J. 123

C
Capecchi, M. 203
Carlsson, A. 207
Cavallaro, S. 208
Cerebellum (Kleinhirn) *3,* 3f, 10, *13,* 81, *132,* 156, 198
Cerebrospinalflüssigkeit (CSF) 2f, *3*
Chromosom *106,* 119, 189, 202
Chunk 8
Churchland, P. 232
Churchland, P. M. 232
Comenius, J. A. 149
Computational Neuroscience 281
Computertomographie (CT) *3,* 22, *157*
Comte, A. 233, *234,* 261
Corpus callosum, siehe Balken
Cortex (Großhirnrinde) 9, 11–13, *12–14,* 17, 59, 76–79, 162, 174, 192f, *194,* 253, 257
Cotton, R. 28
Crick, F. 34, 39, *39,* 52, 189, 234, *266,* 267
Cro-Magnon
  Abri *158*
  – Mensch 158
  – Typus *158*
CT-Scan 22f, *23*

D
Damasio, A. 50, 124–127, 172, 230

Damasio, H.   125
Darwin, C.   185, 219
deklaratives Gedächtnis   198f
    siehe auch explizites
    Gedächtnis
Delbrück, M.   47, *47*, 50
Deltaschlaf   177f
Deltawellen, Verstärkung   178
Demenzerkrankung   24, 206
Dendriten   52, *215*
Denken (kognitive Prozesse)   2, 4, 13
Denkvermögen   56
Dennett, D.   41, *42*
Deprivation, sensorische   251
Descartes, R.   37, *37*, 39, 227, 229, 244
Desoxyribonucleinsäure, siehe DNA
Didion, J.   230
Diencephalon (Zwischenhirn)   *3, 13*
DNA (Desoxyribonucleinsäure)   13, *39*, 46, 189, 234
Dolan, R. J.   127
Dominanz, männliche/weibliche   106–109
Dopamin (L-Dopa)   19, 154, 208
    siehe auch Botenstoffe
dorsal   *278*
Down-Syndrom   182
Drosophila melanogaster   190, 200, 202, 204
Dualismus   39f
Dynamik, nichtlineare   286f
Dyslexie   182, 264

E
Ebbinghaus, H.   184, *184*
Eccles, J.   40
Effektor   *269*
Ehe   99–102
Ekstase   *174*
Elektroencephalogramm (EEG)   154
Elman-Netz   254, *254*
Emergenz   *46*
Emotionen   72, 129, 131, *133*, 160–162, *170*, 185
    Entscheidungsfindung   126f
    Lustgefühle   172
    Ontogenese   131
Emotionstheorie   172
Empfindung   36, 38, 155
    sensorische   *40*
    subjektive   239f
Entscheidungen   126f, 283f
Entwicklungsbiologie   282
Epilepsie   *193*
Epiphänomenalismus   *267*
Erasistratos   2, *2*
Erfahrung   66, 163
Erinnerung   27, 33, 81–83, 177, 179, 185, 208
    Abruf   30f

Assoziation   86–88
    explizite   196
    implizite   196
Erinnerungsberge (*reminiscence bumps*)   30
Erinnerungsvermögen   56
Erkenntnis   148
Erwartung   155, 160f, 164
erweitertes Bewusstsein   50
Erziehung, geschlechtsspezifische   91
Es   227
Evolution   8, 36, 243
    Hirnregionen   10
Experimente, psychophysiologische   273
experimentelle Forschung   184, 186f, 197
explizites Gedächtnis   *70*, 79, 87
explizites Wissen   218

F
Fallsucht   *193*
false memories   29
Faraday, M.   249
Farbenhören   172, *172*
Fehlverhalten   137
Fine, C.   *128*
Flanagan, O.   40
Fledermaus   *242*
    Wahrnehmung   238, 242
Flourens, M.   4, *4*
fMR-Tomographie (MRT;
    functional magnetic resonance imaging)   25
Foerster, H. von   151
fokale Epilepsie   *193*
Fornix   72, *132*
Fortpflanzung   110
Frances D.   153
freier Wille   284
Freud, S.   8, 37, *144*, 197, *197*, 227, 230, 268
Fried, J.   33
Friedrich, G.   150
Friedrich, J.   32
Frontallappen   *194*
frühkindliche Forschung   150
funktionelle Kernspintomographie   24, 25, 190

G
Gabus, J.   100, 102
Gage, P.   1, 14f, 18, 125
Galen, G.   2, *3*
Gall, F.   5f, *5*
Gall-Schema   5f, *6*
Gamma-Oszillation   285
Ganglion   200
Geburtenregelung   112
Gedächtnis   7f, 27, 32f, 66–88, *72*, 177, 179, 182–185, *184*, 190, 194, 198, 207, 209
    autobiografisches   28, 30
    deklaratives   198f

Erinnerung   83–88
    explizites   *70*, 79, 87
    implizites   69, 71, 79–81
    nichtdeklaratives   198f
    psychologischer Vorgang   183–185
    Selbstbetrug   31f
    semantisches   28
    sensorisches   *68*
    Speicherdauer   *68*
    zelluläre und molekulare Mechanismen   190, 199–203
Gedächtnisbildung   *69*, 208
Gedächtnisentwicklung   30
Gedächtnisforschung   28, 30, 199–205
    Mäusegenom   203
    molekularbiologische   203–205
Gedächtnisfunktion, Lokalisation   192–195
Gedächtnisinhalte, Konsolidierung   71
Gedächtnispille   207
Gedächtnisschwächen   206
Gedächtnisspeicherung   74–79, 195, 200
    Nervensystem   199f
    zelluläre und molekulare Basis   199–203
Gedächtnisstörung   182f, 185, 193–195
    Ursachen   76
Gedächtnistest   77
Gedächtnisverlust, siehe Amnesie
Gefühl   7, 36
    Bewertung   247
    siehe auch Emotionen
Gehirn   40, 183
    Areale   4
    ATP-Speicher   24
    chemische Verbindung   19f
    Coronarschnitt   *19*
    Eigenschaften   1
    Entwicklung   281f
    Grundstruktur   3f, *12*, 21–23
    interne Repräsentation   188
    Komplexität   280, 284
    Konsistenz   3
    Konzept einer Hierarchie   8
    Längsschnitt   *3*
    musikalische Strukturen   162f
    Querschnitt   *2*
    Traningsmethoden   61–63
    Zombiesystem   37f
Gehirnaktivität   23, 29, 56–63, 188
Gehirnarchiv, digitales   125
Gehirngröße   9–11, *10*
Gehirnjogging   57
Gehirnmodell   8f
Gehirnoperation   126
Gehorsam   *140*
Gehörsinn   174
Geist   183, 227, 229

Gender Studies 118, *118*, 123
genetischer Code 189
Genomforschungsprogramm 203
Genuss 163f
Gerechte-Welt-Hypothese 135f
Gerechtigkeitsglaube 134f
Geruchssinn 276f, 277
Geschlecht 119f
Geschlechterrollen 92, 103–106, *103*
Geschlechtschromosomen *106*, 119
Geschlechtsmerkmale 120
Geschlechtsreife 111
geschlechtstypische Tätigkeiten 103–105
Geschlechtsumwandlung 90
Geschlechtsunterschiede 89–97
Geschlechtsverkehr 100
Gewöhnung, reizspezifische 162
Gleichgewicht (Homöostase) 164
Gliazellen 52, *52*
Globus pallidus (bleicher Kern) *19*, *79*
Glucose 24
Glutamat 207f
Goethe, J. W. von *211*
Goleman, D. 125
Goodale, M. 269, 273f
Gottman, J. 148
Grammatik 211
Greenfield, S. A. X, *64*
Großhirn (Cerebrum) 3f, 253
Großhirnhemisphäre *3*, *4*, *13*
Großhirnrinde, siehe Cortex
guevedoce (Dominikanische Republik) 122

H
Habituation 162, *162*
Halsregion (Cervicalregion) *13*
Hausmann, M. 89, 91f, 97
Hebb, D. 81, *81*, 192
Hebbsche Vorstellung einer verteilten Informations-speicherung 192
Hebbsches Schema 82, *82*
Henning, L. *47*
Hentig, H. von 150
Hering, E. *181*
Herman, E. 89
Hermaphroditismus *119*
Herophilos 2, *2*
Herpes-simplex-Encephalitis (Hirnhautentzündung) 181
Heuss, T. *67*
Hinterhauptslappen (Lobus occipitalis) *12f*, 59, 193, *194*
Hippocampus 59f, 62f, 71f, *71f*, 75, 78, *85*, 87, *132*, 177, 195, 198f, 203, 208
Hirnanatomie 4

hirnfördernde Pillen („Hirndoping") 207–209
Hirnforschung 18, 148–151, 177–179, 216, 280–287
 Anfänge 2–5
 Geschichte 191
Hirnfunktion 7, 20
Hirnlappen 59, 193, *194*
Hirnschäden 124–127
Hirnstamm 3f, 10
Hirntraining, Nervenverbindungen 60
H. M. *70f*, 76, 78f, 193–195, 197f
Hughlings-Jackson-Hypothese 8
Human Genome Organization (HUGO) 203
Humangenomprojekt 203, *203*
Huntington, G. *80*
Huntington-Krankheit (Huntington-Syndrom) 79, *80*, 182
Hutterer (Nordamerika) 112
Hyde, J. S. 89, 96
Hyperaktivität 206
Hypothese der somatischen Marker 172

I
Ich 27–33, 227, 231
implizites Gedächtnis 69, 71, 79–81
implizites Wissen 217
Individualität 65
individuelle Bewusstseinserfahrung 238f
Informationsverarbeitung 230
Input
 -Output-Mapping 214, 225
 visueller 214
Intelligenz 58
 Atlas 61
 fluide 60
Intelligenzquotient (IQ) 57, 61f
Intelligenztest 56, 58
Intention 153, *153*
Intentionalität *153*
Interaktion, Erwartung und Empfindung 155f
interne Repräsentation 240
intralaminärer Kern 259
Intuition 230
 Täuschung 283f

J
Jackson, J. 8, *8*
Jacksons Gedankenexperiment 243f
James, W. 185, *185*, 195f, *196*, 227
James-Lange-Theorie der Emotionen *185*
Jäncke, L. 90, 92, 95, 97
Jeannerod, M. 275f
Jobst, K. A. 23

Jordan, K. 92, 94
Jörg, P. 96
Jourdain, R. *152*
Joyce, J. *137*
Jugendschwangerschaften 110, *111*

K
Kandel, E. 50, *180*, 207
Kempermann, G. 59f, 62
Kernbewusstsein 50
Kernspintomographie 29, 57, 65, *65*
 funktionelle 24, 25, 190
Kinästhesie *171*
kinästhetische Antizipation 171
Kindstötung 113
klassische Konditionierung 186
Kleinhirn (Cerebellum) *3*, 3f, 10, *13*, 81, *132*, *156*, 198
Knockout-Experiment 203
Koch, C. 34, *39*, *266*
kognitive Aktivität 257
kognitive Dissonanz 146, *147*
kognitive Neurobiologie 244
kognitive Neurowissenschaft *188*, 250
kognitive Phänomene 256
kognitive Psychologie 188, *188*
kognitive Wahrnehmung 244
kollektives Gedächtnis 31
Konditionierung
 klassische 186
 operante 186
Können 211–226
Kontrazeption 112–114
Kontrollbewegungen *156*
Konzentration 209
Kooperation 159f
Körpergleichgewicht 270f
Körperhaltung 270
körperliche Wahrnehmung 263
Korrespondenzneigung 144
Korsakow, S. 185, *185*
Korsakow-Syndrom 76, *76*, 185
Kreuzbeinregion (Sacralregion) *13*
Kuhl, J. 228–230
Kurzzeitgedächtnis 28, 66–68, *68f*, 78, 84, 185, 194, *273*
kwolu-aatmwol (Neuguinea) 122

L
Labyrinthversuch 191, *192*
Langzeitgedächtnis 28, 66–68, *68f*, *72*, 185, 195, 200
Langzeitpotenzierung (*long term potentiation*, LTP) 83, 204
Laotse 55
Lashley, K. 76, *77*, 78, 191, *192*, 195
Läsion 6–8, 195
Laub, D. 28
LeDoux, J. 229f
Lehrl, S. 57, 62

Index

Leibniz, G. W. *43*, 235, *236*, 237, 239
Leib-Seele-Problem 35, 39–41
Leistungsfähigkeit, geistige 61
Leistungskurve, Senioren 61
Lendenregion (Lumbalregion) *13*
Lerndefizit 206
Lernen 148, *162*, 177, 179, 182–185, *184*, 199, 216, *217*, 218–222
  Altersabhängigkeit 56–63
  Gehirnstruktur 57f
  Spracherwerb 219–222
  Sprachregeln 225
  synaptische Verbindungen 224
Lernexperiment 135f, 149
Lernfähigkeit 148, 209
Lernforschung 149
Lernkurve 223
Lernmechanismen 149
Lernphase 58
Lernprozess 59, *132*
Lernpsychologie 186
Lernverhalten 151
Leukotomie 15f, *15*
Liberman, M. 92
Licht, Erklärungsmodell 248f
Lightdale, J. 92
limbischer Cortex *132*
limbisches System 9, *132*
Lindenberger, U. 60
linke Gehirnhälfte 30
Llinás, R. 256f
Locked-in-Syndrom *45*
Loftus, E. 27–29, 31
Lust 148f

M

MacLean, P. 8f
Magnetoencephalographie (MEG) 25, 256, *257*
Magnetresonanztomographie 167
  funktionelle (fMRT) 29
Malpighi, M. 4, *4*
Mammillarkörper *132*
Mandelkern, siehe Amygdala
Mann, T. 35
Markowitsch, A. 30
Markowitsch, H. J. 28
Materialismus 237
Mathematikfähigkeiten 95f
Maxwell, J. C. 249
May, A. 56, 58, 60, 62f
McAdams, D. 230
McDougall, W. 196
McVeigh, T. 28
Medulla oblongata (Nachhirn) *3*, *13*
Mendel, G. 189, 202
Menschenaffen, kognitive Fähigkeiten 49
Menstruation 93, 110, 114, 276f

mentale Phänomene 245–247
Mesencephalon (Mittelhirn) *3*, *13*
metrische Musik 159
Milgram, S. 141, 143
Milgram-Studie *139*, 139–143, *141*
Milner, B. 193–195
Milner, D. 273f
Mittelhirn (Mesencephalon) *13*
Molekül 24, 46, 54, 86, 181–205, 237f
Molekularbiologie 50, 189, 204, 234f
Monade *236*
Monadologie 235
Moniz, A. E. 15, *15*
Moore, F. R. 96
Moral *130*
  neuronale Basis 124–127
Moralempfinden 129–147
Moralentwicklung *131*
moralische Überlegenheit 136f
moralisches Verhalten 124
Moralvorstellungen 131
Morgan, T. H. 46, 189, 202
Mosuo (Südwest-China) 108, *108*
Motivation 150
Motivationstheorie der Lust 164
Motoneuron 200
motorischer Cortex 11, *12*, 16, 20, 171
motorisches System 45, *156*
  Schädigung 12
  Störung *156*
Mozart, W. A. 175
MRT, siehe Kernspintomographie und Magnetresonanztomographie
Müller, G. 185
Müller-Stahl, A. *156*
Musik 153–176
  Akkorde 161f
  Ekstase 173–176
  Emotionen 160–162, 168–170
  Endorphin 173
  Evolution 159
  Harmoniegenuss 165–168
  Kadenz 165, *165*
  Klang 174f
  Komposition 168
  körperliche Reaktion 171–183
  Melodie 155f, 158f
  Muskelspannung 172
  Rhythmus 158f
  Sozialkontakte 160
  Synkope 165, *165*
  Therapie 156
  transzendente Erfahrung 176
  Ursprünge 158–160
musikalische Ausdruckskraft 161

musikalische Bewegung 170
musikalische Klangmuster 171
musikalische Struktur 161f
Musikempfinden 162–170
Musikerfahrung 172
Musikgenuss 165–168
  Arten 168–170
Musikhören 155f
Musiktradition 159
Musikwissenschaft 162
muxe (Südmexiko) 122
Mwera (Südtansania) 107

N

nadle (nordamerikanische Navajo) 122
Nagel, T. 238
Nagels Fledermaus *239*
Nagels Gedankenexperiment 238–242
Naloxon 173, *173*
Narkolepsie (Schlaflähmung) 45, *45*
Narzissmus 143f, *144*
Neglect 13, *13*, 264
Neocortex (Großhirnrinde) *12*, 159, 177
Nervennetzwerke, siehe neuronales Netzwerk
Nervenimpuls 230
Nervensystem 4, 163f, *164*
Nervenzelle 59, 190
  Ionenverteilung *84*
Neurobiologie 150, *240*
Neuroendokrinologie 177
neuro-enhancement 206
Neuroethik 207
Neurogenese, adulte 59
Neuroinformatik 248, *248*
Neurologie 8
Neurologiepatientin D. F. 37, *38*
Neuron 45, 59, 84, 208, 214, *215*
  molekulare Mechanismen 199
  temporäre Ensembles 285
neuronale Aktivität 239
  Schlaf *258*
neuronale Bahn 252
neuronale Informationsverarbeitung 215
neuronale Korrelate
  des Bewusstseins (NCC) 52–55, *53*, 279, *279*
  von Wahrnehmungen 286
neuronale Plastizität 20f
neuronale Schaltkreise 77, 82
neuronales Netzwerk 36, 45, 208, 218, 222, *223*, 228, 240, *240*, *248*, *261*
Neuronen, Aktivität 53
Neuronentheorie 199, *199*
Neuropsychologie 275
neuropsychologische Tests 126
Neurotransmitter 84f, 154
Neurowissenschaften 247

systemorientierte 203
Nicht-Bewusstes 267–279
nichtdeklaratives Gedächtnis (implizites Gedächtnis) 198f
Nietzsche, F. W. 268, *268*
Noradrenalin, siehe Botenstoffe
Nucleus
    caudatus (Schweifkern) *19, 79*
    subthalamicus *19*

O
Obedience („Gehorsam") *141*, 144
Objektwahrnehmung 273
Oktopus, Gehirn 66
Okzipitallappen *194*
olfaktorischer Sinn 276f, *277*
Online-System 273, *274*
operante Konditionierung 186
Opiatantagonist 173
Opiatrezeptor 173, *173*
optische Täuschung 50
    Beispiele *51*
Orientierung 56
Orientierungssinn 94
Östrogen 93, *107*
Output, akustischer 214
Owen, L. R. 97

P
Padana *49*
Panpsychismus (Allbeseelungslehre) 43, *43*
parietaler Cortex, siehe Scheitellappen
Parkinson, J. 18, *18*
Parkinson-Krankheit 18, *18*, 79f, *79*, 153–157
    Computertomographie Gehirn *157*
    L-Dopa *157*
    Therapie 154
Parkinson-Patient 155–157, 174
    Körperhaltung *157*
Parkinson-Symptome 153–155
Partnerschaft *99*
Pawlow, I. P. 42, 186, *186*
Pawlow-Kammer *186*
Pearlman, R. 208
Pease, A. 89
Pease, B. 89
Penfield, W. 74, *74*, 77, *81*, 193
Pennebaker, J. 230
Penrose, R. 43
Percussionsmusik 159
Persönlichkeit 29, 228
Persönlickeitsstörung 144
Perzept 52–54, *53*
Pestalozzi, H. 149
Pharmaunternehmen 206
Pheromone 277, *277*
Philosophie 184, 227, 229
    Speicherung von Gedächtnisinhalten 183

philosophische Tradition 235
Phoneme 219
Phrasierung 166, *166*
Phrenologie (Schädellehre) 5, 5–7, 17
physikalische Realität 238f
Physikalismus 54
Pille 113
Pilzecker, A. 185
Pisa-Studie 148, 151
Plastizität 59
Platon 227
Pons (Brücke) *3*, *13*
Popper, K. 40
Positivismus 234
Positronen-Emissions-Tomographie (PET) 24f, *24*, 190
posterio-parietaler Cortex 11, *12*
postsynaptische Zelle 81, 84
präfrontaler Cortex *14*, 73–75
    Fehlfunktion 127
    Funktionen 13–15
    Leistungskurve 60
    Schädigung 15f
prämotorischer Cortex *12*
präsynaptische Zelle 81, 83
Prentice, D. 92
Priming 72, 197, *197*
process purity problem 274
Proffitt, D. 271
Progesteron 107, *107*
Programmusik 163
Promiskuität 100
Prosimiae (Halbaffen) *49*
Prosopagnosie 264
Provigil 209f
prozedurales Gedächtnis 28
Psychiatrie 8
psychisches Immunsystem 230
Psychoanalyse 197
Psychochirurgie 15
Psychologie 42, *138*, 184, 227, 280
    kognitive 203
    Speicherung von Gedächtnisinhalten 183
Psychopharmaka *16*, 209
Psychose 17
ptolemäisches Weltbild 234
Ptolemäus, C. 233, *233*, 261
Pubertät, Identitätskrise 228
Putamen (Schalenkern) *19*, *79*

Q
Quaiser-Pohl, C. 94
Qualia 36, *36*
Quantengravitation 43
Quellenamnesie 30f, 73

R
radioaktiver Marker 24
Ramón y Cajal, S. 199, *199*
Rautenhirn (Rhombencephalon) *13*
Reaktionsgeschwindigkeit 56
Reduktionismus 235, *235*
    neurophysiologischer 250
Reflex *162*, 269
    bedingter *187*
Reflexbahnen *72*
Reflexmotorik *156*
Reiz *162*
    -Reaktions-Schema *42*, 82f
rekurrente neuronale Aktivität 255
rekurrentes Netzwerk 252, 253, *254*, 256
    Eigenschaften 259f
REM-Schlaf 256, *256*
    neuronale Aktivität 258
Repräsentation, interne 240
res cogitans 39
res extensa 39
Rezeptor *36*, 269
Rollenklischees 109f
Röntgenstrahlung 21
Rose, S. 77
Rückenmark *3*, *3*, *13*
Rückziehreflex, Abwehrreflex 275
Ryle, G. 40, 196

S
Sachs, C. 158
Sacks, O. 153, 172, 175
Saint-Exupéry, A. de *50*
Sakkade 269f, *270*
sakkadische Unterdrückung 269, *269*
Schacter, D. 196
Scheich, H. 149
Scheidungen 101f
Scheitellappen (Lobus parietalis, parietaler Cortex) 12f, *13*, 193, *194*
Scheitellappenschädigung 12
Schelling, F. W. J. 43
Schizophrenie 16f, *17*, 75
Schlaf 177–179
Schläfenlappen (Lobus temporalis, Temporallappen) *13*, 193f, *194*
Schlafstörung 206
Schlaganfall, motorischer Cortex 20
Schmerzsystem 164, *164*
Schmiedek, F. 58, 62
Schmitz, S. 91
Schnatz, H. 31
Schopenhauer, A. 50
Schrödinger, E. 46
Schüttellähmung *18*
Schütz, A. 228
Scoville, W. 193

Searle, J. 47f, 245f
Searles Zwitterhypothese 244–248
Seele 1–3, *2*, *40*, 227
Sehen *270*
   um wahrzunehmen: *vision for perception* 274
   um zu handeln: *vision for action* 274
Seibt, U. 98
Seitenventrikel *19*
sekundärer sensorischer Cortex 36
sekundäres Gedächtnis 68
Selbst 227
Selbstbewertung 228
Selbstbild 227
Selbsterkenntnis 143
Selbstkonzept 227, 231
Selbstorganisation 284f
Selbsturteil 138f
semantisches Gedächtnis 28
sensorischer Cortex 36
sensorischer Zustand 240
sensorisches Gedächtnis 68
Serotonin 208
Sexualhormone 93, 107, *107*, *120*
Sexualverhalten 100
   Gaeltacht-Iren 116f
   Polynesier 115
   Wanyaturu (Zentral-Tansania) 117f
Simiae (Eigentliche Affen) *49*
Singer, W. 280, *287*
Sinneserfahrung 155
Sinnesorgane 68
Sinnessystem 174
   Modell der Informationsverschaltung *36*
Smith, A. D. 23
Smythies, O. 203
Sokrates 183, *211*
somatosensorischer Cortex 11, *12*, 171
soziale Interaktion 159
soziales Verhalten 124, 139–143
Sozialpsychologie 139, *139*, 143
spezifische Erkennung 255
Spikes, binäre 52
Spinoza, B. de *43*
Spitzer, M. 149, *210*
Spurzheim, J. 6
Sprache 211f, *212*, *219*
Sprachentwicklung 219, 222–226
Spracherwerb *220*
Sprachfähigkeit 48f, 220
   Hirnregion *213*
Sprachfamilien *219*
Sprachfunktion, Gehirn *213*
sprachliche Kompetenz 212
sprachliches Wissen 212
Sprachproblem 7

Sprachstörung (motorische Aphasie) *6*
Sprachzentrum 6f, *6*
Squire, L. R. *180*
Stereotype 93, 95
Stillen 113
stimulus awareness (bewusste Reizwahrnehmung) 48
Stirnlappen (Lobus frontalis) *13*, 193, *194*
Stream of Consciousness (Bewusstseinsstrom) *196*
Striatum *19*, 80, 198
subcorticale Region 192
Substantia nigra („schwarze Masse") 18f, *18f*, *72*, 153
Summers, L. 94
Superorganismen 284
Synapse 45, 59, 81, 215f, *215f*
   Übertragung von Nervenimpulsen *216*
Synapsenstärke 214–216
Synapsenverstärkung 81, 83–86
synaptische Verbindungen 226
synaptischer Spalt 84
synaptisches Netzwerk *85*
Synästhesie *172*

T
Temporallappen, siehe Schläfenlappen
Testosteron 90, 93, 107, *107*
Thalamus (Zwischenhirnkerne) *19*, *36*, 72, *72*, 75, 78, *79*, 87, *214*, 253, *253*
   neuronale Aktivität 257f
   Schädigung 259
Theorie des „dreieinigen Gehirns" (*triune brain*) 9
Theorie des Geistes (*theory of mind*) 281
Thompson, E. 31
Thompson, J. 28
Thorndike, E. L. *42*, 186, *187*
Tiefschlaf 177, 252, 257
Transkription 189
Translation 189
Transmitter 84f, 154
Tulving, E. 28

U
Üben am Instrument *218*
Über-Ich 8, 227
Unbewusstes 230
unspezifisches Lernen 217
Urteilsvermögen, moralisches 133f

V
Vektor 255
Vektorsequenz 255
ventral *278*
Ventrikel *2*
Verhalten 145, 228
   affektives *132*

Anpassung 146f
   soziales 124, 139–143
Verhaltensforschung 280
Versuch-und-Irrtum-Lernen 186
visuelle Bewertung 271, *271*
visuelle Verarbeitung *214*
visuelle Wahrnehmung 50, 273–279, *274*, *278*
visueller Cortex 11, *12*, *72*
visuelles Bewusstsein 272
visuelles Handeln 273–279
visuo-motorisches System 273
Vitalismus 45, 235, *235*
Völger, G. 107
Vomeronasalorgan (Jacobsonsches Organ) 277
Vorderhirn (Telencephalon) *13*
Vorurteile 92–97

W
Wahrnehmung 136, 271
   autokonnektive Formen 241f
   bewusste 37, *42*
   sensorische 251
Wahrnehmungsgeschwindigkeit 56
Wahrnehmungsstörung 12f
Warrington, E. 197
Watson, J. B. *42*, 186, *187*
Watson, J. D. *39*, 234
Weiskrantz, L. 197, 263–265
Welzer, H. 28, 30f
Wernicke, C. 7, *7*
Wernicke-Aphasie 7, *7*
Wernicke-Areal 6–8, *12*
Wickler, W. 98
Wilde, O. 168
Willkürmotorik *156*
Wilson, T. 229
Wissen 211–226
   explizites 213
   implizites 213

Y
Y-Chromosom 107

Z
Zelladhäsionsmoleküle 86, *86*
Zelle 183
   postsynaptische 81
   präsynaptische 81
Zellfunktion 189
Zentralnervensystem 46
Zombie 38, 267, *268*
   Philosophie 36f
Zombiesystem 268
Zwillinge, Individualität 65f
Zwittertum, siehe Hermaphroditismus